# 鹞落坪自然保护区生态承载力与区域经济协调发展研究

### 徐 慧　张益民　钱者东　周大庆　著

本书由国家公益性行业科研专项：自然保护区动态监管关键技术研究与示范（201509042）和环境保护部专项：全国自然保护区调查与评价（hbsy0915）共同资助

科学出版社

北 京

# 内 容 简 介

我国许多自然保护区与社区是合二为一的，在保护好保护对象的同时还要兼顾社区的可持续发展。本书以该类型自然保护区的典型——鹞落坪自然保护区为研究对象，以可持续发展为理论基础，分析确定自然保护区生态系统服务价值和生态承载力的评价方法，从生物多样性价值和生态承载力两个方面衡量该保护区的可持续发展水平，对该保护区自然生态系统的保护与区域社会经济的协调发展提出对策措施。本书在现有生态系统服务经济价值与生态承载力评价方法的基础上，突出了自然保护区评价方法体系的特殊性，是对社区型自然保护区的保护与区域协调发展的系统研究。

本书可供生态学、地理学、环境科学等专业本科生、研究生、教师和科研人员阅读参考。

**图书在版编目(CIP)数据**

鹞落坪自然保护区生态承载力与区域经济协调发展研究/徐慧等著.
—北京：科学出版社，2016.11
ISBN 978-7-03-050888-1

Ⅰ.①鹞… Ⅱ.①徐… Ⅲ.①自然保护区-生态-承载力-研究-岳西县②区域经济发展-协调发展-研究-岳西县 Ⅳ.①S759.992.544②F127.544

中国版本图书馆 CIP 数据核字(2016)第 283329 号

责任编辑：胡 凯 王腾飞 王 希/责任校对：张怡君
责任印制：张 伟/封面设计：许 瑞

**科 学 出 版 社** 出版
北京东黄城根北街16号
邮政编码：100717
http://www.sciencep.com

**北京东华虎彩印刷有限公司** 印刷

科学出版社发行 各地新华书店经销
*
2016 年 11 月第 一 版 开本：720×1000 B5
2016 年 11 月第一次印刷 印张：20 3/4
字数：418 000
**定价：129.00 元**
(如有印装质量问题，我社负责调换)

# 前　言

　　自然保护区建设是实施可持续发展战略的一项重要措施。自然保护区在保护自然资源和生态环境、促进我国可持续发展战略实施等方面发挥着极为重要的作用。自然保护区内原住民的生存和发展与自然保护区生态系统的维持与良性发展，既相互矛盾又相辅相成，协调好两者关系，则有可能在发展社区经济的同时，使社区居民成为保护自然保护区内物种、自然生态系统以及自然资源的一支重要力量。研究自然保护区生物多样性的价值和生态承载力旨在寻求区域自然保护与社区发展的结合点，将人类活动的影响限制在生态系统服务功能和生态阈值之内。并通过促进社区的可持续发展，将社区居民对保护区的负面影响力转化为管护的力量。

　　本书首先分析了研究背景以及研究的目的和意义，确定了研究内容和总体框架，为第 1 章。其次，分别梳理了生物多样性价值和生态承载力及其评估方面的研究进展，探讨了其理论基础，构成第 2 章。再次，分别建立了自然保护区生物多样性价值评估的方法体系以及生态承载力和生态足迹的研究框架，即第 3 章。自然保护区生物多样性的价值由使用价值和非使用价值两部分构成。使用价值由自然保护区对本区及周边地区的生态服务功能所决定，非使用价值是目前还未实现的潜在的福利，由此本书建立了一套针对生物多样性各种经济价值类型的评估方法体系，并对其中的某些方法进行了改进，使得不同类型的经济价值采用合适的方法与技术来进行评估，为我国自然保护区生物多样性价值评估的理论研究与实践应用提供借鉴与参考。同样地，自然保护区的生态承载力不仅要直接承载区内的人类活动，而且要间接承载一部分周边地区的人类活动影响，其生态承载力研究不同于一般地区。以往的生态足迹研究一般都是针对较大的区域范围，对人类的生态占用及生态影响仅仅利用各种消费项目进行分析。而在较小的区域范围内，人类活动的生产项与消费项往往相去甚远，用消费项所做的生态占用分析并不能完全反映对区域生态系统的影响。由此本书提出了消费型生态占用和生产型生态占用的概念，区分了区内与区外的生产型生态占用、区域总体生态承载力与可供社区利用的生态承载力。并以区内生产型生态占用为主，对社区的生态占用进行计算，与可利用生态承载力进行比较确定生态盈亏，据此判定自然保护区及其社区的可持续发展状况。该研究框架丰富了生态足迹分析的方法与思路，拓宽了生态足迹分析法在较小区域范围内的运用。然后，对位于大别山水源涵养林区的鹞落坪国家级自然保护区进行了实证研究，构成第 4 章到第 8 章。以鹞落坪自然保护区为研究对象，通过对保护区本底状况的调查、生物多样性经济价值的评估、生态承载力的研究和社区居民生态占用分析，以及未来设定情景下社区经济发展的预测，探索自然保护区建设与区域经济协调发展的途径，为大别山水源涵养林区退化生态系统的恢复和区域经济协调发展提出相应的对策。通过对鹞落坪自然保护区生物多样性价值、生态承载力、可持续发展的实例研究，将对我国自然保护区可持续发展、提高其管理水平提供有益的借鉴。最后，第9章对本书的研究结论进行总结归纳，指出本研究的创新点及存在问题，对需要进一步深入研究的方面进行展望。

本书在自然保护区生物多样性价值评估、生态承载力研究、可持续发展评价等方面进行了探讨，尽管作者力求构建一套相对合理、客观的技术方法，但由于作者的知识背景、学术水平、研究视野以及时间精力等方面的限制，有许多方面仍存在不尽如人意之处，不当之处还请读者不吝赐教。

感谢鹞落坪自然保护区管委会在现场调研、资料收集等方面提供的帮助，感谢环境保护部南京环境科学研究所蒋明康研究员、王智研究员在研究经费和研究方案的设计等方面的支持。

作　者

2016 年 4 月

# 目　录

# 第1章 绪 论

## 1.1 背 景 分 析

### 1.1.1 生物多样性价值评估与可持续发展

当今世界，环境污染、生态破坏、生物多样性丧失等资源环境问题日益突出，不仅严重削弱了人类的生活福利，甚至威胁到人类的生存。在保护与发展的问题上，自20世纪20年代中期，每个国家的发展计划都是增加国民生产总值（GNP）。理论上，这一目标促进了对自然资源消耗的增长、进出口贸易的增加和人民生活水平的提高。但从1970年开始，这一过程开始出现问题，过度砍伐森林、过度放牧及耕作，导致生物多样性以前所未有的速度不断减少，生态环境逐渐恶化，对人类的经济、心理、美学、道德以及基本的生物需求产生了深远的影响。为此，世界保护计划（WCS）倡导把可持续发展作为社会和经济的结合点，并认为，生物多样性的减少和丧失是人类维持并提高其生活水平的直接结果，也是市场未能公正地体现生物多样性效益的直接结果。1987年，联合国环境规划署（UNEP）正式引用了"生物多样性"这一概念。1992年，包括中国在内的一些国家签署了《生物多样性公约》，从此，"保护物种，避免生态灾难"成为人类共同和密切关注的课题，并且把这个问题同人类的安危联系在一起（田兴军，2005）。导致生物多样性减少和丧失的原因有很多，其中主要原因之一是人们没有充分认识到生物多样性的价值，没有形成正确评估生物多样性价值的评估体系（周伟等，2007）。解决这一问题的办法是市场体系的扩充，给生物多样性以市场价格。综合国内外有关自然资源价值研究的文献，可以发现，随着人类对资源环境认识的深入，有关自然资源价值的研究逐渐向广度和深度扩展。人类越来越意识到，包括生物资源在内的环境资源的过度利用和破坏的原因及解决办法很大程度上取决于经济价值的评估。联合国环境与发展大会（UNCED）通过的《21世纪议程》第1部分第8章"为持续发展制定政策"中指出："应发掘更好的方法，用来计量自然资源的价值，以及由环境提供的其他贡献的价值"。英国森林管理委员会的咨询报告《英国森林多样性的估价》开宗明义提出的假设是：如果想作出理想的合理化决策，必须发展货币估价方法。这样，就产生了寻求能够对生物多样性和其他环境物品进行货币估计的方法的企图和迫切要求。不管是对环境经济学的理论发展，还是对国家生物资源管理的决策应用，作为生物多样性主要载体的自然保护区的经济价值评估都是迫切需要解决的难题。

生物多样性对人类的价值可从社会、经济、伦理角度来考察，人类依赖生物多样性提供食物、药物、避身处及其他消费性产品。此外生物多样性还具有科研、娱乐价值以及内在的价值，即所有生物都有不依赖于人类而存在的权利。自然保护区是生物多样性的主要保存地，在生物多样性的保护中发挥着重要的作用，也是可持续发展的基础。自然保护区生物多样性经济价值的评估与分析可以为衡量自然保护区可持续发展的状态和水平提供参考。

### 1.1.2　生态承载力研究与可持续发展

资源与环境是人类赖以生存和发展的基础。但自 20 世纪以来，随着全球性的人口剧增和人类对自然资源的过度开发以及工业化发展带来的环境污染问题，已在一定程度上影响到人类的生存和发展。20 世纪后期，可持续发展的理论逐步得到重视，可持续发展的最终目的是达到人与自然的高度统一，这种发展模式既能满足当代人的需求而又不危及后代人的需求（WECD,1987），因而得到学术界和各国政府的普遍认可。

在有关可持续发展的研究与认知过程中，人们虽然对可持续发展分别提出了不同的定义，但是都已清楚地认识到可持续发展与自然生态系统的承载能力有着十分密切的关系。在世界环境与发展委员会（WECD）于 1987 年发表的《我们共同的未来》（*Our Common Future*）的报告中，对可持续发展的定义为："既满足当代人的需求又不对后代人满足其需求能力构成危害的发展。"这个定义鲜明地表达了两个基本观点：一是人类要发展；二是发展应有限度，它不能危及后代人的发展，它指的是经济、社会、资源和环境的协调发展，是一种和谐发展的发展观（WECD，1987；张坤民，1997）。世界自然保护联盟（IUCN）、联合国环境规划署（UNEP）和世界野生生物基金会（WWF）在《保护地球——可持续发展战略》（*Caring for the Earth—A Strategy for Sustainable Living*）一书中指出"可持续发展是在生存不超出维持生态系统承载能力的情况下，改善人类的生活品质"（世界自然保护联盟等，1992）。1992 年，在里约联合国环境与发展大会通过的《环境与发展宣言》中有两条原则，它把可持续发展进一步阐述为："人类应享有以与自然和谐的方式过健康而富有成果的生活的权利，并公平地满足今世后代在发展和环境方面的需求。求取发展的权利必须实现"（张坤民，1997）。

我国一些专家学者对可持续发展的认识与理解为：一是可持续发展以自然资源的可持续利用和良好的生态环境为基础；二是以经济可持续发展为前提；三是以谋求社会的全面进步为目标（《中国人口资源环境与可持续发展战略研究》编委会，2000）。可持续发展把发展与环境当做一个有机整体，是一种新的发展思想与发展战略，其基本内涵是：①发展既包括经济发展，也包括社会的发展和保持、建设良好的生态环境。经济发展和社会进步的持续性与维持良好的生态环境密切相联系。②可持续发展要求以自然资产为基础，同环境承载能力相协调。自然资源的永续利用是保障社会经济可持续发展的物质基础。③自然生态环境是人类生存和社会经济发展的物质基础，可持续发展就是谋求实现社会经济与环境的协调发展和维持新的（生态）平衡。卢良恕（1995）认为，"可持续"包含两层含义：一层是经济、社会发展的持久永续；另一层是指经济、社会发展赖以支撑的资源、环境的持久永续。

牛文元（2000）认为，只有当人类向自然的索取，能够同人类向自然的回馈相平衡时；只有当人类为当代的努力，能够同人类为后代的努力相平衡时；只有当人类为本地区发展的努力，能够同为其他地区共建共享的努力相平衡时，全球的可持续发展才能真正实现。可持续发展理论的建立与完善，一直沿着三个主要的方向去揭示其内涵与实质，这三个主要方向已逐渐被国际公认，分别为经济学方向、社会学方向和生态学方向。可持续发展理论研究的生态学方向是以生态平衡、自然保护、资源环境的永续利用等作为基本内容。

可持续发展必须是"发展度、协调度、持续度"的综合反映和内在统一，三者互为鼎足，缺一不可。"发展度"，它表达了可持续发展的"第一本质要求"，亦即表现出在原来基础上对于经济增长的正响应。"协调度"，它检验发展行为偏离健康程度的状况。"持续度"，代表在某一时段实际发展行为所形成的三维立方体（代表自然、经济、社会三者在特定发展阶段所提供的实际容量或实际承载能力），只有等于或小于它在特定发展阶段所具有的最大承载能力时，才能被判为持续度可行（牛文元，2000）。

可持续发展要求人与自然的关系准则为：①人类活动对生物圈的作用必须限制在其承载力之内。②可更新资源的使用强度应限制在其最大持续收获量之内。③不可更新资源的耗竭速度不应超过寻求作为代用品的可更新资源的速度（康晓光和王毅，1993）。

总之，可持续发展是以自然生态系统的健康良性发展为基础，可持续发展是人类与其生存环境的共同发展，就承载与被承载的关系而言，人类与其生存环境共同构成不可分割的整体——生态系统。显然，人类的可持续发展必须建立在生态系统承载限值的基础之上。生态承载力的研究与判定，对于可持续发展的理论与实践具备基础性的支撑作用。开展生态承载力研究，进行生态承载力的理论探索和实证研究，可为可持续发展理论与实践的完善与发展奠定基础。

### 1.1.3　我国自然保护区的建设成就与研究现状

1993 年颁布的中华人民共和国国家标准——《自然保护区类型与级别划分原则》中指出：自然保护区是指国家为了保护自然环境和自然资源，促进国民经济的持续发展,依法将一定面积的陆地和陆地水体或者海域划分出来,并经各级人民政府批准而进行特殊保护和管理的区域(薛达元和蒋明康,1994)。这些区域具有一定的代表性、稀有性和生物多样性,包括各地理气候带中典型的自然生态系统和在系统内蕴藏的典型的生物物种以及基因资源、珍稀濒危野生动植物物种的天然集中分布区、重要的天然风景区、水源涵养区、具有特殊意义的自然遗迹等。自然保护区的保护对象类型很多,归纳起来主要有自然生态系统、生物物种和自然遗迹三大保护对象。

从 1956 年在广东鼎湖山建立第一个自然保护区起,近 60 年来,我国自然保护区从无到有、从小到大、从单一到综合,逐渐形成了布局基本合理、类型较为齐全、功能渐趋完善的体系,有效保护了我国 70%以上的自然生态系统类型、80%的野生动物和 60%的高等植物种类以及重要自然遗迹。截至 2014 年年底,我国(不含香港、澳门特别行政区和台湾地区,下同)共建立各种类型、不同级别的自然保护区 2729 个,保护区总面积 14 699 万 hm²(其中自然保护区陆地面积约 14 243 万 hm²),自然保护区陆地面积约占全国陆地面积的 14.84%。

各级别自然保护区中,国家级自然保护区 428 个,面积 9652 万 hm²,地方级自然保护区 2301 个,面积 5048 万 hm²。国家级保护区数量仅占保护区总数的 15.68%,但面积占全国保护区总面积的 65.66%。

三大类别自然保护区中,自然生态系统类自然保护区无论在数量上还是在面积上均占主导地位,分别占自然保护区总数和总面积的 71.20%和 71.31%;生物物种类次之,分别占自然保护区总数和总面积的 24.59%和 27.64%;自然遗迹类所占比例最小,仅分别占自然保护区总数和总面积的 4.21%和 1.05%。

这些自然保护区保护着我国所有自然生态环境的典型区域,为我国绝大多数野生动植物资源提供了良好的栖息生长环境,在保护生物多样性、发挥生态效益、社会效益和经济效益等方面起到了至关重要的作用,有着巨大的科学和文化价值。

自然保护区在保护自然资源和生态环境、促进我国可持续发展战略的实施等方面发挥了极为重要的作用(《中国自然保护纲要》编写委员会,1987),其重要功能主要表现为:①自然保护区保存了重要的生态系统,能够提供生态系统的天然"本底",它为衡量人类活动所引起的后果提供了评价的准绳,同时也给建立合理的、高效的人工生态系统指明了途径;②自然保护区是动物、植物和微生物物种及其群体的天然贮存库和天然基因库,这些物种是育种、制药和其他研究的宝贵材料;③自然保护区有助于改善环境,保持地区生态平衡;④自然保护区是进行科学研究的天然实验室;⑤自然保护区是活的自然博物馆,是向公众普及自然界知识和宣传自然生态保护的重要场所;⑥自然保护区中可划出一定的地域开展生态旅游,满足人们日益增加的旅游需求。

自然保护区的研究在国外起源于对野生动物和大自然保护的关注,因此许多学者提出有效保护自然的途径之一是使当地居民参与到森林、野生动物等资源的保护中来。国内对自然保护区可持续发展战略研究兴起于 20 世纪 90 年代末，许多学者对自然保护区可持续发展的战略表达了自己的看法，如野生动植物资源多渠道保护和多途径开发、区域经济和生态系统相统一、加强自然保护的行政管理、法制管理和制度创新、分类管理和自然保护知识宣传教育等等。刘燕娜等人认为应以保护为主，保护程度增大、发展程度缩小是自然保护区的必然趋势；但罗文等人认为自然保护区可持续发展首先是发展，保护也是为了发展(胡世辉，2010)。

### 1.1.4　自然保护区价值评估与生态承载力研究的特殊性

自然保护区生物多样性经济价值评估是一个多学科的综合研究领域，涉及资源经济学、环境经济学、生态经济学、生态学和经济学等多种学科，这些学科的有机结合和集成创新是解决这一问题的关键。20 世纪 60 年代以来，环境经济学有了飞速的发展，建立了一套估计环境物品或服务的经济价值的理论、原则与方法。尤其是西方在过去的 30 年中，开创了许多新的方法，如条件价值法、旅行费用法等，并得到了广泛的应用。但这些技术的应用本身存在许多不尽如人意的地方，还有待完善。而且，这些技术基本上是由西方环境经济学家根据发达国家的具体情况研究开发的，其理论、方法受到发达国家社会、经济和文化条件等因素的限制，在将这些理论、方法运用到我国的具体案例时，要研究它们在我国的适用性，进行适当的调整。

自然保护区作为有代表性的自然生态系统和珍稀濒危野生动植物物种的天然集中分布区，其经济价值的数量不仅是巨大的，而且有着不同于一般的环境资源的特性，如具有较高的代表性、特殊性和完整性等。与国外相比，国内关于自然保护区经济价值研究的文献不多，这方面的实例研究成果亦较为少见，这说明，关于自然保护区经济价值的研究尚属薄弱环节，未引起足够的重视。在实际工作中，由于自然保护区直接效益不明显，常常使自然保护区建设和生物多样性保护项目得不到足够的投资，影响自然保护的工作。为了认清自然保护区的各种效益，需要对自然保护区的经济价值予以估价，进行保护成本与效益的分析，从而使人们真正认识到自然保护区的建设与生物多样性保护的重要性，政府部门加大投资力度，当地居民自觉参与到保护中来。

自然保护区是受人类活动影响最小的地区，国家对自然保护区制定了禁止在核心区和缓冲区以及限制在实验区开展生产活动的管理规定。然而，在我国，由于历史的原因以及"人多地少"的客观条件，仍有许多人以传统的生活方式居住在自然保护区内。人类活动必然对自然生境乃至野生生物产生影响，人们尤其要避免对自然生态系统类型和野生生物类型的自然保护区的干扰。研究自然保护区的生态承载力旨在寻求这类自然保护与社区发展的结合点，将人类活动的影响限制在生态阈值之内；并通过促进社区可持续发展，将社区居民对保护区的负面影响力转化为管护的力量。由自然保护区对周边地区的生态服务功能所决定，自然保护区的生态承载力不仅要直接承载区内的人类活动，而且要间接承载一部分周边地区的人类活动影响。因此，自然保护区的生态承载力研究也不同于一般地区。

### 1.1.5　研究区的典型性

中国环境与发展国际合作委员会（CCICED）早在 1996 年的《保护中国的生物多样性》一书中就由生物多样性工作组（BWG）资深专家、中国科学院植物研究所王献溥研究员撰写专题报告——"关于中国热带亚热带地区退化生态系统的恢复和重建"，其认为依据《中国 21 世纪议程》，国家应选择 20 处有代表性的保护区和重要的生物地理区域为基础扩建生物多样性管护区，从而建立中国热带亚热带生物多样性管护网；并明确当前有迫切要求和可能建立的地点，包括以鹞落坪自然保护区为基础规划建立的皖西大别山北亚热带山地生物多样性管护区。随着国内外专家来鹞落坪开展科学考察研究工作的深入，鹞落坪自然保护区生物多样性的特点得到了进一步的关注。

鹞落坪自然保护区位于大别山区，地处北亚热带与暖温带交界处，在我国森林生态系统类型的自然保护区中有一定的代表性。该保护区由原先的集体林区改制而成，社区发展与保护区管护存在矛盾。选择该保护区作为研究对象具有典型意义。本书同时也是"国家高技术应用部门发展项目——区域生态承载力研究"中的部分成果。以鹞落坪国家级自然保护区为研究对象，通过对保护区本底状况的调查、生态服务功能经济价值的评估、生态承载力的研究和社区居民生态占用分析，以及未来设定情景下社区经济发展的预测，来探索自然保护区建设与区域经济协调发展的途径，为大别山水源涵养林区退化生态系统的恢复和区域经济协调发展提出相应的对策。通过对鹞落坪自然保护区生态服务功能价值和生态承载力的实例研究，将对我国自然保护区可持续发展，提高对其管理水平提供有益的借鉴。

## 1.2　目的及意义

自然保护区建设与当地社区经济协调发展的问题是世界各国普遍面临的问题，而我国面临的难度更大。我国是一个人口众多的国家，除西部的部分地区外，人口密度非常高，已建自然保护区中绝大多数都有人类分布，尤其是中东部地区自然保护区内的人口密度较高，资源和环境的保护与保护区内社区经济的发展两方面之间矛盾比较突出。一般不可能将保护区内的原居住人口迁移出保护区，即使是将保护区内的居民全部迁移出去，由于缺乏管理力量，周边的人口对保护区的影响仍然较大,并不能从根本上解决自然保护区管护和区域经济协调发展的矛盾。自然保护区内原住民的生存与发展,与自然保护区生态系统的维持与良性发展,既相互矛盾又相辅相成,协调好两者关系,则有可能在发展社区经济的同时,使社区居民成为保护自然保护区内物种、自然生态系统、自然资源的一支重要力量。因此,在可持续发展原则的指导下,将自然保护区的管护与区域经济发展有机结合起来,即在中国人口众多的条件下,实施自然保护区内社区经济的可持续发展进而促进自然保护区的管护则是自然保护区发展的必由之路。

鹞落坪自然保护区地处大别山的腹地。大别山位于皖、鄂、豫三省交界处,与桐柏山脉相连,为秦岭余脉,东西连绵约 500 km。大别山区在自然地理上具有"南北过渡、襟带东西"的显著特征,在中国气候区划上,它是北亚热带湿润区与暖温带湿润区的过渡区域;在中国地貌区划上,它是东部低地向秦岭淮阳中山与低山过渡区域;在土壤区划上,它是华北干性森林灌木草原和草原土壤地区向华中和华南湿润森林土壤地区的过渡地带;在中国植被区划上,它是亚热带常绿阔叶林区域与暖温带落叶阔叶林区域的过渡地带;在动物地理区划上,它处在古北区黄淮平原亚区的南限和东洋区东部丘陵平原亚区的北限。正因为这些南北过渡、东西跨越的自然地理特征在科学上的重要价值,《中国生物多样性保护行动计划》将大别山地区列为我国亚热带区域优先保护的 13 个森林生态系统之一,它包括安徽的鹞落坪自然保护区和天马自然保护区、河南的鸡公山自然保护区和董寨自然保护区等。鹞落坪自然保护区地处长江、淮河的分水岭,保护区主峰多枝尖以北归入大别山北坡,以南归入南坡。多枝尖与东北部的大别山最高峰白马尖(海拔 1777 m)遥相呼应。鹞落坪自然保护区与大别山北坡西北面的天马国家级自然保护区和东北面的佛子岭省级自然保护区连为一体。

鹞落坪自然保护区属于森林生态系统类型的自然保护区,这类以森林生态系统和森林野生动植物作为保护对象的自然保护区在我国自然保护区中占有很高的比例,达 50%以上。鹞落坪自然保护区地处北亚热带与暖温带交界处,在我国森林生态系统类型的自然保护区中有一定的代表性。该保护区由原先的集体林区改制而成,政区合一、管理机构较完整,有一定的技术力量。

由于历史的原因,我国许多边远地区和山区由于经济发展比较迟缓而导致贫困;但正是由于贫困和经济不发达,才保存了一些相对完整良好的自然生态系统,因此我国的许多自然保护区特别是一些森林生态系统自然保护区多分布于贫困山区。这些自然保护区内的原住民,他们在生活生产以及经济发展中又多延续了传统的方式,对土地及其他当地资源的依赖性很强。鹞落坪自然保护区与其他许多自然保护区一样,也属于这一类贫困山区,区内人口密度约 50 人/km²,社区发展与保护区管护协调存在矛盾。选择该保护区作为研究对象具有典型意义。自然保护区生态承载力的研究不仅在实践上对于解决自然保护区与社区经济协调发展具有重要意义,而且由于该研究的特殊性也决定其在基础理论研究方面的重要意义。

　　自然保护区的管理在资源与环境领域中占有独特的地位,其经济价值评估是自然保护区管理的重要环节,也是环境资源价值评估的一个方面。通过对生物多样性自然保护区经济价值的评估可使我们认识到,我们可以从保护中得到什么,如果不保护将会失去什么,从而有利于人们了解开发自然的生态、社会、经济代价;有利于自然保护区的管理和建设;有利于将外部效益内部化;有利于制定合理的环境资源价格,为自然生态系统贴上标价签,从而避免过度利用;有利于反映自然保护区全方位的经济价值,提供生态系统功能和服务的价值本底,为自然保护区的合理保护与可持续发展提供可行性依据;有利于为自然保护区的可持续利用提供帮助与指导;有利于调整传统国民经济核算体系,建立绿色国民经济核算体系。本书将着眼点放在自然保护区经济价值评估的研究上,是将生态经济纳入自然保护区管理与规划的关键一步。通过研究自然保护区的经济价值类型、评估理论与方法以及评估指标体系的构建,为我国自然保护区的管理提供指导和参考,具有一定的方法论意义和较高的实践价值。

## 1.3　主　要　内　容

　　在理论与方法研究方面,主要包括自然保护区经济价值评估理论与方法、自然保护区生态承载力与生态足迹分析及自然保护区可持续发展研究。

### 1. 自然保护区经济价值评估理论与方法研究

　　在对自然保护区生物多样性价值的含义、存在基础、分类、特点等一般概念界定、理解的基础上,分析与探讨自然保护区经济价值评估技术的理论基础,研究并确定自然保护区经济价值评估的常用基本方法;在自然保护区间接使用价值评估中选择并确定合适的参数;采用条件价值法评估鹮落坪自然保护区的存在价值,并针对条件价值法的有关难点与不足,提出区域分层随机抽样方法进行改进;分析自然保护区内人类活动的影响,完善自然保护区生态承载力研究的理论;探索森林生态系统类型自然保护区生态承载力的评价方法;探索森林生态系统类自然保护区经济价值评估的指标体系和模型,构建自然保护区经济价值评估的指标体系和评估模型。自然保护区经济价值的评估结果可作为衡量自然保护区可持续性的指标之一。

### 2. 自然保护区生态承载力与生态足迹研究

　　采用生态足迹分析法评估鹮落坪自然保护区的可持续状况:①研究如何划分一个自然保护区要承载自身社区人类生存与发展活动和相关管理活动的生态影响、

保护全球生物多样性与维系周边区域生态系统平衡的任务这两方面的生态承载力的问题;②通过对自然保护区本底状况的调查,生态承载力的研究和社区居民生态足迹分析,以及未来设定情景(采取必要的调控措施)下社区经济发展预测,探索自然保护区建设与区域经济协调发展的途径,为退化生态系统的恢复和区域经济协调发展提出相应的对策,为森林生态系统类型自然保护区提供管理方面的技术依托;为自然保护区内及周边地区社区可持续发展以及自然保护区与社区协调发展提供可借鉴的经验;③建立生态容量模型,进行设定情景的生态容量分析,提出保护区可持续发展的对策措施。生态容量是指一定历史时期、一定技术条件下、一定利用方式下所能承载的人类活动的类型和强度,生态容量可作为生态持续度的度量指标。依据生态足迹分析法,将生态容量归一化为可供的生物生产性土地的数量,以分析自然保护区生态容量的动态变化,寻求提供社区社会经济发展所需要的较大生态容量,提高社区发展的生态持续度,以保证自然保护区的可持续发展。

实证研究对鹞落坪自然保护区的生物多样性价值进行评估,对该保护区的生态承载力和生态足迹进行定量计算,从评价该保护区的可持续发展展开,分析可持续发展对策,具体包括以下内容。

(1)以位于北亚热带向暖温带过渡的鹞落坪自然保护区的森林生态系统为研究对象,采用环境经济学等方法对鹞落坪自然保护区的经济价值进行了全面评估。针对不同的价值类型采用不同的评估方法,以 2001 年、2012 年为典型年,对其经济价值进行全面的评估,得出该保护区典型年的总经济价值,并验证方法与模型的科学性。自然保护区经济价值的评估结果可作为衡量自然保护区可持续性的指标之一。从经济学的角度考察可持续发展,可以将它分为强可持续性和弱可持续性。根据资源总存量变化来考察 4 种资本的比重大小,即自然资本、人造资本、社会资本和人力资本。弱可持续性要求只要保持资本总存量不减少,以上 4 种资本可以任意替代,使得后代人的福利水平不降低;强可持续性要求不同种类的资本要分门别类地加以保持。它强调同类资本之间的替代和不同资本之间的互补。对自然保护区而言,其资源总存量主要为自然资本。假定相对于自然资本,后三种资本可以忽略不计,则无论是按照弱可持续性还是强可持续性的要求,都要满足自然资本总存量不减少的条件,才能保证发展是可持续的。如果以自然保护区提供的生态系统产品和服务作为衡量其自然资本存量的大小,则随着时间的变化生态系统产品和服务应保持在恒定水平或有所提高。

(2)采用生态足迹评估方法对鹞落坪自然保护区进行生态承载力的评估。从消费和生产两个角度分别评估该自然保护区的生态占用;通过比较该保护区建区的 1991 年与 2000 年、2012 年的生态盈亏,评价生态系统的变化趋势;为鹞落坪自然保护区提出社区发展对策和建议,以提高其管理水平。通过对鹞落坪自然保护区经济价值和生态承载力的实例研究，将对我国自然保护区可持续发展和管理水平的提高提供有益的借鉴。

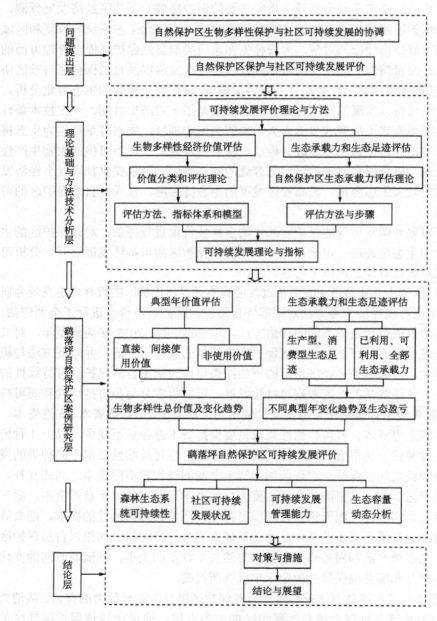

图 1-1　研究路线图

# 1.4　框　架　安　排

本书的研究框架如图 1-1 所示。

第 1 章为绪论,主要为本书的选题背景、研究目的及意义、主要内容和研究区的选择等。第 2 章是国内外相关研究综述和本书的理论基础,分析了相关方面的国内外研究进展,并对其理论基础进行了梳理。第 3 章详细介绍了本书涉及的各种具体方法,并对其进行了分析和评价。第 4 章是鹞落坪自然保护区自然环境和生态系统发展情况的详细介绍。第 5 章对典型年鹞落坪自然保护区生物多样性的直接使用价值、间接使用价值、存在价值进行了评估。第 6 章对鹞落坪自然保护区典型年的生态承载力、生态足迹和生态盈亏展开了全面分析和评估。第 7 章是对鹞落坪自然保护区的可持续发展水平的评价。第 8 章对鹞落坪自然保护区的可持续发展提出了具体的对策与措施。第 9 章为结论与展望,对本书的研究结论进行归纳总结,指出本书研究的创新点及存在的问题,对进一步的深入研究进行展望。

# 第 2 章　研究进展与理论基础

## 2.1　自然保护区价值评估研究进展

### 2.1.1　国外研究进展

　　自然保护区经济价值研究是在自然资源价值研究大背景下逐步展开的，它是自然资源价值研究的一个重要组成部分。环境资源价值估价问题引起了世界各国的高度重视，已有日本、中国、美国、加拿大、法国、挪威等 20 多个国家的政府或研究机构进行了不同程度的研究或探索实践，提供了有益的启示。

　　国外在环境资源价值的理论、方法及应用方面作了大量研究。20 世纪 60 年代，随着生物多样性的迅速丧失，John Krutilla 在《美国经济评论》上发表了"自然保护的再认识"，首次提出了"自然资源价值"的概念，为自然资源环境经济价值的评价奠定了坚实的理论基础（Krutilla and Smith，1998）。美国著名经济学家马歇尔在 20 世纪 70 年代首先提出了生产过程中的"外部不经济性"，将经济效益与生态效益联系起来，认为生产过程中消耗的外部成本，即生态成本，应纳入到国民经济核算中（辛琨和肖笃宁，2000）。1973 年，诺德豪斯和托宾提出用"经济福利准则"修改国民生产总值（GNP），由此引发了对环境资源进行计量的关注（姜文来，1998）。日本自 20 世纪 60 年代末就开始探索森林公益机能的价值评估工作，在 1972 年前就对森林的生态环境经济效益作过评估，在评估过程中使用比较多的价值方法是替代成本法。20 世纪 70 年代以后，随着福利经济学领域对消费者剩余、机会成本、非市场化商品与环境等公共产品价值的思考，环境资源经济价值的评估研究逐步形成了一套比较完整的理论、方法体系。许多学者先后提出多种方案来研究经济活动对环境质量的影响，如赫费德尔和尼斯提出如何利用与污染和控制污染有关的费用及利润来修正 GNP。1977 年联合国在一定程度上接受了对某些自然资源进行核算，但主要是森林和矿产，并提出了对资产进行估价的两个基本原则：①资源资产在市场流通中产生价值；②对即将估价的资产的未来收益流转贴现。如果没有足够市场交易作为估价的基础，可以通过现时的市场价值减去管理和开发成本，然后对其进行贴现而获得（曲格平，1984）。

　　进入 20 世纪 80 年代以后，资源与环境问题更加严重，引起各国政府、多种组织研究机构、环境学家、经济学家的重视。1982 年，Goldsmit 分析了对自然资源没有进行估价的原因主要在于估价方法困难和对此缺乏足够的关注。同年 Ward

指出，矿山部门总盈余中所获得的利润，不仅只代表生产者真正的收入，还包含了"一次性"资金的收益和不可更新自然资源无法挽回的损失，Ward 实质上指出了自然资源的超额利润由于资源的无价被生产者所获得。1983 年，Weiller 认为环境核算的范围包括三个方面：①自然资源的枯竭；②环境自然状态的保护；③污染及其控制。他并没有提出如何对自然资源枯竭进行核算和估价，但是他所提出的范围为环境核算勾画了一个框架，并且从资源经济角度阐述了自然资源枯竭问题的重要性，以及自然资源衰竭对经济的影响（姜文来，1998）。1984 年，Stephen 等尝试了运用损益方法评定环境资源价值（Kellent，1984），但他偏重于野生生物。1986 年 Loomis 对费用–效益评价野生生物和环境价值的现状进行了详细的分析（Loomis et al.，1986）。1987 年，罗伯特（Robert）提出了自然资源估价准则，认为经济收益是估价自然资源的中心问题。在同一年，Ellis 等将环境作为输入量进行估价（Ellis et al.，1987）。他认为，在生产商品时应考虑环境输入量的价值，将环境作为最终产品直接予以估算，并将环境变化对产品收入的影响作为价值变化的尺度。其实质强化了环境与经济之间密切的相互依赖关系。

进入 20 世纪 90 年代以后，生物多样性和生态系统服务的价值评估方法的研究受到了许多学者的重视，如不同生物资源的经济评价方法（Pearce and Moran，1994）、自然保护区的经济评价方法等。Gowdy 论述了生物多样性对人类的市场价值和非市场价值、生物多样性对生态系统的价值，强调生态系统服务的市场交换价值虽可证明生物多样性保护措施的正确性，但通过市场交换的那一部分生态服务价值仅为生物多样性总价值很小的一部分，人类并不清楚生物多样性总价值的大部分，其最高级别的价值稳定了人类的生命支持系统的稳定性（Gowdy，1997）。Pimentel 认为有许多方法可以评价生物多样性给人类带来的利益：一种是给出关于生态系统的最佳估算；另一种是评价人类对维持生物多样性的支付意愿（WTP）（Pimentel，1998）。基于生态系统进入 GDP 账户的可能性，Alexander 等通过假定一个在全球经济中拥有所有生态系统的独占者，测算其在生态系统市场突然建立后所能获得的最大收益，以此来评价未来有可能包含在 GDP 账户中的生态系统服务经济上的逻辑价值（Alexander et al.，1998）。基于物流和能流，Klauer 也给出了一种生态系统和经济系统类比估算自然商品价值的方法（Klauer，2000）；Woodward 等则在阐述湿地提供的生态功能和生态服务，并系统总结多年来湿地生态系统服务功能的价值评价案例及方法的基础上，提出了一个非市场价值评价的工具——复合分析（meta-analysis），同时指出了以往多个湿地研究案例中价值估算出现偏差的原因及其影响湿地价值估算的因素（Woodward and Wui，2001）；Hannon 试图设计一个与经济体系充分一致的生态账户体系，通过恰当地定义"流"，把两个系统连接成一个共同的体系，在当生态系统的演化能够用经济术语描述时，系统中的生态价格就可以估计并可以得到一个生态经济输出的单一测度（Hannon，

2001）；Gram 在分析计算森林产品中被人群利用部分的经济价值时所采用的不同方法的优、缺点的基础上，给出了一种综合的计算方法（Gram，2001）。

在对评估方法和理论研究的基础上，国外学者还开展了大量实证研究。据Pearce 等估计，全世界在 1980 年从荒野地物种中提取的药物的经济价值超过 $40 \times 10^9$ 美元/年，每公顷热带雨林的药材植物产量的价值为 262~1000 美元（Pearce，1995）。美国种子产业部对从第三世界国家的植物中提取出来用于繁殖的基因（小麦、玉米、大米）的价值进行估计，认为可产生 $2 \times 10^9$ 美元/年的价值；美国农业部估算认为，植物基因资源使生产力每年约提高 1 倍，总价值超过 $1 \times 10^9$ 美元/年。Laird通过调查发现，利用者对每个就地采集的样品的支付意愿为 50~200 美元，其中还包括人工采集样品的成本。野生动物也能够提供巨大的生态服务功能（Reid et al.，1993）。Prescott-Allen 等估算了北美野生和半野生动植物的货币价值，认为其价值约为美国和加拿大国民生产总值（GNP）的 4%（Prescott-Allen et al.，1986）。

Pimentel 等估算出世界生物多样性在废物处理、土壤形成、氮固定、化学物质的生物去除、授粉等 18 个方面的经济价值为 2.928 万亿美元/年，美国生物多样性的经济和环境效益为 3190 亿美元/年（Pimentel et al.，1997）。国际上已开展了较多的对森林生态系统的单项服务和景观价值的研究，如 Peters 等对亚马逊热带雨林的非木材林产品的价值评估（Peters et al.，1989），Tobias 等和 Maille 等对热带雨林的生态旅游价值的研究（Tobias and Mendelsohn，1991；Maille and Mendelsohm，1993），Hanley 等对森林的休闲、景观和美学价值的研究（Hanley and Ruffell，1993）。

Scarpa 等通过大规模的问卷调查资料分析表明，将森林生态系统设为自然保护区，明显地增加了游人的支付意愿（Scarpa et al.，1999）。Loomis 等采用条件价值法研究了 5 个位于被破坏河流盆地恢复生态系统的经济价值（Loomis et al.，1986）。Castro 首次以哥斯达黎加为例估算热带森林的总经济价值，包括使用和非使用价值，其中得到野生生物区的单位面积平均净价值为 1278~2871 美元/年，总价值为 $1.7 \times 10^9$~$3.7 \times 10^9$ 美元，其中 66%的效益具有全球性（Castro，1994）。

印度尼西亚在给联合国的生物多样性的国别报告中对该国生物多样性的经济效益进行了初步评估，其中包括森林的直接经济价值、间接经济价值、农业和农林业的经济价值、沿海生态系统和湿地生物多样性的经济价值等方面。挪威在给联合国的生物多样性的国别报告中对该国生物多样性的经济效益进行了初步评估，生物多样性的总体价值为 31 737×$10^6$ 挪威克朗（按 1990 年挪威克朗计）。瑞典在给联合国的《生物多样性国别报告》中对该国生物多样性的经济效益进行了初步评估，在保护农业环境或森林方面开展的几项捐助意愿调查中，评出的价值超过了该地区传统农业或林业的经济产出值（王健民和王如松，2001）。Tobias 等从不同角度探讨热带雨林的生态经济价值，并提出了热带雨林可持续发展的方案；

Peter 等进行了濒危物种管理的经济价值研究（李文华等，2002）；Gren 等对多瑙河冲积平原生态系统的经济价值作了研究（Gren et al.，1995）；Costanza 等评估了全球生态系统服务功能的经济价值（Costanza et al.，1997）。Pimentel 等人估算美国境内和全球范围内所有生物及基因带来的经济和环境利益为 3000 亿美元/年和 30000 亿美元/年（Pimentel，1998）。Lockwood 则对单一物种的综合生态价值进行了评价（Lockwood，1998）；Acharya 对湿地在补给和维持地下水资源方面的作用及其间接价值进行了评估（Acharya，2000；Kontogianni et al.，2001）；2000 年日本林野厅对其境内的森林公益机能价值重新进行了评价，包括水源涵养等 6 大类服务功能，得出了总额约 7500 万日元（约 500 万元人民币）的总价值（和爱军，2002）。

　　总体上来看，国外生物多样性经济价值评估研究的广度和深度随着自然保护事业的逐步发展得到不断加强，已基本建立起生物多样性经济价值研究的理论和方法框架。目前，国外的研究正向生态系统及景观的生态服务功能价值研究方向发展。研究者们对生态系统层次的经济价值评估技术给予了特别的关注（Barbier et al.，1994）。美国生态学会组织了由 Gretchen Daily 负责的研究小组，对生态系统服务功能进行了系统的研究，形成了能反映当前这一课题研究最新进展的论文集（Daily，1997）。尽管条件价值评估法（CVM）存在一些不足，但国外学者仍普遍认为，要想对生物多样性的全部经济价值进行评估，唯一可行的方法就是 CVM。尽管 WTP 或接受补偿意愿（WTA）量值的可信度远不如市场价格，但由于它们出自价值享用者自己，所以仍具有相当的客观性。今后对该方法的有效性以及如何使误差降到最小的研究仍具有重要意义。

　　不可否认，国外生物多样性经济价值评估研究也存在很多问题。例如，对生物多样性总经济价值的估算，采取分类计算各类价值然后加总的办法进行，这种方法的主要问题是割裂生物多样性各部分之间的有机联系和复杂的相互依赖性（徐嵩龄，2001）；由于缺少对生物多样性整体功能的研究，特别是定量的研究，对公共物品价值的评估存在许多理论和方法上的困难；生态学家与经济学家还没有对各种价值分量的概念和计算方法达成共识，极需制定生物多样性价值评估的统一标准、确定生物多样性经济价值的合理分类、单位价格的量化方法、数据标准化等。

## 2.1.2　国内研究进展

　　随着经济的飞速发展，人类社会向自然环境索取的广度和深度不断加强，同时由于缺乏有效的保护管理机制，掠夺性地开发产生了一系列的环境问题，严重地威胁了人类的生存环境，也制约了社会经济的进一步发展。在这种情况下，人们对自然资源环境进行了重新认识：有限的自然资源如何充分合理的使用、如何保护并维持自然资源本身再生产的问题引起广泛关注。为此，我国在自然资源的经济价值理论和经济价值评估方面做了很多研究。

在理论和方法研究方面，自 1985 年起，我国学术界就自然资源有偿使用和价格问题发表了一系列文章，这标志着我国自然资源价值研究已经开始。起初自然资源有偿使用的探讨着重于石油、天然气、土地、矿产等资源，对于生物资源有偿使用的研究涉及的不多，其主要原因在于长期受生物资源是"取之不尽、用之不竭"的传统观念影响。以于光远、薛葆鼎、许涤新等为首的经济学家于 20 世纪 70~80 年代倡导建立环境经济学。于光远在《环境问题、环境工作和环境科学》一文中提出了可采用"影子价格"及"级差地租"给环境资源定价。随后，成立了两个资源价值理论研究课题组，其一是李金昌主持的"资源核算及其纳入国民经济核算体系研究"课题组，其二是胡昌暖主持的"资源价格研究"课题组。课题组先后出版了两部专著：《资源核算论》（李金昌，1991）、《资源价格研究》（胡昌暖，1993）。李金昌认为，自然资源的价值由两部分组成，即未经人类劳动参与的天然产生的那部分价值（即自然资源本身的价值）和人类劳动投入产生的价值，并设想在财富论、效用论和地租论"三论"的基础上确定自然资源价值观和自然资源价值论。胡昌暖从马克思的地租论出发探讨了资源价格的实质，认为资源价格是地租的资金化，他分析了资源价格形成的机制、形式、资源价格对价格体系、国民收入的再分配和价格总水平的影响以及资源价格实现的条件（胡昌暖，1993）。

与胡昌暖的观点相反，王彦认为，自然资源价格的确定不能简单地套用马克思的地租论中所提出的土地价格公式，这主要是由于自然资源的种类不同，数量不同，而且各种自然资源特性不同（王彦，1992）。吴军晖分析了自然资源价值中劳动价值论与效用价值论的争论，他认为，对天然资源如何定价，马克思的劳动价值论是解决不了的，但现实的决择必须承认资源的有价性，必须确定合理的资源价格，他亦将马克思的土地价格理论加以推广，并认为天然资源的租金由供求关系决定，而不是由其所包含的劳动来决定的（吴军晖，1993）。

关于自然资源价值的研究，已从马克思的劳动价值论和西方效用价值论向多层次扩展。车江洪认为自然资源的价值问题应该从社会生态经济再生产的角度，应用马克思的再生产劳动价值理论来研究，自然资源的价值是由再生产其使用价值所必需的社会必要劳动时间决定的（车江洪，1993）。黄贤金在深刻分析马克思的劳动价值基础上，提出了自然资源二元价值论，即认为自然资源物质无价值，自然资源资本具有虚幻的社会价值，由此提出了自然资源稀缺价格理论，即自然资源价格具有二元性，它是由虚幻性和真实性构成的，虚幻性是由自然资源物质的无价值和社会支付自然资源资本过多的价值决定的，真实性则是由自然资本个别劳动价值决定的，自然资源价格是卖方价格即供给价格，对其估价不能就资源论资源（黄贤金，1994）。

　　1987 年，李金昌等翻译了美国世界资源研究所雷佩托（Repetto）博士的《关于自然资源核算与折旧问题》、《挪威的自然资源核算与分析》及洛伦兹的《自然资源核算与分析》等研究报告，同时李金昌等还撰写了《实行资源核算与折旧很有必要》《资源核算应列入国民经济核算体系》等系列论文，极大地推动了我国资源核算工作，开辟了我国资源价值研究的新领域。自 1988 年开始，国务院发展研究中心得到美国福特基金会的资助，开展了系统的自然资源核算研究，建立了自然资源实物核算及价值核算体系，完成了对矿产资源、土地资源、水资源、森林资源及草原资源的初步核算结果或案例，其成果集中体现在《资源核算论》中，并翻译成英文 *Natural Resource Accounting for Sustainable Development* 同国外进行了广泛交流，得到有关专家的极大关注，获得高度评价。

　　生态系统服务功能及其经济价值的研究是生物多样性经济价值评估的一部分。生态系统中某一种资源生物的生存及功能表达，均离不开系统中生物多样性的辅助和支撑，评价该生物资源的价值，基本上反映了系统中生物多样性的价值。从另一角度看，生态系统及其过程所形成的维持人类赖以生存的自然环境条件与效用被称为生态系统服务功能，它取决于生物多样性。因此，生态系统服务的价值基本上等同于生物多样性的价值。

　　对生态系统服务功能的研究主要是利用经济学、生态学相结合，多学科交叉来研究生态系统服务功能（李文华，2008）。在这一阶段的研究主要可以分为四个研究方向：生态系统服务分类、生态系统服务的形成及其变化机制、生态系统服务价值化、生态系统服务价值评价方法（谢高地等，2006）。

　　自 20 世纪 80 年代初开始，我国的生态系统服务功能及其价值评价工作首先进行了森林资源价值核算的研究。1982 年，张嘉宾等利用影子工程法和替代费用法估算云南怒江、福贡等县的森林固持土壤功能的价值为 154 元/（亩[①]·年），森林涵养水源功能的价值为 142 元/（亩·年）；中国林学会在 1983 年开展了森林综合效益评价研究（李文华等，2002）；侯元兆第一次比较全面地对中国森林资源价值进行了评估，其中包括三种生态系统服务功能——涵养水源、防风固沙、净化大气的经济价值，并首次揭示了这三项功能是活立木价值的 13 倍（侯元兆，1995）；20 世纪 90 年代中期，我国学者开始进行了比较全面的生态系统服务功能及其价值评价的研究工作，欧阳志云等以海南岛生态系统为例，开展了生态系统服务功能价值评价的研究工作，在此基础上，他们又对中国陆地生态系统的服务功能价值进行了初步估算（欧阳志云等，1999；肖寒等，2000）；周晓峰等利用生态定位观测资料对黑龙江省及全国的森林资源生态系统公益价值进行了估算

---

① 1 亩≈666.7m²

（周晓峰和蒋敏元，1999）；郭中伟等在大量实地观测的基础上，对神农架地区兴山县的森林生态系统服务功能进行了系统评估（郭中伟和李典谟，2000）；薛达元首次采用条件价值法完成了长白山自然保护区生物多样性经济价值评估的案例研究（薛达元，1997）；蒋延龄等利用第三次全国森林清查资料，并沿用 Costanza 等的 16 个生态系统的分类系统和 17 大类服务功能及其价值计量参数，估算了我国 38 种主要森林类型生态系统服务功能的总价值（蒋延龄和周广胜，1999）；陈仲新等也完全沿用 Costanza 等的价值评估方法对中国生态系统效益的价值进行了估算，并与世界生态系统服务功能总价值进行了对比，同时对我国各省区生态系统服务价值进行了计算、排序和对比分析（陈仲新和张新时，2000）；宗跃光等从不同土地利用方式产生不同价值量的角度出发，对区域生态系统服务功能价值评价体系及其估价方法进行了研究，并将 Costanza 等单纯自然资本的测算推广到自然资本、经济资本和社会资本的综合测算，以衡量区域综合经济可持续发展状况（宗跃光等，2000）；谢高地等对全国自然草地生态系统服务价值进行了估算，他们将全国草地生态系统根据土地覆盖区分为温性草甸草原等 18 类生物群落，按 17 类生态系统服务功能逐项估计各类草原生态系统的服务价值，得出全国草原每年的服务价值为 $1497.9 \times 10^8$ 美元（谢高地等，2001）。李金昌等出版了《生态价值论》，该书以森林生态系统为例，全面总结了森林生态服务价值计量的理论和方法，并提出了用社会发展阶段系数来校正生态价值核算结果（李金昌等，1999）。1995~1997 年进行的"中国生物多样性国情研究"项目，也对生物多样性经济价值进行了探索，完成了中国生物多样性经济价值评估的初步研究。此外，张建国等（1994）、侯元凯和张莉莉（1997）先后进行了一些森林资源价值核算的案例研究和理论思考（李文华等，2002）。鲁春霞等、张颖分别对河流、森林生态系统的经济价值进行了评估，为我国生物多样性经济价值的评估做出了积极的贡献（鲁春霞等，2001；张颖，2001）。李文华等（2009）对中国生态系统服务的研究进行了回顾与展望，同时也指出了中国生态系统服务功能的研究目前所存在的问题。既全面研究评估了我国生态系统服务的价值，提高了公众的生态保护意识，为我国生态系统保护政策制定提供了理论依据，评估方法逐步规范化，也存在一些问题，其中主要有：①生态功能测算缺乏科学的研究基础；②价值评估方法的不一致性与重复计算；③非市场部分价值的不确定性；④价值评估结果与实现经济政策和政府间存在矛盾。

　　我国的资源核算理论研究与实践是紧密结合在一起的，其中森林资源核算及其纳入国民经济核算体系研究最为深入。李金昌等（1999）曾以白山市森林资源为例进行了实践应用研究，取得了比较好的效果。但由于自然资源价值理论方面的研究尚未完全进行彻底，因此应用方面的研究成果还很少见，只有零星的、或者阶段性研究成果。

与国外相比，我国生物多样性经济价值评估的研究在理论、方法上还存在很大差距。在理论研究上，往往直接应用国外的理论和方法，没有形成自己的评估理论和方法体系，有些甚至直接照搬其参数。如果将在某一尺度、某一地区上估算的结果直接外推到更大尺度、更多地区的生物多样性价值上时，必然导致估算结果的误差。原因在于生物多样性的许多服务和功能是由地区性因素来决定的，因此在某一尺度或地区估算得到的值不能只是简单通过面积指数外推到另外一个尺度或全球，也不能将两个独立的估算值简单地相加。生态系统的各种物理、化学和生物过程与其物种及其生境相互联系，用一种线性的相加法则来处理这种复杂的关系，忽视生物多样性每个组分间的联系和反馈其评估结果。另外，市场价格和 WTP 与当地或所在国的经济社会发展水平密切相关，只能做到地区或个别统一。在评估技术上，由于受我国经济、社会、公众心理特征等因素的影响，在国外广泛应用的旅游价值法、条件价值法在我国生物多样性经济价值评估中应用的较少，特别是条件价值法仅见于个别案例（徐慧和彭补拙，2003a）。

## 2.2　生态承载力研究进展

### 2.2.1　国外研究进展

在经典生态学领域中，Holling 是较早提出生态承载力概念的学者，它对生态承载力的定义是：生态承载力是生态系统抵抗外部干扰，维持原有生态结构和生态功能以及相对稳定性的能力（Holling，1973）。从理论上讲，生态承载力是生态系统在不改变原有稳定状态的前提下所能承受的干扰的强度，但在实际研究中，通过破坏某一生态系统原有的稳定状态来测定生态承载力的代价是很大的，也是不现实的。因此，从一开始，数学模型在生态承载力的研究中就占据了重要地位（Peterson，2002）。分岔理论（bifurcation theory）、随机景观模型（stochastic landscape models）等是常用的方法（Rinaldi and Scheffer，2000）。

在人类生态学或社会生态学领域中，人们更加关注人类活动对生态系统的影响，或者说生态系统对人类活动的承载能力，强调以生态系统整体为研究对象。国际上突破以土地所能负担的人口数量来表示土地承载力的研究思路，采用系统论和控制论的相关观念研究承载力于 20 世纪 70 年代取得了进展。罗马俱乐部 1972 年在《增长的极限》中，采用系统动力学模型构建、调试和运行了"世界模型"。从而得出这样的结论：如果世界人口、工业发展、环境恶化速度、粮食生产及资源消耗按照当时的增长趋势维持不变，经济增长将于 21 世纪中期之后达到极限，转为无法逆转的衰退和下降，只有通过调控经济增长和人口增长速度达到全球均衡状态才可以避免出现这种情形（Meadows et al.，1972）。

　　Verhust 首先用逻辑斯蒂方程来描述马尔萨斯的"资源有限并影响人口增长"的观点。用容纳能力指标反映环境约束对人口增长的限制作用可以说是现今人类生态学领域人口承载力研究的起源（Hardin，1986）。

　　20 世纪 70 年代以后，人口、资源、环境等问题日益严重，在人口急剧增长和需求迅速扩张的双重压力下，以协调人地关系为中心的土地承载力研究再度兴起。70 年代初，澳大利亚的科学工作者 Millington 和 Gifford（1973）采用多目标决策分析方法，从各种资源对人口的限制角度出发，讨论了该国的土地承载力状况。1977 年，联合国粮农组织（FAO）主持了发展中国家和地区土地人口承载力问题的研究。研究结果表明，到 20 世纪末，如果继续使用传统的耕作方式，发展中国家和地区拥有的全部可垦土地资源就只能勉强养活预期人口，其中无法依靠本国土地资源养活预期人口的国家为 64 个。这一结论引起了各国政府和社会各界的广泛关注。对人口容量或人口承载力的定义，迄今为止，国际组织和学术界所下的定义多达 26 种（Cohen，1995）。国际人口生态学界的定义：世界对于人类的容纳量是指在不损害生物圈或不耗尽可合理利用的不可更新资源的条件下，世界资源在长期稳定状态基础上能供养的人口大小。这种定义主要把资源作为人口容量的决定因素。联合国教科文组织的定义：一国或一地区在可以预见的时期内，利用该地的能源和其他自然资源及智力、技术等条件，在保证符合社会文化准则的物质生活水平条件下，所能持续供养的人口数量。该定义在强调自然资源的同时，也考虑到技术条件，比以往的定义更全面具体一些（陈卫和孟向京，2000）。

　　鉴于土地承载力研究仅限于土地资源生产能力，特别仅限于粮食生产与人口发展之间的协调关系，具有很大的片面性。20 世纪 80 年代初，在联合国教科文组织（UNESCO）的资助下，开展了包括能源与其他自然资源，以及智力、技术等在内的资源承载力研究。该研究中英国科学家 Sleeser 教授提出了一种计算区域资源环境承载力的方法，即 ECCO（enhancement of carrying capacity options，提高承载能力的优化方案）模型。这项研究强调从整体上进行资源环境承载力的研究，综合考虑人口-资源-环境-发展之间的相互关系，以能量为折算标准，建立系统动力学模型模拟不同发展策略下人口与资源环境承载力之间的关系，从而确定区域长远发展的优选方案。该方法研究的承载能力不仅仅考虑了土地资源的承载力，而且考虑了能源与其他自然资源的承载力，同时也考虑了智力和技术条件对承载力的影响。该模型在肯尼亚、毛里求斯和英国等国家进行实际应用，取得了较好成效（UNESCO and FAO，1985；Slesser，1992）。

　　加拿大生态经济学家 Rees 及其学生 Waekernagel 教授和 Wada 博士于 1992年提出"生态足迹"的概念，并于 1996 年完善了这种核算地区、国家或全球自然资源利用状况的方法，使用非货币度量单位（生物生产性土地面积）来衡量区域或生态系统的承载力（Wackernagel and Rees, 1997）。生态足迹（ecological footprint）

是指在一定的人口和经济规模条件下，维持资源消费和废弃物吸收所必需的具有生物生产力的土地面积。该方法一经推出，就受到广泛关注，许多研究者都把这一方法引入自己的研究。该方法通过对人类利用资源的状况和自然环境提供资源能力的差距的测量，来反映人类所处生态系统的运行状况。

生态足迹概念的提出和应用基于两个基本事实：第一，人类可以对其消耗的大部分资源和产生的废物进行追踪；第二，大部分资源和废物流可以转化计算为可提供这些功能的具有生物生产力的土地面积。因此，通过生态足迹的计算可以揭示人类利用了多少自然资源；并从自然所能提供的产品和服务计算生态承载力的大小。这两者之间的差值则表现为生态赤字或生态盈余，以此为指标来评价研究对象可持续发展的状态和趋势。

在各种自然资源中，土地资源具有特殊重要性：一方面，土地本身作为主要的自然资源之一，直接为人类生产生活所利用；另一方面，土地又是其他几乎所有自然资源的基本的物质载体。土地的概念是发展的，现在我们通常把土地看作是"地表上下一定幅度的空间及其中的自然物和经济物所组成的自然-经济综合体"。生态足迹概念以土地面积作为生态承载力的度量单位，抓住了构成生态系统的两个方面之一——"生境"的本质，比 ECCO 能量的概念更加具体，因而更易被决策者及公众接受。

### 2.2.2　国内研究进展

1986 年全国农业区划委员会委托中国科学院国家计划委员会自然资源综合考察委员会开展了"中国土地资源生产能力及人口承载量研究"，该项目于 1991年完成（陈百明，1991）。作为我国迄今为止最为全面的土地承载力方面的研究，从"资源-生态-经济"角度，立足于资源的可获得性，应用系统工程方法进行综合动态平衡研究，阐明了不同地区资源组合特点及其生产能力，寻求土地优化利用的途径和措施，估算了短、中、长三个时间尺度的以行政区划为单位的区域土地承载力。该研究在生产潜力估算方面，采用了联合国推荐的区域生态法，同时在局部区域尝试使用系统动力学方法以及迈阿密法。这项研究成果对于指导全国的农业生产、人口发展和土地利用，制定区域发展战略具有重要的意义。此外，还有 1989 年由联合国粮农组织与国家土地管理局合作，1994 年完成的"中国土地的人口承载潜力研究"。该研究项目的范围包括一个国家级和两个省级研究，分土地资源清查、作物和草地适宜性评价、土地生产潜力评定、人口承载力评定和政策分析五个阶段进行。该研究应用农业生态区法，在土地资源清查的基础上，探讨在不同投入水平下，全国和各地区土地的生产潜力和人口承载潜力。然而土地承载力研究基本立足点仍为单一要素资源承载力，不能说明生态系统或区域承载力的全部内容。

　　北京大学王学军提出了"地理环境人口承载潜力"的概念，尝试将承载力的范畴从土地单一要素扩展到用"土地环境"代替的多要素范畴（王学军，1992）。该研究通过构建评估指标体系，采用层次分析法获得选取指标的权重，从自然、社会、经济三个层面评判了中国各省的地理环境承载潜力。

　　同期，基于环境容量的环境承载力概念得到了应用。环境容量是按环境质量标准确定的一定范围的环境所能承纳的最大污染负荷量。因而环境容量本质上就是环境目标管理的依据和环境规划的约束条件，代表了环境承载力的物质条件。华东师范大学彭再德等以上海浦东地区为例，评估了区域环境对经济社会活动的承载能力（彭再德和杨凯，1996）。北京大学唐剑武等使用类似的概念和方法进行区域环境承载力的理论探讨和实例研究，为区域环境规划和环境利用方案的优化提供了科学依据（唐剑武和郭怀成，1997）。

　　近年来，环境概念的外延有扩大的趋势。针对这一趋势，刘殿生（1995）提出了"环境综合承载力"的概念，环境综合承载力由一系列相互制约又相互对应的发展变量和制约变量构成，主要包括：①自然资源变量：水资源、土地资源、矿产资源、生物资源的种类、数量和开发量；②社会条件变量：工业产值、能源、人口、交通、通讯等；③环境资源变量：水、气、土壤的自净能力。曾维华、唐剑武、彭再德等学者也认为仅仅通过环境容量来衡量环境承载力具有局限性，主张在研究环境承载力时要考虑更多的因素，并对此在理论上进行了相应的探讨（唐剑武和叶文虎，1998；唐剑武和郭怀成，1997；唐剑武，1995；曾维华等，1998，1991；彭再德和杨凯，1996）。

　　王家骥是国内较早开展生态承载力研究的学者，在黑河流域生态承载力估测一文中（王家骥和姚小红，2000），第一次明确提出了"生态承载力"的概念。王家骥认为：地球上不同等级的自然体系均具有自我维持生态平衡的功能，然而，自然体系的这种维持能力和调节能力是有一定限度的，也就是有一个最大容载量（承载力），超过最大容载量，自然体系将失去维持平衡的能力，遭到摧残或归于毁灭。生态承载力是自然体系调节能力的客观反映。但生态系统和物理系统有所不同，物理系统有一个承受点或断裂点，外力超过断裂点则稳定状态被毁坏，不再回到最初状态；而对生命系统来讲，在超过断裂点之后，系统将被新的平衡取代，由高一级别的自然体系（如绿洲）降为低一级别的自然体系（如荒漠）。这主要是因为生命系统在条件变化时自身具有可调整能力，通过繁殖、遗传变异、自然选择等可以适应变化，使自然体系具备恢复能力。这种观点与国外学者提出的生态系统多重稳定性的假设有相似之处。

　　在生态承载力的评价方法上，王家骥提出通过第一性生产力来确定系统的生态承载力。生态承载力由于受众多因素和不同时空条件制约，直接模拟计算十分困难。但是，特定生态地理区域内第一性生产者的生产能力是在一个中心位置上下波动的，而这个生产力是可以测定的，同时可与背景（或本底）数据进行比较。偏离中心位置的某一数值可视为生态承载力的阈值，这种偏离一般是由于内外干扰使某一等级自然体系变化（上升或下降）成另一等级的自然体系，如由绿洲衰退为荒漠，或由荒漠改造成绿洲。因此，可以通过对自然植被净第一性生产力的估测确定该区域生态承载力的指示值，而通过实测，判定现状生态环境质量偏离本底数据的程度，以此作为自然体系生态承载力的指标。

高吉喜从可持续发展理论探索的高度较为系统地归纳并提出了生态承载力的理论和方法，并应用于黑河流域的可持续发展研究（高吉喜，2001）。该项研究具有较高的综合性，以资源承载力作为生态承载力的基础条件，环境承载力作为约束条件，生态弹性力（生态系统自我维持、自我调节及其抵抗各种压力和扰动的能力）作为支持条件，从而将生态承载力的概念和研究方法提升到包括资源、环境与人类系统在内的生态系统基础之上。

张传国等提出了绿洲系统"三生"承载力的概念，即绿洲系统的生态、生产、生活承载力。一系列文章对"三生"承载力的内涵、驱动因素和评价指标体系进行了深入探讨指出，绿洲生态承载力是绿洲系统承载力的基础，是指在不危害绿洲生态系统的前提下的绿洲资源与环境的承载能力和由资源和环境承载力决定的绿洲系统本身所表现出来的弹性力大小（张传国等，2003，2002；张传国，2001）。绿洲生态承载力通过资源承载力、环境承载力和生态系统的弹性力来反映。绿洲系统资源承载力的大小取决于绿洲系统中资源的丰富度、人类对资源的需求以及人类对资源的开发利用方式。绿洲系统环境承载力的大小取决于一定环境标准下的环境容量。绿洲生态系统的弹性力通过弹性力限度与强度来反映，绿洲系统弹性力限度是指绿洲生态系统的缓冲与调节能力大小，而弹性强度是指绿洲系统实际或潜在的承载能力大小。绿洲系统生态承载力以人均水资源、人均耕地面积、人均自然资源综合指数、荒漠化指数、森林覆盖率、"三废"处理率等主要指标来表征和衡量。

李晓文等（2001）在辽河三角洲滨海湿地景观研究中对生态承载力的定义是"在无狩猎等干扰下种群与环境所达到的平衡点"，并将种群密度作为生态承载力的衡量指标。并在此基础上，提出了三种种群密度阈值：存在密度（subsistence density）、容忍密度（tolerance density）和安全密度（security density）。根据研究目的的不同，可以将不同的密度阈值作为生态承载力的阈值。存在密度是指仅由食物资源限制的非狩猎性种群的数量，以 Logistic 模型表示则存在密度是处于饱和期的密度，此饱和期的密度即为生态承载力，由于存在密度是生态密度的极点，所以种群质量和生境状况相对较差，种群的繁殖率低；容忍密度是在以种内行为和（或）生理机制为调节种群数量的主要机制时生境可以维持的动物数量，在 Logistic 模型中容忍密度是指处于曲线顶点处的密度，容忍密度对占区的动物具有特殊意义，处于容忍密度水平上，种群中所有动物也许都处于良好的状态，或许存在等级性的差别，也就是说，等级序位低的和那些没有占区的动物的状况最差，这些个体的生殖率及存活率较低；安全密度是在动物所需生境因子能够减轻捕食强度时，生境能够维持的动物数量，这些需求因子为隐蔽物、隐蔽物的散布形式和空间格局，假如空间是限制因子，则安全密度就是容忍密度。在安全密度之上，种群中个体间的社会不相容性可能会使一些动物离开安全生境，则这些个体被捕杀的几率也就增高了。

除此以外，李金海（2001）以丰宁县为例，对生态承载力的概念和估测方法进行了分析，研究了确定自然系统最优生态承载力的依据。王景福等以涪江流域绵阳段为例，利用层次分析法和 GIS 对该流域的生态弹性度、水资源承载指数、水环境承载指数和水资源承载压力度进行分级评价，在此基础上，进一步对流域的生态承载力进行了综合评价（王景福等，2003）。

生态足迹方法于 1999 年引入我国，其有关的研究工作也同时得到展开。杨开忠、张志强等对生态足迹方法及其指标进行了介绍（杨开忠等，2000；张志强等，2000）。国内一些学者尝试采用生态足迹分析的理论与方法，从不同的角度研究区域的生态承载力，并取得了一些实证成果。例如，张志强等计算了中国西部 12 个省区的生态足迹（张志强等，2001）；徐中民等计算了张掖地区 1995 年、甘肃省 1998 年和中国 1999 年的生态足迹，在国内最早开展了生态足迹指标的实证应用研究（徐中民等，2002，2001，2000）。这些研究对推动我国生态承载力的研究、区域可持续发展模式及战略探索起到了积极的作用。生态足迹分析方法可以将复杂的系统参数归纳至土地面积一个指标，直观上通过区域人地关系的评判反映生态承载力和承载状态。近年来，刘某承等（2010）计算了我国 1949～2008 年的生态足迹，并对未来 20 年的生态足迹进行了预测，结果发现，新中国成立 60 年以来，中国的人均生态足迹在小幅波动中不断上升，人均生态承载力不断下降。刘东等（2012）系统分析了我国县域尺度生态承载力的供需平衡状况，指出中国生态承载力供需平衡以生态赤字区为主，不足 1/5 的人口分布在约 2/3 表现为生态平衡或盈余的国土面积上，生态承载力表现为从东南到西北呈现出从严重超载到富裕有余的态势。

在应用生态足迹法对自然保护区的可持续发展能力及保护战略进行研究时，以"生态足迹"和"自然保护区"为关键词在中国知识资源总库中搜索所得的文章多为 2005 年及以后发表的。国内学者多以发展当地旅游业为目的，利用生态足迹法评估生态旅游中的旅游资源容纳能力。事实上，生态足迹由于可操作性强，以及具有很强的可复制性，在可持续发展研究中日益受到重视，日益成为衡量区域可持续发展能力的主要方法之一（胡世辉，2010）。

### 2.2.3 生态足迹分析法的研究进展

20世纪90年代初,生态足迹的理论及模型由加拿大的生态经济学家教授Rees最早提出,又经过他的博士生 Wackernagel 的改进,得到了非常广泛的关注和应用。由于生态足迹的综合、直观和量化的特性,近年来在衡量区域可持续发展状态的研究中应用非常广泛。目前,RP（Redefining Progress）和 WWF（World Wide Fund for Nature）这世界两大非政府机构都会定期发布一次世界各国的生态足迹研究结果。

Wackernagel 等运用这一方法对世界上的 52 个国家和地区 1996 年的生态足迹进行了计算（Wackernagel et al.，1997）。这 52 个国家和地区包括了世界经济论坛全球竞争力报告中涉及的 47 个国家,涵盖了世界 80％的人口和 95％的总产出,它们对全球的可持续发展举足轻重。结果表明,所计算的 52 个国家和地区中只有 12 个是处于生态盈余状态,这 52 个国家和地区总的生态足迹已经超过了其生态承载力的 35％。在 Wackernagel 等的计算结果中,美国、中国、俄罗斯、日本、印度的生态足迹依次排在前 5 位。其中,中国和印度人均生态足迹虽然分别只有 1.2 hm²/人和 0.8 hm²/人,低于世界 2.3 hm²/人的平均水平,但因人口规模很大,所以总的生态足迹很高,对生态环境影响很大;而其他 3 个国家,虽然人口规模远低于中国和印度,但人均生态足迹很高,所以总的生态足迹也很高,对生态环境影响同样很大。中国 1996 年的人均生态足迹是 1.2 hm²/人,而其人均生态承载力是 0.8 hm²/人,人均生态赤字为 0.4 hm²/人（叶文虎和全川,1997）。

Folke 等于 1997 年计算得出,欧洲波罗的海流域 29 个城市的生态足迹至少是这些城市面积的 565~1130 倍（Barbier et al.，1994）;全球 744 座大城市中生活的占全球 20％的人口的海产品消费占用了全球 25％的生产性海洋生态系统,要消纳这些城市产生的 $CO_2$ 需要全球森林全部汇碳能力再增加 10％。Vuuren 等计算并分析了贝宁、不丹、哥斯达黎加、荷兰等国的生态足迹（Vuuren and Smeets，2000）。Stöglehner 评估了奥地利 Freistant 地区的可持续的能源供应（Stöglehner,2003）。Barrett 和 Scott 考虑了汽车的制造与保养、道路及其附属建筑、汽油消耗等方面,综合评估了英国客车旅行每个乘客每公里的生态足迹（Barrett and Scott,2001）。

生态足迹方法于 1999 年引入我国后,我国学者从不同的角度不同的区域开展了大量的实证研究工作,成为生态承载力研究中一个相当活跃的领域。例如,成升魁等研究了北京、上海两个大城市居民消费的生态占用（成升魁等,2001）。徐中民等研究了中国各省 1999 年的生态足迹（徐中民等,2002）。按其计算结果,中国 1999 年人均生态足迹 1.325 hm²/人,生态承载力 0.681 hm²/人,生态赤字为 0.645 hm²/人;安徽省人均生态足迹 1.382 hm²/人,生态承载力 0.502 hm²/人,生态赤字为 0.880 hm²/人。为反映资源的利用效益,还计算了万元 GDP 的生态足迹,万元 GDP 的生态足迹需求大,反映资源的利用效益低,反之,则资源利用效益高。1999 年我国平均万元 GDP 所占有的生态足迹为 2.037 $hm^2$/人,高于发达国家的平均水平,这反映我国的资源利用效益比较低。安徽省万元 GDP 的生态足迹是 2.963 $hm^2$/人,低于全国平均水平。白艳莹等运用生态足迹法对苏锡常地区的生态承载力状况进行了分析(白艳莹等,2003)。2004 年,刘宇辉等对我国的生态足迹的计算分析表明,1962~2001 年我国生态足迹呈上升趋势,而生态承载力却不断下降(刘宇辉和彭希哲,2004)。2005 年,陈敏等将可变世界单产法应用到了生态足迹模型的计算中,并对中国 1978~2003 年的生态足迹进行了分析,结果显示,我国人均生态足迹从 1978 年的 0.874$hm^2$/人增长到了 2003 年的 1.547$hm^2$/人,增长高达 77%,生态赤字逐年加剧(陈敏等,2005)。

从以往的运用来看,生态足迹方法在区域研究上主要是在宏观范围内使用,对相对微观区域环境的研究运用在国内还不多。本书尝试运用生态足迹方法对较小区域范围的自然保护区的可持续性进行分析。

### 2.2.4 生态承载力研究发展趋势

#### 1. 生态承载力的研究越来越受到关注

对于生态承载力,人们比较普遍接受的概念是:生态承载力是生态系统在不改变原有稳定状态的前提下所能承受的干扰的强度。至于对生态系统的干扰,则有纯自然干扰(经典生态学)和人类干扰(人类生态学)之分;生态承载力承载对象则有生物和人类之分。其中最活跃的研究领域则是生态系统对人类活动干扰的承载能力。随着人类社会经济活动的日益加强,人类对自然生态系统的干扰越来越大,反过来也越来越影响到人类的生存与可持续发展,影响到人类与自然生态系统的和谐共存。因此,生态系统对人类活动的承载力及生态系统的可持续发展越来越引起人们的关注和研究者的兴趣。

#### 2. 研究思路与方法从单一因素向综合转变

生态承载力的研究由对单个的资源因子、环境因子到综合的资源因素与环境因素,再由资源因素和环境因素发展到生态系统的综合研究。

生态承载力研究的核心就是判定生态系统对人类活动干扰的承载能力,即生态阈值的确定,其主要思路包括:①将土地生产力作为生态阈值;②用环境容量来确定生态阈值;③依据“水桶理论”,以某一特定的稀缺资源作为生态阈值;④利用生态足迹,将资源与环境因素统一归化为“生物生产性土地”来确定生态阈值。

生态承载力的综合研究方法有以下几种。

（1）多因子分级分层评价方法。如刘殿生以秦皇岛为例，提出的资源与环境综合承载力的基本概念与评价方法（刘殿生，1995）。再如高吉喜对黑河流域生态承载力的评价，他将生态承载力分为三级，评价准则分别为：一级采用生态系统弹性度，二级采用资源和环境条件，三级采用承载压力度（高吉喜，2001）。以上都分别通过建立分级的评价指标体系，采用层次分析法，确定各指标的权重，加权平均，获取综合评价结果。

（2）系统动态学方法。最著名的如 1972 年罗马俱乐部出版的《增长的极限》，分析资源、环境与人口的复杂的非线性关系，采用多个简单的线性模型组合，构建成系统动态学的“世界模型”，研究各种动态关系，预测经济增长的极限（Meadows et al., 1972）。英国科学家 Sleeser 提出的计算区域资源环境承载力的方法，即 ECCO（enhomcement of carrying capacity options，提高承载能力的优化方案）模型，也是由系统动态学方法建立模型，并统一用能量来表达（Slesser，1992）。

（3）生态足迹分析法。将人类对生态系统中资源与环境的占用及生态系统盈亏统一用土地这个载体来表达，建立了评估人类活动影响的一套简易的方法。该方法也是研究生态承载力的一种综合方法，评估使用的模式更加简便。重要的是它用土地面积来表达生态占用和生态盈亏，比其他方法简洁，并且更加直观，易为人们所接受并理解。

**3. 生态足迹分析方法发展迅速**

由于人类活动已经成为自然生态系统的主要干扰因素，因此在生态承载力研究中，除生物（生境）承载力外，资源承载力、环境承载力，特别是生态系统承载力的研究，主要都是针对人类活动进行的。其中生态足迹分析在近十余年来得到迅速发展。

生态足迹分析方法的特点是：将所有的人类活动影响都统一归并为具有生物生产力的土地的占用，再将其与地球上所有可供人类利用的生物生产性土地进行比较，确定其盈余或亏损，进而判定生态系统是否能够持续承载人类的活动。在生态足迹分析中，生态承载力用生物生产性土地面积总和来表达，耕地、草地、林地、建筑用地、水域与化石能源用地六类生物生产性土地可以互相替代，非常直观；所指的土地既包含土地资源本身，也包含土地所承载的所有资源与环境，因而是一个综合型概念。因此，生态足迹分析方法是人类生态学中研究生态承载力较好的方法。

然而，在生态足迹分析方法中仍然没有解决人类与地球上现存的自然生态系统之间的关系，只是假定在全球所有生物生产性土地中有 12% 的土地用于自然生态系统的维持与发展。其次，在全球或区域生态足迹分析中，主要从人类的消费来分析人类的生态占用，这对于在较大区域范围内分析不同人群的生态占用，或者不同人群的生态占用是否公平，是基本可行的。但是由于有些消费是通过贸易取得的，因此这种消费并不一定对本区域的生态系统产生影响，因而通过消费计算出的区域生态占用可能失真。再者，人类的消费多种多样，有些可能对生态系统并不直接产生影响，有些可能对环境产生重大影响，这些在生态足迹分析中并未完全予以体现，也会引起计算结果失真。所以该方法还有一些问题需要进一步深入研究。

## 2.3　自然保护区生物多样性价值与评估理论

### 2.3.1　生物多样性的生态系统服务功能

#### 1.生态系统服务类型

目前被普遍认可的生物多样性的生态系统服务概念是 Daily 等于 1997 年提出的，即生态系统服务是指自然生态系统及其物种所提供的能够满足和维持人类生活需要的条件和过程。它不仅为人类提供了食品、医药及其他生产生活原料，还创造与维持了地球生命支持系统和生物多样性，形成了人类生存所必需的环境条件。Daily 认为生态系统服务主要包括净化空气和水、缓解干旱和洪水、废物的分解和解毒、土壤和土壤肥力的产生和更新、作物和自然植被的授粉、农业害虫的控制、种子的散播和养分的转移、维持生物多样性、太阳紫外线的避免、局部气候的稳定、气温、风和海浪的缓解、支持不同的人类文化传统以及提供美学和文化、娱乐等 13 项服务（Daily，1997）。

国内外学者对生态系统服务种类及其分类方式进行了探索，其中以 Costanza 的 17 项分类法、de Groot 的 4 类 23 项分类法以及 MA 的 4 类 20 项分类法最具有代表性（张彪等，2010）。

Costanza 等将全球生态系统服务划分为 17 类（表 2-1），并指出生态系统服务与生态系统功能之间并不需要呈现一一对应关系，在某些情况下，一种服务是两种或多种生态系统功能的产物；而在另一些情况下，一种生态系统的功能可以具有两种或两种以上的服务（Costanza et al.，1997）。这些生态系统服务主要有：①生产有机质与生态系统产品。需要指出的是这里的生产能力指的是自然生态系统的生产能力。按照我国的《自然保护区管理条例》，自然保护区的人为生产功能是有限制的，即只能在实验区进行适当的生产活动。②产生与维持生物多样性。生态系统不仅为各类生物物种提供繁衍生息的场所，而且还为生物进化及生物多样性的产生与形成提供条件。③调节气候与大气气体组成。生物多样性生态系统对大气候及局部气候均有重要的调节作用，包括对温度、降水和气流的影响，从而缓冲极端气候对人类的不利影响。④涵养水源，减轻洪涝与干旱灾害。涵养水源主要表现在增加有效水量、改善水质和调节径流以及有效减少土壤侵蚀。⑤形成与保持土壤。土壤是植被建立的基础，是一种近乎不可再生的资源，是一个国家财富的重要组成部分，但这份通过成千上万年积累形成的财富，几年的时间就可以流失殆尽，而自然界每形成 1cm 厚的土壤层大约需要百年以上的时间（欧阳志云等，1999）。⑥调节营养物质循环和养分积累。生态系统的养分循环主要是在生物组分、大气组分和土壤组分之间，其中，生物组分和土壤组分之间的养分交换过程是最主要的过程。⑦传粉与种子的扩散。大多数显花植物需要动物传粉才得以繁衍。⑧控制有害生物。自然生态系统的多种生态过程维持供养了有害生物的天敌，限制了潜在有害生物的数量。⑨净化环境。陆地生态系统的生物净化作用包括植物对大气污染的净化作用和土壤-植物系统对土壤污染的净化作用。植物净化大气主要是通过叶片的作用实现的。绿色植物净化大气的作用主要有两个方面，一是吸收 $CO_2$，放出 $O_2$ 等，维持大气环境化学组成的平衡；二是在植物抗生范围内能通过吸收而减少空气中硫化物、氮化物、卤素等有害物质以及粉尘的含量。⑩社会文化源泉。生态系统多样性所形成的美丽景观和提供的美学欣赏、娱乐、旅游、野趣条件，以及生物多样性对人类智慧的启迪、提供科学研究对象等，对于现代人类社会来说，具有重要价值。而且，随着社会的发展，这种功能的价值与日俱增（毛文永，2003）。⑪干扰调节。许多研究表明，生态系统稳定性取决于生物多样性，多样性丰富的生态系统不易受环境和外来种侵入的影响（Odum，1971；MacArthur，1955；Elton，1958）。

　　千年生态系统评估（millennium ecosystem assessment，MA）将人类从生态系统获取的惠益称为生态系统服务，并分为供给服务、调节服务、文化服务和支持服务四类。

表 2-1　生态系统服务项目一览表（Costanza et al.，1997）

| 序号 | 生态系统服务类型 | 生态系统功能 | 举　　例 |
|---|---|---|---|
| 1 | 气体调节 | 大气化学成分调节 | $CO_2/O_2$ 平衡，$O_3$ 对臭氧层的保护，$SO_x$ 水平 |
| 2 | 气候调节 | 全球气温、降水及其他由全球及区域范围内的气候调节 | 温室气体调节，影响云形成的颗粒物（DMS） |
| 3 | 干扰调节 | 生态系统对环境波动的容量、衰减和综合反应 | 防御风暴、洪水控制、干旱恢复和其他生境对主要受植被结构决定的环境变化的反应 |
| 4 | 水分调节 | 水文流动调节 | 为农业、工业和运输提供用水 |
| 5 | 水资源供应 | 水的贮存和保持 | 向流域、水库和地下含水岩层供水 |

续表

| 序号 | 生态系统<br>服务类型 | 生态系统功能 | 举　例 |
|---|---|---|---|
| 6 | 控制侵蚀和保<br>持沉积物 | 生态系统中的土壤保持 | 防止土壤因风、径流和其他移动过程被侵蚀，<br>把淤泥保存在湖泊和湿地中 |
| 7 | 土壤形成 | 土壤形成过程 | 岩石风化和有机质积累 |
| 8 | 养分循环 | 养分的贮存、内循环和获取 | 固氮、磷、钾和其他元素及养分循环 |
| 9 | 废物处理 | 易流失养分的获取，过多或外来养分、<br>化合物的去除或降解 | 废物处理、污染控制、解毒作用 |
| 10 | 授粉 | 有花植物配子的运动 | 为植物种群繁殖提供花粉 |
| 11 | 生物防治 | 生物种群的营养动力学控制 | 关键捕食者控制被食者种群，顶级捕食者对<br>食草动物的控制 |
| 12 | 避难所 | 为常居和迁徙种群提供生境栖息地或<br>越冬场所 | 育雏地、迁徙动物栖息地、当地丰盛种的区<br>域性栖息地或越冬场所 |
| 13 | 食物生产 | 总初级生产中可作为食物的部分 | 通过捕捞、狩猎、采集和农业生产收获的水<br>产品、鸟兽、作物、野果和水果等 |
| 14 | 原材料 | 总初级生产中可用为原材料的部分 | 木材、燃料和饲料产品 |
| 15 | 基因资源 | 独一无二的生物材料和产品的来源 | 药品、材料产品，用于农作物抗病和抗虫的<br>基因，家养物种（宠物和植物栽培品种） |
| 16 | 休闲娱乐 | 提供休闲旅游活动机会 | 生态旅游、垂钓及其他户外游乐活动 |
| 17 | 文化 | 提供非商业性用途的机会 | 生态系统的美学、艺术、教育、精神及科学<br>价值 |

## 2. 生态系统服务的特点

（1）自然生态系统服务是客观存在的，不依赖于评价的主体。正如 Wilson 所指出的那样："它们并不需要人类，而人类却需要它们。"它不是随着人类对其评价而表现出来的。尽管自然生态系统服务可以被人和有感觉能力的动物所感觉到，但不能说感觉不到的自然生态服务就不存在，就没有意义。即使在人类出现之前，自然生态系统早就存在。在人类出现之后，自然生态系统服务性能就与人类的利益相联系。

（2）自然生态系统服务与生态过程密不可分割地结合在一起，它们都是自然生态系统的属性。自然生态系统中植物群落和动物群落、自养生物和异养生物的协同关系、以水为核心的物质循环、地球上各种生态系统的共同进化和发展等，都充满了生态过程，也就产生了生态系统的公益。

（3）自然作为进化的整体，是生产生态产品和服务的源泉。自然生态系统在不断进化和发展中产生更加完善的物种，演化出更加完善的生态系统，这个系统是有价值的，能产生许许多多服务；而且自然生态系统在进化过程中还维护着其生态功能，并不断促进这些功能的进一步完善。这种潜力是非常强大的，并使之趋向于更高、更复杂、更多服务的方向运动。

（4）自然生态系统是多种性能的转换器。在自然进化的过程中，产生了越来越丰富的内在功能。个体、种群的功能是与它所存在的生物群落共同体相联系的。例如，绿色植物被植食动物取食，植食动物又被肉食动物所吃。动植物死后又被分解者分解，最后进入土壤里。这些个体生命虽然不存在了，但其物质和能量转变成别的动物或者在土壤中贮存起来。经过自然网络转换器的这种作用就来回在全球的部分和整体中运动。

如果自然生态系统不能提供这些功能和服务，人类就必须付出昂贵代价开发替代资源。但自然界生态功能的规模是人类任何技术所无法代替的。

生物多样性不仅为人类提供丰富多样的生物资源，而且还为人类的经济活动提供各种环境服务。尽管生态系统的可持续性与生物多样性的关系的研究至今还没有长期定位观测资料来说明，但生态系统的生产力和养分贮存取决于生物多样性的事实证明了这一关系（Tilman，1997）。地球上的生物均是经过千万年的历史进程进化演变而来，一旦遭到破坏将无法恢复，生态系统的持续性因此所受的影响也极难弥补。自然保护区作为资源储备库，其资源的数量和质量不仅可以保证当代人而且可以保证后代人可以持续地从中获取经济效益、生态效益和社会效益，即保证这一自然资本存量既满足当代人的需要又满足后代人需要的代际平衡。因此自然保护区生态系统服务价值的生态学基础在于它能够有效地维持恒定的自然资本的存量，并在长期的自然进化中产生一些新的利用价值（侯元凯等，1997）。

### 3. 自然保护区提供的产品与服务的性质

不通过市场交换而用以满足公共需求的财产或服务产品通常被称为公共产品。纯粹的公共产品通常具有两大特点，即非排他性（non-excludability）和非竞争性（non-rivalness）（李致平等，2002）。私有商品都可以在市场交换，并有市场价格和市场价值。但公共所有物不能在市场交换，也没有市场价格和市场价值，因为消费者都不愿意一个人支付公共物品的费用而使他人都能获益，这就是所谓的无价格（non-priced）和非市场价值（non-market value）（Daniel et al.，1992）。

根据公共产品的定义，其识别标准可以用图 2-1 表示。

对照上述标准，可对自然保护区提供的产品与服务加以区分和归类，从表 2-2 看出，除了直接实物产品为私人产品外，自然保护区的大部分产品与服务都具有无价格和非市场价值的特性。

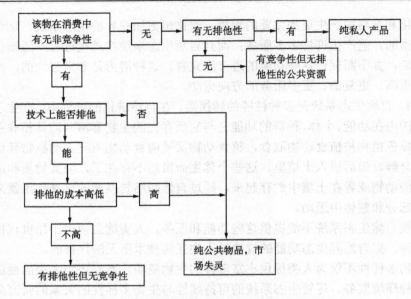

图 2-1 公共产品与非公共产品的识别标准（李致平等，2002）

表 2-2 自然保护区产品与服务的性质

| 性质 | 直接实物产品 | 直接非实物产品 | 生态系统功能和服务 | 非使用类服务 |
|---|---|---|---|---|
| 有无竞争性 | 有 | 有 | 无 | 无 |
| 有无排他性 | 有 | 无 | 有 | 无 |
| 消费时能否分割 | 能 | 不能 | 不能 | 不能 |
| 购买时能否独享 | 能 | 不能 | 不能 | 不能 |
| 购买方式 | 自己直接支付 | 部分间接 部分直接 | 部分间接 部分直接 | 间接支付 |
| 分配原则 | 市场价格 | 政治投票与市场购买 | 政治投票与市场购买 | 政治投票 |
| 个人有无选择的自由 | 有 | 没有 | 没有 | 没有 |
| 不购买能否享用 | 不能 | 部分可以 | 可以 | 能 |
| 使用时的浪费 | 较少 | 浪费较多 | 浪费较多 | 不容易浪费 |
| 产品性质 | 私人产品 | 准公共产品 | 准公共产品 | 准公共产品 |

#### 4. 自然保护区的生态服务功能类型

自然保护区的功能即它的使用价值，与生态系统服务价值存在着一定的对应关系。许学工等将自然保护区的功能分为以下类型（许学工等，2000）。

　　1）生态功能

　　生态功能是指自然保护区维持生态过程、物种多样性和基因的演变的功能，这些功能是产生生态系统服务的基础，主要表现在以下六个方面：①保护物种的基因多样性、保护植物和动物种群的典型样本、保护生态系统及特殊物种的生境；②保护和恢复珍稀或濒危物种及其栖息地；③维持和保护必要的生态过程，维持养分循环和能量流动的自然功能，使野生物种有可能在相对未受干扰的环境中通过自然选择继续进化；④提供"环境服务"，如制造氧气，生成和保护土壤，吸收和降解污染物，改善当地及全球的气候；⑤利于邻近生态系统生态功能的维护；⑥为后代人保留完整的生态学的选择权。

　　2）教育功能

　　自然保护区的教育功能主要体现在以下五个方面：①促进人们更深刻地理解人与自然的关系；②保护地质的多样性及特殊的自然面貌，培养人们对自然和国家的热爱之情；③普及自然科学知识，提高环境保护意识；④是生态学、生物学、地理学、地质学等学科的野外教学基地；⑤唤起保护区之外公众对保护栖息地、减少废弃物、消除污染的支持。

　　3）科研功能

　　自然保护区的科研功能主要表现在：①为研究自然生态系统及其功能、生物物种及其生存环境提供野外天然的实验室基地，从中探索自然生态系统的演变规律；②作为测量保护区内及附近地区各种变化的生态基准；③为环境压力的长期监测（如酸雨、国家和全球尺度的气候变化）提供分布广泛的被保护区；④作为具有巨大潜力的基因库，保护那些目前尚未发现利用价值的物种，使其将来有可能用于科学研究，并创造出新的食品、医药和其他产品；⑤为保护区之外的区域提供示范，以促进贯彻环境健康和资源可持续利用的方针。

　　4）经济功能

　　经济功能是指维护或增进生态系统的生产能力及其娱乐、旅游的功能。主要有：①保护并适当利用自然资源，如森林、土地、淡水、野生动植物、海洋和海岸资源；②在洁净的空气、土壤和水资源条件下提供实物产品；③为在保护区外收获的物种（如鱼群、迁徙动物）提供受保护的栖息地；④通过在实验区进行旅游和娱乐活动而创造效益，并因此提供就业机会，促进当地和区域经济的多样化；⑤避免了环境问题发生之后进行纠正所需要的耗费。

　　5）文化和精神功能

　　文化和精神功能是指自然保护区维护当地居民的文化资本的功能。具体表现为：①保护并合理利用文化及考古学的资源，强化文化内涵，提高遗产价值；②确保国家象征物种，如大熊猫、丹顶鹤等物种的生存；③提供享受自然、锻炼体魄、逃离城市生活压力的机会；④激发艺术家、诗人、音乐家、作家等的创作灵感；⑤为人们的沉思遐想、陶冶情操、恢复精神、促进理解和消遣娱乐提供场所。

此外，自然保护区还有一些其他功能。

### 2.3.2　自然保护区生物多样性价值

1. 生物多样性价值理论基础

1）生态学基础

生物多样性是生物及其与环境形成的生态复合体以及与此相关的各种生态过程的总和，包括动物、植物、微生物和它们所拥有的基因以及它们与其生存环境形成的复杂的生态系统（汪松和陈灵芝，1990）。生物多样性包括基因、细胞、组织、器官、种群、物种、群落、生态系统、景观等多个层次或水平。在理论与实践上较重要、研究较多的主要有遗传多样性（或基因多样性）、物种多样性和生态系统多样性三个层次。

遗传多样性是蕴藏在生物体基因中的遗传信息的总和，包含在栖息于地球上的植物、动物和微生物个体的基因内。它是进化的基础，并推动着物种的繁衍。生态系统中任何一个遗传基因的减少或消失，可能导致一个类型的减少或消失，进而会导致一个种或数个种的濒危和灭绝。遗传多样性的价值基础在于通过保护和利用保存下来的基因，进行人工培育，以此来提高种植业或养殖业的产量并满足其他方面的需要。多样性的基因库还是抵抗生态崩溃的保障，多样性程度越高，抵御环境压力和发生演化的能力越强。

物种多样性是指地球上生命有机体的多样化，其种类估计在 500 万~5000 万种或者更多，虽然实际描述的仅有 140 万种（Primack and Zhen，2000）。物种多样性的价值基础在于物种的丰富性和稀有性。从生产投入来看，这些动、植物种群是许多有用产品的原材料，尤其是制药业、食品和纺织业；他们所包含的基因是生物技术今后赖以发展的基础材料。在农业上，生物多样性是作物和家畜种类和新种类产生的基础。由生物多样性所决定的进化潜力具有深远的重要意义。多样性的物种资源可以持续不断地为人类的生存提供丰富多样的食物、药物以及工业原料等。据研究，人类已知约有 8 万种植物可以食用，而人类历史上仅利用了 7000 种植物（Wilson，1989）。只有 150 种粮食植物被人类广泛种植与利用，其中 82 种作物提供了人类 90%的食物（Prescott-Allen et al.，1990）。那些尚未为人类驯化的物种，都由生态系统所维持，它们既是人类潜在的食物来源，还是农作物品种改良与新的抗逆品种的基因来源。在全球，约有 80%的人口依赖于传统医药，而传统医药的 85%是与野生动植物有关的（Farnsworth et al.，1985；Grifo and

Rosenthal，1997）。生物多样性还提供了一种缓冲和保险，可使生态系统受灾后的损失减少或限制在一定范围内。

生态系统多样性包括生物栖息地、生物群落和生态过程的多样以及其他变化的复杂性，它是物种的生态条件（罗菊春，1995）。生态系统多样性的价值基础在于为当今工业化时代变迁的生态环境提供参照系，这个参照系使我们知道不同时代生态环境变迁程度，知道哪些生物种在哪些条件下可以生存，了解并研究一些生物特别是濒危动植物的生存条件，了解一些基因得以存在和进化的前提。在人口密度大、生物的生存空间较小的情况下，大多自然生态系统已被破坏，人们可以从保存下来的自然保护区中把握人工生态系统改造的方向。例如，自然保护区中原始森林和次生林的自然演替规律，可为人工林生态系统管理提供对照，用来指导人工林的生产。此外，生态系统的多样性可使我们从环境中获得各种舒适性服务。

生物多样性变化的一些指标或者一套指标体系对自然保护区的经济价值评估非常重要，要求保护区有关管理机构加强这方面的研究工作。

生态系统具有一些潜在的优于各分项生态系统服务的功能，Turner 称它们为"基本价值"。实质上，它们是系统的性质，所有的生态功能都依照它们而定。除去整体上的系统的潜在价值，某一具体功能就不能存在了。从某种意义上讲，有一种"胶"将一切聚集在一起，并且这种"胶"具有经济价值（图 2-2）。如果这是事实，那么就存在着一个生态系统或生态过程的总价值，它将超出单个功能价值的总和（Turner and Jones，1991）。

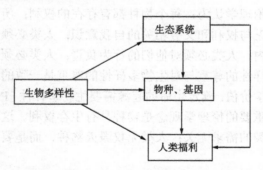

图 2-2　自然保护区经济价值生态学基础示意图

由生物多样性的生态系统服务功能所产生的间接价值越来越受到人们的重视。保护生物多样性不仅是为了长期利用它的直接价值，更重要的是要充分利用它的间接价值，使社会经济得以持续发展。自然保护区作为典型的有代表性的自然生态系统，通过生态功能的发挥为人类提供了更为全面和完善的生态系统产品和服务。

2）经济学基础

自然保护区保护的生物物种能为人类的生物工程等高科技产业提供丰富的生物基因，正如《我们共同的未来》所指出的："物种和它们的遗传物质具有在发展中起到重大作用的前途，一种强有力的经济理论正在形成以充实保护它们在伦理学、美学和科学上的理由。物种的遗传变异和种质每年能对农业、医药和工业提供数十亿美元的贡献"（《中国自然保护纲要》编写委员会，1987）。自然保护区为人类食物和药物来源提供了更大的选择范围，为人类的食品、化工、造纸、纺织等加工提供了重要的原料来源，对人类的粮食、药品、工业生产起到很重要的作用。同时，自然保护区保护的生物多样性为人类对各种野生生物物种用途的科学研究和开发利用提供了可能，具有巨大的潜在生物多样性价值。

3）伦理学基础

从 20 世纪中期开始，人类从伦理上开始认识到，人类没有为使自己获利而灭绝其他物种的权利。生物多样性保护不仅基于物种的经济价值，而且有些基于宗教、哲学和文化基础所产生的伦理以不同形式被许多民族所接受，并成为他们崇尚尊重生命、珍视生物界、理解自然界的内在价值的观念。这说明，人类已在一定程度上承认作为一种生物权力，所有的生物种类，不论它们在经济上对人类有益与否，都应该延续。因此，某些伦理学的论点反映了物种的内在价值。在当今人类活动正在不断摧毁地球上的生物多样性的情况下，伦理学认为所有物种都有自身的价值和存在意义，人类无权贬低它们，这对于自然保护区生物多样性的保护是重要的。

生物多样性的伦理学认为：每个物种都有存在的权利；所有物种都是相互依存的；非人物种缺乏与权利和义务相关的自我意识；人类必须生活在与其他物种相同的生态学范畴内；人类必须对他们的行为负责；人类必须对其后代负责；对人类生活和人类多样性的尊重与对生物多样性的尊重是一致的；自然具有超越经济价值的精神和美学价值；确定生命的起源需要生物多样性（Primack 和季维智，2000）。其中，最重要的伦理学观念是物种具有生存权利。这种生存权利是物种的内在价值，与人类的需求无关；人类无权毁灭物种，而是要行动起来，阻止物种的灭绝。

图 2-3 给出了一种人类与生物多样性伦理系列的示意图。表现为：以个人为起点，按次序增高范围层次，由自我向外层空间延展（Primack，1996）。

伦理学论据可用来保护所有物种，特别是为支持和保护那些即使对人类没有明显经济价值的物种提供依据，而不管物种的经济价值如何。尽管人类对其他生物的同情在不同的文化、宗教和国家等背景下有很大的差异，但从某种意义上说，在许多国家对此已经形成为一种规范。伦理学的观点包含着一种责任，即要通过政治上的积极进取和对改变个人生活方式的承诺，来实现上述目标。

图 2-3　人类与生物多样性伦理系列示意图

**2. 自然保护区生物多样性价值的类型**

生物多样性价值的科学分类是进行价值评估研究的基础和开始。关于生物多样性经济价值分类的问题，学者们作了大量的研究，并提出了多种分类方案（薛达元，1997）。比较一致的观点认为，生物多样性的总经济价值包括使用价值（UV）和非使用价值（NUV）两部分。使用价值是指通过直接或间接地利用环境资源而获得的效益，它是人类目前已享受到的福利，包括直接使用价值、间接使用价值和选择价值。非使用价值是指人们既不是通过直接的利用方式也不是通过间接的利用方式从环境资源中获益，它是针对环境资源对人类及其后代，或其他物种的重要性以及将来的利用而言，因此，它是目前还未实现的潜在的福利。非使用价值包括遗产价值和存在价值。这就是总经济价值理论（TEV），用公式可表示为

$$\text{TEV}=F（\text{DUV，IUV，OV，QOV，BV，EV}）\tag{2-1}$$

$$\text{TEV}=\text{UV}+\text{NUV}=\text{UV}+\text{OV}+\text{EV}+\text{BV}=\text{DUV}+\text{IUV}+\text{DOV}+\text{IOV}+\text{EV}+\text{BV}$$

$$=\text{DUV}_{es}+\text{DUV}_{e}+\text{IUV}_{es}+\text{IUV}_{e}+\text{EV}_{e}+\text{EV}_{es}+\text{BV}_{e}+\text{BV}_{es}+\text{OV}_{e}+\text{OV}_{es}\tag{2-2}$$

式中，TEV 为总经济价值；UV 为使用价值；NUV 为非使用价值；DUV 为直接使用价值；IUV 为间接使用价值；OV 为选择价值；DOV 为直接选择价值；IOV 为间接选择价值；BV 为遗产价值；EV 为存在价值。每一种价值类型均由两部分组成，即消费者支付和消费者剩余。下标"es"表示消费者剩余，下标"e"表示消费者支付。

使用价值与非使用价值的界限在于人类当前是否对自然保护区提供的产品和服务加以利用。由于选择价值在当前并未对自然保护区加以利用，从理论上应归属于非使用价值的范畴。因此，选择价值属于非使用价值。上述分类方法体现了分解求和的思想，在环境资源的经济价值评估研究中得到了广泛的应用。自然保护区总经济价值的分类如图 2-4 所示。自然保护区的使用价值是指通过对自然保

护区资源的直接和间接利用所得到的收益，包括直接使用价值和间接使用价值；非使用价值包括存在价值、遗产价值和选择价值。

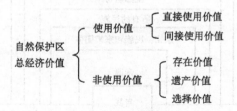

图 2-4　自然保护区生物多样性价值分类图

以总经济价值理论为基础，进行自然保护区生物多样性价值评估的理论、方法、指标体系的探讨。

1）直接使用价值（DUV）

直接使用价值是指通过对自然保护区资源的直接使用而获得的商品和服务，如收获自然以及人工产品、狩猎、娱乐、旅游、教育和科研等。

根据所获得的产品和服务的形态，直接使用价值可以进一步区分为直接实物价值和直接非实物价值。直接实物价值主要指在自然保护区的实验区，包括部分缓冲区，通过生产示范、自然资源持续利用示范和适度开发研究等活动获得的生物资源产品的价值。直接非实物价值主要指自然保护区在提供科研基地、教学实习、科普教育基地以及适度的旅游开发等方面所带来的经济效益（薛达元，1997）。

根据所获得的产品和服务的最终用途，直接实物价值可以进一步区分为消耗性使用价值和生产性使用价值。消耗性使用价值指在当地直接消费，不出现在国内和国际商品市场中的物品，如薪材、猎物、蔬菜、水果、肉类、医药和建筑材料等。生产性使用价值指从野外收获、并且在国内外商品市场上出售的产品带来的直接经济效益。这些产品种类繁多，包括薪材、建材、鱼和贝类、药用植物、野生水果和蔬菜、肉类、皮张、纤维、藤条、蜂蜜、蜂蜡、天然染料、海草、动物饲料、天然香料、植物胶和树脂等。这些物质的累计经济价值非常大，甚至要大于一次采伐木材的价值（Peters et al.，1989）。

2）间接使用价值（IUV）

间接使用价值是指对自然保护区的间接使用而获得的经济价值。它们不是通常意义上的物品或服务，而是通过生态系统的自然生态功能提供的对生物多样性和生产活动的间接支持和保护功能以及可调节的服务功能而产生的生态效益实现的，它一般不出现在国家经济的统计资料，如国民生产总值（GNP）中。间接使用价值来自于三个方面：一是形成和维持生态系统的结构和功能，如维持生命物质的生物地球化学循环与水文循环，维持生物物种与遗传多样性等，并为那些被直接使用的物种或基因提供服务；二是提供生态系统服务，例如，光合作用与有机质的合成、二氧化碳固定、稳定小气候、保护水源、维持营养物质循环、污染物的吸收与降解等（McNeely et al.，1990）；三是提供生态系统演替与生物进化所需要的丰富物种和遗传资源。由于间接使用价值在使用过程中不被消耗掉，因此又被称为非消耗性使用价值。

自然保护区生物多样性是其生态功能发挥作用的物质基础，也是间接使用价值的载体，载体价值量比其所载的价值要小得多。非木材产品的经济价值加上森林生态功能的价值，足以为维持世界上许多地区的森林覆盖提供必要的论据。

生态系统类自然保护区的间接价值具有时间性、区域性、差异性和潜在性等特点。

3）存在价值（EV）

存在价值亦称内在价值，是人们为确保自然保护区生物多样性继续存在的支付意愿。存在价值相当于生态学所认为的某种物品的内在属性，是自然保护区生物多样性生态系统本身具有的、与人类利用无关的经济价值。也就是说，存在价值与人类存在与否没有关系。经济学认为，人们之所以认为环境资源具有存在价值，是因为存在许多动机（Glenn，1992；Walsh et al.，1984；Douglas，1992；Kahneman et al.，1992）。常见的有：①替代动机和替代消费。替代消费是通过想象来体验或享受别人对生物多样性效益的消费。替代动机是指人们对替代消费的WTP，由此产生生物多样性效益的替代价值。②利他主义动机。利他主义是指为他人和生物着想，人们由于为他人和生物着想的 WTP 是利他主义动机。③遗产动机和遗产价值。人们为了自己的后代能利用生物多样性资源的 WTP。④礼物动机。人们为了使自己亲密的人能利用生物多样性资源的 WTP。⑤同情动机。是指人们对生物多样性所提供的公众效益被破坏表示同情，并为保护生物多样性的WTP。通常认为它属于存在价值。⑥管理动机。是指人们为生物多样性效益能得到更好管理的 WTP，通常认为它属于存在价值。⑦权利动机。是指人们在"尊重生命"的伦理指导下，认为生物有生存的权利，并为保护它们的 WTP，通常认为它属于存在价值。⑧义务动机。是指人们认为自己有保护生物多样性的义务，并为保护它们的 WTP，通常认为它属于存在价值。⑨伦理动机和保护价值。是指人们从伦理角度认为生物多样性应该得到保护，并为其保护的 WTP。一般认为，存在价值的动机都是与伦理相关。其中比较重要的有遗赠动机、礼物动机和同情动机（马中，1999）。存在价值是介于经济价值与生态价值之间的一种过渡性价值，它可为经济学家和生态学家提供共同的价值观。经济学家试图用经济学原理来解释存在价值，并通过一些方法来度量它。存在价值的意义在于虽然人类目前没享受到自然保护区的服务，但从其存在中增加了福利，提高了福利水平。

存在价值在现实生活中确实存在。例如，全球各地的许多人都关心野生动、植物，关注它们的保护。在美国，1990 年有 23 亿美元捐献给环境和野生动物保护组织、大自然保护协会、世界自然基金会等（Randall，1986）。每年花在保护生物多样性上的经费，特别是在发达国家，即使不在十亿美元，也在亿的数量级上。这个数目代表了物种和群落的存在价值，即人们愿意支付、以避免物种灭绝和生境被破坏的数额。

4）遗产价值（BV）

遗产价值是指当代人为将某种资源保留给子孙后代而愿意支付的费用。遗产价值反映了代间利他主义动机和遗产动机，可表述为代间"替代消费"（vicarious consumption）和代间利他主义（薛达元，1997），它同遗赠动机有关。所谓遗赠动机（bequest motives）同人们愿意把某种资源保留下来遗赠给后代人有关（马中，1999）。从某种意义上说，它是对环境资源的一种使用方式，所以很多经济学家认为，应该把它纳入到使用价值的范围内。因为把环境资源留给后人，是为了让后人在使用它们的时候获得满足。但也有人认为遗产动机是确保某种资源的永续存在，仅作为一种资源和知识的遗产保留下来，不涉及将来利用与否，因此，它应属于存在价值的范畴，将遗产价值独立列出，与存在价值并列，同属于非使用价值部分。礼物动机同遗赠动机类似，但是是给当代人，因此，许多经济学家不赞成把它作为衡量非使用价值的尺度。

5）选择价值（OV）

选择价值是指个人或社会对生物资源和生物多样性潜在用途的将来利用，这种利用包括直接利用、间接利用、选择利用和潜在利用。如果用货币来计量，选择价值相当于人们为自己确保将来能利用某种资源或效益而愿意支付的一笔保险金（薛达元，1997）。它是为未来的人类社会带来利益的经济价值，可用人们为了将来能直接利用或间接利用某种生物多样性资源与功能的支付意愿来表示。例如，人们为将来能利用生态系统的涵养水源、净化大气以及游憩娱乐等功能的支付意愿；生物多样性作为新药的原料、生物控制剂和农作物开发利用的可能性等。

物种的选择价值是指物种在未来某个时候能为人类社会提供经济利益的潜能，它在生物多样性的选择价值中显得尤为重要。生物多样性减少，人类发现和利用新物种的能力也将减小。选择价值不一定都是正的，但如果对某一资源的未来需求是确定的，而供应是不确定的，则可以预期该资源的选择价值是正的（Bishop，1988；1982；Johansson and Bishop，1988；Freeman，1985）。虽然大多数物种少有或完全没有直接经济价值，但少部分物种在提供医疗手段、支撑新产业，或阻止主要农作物崩溃方面具有潜能。如果这些物种中有一个在它的价值被发现之前灭绝了，对于全球经济都是一个巨大的损失。换句话说，世界物种的多样性可比作一本如何保持地球有效运转的手册。丧失一个物种就像从这本手册中撕去一页一样，如果我们正好需要这页的资料来拯救我们自己和地球上的其他物种，我们将束手无策。

另外还有学者提出准选择价值（quasi-option value）的概念，认为它是一种对未来效益的认知价值，是作出保护或开发选择之后的信息价值（Fisher and Hanemann，1987；Freeman，1984；Henry，1974）。准选择价值与选择价值概念相异，因此两种价值不能叠加。

3. 自然保护区生物多样性价值的特征

自然保护区作为生物资源储备库（即基因库、物种库和生态资源库），属于自然资源的一部分,其经济价值既具有与一般环境资源的经济价值相类似的特征，又具有它自身的特征，以及不同于一般自然资源的经济价值特征，主要表现在以下几方面（表 2-3）。

表 2-3　自然保护区生物多样性价值的特征

| 价值类型 | 实物形态 | 市场价格 | 市场替代物 | 受益对象 | 受益范围 |
| --- | --- | --- | --- | --- | --- |
| 直接实物价值 | 是 | 有 | 有 | 明确 | 可确定 |
| 直接非实物价值 | 否 | 有或无 | 有 | 明确 | 可确定 |
| 间接价值 | 否 | 无 | 有 | 明确 | 区域 |
| 非使用价值 | 否 | 无 | 无 | 不确定 | 整个人类 |

自然保护区提供的商品和服务的特点是多功能性、潜在性、公共性、外部性和长期性。多功能性源于它的双重地位：既是自然生态系统的组成部分，有其独立于人类的存在价值，又是人类直接需求的生产要素和消费品；多功能性使环境资源的完整评价变得非常繁复，甚至难于得出公认的评价结果；公共性和外部性是密切相关的两个特性。很多自然资源因其自然特性或沿袭下来的社会习俗，不可能独占或排他性使用，这就是公共性。外部性指一个人或企业的行为对其他人或企业的福利的影响。如果这种影响是不利的，就称为"负外部性"；如果这种影响是有利的，就称为"正外部性"。公共性和外部性的共同后果，使资源利用的个人成本（或收益）与社会成本（或收益）分离，造成环境资源的过度利用；潜在性来自两个方面：一是科学技术尚不足以使人类认识到和利用这些"商品"和"服务"；二是人类还未产生对这些"商品"和"服务"的需求。长期性是指它们常常能延续很长时间，甚至是永无止境的，而未来的商品和服务通常具有更重要的价值。

自然保护区的生物多样性价值与人工产品相比带有更大的不完备性和不确定性。这是因为一方面，来源于自然生态系统科学知识的不完备性和不确定性，即人类还不能认识所有资源的经济功能及其对人类的潜在价值；另一方面，来源于人类价值观念的变化，即随着人类社会经济的发展，对类似于自然保护区的环境资源价值的评价也会发生相应变化。但即使是不完备和不确定的估价仍可表明，自然保护区具有极高的生物多样性价值。

从各价值类型所占的比例看，一般认为，自然保护区的生物多样性价值主要体现在它的非使用价值方面，包括存在价值、遗产价值和部分选择价值；而使用价值所占的比例非常小。区别使用价值与非使用价值的标准是看价值是否真正实现。

从价值内涵看，自然保护区的生物多样性价值主要来自于它所保护的全部生物多样性和少量的地质遗迹类自然保护区的保护效益。例如，在物种多样性中，虽然利用价值较大的物种资源是目前可以直接利用的广泛栽培种和饲养种，而濒危物种（动物、植物、微生物）等许多物种和群落则是当前利用价值较小的种，缺少直接使用价值，而它们却具有其他方面的价值，如选择价值。如果仅以单一的直接使用价值为目标，那就失去了保护区的大部分效益，也将毁掉自然的完整性。

从生物的稀有性来看任何生物都有价值，而从利用的广泛程度来看，它的使用价值大而它的价值不一定大，一些物种使用价值不大但它的价值较大。从代际平衡上来看，当代人的利用应不影响后代人的利用，为此，自然保护区应具备在一个合理的面积里，既能保存各个地带所有生物种类，又不影响当代人的利用（侯元凯和张莉莉，1997）。

### 2.3.3　自然保护区生物多样性价值评估理论基础

1. 效用理论

1）偏好、效用与价值

所谓"偏好"是消费者根据自己的意愿对可供消费的商品组合进行的排列，它反映的是消费者个人的兴趣和爱好。偏好是决定消费者行为的最重要因素之一，是消费者对商品或劳务相对价值的个人主观评价。偏好的差异导致消费者在购买商品时表示出不同的态度。为了理解和分析消费者偏好，经济学家用"效用"来描述偏好，衡量消费者偏好的程度（余永定等，1997）。

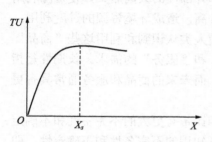

图 2-5　典型的个人总效用函数

效用是指物品满足人的需要的能力，是消费者主观感受到的商品的使用价值。总效用是（$TU$）指消费者在一定时间内消费一定数量的商品或劳务所获得的总满足程度，它是物品 $X$ 的函数，即 $TU=f(X)$（李致平等，2002）。从图 2-5 可看出，总效用是在逐步降低边际效用率的情况下上升的。在 $X_s$ 点达到饱和，总效用最大，边际效用为零，这点以后，总效用下降。序数效用是分析消费者偏好的现代理论，它强调只要偏好满足理性公理，那就必定存在一种连续的效用函数。

西方环境经济学家主要以效用价值论为基础构建生物多样性价值评价理论。效用价值论是 18 世纪法国与意大利等国经济学家创立的。该理论认为，人们对某一商品愿意支付的价格取决于它对该商品效用的评价，这种评价可以称之为价值（李致平等，2002）。商品的效用是价值的源泉，产品价值的大小是由产品效用大小决定的。效用价值概念是从人对物的评价过程中抽象出来的，它本质上体现人与物的关系，即当人类面对不同稀缺程度的物质资源时，如何评价和比较其用处或效用的大小，它正确揭示了人与物之间的基本经济关系。效用价值概念在理论上的合理性在于它从人的角度出发提出了评价一物有用性大小及其边际的一般方法，但这种方法只有建立在对人与物的关系的客观评价基础上时，才可能成为科学的方法。

2）边际效用递减律

边际效用指在一定时间内消费者增加一个单位商品或劳务的消费所得到的新增加的效用，用表达式可表示为 $MU=\mathrm{d}TU/\mathrm{d}X=\partial U/\partial X$（图 2-6）。随着对某种商品或劳务消费量的增加，消费者所获得的总效用在增加，但边际效用是递减的，这就是"边际效用递减律"（余永定等，1997）。边际效用价值论是西方经济学家在效用价值理论基础上建立起来的一种现代西方价格理论（刘庸，2000）。

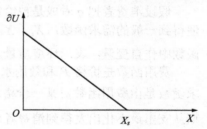

图 2-6　典型的个人边际效用函数

物品的价值量由边际效用决定，边际效用由需要和供给之间的关系决定。边际效用与需求强度成正方向变动，即需求越强烈，边际效用越大；边际效用与供给呈反方向变动，即供给量越大，增加的满足越小，边际效用就越小。因此，物品的价值最终由效用性和稀缺性共同决定。效用表明价值可能达到的高度，或某一个范围；稀缺性则决定在具体实践中，价值实际达到上述范围中的某一点。效用与价值的关系并非简单的正比例关系，并不是对人们效用大的物品，其价值都大，反之亦然。例如，像空气、水等一类物质，对人们的效用很大，但由于它们的供应比较充足，人们并不认为它有很大价值。因此，稀缺性也是影响价值的重要因素，只有效用与稀缺性结合起来，才能确定物品的价值。依据边际效用价值理论，自然保护区保护的珍稀野生动植物的存在价值随着稀有性的增加越来越大，即边际利用率越来越高。

由于效用、边际效用概念的合理性，西方环境经济学以边际效用价值理论作为环境资源价值评价的理论基础。在评价自然保护区的生物多样性价值时，在效用函数中应包括自然保护区提供的产品与服务等环境质量这一自变量。

## 2. 需求理论

### 1) 马歇尔需求函数和希克斯需求函数

需求是指在某一特定时期内，对应于某一商品的各种价格，消费者愿意而且能够购买的数量。

影响需求的因素主要有：商品本身的价格、消费者的偏好、消费者的货币收入、其他商品的价格以及人们对未来的预期。在微观经济学中，为了简化分析过程，通常假定其他条件保持不变，仅分析一种商品的价格变化对该商品需求量的影响（李致平等，2002）。普通需求函数，也称为马歇尔需求函数，简称需求函数，是典型的个人需求函数，它把消费者愿意购买的商品数量作为商品价格和其收入的函数，是消费者在价格体系 $P$ 和收入水平 $M$ 下选择的消费方案，代表着由价格体系 $P$ 和收入水平 $M$ 确定的效用水平，是从效用最大化分析推出的。假定实现效用最大化的约束条件为 $\sum_i P_i X_i = M$ ，其中 $M$ 是消费者的收入。

假设消费者把 $q$ 看成是被给定的，不用为 $q$ 的质量而付款。对上述问题求解便得到一般的需求函数：$X_i = X_x(P, M, q)$ ，其中 $P$ 是私人物品的价格，$q$ 在需求函数中作自变量，表示环境质量。

费用函数是价格 $P$ 和效用水平 $U$ 的函数，即 $e(P, q, U)$ 。希克斯（Hicks）需求函数是由费用函数对某一价格求偏导数而得到，即 $\partial e / \partial P_i = h_i(P, q, U^0)$ 。希克斯从支出最小化出发得到消费者剩余，称为消费者在价格 $P$ 下、效用水平 $U^0$ 下的希克斯需求，也被称为"补偿的需求函数"，即通过变化价格和收入以便把消费者维持在某一固定的效用水平而形成的需求函数，收入变化被用以"补偿"价格的变化。因为希克斯需求函数依赖于不可直接观测的效用，所以它本身也是不可直接观测的，而以价格和收入表示的马歇尔需求函数则是可以观测的（哈尔·瓦里安，1997）。对于正常物品来说，希克斯需求曲线比马歇尔需求曲线陡，因此马歇尔需求曲线左边的区域为希克斯需求曲线以下的区域所界定（图2-7）。

### 2) 替代效应和收入效应

物品的价格变化会产生替代效应和收入效应。替代效应是在商品相对价格发生变化而消费者实际收入不变情况下商品需求量的变化，它不改变消费者的效用水平。收入效应是指由商品价格变动引起实际收入水平变动进而引起商品需求量的变动，它表示消费者的效用水平发生变化（李致平等，2002）。图2-7中的希克斯需求函数与马歇尔需求函数以不同的方式来处理这两种效应。马歇尔需求函数表明当消费者的收入和其他物品的价格保持不变时，物品 C 的需求量如何随着价格的变化而变化；希克斯需求函数表示的是保持其他物品的价格与效用不变，特定物品的需求量与其价格的关系，它是通过补偿来消除价格变化的收入效应。因此沿着希克斯需求曲线表示的是价格变化的纯替代效应，希克斯需求函数又叫补偿需求函数。

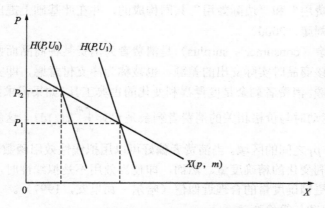

图 2-7　马歇尔需求曲线与希克斯需求曲线

费用函数对 $q$ 求偏导，并在前面加上负号，就得到对 $q$ 的边际意愿支出函数。设 $w_q$ 表示对 $q$ 的边际意愿支出或 $q$ 的边际需求价格。则边际意愿支出的表达式为

$$w_q = -\partial e(P,q,U)/\partial q \qquad (2\text{-}3)$$

如果上式可以通过实际观察的数据而求得，那么就得到了 $q$ 的边际意愿支出的瞬时值。因 $q$ 的变化而使得消费者福利的增值用 $W$ 表示，那么 $W$ 就是 $q$ 的边际意愿支出函数的积分，即

$$W = -\int_{q^0}^{q^1} e_q(P,q,U)\mathrm{d}q = e(P,q^0,U) - e(P,q^1,U) \qquad (2\text{-}4)$$

对于有市场交换和市场价格的商品，其支付意愿的两个部分即实际支出和消费者剩余都可以用希克斯（Hicks）补偿需求曲线下的面积来求出。实际支出的本质是商品的价格，消费者剩余可以根据商品的价格资料用公式求出。因此，商品的价值可以根据其市场价格资料来计算。理论和实践都证明：对于有类似替代品的商品，其消费者剩余很小，可以直接以其价格表示商品的价值。对于非市场产品的价值，可用边际意愿支出曲线下的面积来衡量，但由于资源环境中的公共产品不存在市场交换，其边际意愿支出曲线往往不可能通过这些产品或其替代物的交换而求得（郭中伟，1999）。只有通过考察公共产品与市场商品之间的关系，以便从有关商品的市场交换推导出对环境资源质量的需求情况。

### 3．消费者剩余理论

#### 1）消费者剩余的概念

效用价值论最终由马歇尔总结成为"均衡价值理论"体系。马歇尔认为，价值是由"生产费用"和"边际效用"共同构成的，并在此基础上提出了"消费者剩余概念"（刘庸，2000）。

消费者剩余（consumer's surplus）是消费者为消费某种商品而愿意付出的总价值与他购买该商品时实际支出的差额，也被称为净支付意愿，即支付意愿与实际支付值的差额。消费者剩余是度量福利变化的古典工具。如果需求函数为 $x(p)$，那么 $p_0$ 向 $p_1$ 运动时与价格相关的消费者剩余是 $CS=\int_{p_0}^{p_1} x(t)\mathrm{d}t$，这就是需求曲线右边以及 $p_0$ 和 $p_1$ 之间的区域。当消费者偏好可以用拟线性效用函数表示时，消费者剩余就是福利变化的精确度量。然而，即使当效用不是拟线性时，消费者剩余却可以是一个更精确度量的合理近似值（哈尔·瓦里安，1997）。

#### 2）补偿变动与等价变动

对于补偿和等价变动的概念以及它们与消费者剩余的关系的研究应归功于希克斯（Hicks，1956）。补偿变动和等价变动是两种与价格变化相联系的效用变化的希克斯货币计量（图 2-8）。

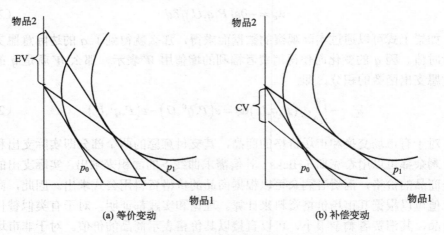

(a) 等价变动　　　　　　　　　　(b) 补偿变动

图 2-8　等价变动和补偿变动示意图（哈尔·瓦里安，1997）

补偿变动（CV）是指在原先的效用水平下调整收入以补偿价格变化，它使用新价作为基础，寻求收入变化多少对于补偿消费者受价格变化的影响。补偿发生在价格变化之后，所以补偿变动使用变化之后的价格；等价变动（EV）指在新的效用水平下，调整收入使这种变化与提议的价格的变化是等价的。它使用现有价格作为基础价格，寻求现行价格下收入变化多少在效用上等价于拟定的变化。

图 2-8（a）描述收入的等价变动在最初的价格 $p_0$ 下，消费者需要多少额外货币来使他面对 $p_1$ 时保持福利不变；图 2-8（b）表示的是收入的补偿变动，需要从消费者那里拿走多少货币以使他面对 $p_0$ 时保持福利不变。如果需求函数是可观测的，并且需求函数满足效用最大化的隐含条件，那么等价和补偿变动实际上就是可观察的，观察到的需求行为可用来构造福利变化的度量（哈尔·瓦里安，1997）。

当物品的价格下降时，CV 是当价格下降时仍使个人效用保持在最初的效用水平下的货币收入变化量。因此，它是价格下降时个人支付的最大数量。EV 是使个人效用保持在价格下降后的效用水平上的货币收入变化量，因此它是为替代价格下降个人所接受的最小补偿量。当价格上升时，CV 为最低补偿值；EV 为最大支付意愿值（表 2-4）（侯元兆，2000）。

表 2-4　商品价格变化的效应的货币计量

| 价格变化 | 补偿变量 CV | 等值变量 EV |
| --- | --- | --- |
| 价格下降 | 对变化发生的 WTP | 对变化不发生的 WTA |
| 价格上升 | 对变化发生的 WTA | 对变化不发生的 WTP |

由图 2-7 也可解释 CV 与 EV 的几何含义。$H(U_0)$ 的左边与价格所交成的面积是 CV，即 $CV = \int_{P_1}^{P_2} H(U_0)dP$，$H(P,U_1)$ 的左边与价格交成的面积是 EV，即 $EV = \int_{P_1}^{P_2} H(U_1)dP$。马歇尔需求曲线的左边与价格交成的面积为价格变化的马歇尔消费者剩余 MCS，可见，MCS 并不等于两个希克斯效用变化计量值中的任何一个。当价格下降时，CV<MCS<EV，也就是 WTP<MCS<WTA；当价格下降时，CV>MCS>EV，也就是 WTA>MCS>WTP。由此可以得到对于市场商品，有：WTP<MCS<WTA。因此，从理论上，为了得到价格变化对消费者效用影响的货币评价值，有两种方法，一是通过确定其 WTP 或 WTA 来实现，属于直接评价技术范畴；二是通过马歇尔需求函数计量 MCS 来确定，属于间接评价技术范畴。

3）补偿剩余与等值剩余

当所研究的问题涉及到类似自然保护区等环境资源时，假设环境质量或数量的变化用 $q$ 表示。无论是数量还是质量，环境服务 $q$ 都具有典型的非排他性和不可分割性，因此个人无法判断其消费水平。

包含环境服务的效用函数为 $U = U(X,q)$，其中 $X$ 为消费者消费的个人物品数，$q$ 为环境质量。对于与 $q$ 的变化相关的效用变化有两种货币计量方法，即补偿剩余（CS）和等值剩余（ES）。以环境退化为例，CS 是消费者因 $q$ 的下降所愿意接受的补偿，ES 是消费者因避免 $q$ 的下降所愿意支付的数量；对于环境改善的情形依此类推（侯元兆，2000）。

表 2-5 概括了因环境变化而导致的效用水平变化的货币计量情况。理论上，自然保护区的生物多样性价值可以通过 WTP 获得 CS 或者通过 WTA 获得 ES 而求得。在早期的 CVM 研究案例中，一致认为对于给定的方案，问 WTP 或 WTA 不会产生实质性的影响。但 Willig 的研究结果表明不能把 CV/EV（价格变化）的情况转化为 CS/ES（质量变化）的情况（Willig，1976）。Randall 和 Stoll 认为，尽管两者存在差别，但是对某种商品的开支与收入相比非常小的情况下，CS 和 ES 的结果非常接近，所以问 WTP 和 WTA 问题所获得的结果应该非常相似（Randall and Stoll，1980）。然而，研究发现，对于同样的环境变化，WTA 比 WTP 大 4 倍乃至 10 多倍（Hanemann and Michael，1991）。而且在采用 WTA 形式时，存在相当高的拒绝回答率，有时拒绝回答率高达 50%，很多被调查者要么拒绝接受任何数额的补偿，要么只接受无限大的数额（Mitchell and Carson，1989）。Hanemann 还认为，当支付意愿与收入的比值较高时，支付意愿与接受补偿意愿的比值可以超过 5；当支付意愿与收入的比值较低时，支付意愿与接受补偿意愿的比值应该接近 1（Hanemann and miohael，1991）。

**表 2-5　环境质量变化的货币计量**

| 环境变化 | 补偿剩余 CS | 等值剩余 ES |
|---|---|---|
| 环境改善 | 对变化发生的 WTP | 对变化不发生的 WTA |
| 环境退化 | 对变化发生的 WTA | 对变化不发生的 WTP |

WTA 虽然在理论上与 WTP 一样，均是基于效用价值理论的原理，但实际上在 CS 和 ES 之间的选择是关于产权的决策（Knetsch，1990）。问 WTA 问题并使用 ES 是将即将被破坏的自然保护区作为相关参照点，表明个人没有这样的产权；问 WTP 问题并使用 CS 是将被保护的自然保护区作为相关参照点，表明个人对自然保护区有明确的产权。

### 4. 间接评价技术的原理

间接评价技术的基本前提是假设能将环境产品和服务及其有关指标看作为效用函数的自变量。其基本观点是通过对市场商品所观察到的数据来计量各种水平的环境服务的货币值。由于 $q$ 会影响消费者的效用函数，因此，可以通过市场观察或意愿调查的方法求得 $q$ 变化时对效用的影响。大体来说，$q$ 可以从三个方面影响消费者的效用：一是 $q$ 作为商品生产的投入要素，间接影响商品的效用；二

是 $q$ 影响家用商品效用的发挥；三是 $q$ 本身作为消费者效用函数中的一个自变量直接影响效用。在这三种情况中，$q$ 与消费者偏好结构中的商品可能是替代关系或补偿关系。间接评价技术通过确定它们之间的关系以及观察消费者对相关商品的选择，推导出 $q$ 的价值（傅尔林，1997）。

包含环境服务的效用函数为 $U = U(X, q)$。该函数假定消费者觉察到了环境质量变化所造成的影响。如果消费者不能感觉到 $q$ 变化所造成的影响，$q$ 的变化就不会影响消费者的行为，也不可能从市场调查获得有关 $q$ 变化的价值信息，那么就不能采用这种模型进行货币评价。反过来，从消费者的角度来看，在商品价格变化时，消费者可以通过调整对商品消费水平维持效用不变或至一个新的效用水平。而在环境服务的质量或数量变化时，消费者无法调整对环境服务的消费水平，只能被动地接受这一变化。

1）环境服务与市场商品的关系

对环境服务与市场商品之间的关系进行分析研究，可为环境资源的价值评价提供重要的理论依据及新的研究方法。环境服务 $q$ 与市场商品之间存在三种主要关系，即补偿关系、替代关系，以及 $q$ 值已附着在或体现在市场商品上。相互替代的性质是进行价值评价的核心概念。因为相互替代性构成了与消费者有关的所有物品及服务之间的交换率。在效用理论中，用边际替代率表示商品之间的替代关系。边际替代率是指在维持效用水平或满足程度不变的前提下，消费者增加一单位某种商品的消费时，所需放弃的另一种商品的消费数量。

补偿关系又分为完全补偿和弱补偿两种，弱补偿是最通常的关系，是价值评价的条件之一。如果 $q$ 的增加能使消费者从消费商品 $X_1$ 所获得的效用增加，或者说 $q$ 的增加能使消费者对 $X_1$ 的需求增加，那么就称 $q$ 与 $X_1$ 的关系是弱补偿关系。弱补偿条件要求，当商品 $X_1$ 的需求为零时，$q$ 的边际效用或 $q$ 的边际价格也为零。$q$ 为消费者带来效用的前提是要购买一商品，或者说 $q$ 被看成是所消费商品的某一特性。这样，就能依据对商品的需求来评价 $q$ 变化的价值。

设 $X_1$ 与 $q$ 是弱补偿关系，希克斯补偿需求函数为 $h_i = h_i(P, q, U^0)$。

令 $\partial X_1 / \partial q > 0$。因此，$X_1$ 的马歇尔需求函数为 $X_1 = X_1(P, q, M)$。

为了得到相应的效用值，就要对需求函数积分，求得效用函数及费用函数。由于积分的结果中存在关于 $q$ 的函数项及积分常量等未知数，还不能求出效用函数及费用函数。为了求得这个未知项及积分常量，必须对弱补偿性质加上两个具体条件：第一个条件是，$X_1$ 不是生活中的必需品，即有一个价格阈值 $P_1^*$，当 $X_1$ 的价格达到这个值时，$X_1$ 的补偿需求函数为 $h_i(P_1^*, q, U^0) = 0$，$P_1^*$ 一般是 $q$ 的增函数。第二个条件是，当 $P_1$ 等于或大于 $P_1^*$ 时，费用函数的导数为零。即费用函数 $e = e(P_1^*, q, U^0)$ 的导数为零，即 $\partial e / \partial q = 0$，表示费用不因 $q$ 的变化而变化。上述两个条件确定了消费者的初始状况，因此，可以得出积分常量。

如果弱补偿两个条件满足的话，那么因 $q$ 变化而引起的效用变动就可以用 $X_1$ 的两条补偿需求曲线之间的面积来量算。

图 2-9 中，$P_1(q')$ 和 $P_1^*(q'')$ 分别是在 $q=q'$、$q=q''$ 下，需求降低到零时的价格，也就是最高价；个人消费从 $x_1'$ 增加到 $x_1''$；$P_1^0$ 为商品 $X_1$ 的价格。设当环境质量水平为 $q'$ 时，$X_1$ 的补偿需求曲线为图中的 $h_1(q')$。假定 $X_1$ 的价格为 $P_1^0$，而且在整个分析过程中其价格没有变化。当 $q$ 为 $q'$ 时，消费者所获得的效用为补偿需求曲线下 $\triangle ABC$ 的面积。假定 $q$ 从 $q'$ 提高到 $q''$，由于 $q$ 的增加使得对 $X_1$ 的需求也增加，因此补偿需求曲线位移到 $h_1(q'')$ 的位置，这时的效用变化值可分三步求得：首先，当初始补偿需求曲线为 $h_1(q')$ 时，假设 $X_1$ 的价格从 $P_1^0$ 上升到 $P_1^*(q'')$。为了使消费者的效用保持不变，必须给予消费者以补偿，补偿值为补偿剩余 CS，即图中的 $\triangle ABC$ 的面积。其次，假设 $q$ 增加，以致使补偿需求曲线位移到位置 $h_1(q'')$。根据上述弱补偿的条件，当 $X_1$ 的消费为零时，无论 $q$ 如何变化，对消费者的效用不产生影响，因此就不用作出补偿。最后，在价格水平 $P_1^0$，当补偿需求曲线为 $h_1(q'')$ 时，消费者的效用增加了，增加值为 $\triangle ADE$ 的面积。为了使消费者保持原来的效用水平不变，就可以向消费者征价值为面积 $ADE$ 的税。这样由于 $q$ 的变化而获得的净效用值就是面积 $BCDE$（$\triangle ADE - \triangle ABC$），而这个面积恰好等于价值计量所需要的 CS，也就是环境改善的支付意愿。由于希克斯补偿需求函数是不可观察的，因此，间接评价技术试图根据 $q$ 的变化推算马歇尔需求函数，从而估算 MCS（侯元兆，2000）。

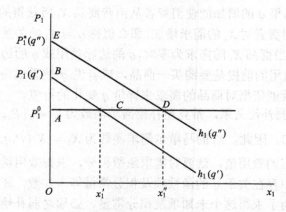

图 2-9 环境服务作为商品需求函数的参数时的价值评价示意图

2）消费者剩余计量误差的计算

运用弱补偿原理进行效用价值评价，由于希克斯补偿需求函数不能直接求得，因此，通过价格、收入及 $q$ 等资料数据求得马歇尔需求曲线，根据马歇尔消费者剩余（MCS）进行价值评估，即用马歇尔消费者剩余大致表示被评价对象的价值。

图 2-10 中，不同 $q$ 水平的希克斯补偿需求曲线分别为 $h_1(q')$ 和 $h_1(q'')$，不同 $q$ 水平的马歇尔需求曲线分别为 $x_1(q')$ 和 $x_2(q'')$。这两条补偿需求曲线之间的面积 $b+d$ 表示净效用增加值。从图中可以看出，在价格为 $P_1'$ 时，由于 $q$ 的增加使马歇尔需求曲线向右位移的距离超过了补偿需求曲线，这是因为马歇尔需求曲线只考虑了价格变化的替代影响，除了替代影响外，消费品 $C$ 的价格的变化也意味着消费者实际收入的变化，这就是补偿需求曲线的斜率比一般需求曲线的斜率大的原因。两条一般需求曲线之间的面积为 $a+b+c$。因此，马歇尔消费者剩余（MCS）与希克斯补偿剩余（CS）之间的相对误差 $\sigma$ 为

$$\sigma = \frac{(a+b+c)-(b+d)}{b+d} = \frac{a+c-d}{b+d} \tag{2-5}$$

采用 MCS 来估计 CS 或 ES 会产生误差，误差的理论值为二者之差。可见，虽然 MCS 不是效用变化的准确计量，但它界于两个准确值之间。根据 Willig 的研究，在大多数情况下，使用 MCS 对 CV 或 EV 的误差为 5%或更低（傅尔林，1997；Willig，1976）。

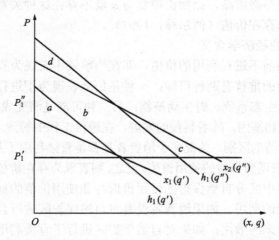

图 2-10　弱补偿条件下用马歇尔需求曲线进行价值评价误差示意图

### 5. 直接评价技术的基本原理

1）区分自然保护区使用价值与非使用价值的经济学标志——弱补偿与目前利用的价值

如上所述，假设环境服务 $q$ 与商品 $X_1$ 是弱补偿关系，当 $X_1$ 为零时，$q$ 的利用价值也为零。如果弱补偿条件满足的话，$q$ 的总价值就可以用 $X_1$ 的补偿需求函数

来表示。由于 $q$ 的增加，使希克斯补偿需求曲线向右移动，因此 $q$ 的价值可以由这两条补偿需求曲线之间的面积来衡量，这种方法计算出的环境价值是目前利用的价值，不是存在价值，因为这种价值与环境资源的利用相关联，就像商品的价值与它的消费相关联一样。

根据弱补偿条件的含义，当商品消费为零时，消费者就不会因环境服务 $q$ 的增加而获得效用，如果弱补偿的第二个条件不能满足的话，两条补偿需求曲线之间的面积仍然表示 $q$ 当前的利用价值。但实际情况是，即使对商品的消费为零，消费者仍因 $q$ 的增加而获得了效用，所以就有一种价值未能被补偿需求函数所反映，这种价值就是存在价值。如果弱补偿的第一个条件（商品 $X_1$ 是非必需品）不能满足的话，那么就没有一个极限价格，在此价格时，$X_1$ 的使用量为零。这时区分当前所使用的价值与存在价值在经济学上是没有意义的。例如，交通工具越发达，人们观光旅游的机会就越多，因此，要求更多更好的 $q$，这是一种弱补偿关系。但当旅行费用高到某一极限时，对某些人来说就不会花钱在旅游上，因而也不能享受到 $q$ 所带来的效用。当消费者旅游时，$q$ 表现出来的价值有当前的使用价值，也有存在价值。不出去旅游时，$q$ 仅表现出存在价值。对消费者来说旅游是非必需品，如果是必需品，比如说粮食与 $q$ 就不存在这种关系，就没有必要区分当前使用价值与存在价值（傅尔林，1997）。

2）存在价值的经济学含义

存在价值是当前不进行利用的价值，即在当前还不表现为直接的使用价值，存在价值随着时间的推移有两种可能：一种是仍然表现为不进行直接的利用。如自然保护区保护的生态系统、野生动植物；另一种可能是演变成直接利用的价值。如保护的某些动植物基因，随着科技的发展，在遗传工程中得到应用。因此，存在价值与当前使用价值的区别，关键在于消费者是否是直接利用了某一环境资源，如果是直接利用，则表现为当前的使用价值；反之，则表现为存在价值（侯元兆，2000）。

可见，经济学中区分自然保护区使用价值与非使用价值的标志是是否对自然保护区进行了直接的利用。如果消费者没有对自然保护区进行直接利用，就只能享受存在价值所带来的效用；如果对自然保护区进行了直接利用，则既可享受当前的使用价值所带来的效用，也可享受存在价值所带来的效用。而是否直接利用的标志，则是看自然保护区提供的环境产品或服务是否与某商品之间存在相互补偿的关系。

从上述分析得知，如果有一种补偿商品可供选择利用，那么自然保护区的价值就可以通过这种补偿商品的市场需求来体现。如果弱补偿条件满足，就可以利用商品需求信息，得出自然保护区的总经济价值；如果弱补偿条件不能满足，其部分价值就不能由市场商品的需求来反映，只能通过假想的市场评估。也就是说，自然保护区非使用价值的评价方法只能从商品市场以外的途径入手，即估计人们的支付意愿或接受赔偿意愿。

支付意愿实际上是"人们行为价值表达的自动指示器"，也是一切商品价值表达的唯一合理指标。因此，商品、效用和服务的价值等于人们对该商品的支付意愿（郭中伟和李典谟，1999）。从消费者的角度看，支付意愿是"人们行为价值表达的自动指示器"；如果从出售的角度看，人们自愿接受的补偿意愿也应该是"人们行为价值表达的自动指示器"，因此，商品、效用和服务的价值也可用人们对该商品的补偿意愿来表达。

人们的 WTP 或 WTA 可通过条件价值法研究得到。条件价值法是根据个人需求曲线理论（Marshall 需求曲线）、消费者剩余、补偿变动与等值变动的两种希克斯计量法发展出来的。其最终目的是推导出消费者的需求曲线和边际意愿支出曲线。

自然保护区是一种环境资源，设自然保护区环境资源的初始值为 $q_0$（建区前），终值为 $q_1$（建区后）。此时的存在价值，就是要计算环境质量变好后的效用值，即当 $q$ 上升、效用水平提高后愿意支付的货币额。

3）条件价值法调查偏差的估算

条件价值法的偏差可用被调查者的真实支付意愿与被调查者所表现出来的支付意愿之差来表示。设 $Wti$ 是被调查者的真实支付意愿，$Wri$ 是被调查者所表现出来的支付意愿。$Wti$ 取决于自然保护区保护与被保护前后环境质量变化的大小（$\Delta q$）、被调查者的收入水平（$Mi$）以及一系列社会经济变量（$Si$），即

$$Wti = Wti(\Delta q, Mi, Si) \tag{2-6}$$

$Wri$ 与 $Wti$ 的差异主要由三方面的原因造成。一是影响 $Wri$ 的随机误差，该误差的平均值为零，这种误差用函数 $f_1(X, \alpha)$ 来表示，其中 $X$ 是随机变量，$\alpha$ 是描述随机变化过程的状态参量；二是影响 $Wri$ 的非偶然误差，这种误差用函数 $f_2(Wti, Y, \beta)$ 表示，其中 $Y$ 与 $\beta$ 分别代表变量和描述过程的参数；三是 $Wri$ 能真正通过调查而获得的可能性程度大小，这个误差用函数 $f_3(Wti, Z, r)$ 来表示，其中 $Z$ 和 $r$ 分别代表变量与描述过程的参数。把上述三个过程结合起来，得

$$Wri = g\{Wti(\bullet), f_1(\bullet), f_2(\bullet), f_3(\bullet)\} \tag{2-7}$$

上式综合反映了产生真实价值与通过调查表现出来的价值之间误差的三种原因。随机误差的平均值为零。非偶然误差产生的偏差包括 CVM 的战略性偏差、信息偏差等。由于选择样本及对某些假设问题没有回答而造成的偏差可用标准统计方法来处理。如果调查得到的 $Wri$ 与 $Wti$ 及消费者其他特点无关的话，$f(\bullet)$ 就不起作用。即当 $\sum_{i=1}^{n}(Wri - Wti) = 0$ 时，表明消费者支付意愿值不存在偏差，调查结果是有效的。也就是说，在 $f_2(\bullet)$ 和 $f_3(\bullet)$ 都不对调查结果产生偏差时，那么产生误差的唯一原因就是随机误差，这种随机误差体现为样品的均值 $Wri$ 与 $Wti$

的差。减少这种误差的方法是增大样品的容量（地域面积或人口数量）以及提高调查询问方案的质量（傅尔林，1997）。在样本数目和调查方案确定的情况下，总有一个与其相对应的误差。

6. 费用效益分析理论

费用效益分析是以新古典经济理论——帕累托（Pareto）关于可能改进效用的概念为基础的，即一个人得到好处而不造成对其他人损失时的资源分配，在经济上是最有效的；或者说，获得者可以补偿损失者，即使实际的补偿没有支付。根据这个准则，社会净效益最大时，也就是收益与总费用之差最大时，社会的资源利用经济有效（张兰生，1992）。

这一观点来源于新古典经济理论。按照新古典经济学的基本原理，理想的市场会产生帕累托最优结果，实际的市场偏离理想的市场时就产生了"市场失灵"。进行环境成本-效益分析和环境价值计量可在一定程度上纠正市场失灵。所谓市场失灵，就是市场机制对某种情况下的经济现象不能直接发挥调节作用。像生物多样性损失所包含的环境问题正是市场失灵的结果。生物多样性与其他环境商品的外部收益未在市场上定价（Pearce and Turner，1990）。因此，解决这类问题最有效的办法就是"给予自然环境提供的服务以合适的价值"，这也是有效地保护环境的前提之一，而当前的环境服务都是免费的。

### 2.3.4　自然保护区生物多样性价值评估数据的获取

借用环境经济学中公共物品需求及价值评估信息获取的途径，即按照是否以直接的市场为基础分为直接市场法和间接市场法；以实际观察还是假设为标准分为观察法和假设法（图2-11）。以直接或假想市场为基础直接获得信息的方法有直接观察法和直接假设法。直接观察法的信息直接来源于对市场行为的观察；直接假设法通过向消费者提问，获得消费者支付意愿或补偿意愿。以实际市场为基础间接获得信息的方法有间接观察法和间接假设法。间接观察法又叫揭示偏好法，是通过观察比较公共物品与市场产品之间的关系，获得评价资料从而进行价值评估，它以对消费者行为的实际观察为基础；间接假设法以在不同环境条件下，消费者以对这些假设问题的选择为基础。

图 2-11　自然保护区生物多样性价值评估数据的获取途径

## 1. 观察法

### 1）直接观察法

直接观察法是直接运用市场价格或采用为了研究有关价格而建立的模拟市场价格，对自然保护区的价值进行估算的一类方法。它的前提条件是：消费者在一定的约束条件下，作出的选择是为了使效用最大化，并且要求市场是完全竞争的市场，能够全面反映被评价对象的价值。例如可以直接利用木材的价格及贴现率，来评价森林木材的直接使用价值。如果市场机制不够完善，那么就要对市场价格进行调整。

建立在直接观察法基础上的评价方法为直接市场法。直接市场法包括市场价格法、费用支出法、剂量-反应法、生产率变动法、人力资本法、防护费用法、恢复费用法、影子工程法、影子价格法、机会成本法等一系列具体方法。每一种方法又都具有各自的含义、评估模型和适用范围。例如，费用支出法是从消费者的角度评价被评价自然保护区生物多样性的经济价值，它以人们对自然保护区生态系统产品和服务功能的支出费用来表示。

### 2）间接观察法——揭示偏好法

揭示偏好法运用一些在市场上存在的商品作为自然保护区等环境资源所提供的生态系统服务的替代品，通过考察人们与市场相关的行为，特别是在与自然环境资源联系紧密的市场中所支付的价格或它们获得的利益，间接推断出人们对环境的偏好。自然保护区的生态系统服务不存在现成的市场，没有确定的市场价格，对它的生态系统服务价值的评估方法一般建立在间接评价技术的基础之上。

揭示偏好法以市场商品或劳务与环境资源服务之间存在着某种替代性或互补性关系这一假设为基础，其原理仍然是根据人们赋予环境质量的价值可以通过他们为优质环境物品享受或者是为防止环境质量的退化所愿意支付的价格来推断。对于消费者而言，因为某市场物品与环境服务之间是可以相互替代的，因此，它们给消费者带来的效用水平也就可以互相比较。另外，随着人们环境意识的不断提高，当人们购买市场商品的时候，其支付意愿中也包括了对市场商品中附属的或具有的环境属性的承认（傅尔林，1997）。

替代市场法是基于揭示偏好法的典型价值评估方法。替代市场法间接运用市场价格评估环境价值，它又包括了许多具体的评价方法，如市场商品和劳务法、资产价值法、工资差额法、机会成本法、旅行费用法、生产力函数法、恢复费用法、规避行为和防护费用法、影子工程法、成本替代法、享乐价格法（HP）等。

## 2. 陈述偏好法

在缺乏真实的市场价格数据时，自然保护区等环境资源的价值不能用上述直接的或间接的市场评价技术获得。为此，环境经济学还研究出了其他一些评价方法。这些方法通过对消费者直接调查，了解消费者的支付意愿或接受补偿的意愿来评价自然保护区的价值，这就是陈述偏好法。陈述偏好法试图获得的是假想情况下的消费者意愿，而不是实际情况下的消费者行为。该方法可用来评估公共产品的各种经济价值，在价值评估中得到了广泛的应用。

基于陈述偏好基础上的典型方法为条件价值法（contingent valuation method）。条件价值法直接询问人们对某种公共商品的支付意愿，以获得公共商品的价值，它又叫模拟市场法或支付意愿法。该方法的核心是直接调查询问人们的支付意愿，并以支付意愿和净支付意愿来表示被评价对象的经济价值。

条件价值法已经演绎出若干种技术，大致可以分为 3 类（表 2-6）：一是直接假设法，即直接询问支付或接受补偿的意愿；直接假设法是通过建立假想的市场，对被调查者的支付意愿或接受补偿意愿进行调查，直接询问他们对被评价对象的支付意愿或接受补偿意愿，又分为投标博弈法和比较博弈法；二是间接假设法，即询问调查对象对环境服务或商品的需求量，并从询问结果推断出支付意愿或接受赔偿意愿，分为无费用选择法和优先评价法；三是通过对有关专家进行调查的方式来评定自然保护区的经济价值，又叫专家调查法（Delphi 法）（马中，1999）。常用的方法为直接假设法。

**表 2-6　条件价值法的分类**

| 评价方法 | 具体方法 |
| --- | --- |
| 直接假设法 | 投标博弈法 |
|  | 比较博弈法 |
| 间接假设法 | 无费用选择法 |
|  | 优先评价法 |
| 征询专家意见 | 专家调查法（Delphi 法） |

以获得环境资源需求及价值评估信息的途径为基础，环境经济学家们发展了相应的一系列评估方法。OECD 将评估方法分为三大类，即实际直接市场价值法（市场价格法等）、模拟市场法（CVM、CRM、ICM 等）和替代市场法（TCM、HD、PC 等）（OECD，1996）。该分类体系不包括间接假设法。

根据自然保护区生物多样性经济价值评估信息获取的途径，将其评价方法分为观察法和假设法两大类，观察法包括直接市场法和替代市场法，以实际存在的市场为基础；假设法包括直接模拟市场法和间接假设法，是建立在假想的市场基础上的（表 2-7）。

**表 2-7　自然保护区生物多样性价值评估方法分类**

| 途 径 | | 评价方法 | 具体方法 |
|---|---|---|---|
| 行为观察 | 直接观察 | 直接市场价值法 | 市场价格法、费用支出法、剂量-反应法、生产率变动法、人力资本法、防护费用法、恢复费用法、影子工程法、影子价格法、机会成本法等 |
| | 间接观察 | 替代市场法 | 旅行费用法、享乐价格法、规避费用法、资产价值法、工资差额法、机会成本法、旅行费用法、生产力函数法、恢复费用法、规避行为和防护费用法、影子工程法、成本替代法、享乐价格法（HP）等 |
| 假设法 | 直接假设 | 模拟市场法 | 投标博弈法、比较博弈法 |
| | 间接假设 | 间接假设法 | 条件分级、条件行为、条件投票 |

# 2.4　生态承载力与生态足迹理论

## 2.4.1　生态承载力概念的发展及其与生态系统服务

"承载力"源于一个力学指标，指物体在不产生任何破坏情况下的最大负荷力。人类对生态承载力的研究已有几个世纪的历史，这些研究把单一物理学概念嫁接到生态学领域，通过资源承载力、环境承载力和生物（生境）承载力三个方向，逐渐发展成为包括许多因子在内的生态学综合性概念——生态承载力。

### 1. 资源承载力

由于全球经济发展和工业化进程加快，能源消耗和资源需求增长，环境污染和资源短缺日渐明显，从而引起人们对全球资源的重新评估。人们在研究区域发展能力时沿用了"承载力"这一指标，以表达区域资源条件对人类社会经济发展的支持力度，从而产生了"资源承载力"的概念。在对资源承载力的研究中，研究者从不同角度追踪人类经济、社会活动对自然资源的需求，对其进行量化评估，从而调控人类发展中的资源利用方式。

"资源承载力"概念在实践中首先应用于畜牧业。在北美、南美及亚洲草原地区，由于过度放牧造成了草场的严重退化，为了有效地管理草原，一些学者将承载力概念引入到草场资源管理中，"草地承载力""载畜量"等概念相继被提出。草地生态学家依然在使用这一概念并应用相关理论指导畜牧业生产（Holechek et al.,1989）。

　　随着全球人口增加，耕地面积减少，人类面临粮食危机。因而研究现有土地可以承纳的人口数量引出了"土地承载力"（land carrying capacity）的概念。1921年 Park 和 Burgess 在有关人类生态学研究中提出，可以根据某一地区的食物资源来确定区内的人口承载能力（陈卫和孟向京，2000）。随后 Allan、Carneiro 和 Brush 等别对土地承载力进行了研究（Brush, 1975；Carneiro and Robert，1960；Allan and William，1949）。在我国，这类研究作为地理学科的重要研究方向，数十年来已在探索资源合理开发利用方面有了一些积累。任美锷在 20 世纪 40 年代末通过对四川省农作物生产力分布的地理研究，首次估算了以农业生产力为基础的土地承载力（张世秋，1996）。

　　资源承载力的研究范围不仅仅局限于土地资源，而是包括了水、矿产、能源等与人类社会经济发展密切相关的资源类型，其中水资源承载力受到的关注相对较多。20 世纪 90 年代，Rijisberman 等用水资源承载力作为城市水资源安全保障的衡量标准（Rijisberman et al.，2000）；Joardor 等从供水角度对城市水资源承载力进行相关研究，并将其纳入城市发展规划当中（Ehrlich et al.，1996）； Harris 等着重研究了农业生产区域的水资源农业承载力（Harris et al.，1999）。

　　我国最早开展水资源承载力研究是在 1985 年,新疆水资源软科学课题组首次对新疆的水资源承载能力和开发战略对策进行了研究。国内有关研究主要集中在城市水资源承载力和区（流）域水资源承载力两个方面。1992 年施雅风等采用常规趋势法对新疆乌鲁木齐河流域的水资源承载力进行研究（施雅风和曲耀光，1992），1993 年许有鹏采用模糊分析法对和田河流域的水资源承载力进行研究（许有鹏，1993）。1995～2000 年水资源承载力的研究达到了空前鼎盛，多个"九五"攻关项目和自然科学基金课题都涉及这一领域，如王建华等采用系统动力学方法对乌鲁木齐市（王建华和江东，1999）、徐中民等采用情景基础的多目标分析方法对黑河流域（徐中民等，2002）、贾嵘和薛惠峰及蒋晓辉等采用多目标模型及修改的契比雪夫算法对陕西关中地区（贾嵘和薛惠峰，1998；蒋晓辉等，2001）进行研究；阮本清等采用水资源适度承载能力计算模型对黄河下游地区（阮本清等，2001）进行研究；高彦春、傅湘等分别采用模糊综合和主成分分析法对陕西关中地区的水资源承载力进行研究（高彦春和刘昌明，1997；傅湘和纪昌明，1999）。朱一中等将水资源承载力定义为：指某一区域在特定历史阶段的特定技术和社会经济发展水平条件下，以维护生态良性循环和可持续发展为前提，当地水资源系统可支撑的社会经济活动规模和具有一定生活水平的人口数量（朱一中等,2002）。

　　除水资源以外，矿产资源尤其是能源资源承载力也是资源承载力领域的主要研究内容之一。1972 年罗马俱乐部出版了《增长的极限》一书，其中的研究成果在很大程度上考虑了能源资源对人口增长的限制（Meadows et al.,1972）。

### 2. 环境承载力

工业化和城市化的另一结果是产生了日趋严重的污染，一方面使资源利用价值降低，资源短缺的矛盾更加突出；另一方面环境污染对人类的生存构成了严重威胁，迫使人们思考环境负荷问题，为此，人们不得不研究我们生存的地球对污染的承受能力，从而产生了"环境承载力"的概念。面对严重的环境污染，环境承载力的研究开始得到重视。20 世纪 80 年代以来，环境承载力（环境质量标准、环境容量等）的研究应运而生。环境承载力的概念在国家重点科研项目《我国沿海新经济开发区环境的综合研究——福建省湄洲湾开发区环境规划综合研究报告》中首次被明确提出。此后，叶文虎、洪阳、彭再德等一些学者开始从不同的角度对环境承载力的相关概念和理论做了一系列研究（洪阳和叶文虎，1998；叶文虎和全川，1997；彭再德和杨凯，1996）。

环境承载力的研究最初主要围绕环境容量展开,应用较多的首推水环境容量,此外还有大气环境容量、土壤环境容量等。许多学者在此方面进行了深入研究，根据不同地方的环境特点，提出了一系列计算模型和方法（杜敏敏，1995）。我国从 20 世纪 80 年代开始，针对环境容量开展了系统研究，环境容量曾作为国家"六五"科技攻关课题，国家环境保护部组织了全国 40 多个单位的科技工作者进行了多学科协作攻关，在沱江 200 km 江段上进行了 3 次大规模同步监测、10 多次水团追踪试验；在湘江 14 km 江段进行了 3 次大规模采样；在深圳河 7 km 河段上、113 km² 的深圳湾上进行了 3 期野外作业，在大流域范围内开展了广泛深入的环境调查，进行了大量试验室理化分析和专题研究，共取得数百万个数据，许多研究成果已经成为我国制定环境质量标准的依据（郭秀锐等，2000）。目前，环境容量的研究无论在理论方面，还是实践方面均获得较大进展。

中国 21 世纪议程管理中心（CA21）认为，"环境承载力"的科学定义可表述为：在某一时期，某种状态或条件下，某地区的环境所能承受的人类活动作用的阈值。"某种状态或条件"是指现实的或拟定的环境结构不发生明显不利于人类生存的方向改变的前提条件。所谓"能承受"是指不影响环境系统正常功能的发挥。由于它所承载的是人类社会活动（主要指人类经济发展行为）在规模、强度或速度上的限值，因而其大小可用人类活动的方向、速度、规模等量来表现（中国 21 世纪议程管理中心（CA21）可持续发展词语释义——环境部分）。在此基础上，崔凤军提出旅游环境承载力的定义表述为：在某一旅游地环境（指旅游环境系统）的现存状态和结构组合不发生对当代人（包括旅游者和当地居民）及未来人有害变化（如环境美学价值的损减、生态系统的破坏、环境污染、舒适度减弱等过程）的前提下，在一定时期内旅游地（或景点、景区）所能承受的旅游者人数。崔凤军还提出，城市水环境承载力是指某一城市、某一时期、某种状态下的水环境条件对该城市的经济发展和生活需求的支持能力，它是该城市水环境系统结构的一种抽象表示方法，可以作为衡量该城市经济发展活动与水环境条件适配程度的指标。它具有时空分布上的不均衡性和客观性、变动性和可调性的特征（崔凤军，1995）。

### 3. 生物承载力

承载力概念被生物学界沿用后称之为生物承载力，最先用于种群生态学，指在一定的环境条件下，某种生物个体可以存活的最大数量。1921年，Park 和 Burgess 在有关的人类生态学杂志中，提出了生态学领域内的承载力概念，即"某一特定环境条件下（主要指生存空间、营养物质、阳光等生态因子的组合），种群个体数量的最高极限（郭秀锐等，2000）。"

种群增长的非密度相关模型（density-independent growth）和密度相关模型（density-dependent growth）是种群生态学中最常见的 2 个描述种群增长的数学模型（李博，2000）。非密度相关模型描述了在没有外界限制性影响的情况下，物种的增长状况，此时唯一限制因子是物种自身的繁殖率和生长率，用数学公式表示为

$$\frac{\mathrm{d}N}{\mathrm{d}t} = rN \tag{2-8}$$

该式的积分式为

$$N = N_0 \mathrm{e}^{rt} \tag{2-9}$$

式中，$N$ 为种群数量；$N_0$ 为种群的初始数量；$t$ 为时间；$r$ 为种群在无限制条件下的种群增长系数，即物种的潜在增殖能力。此时种群的增长曲线呈 J 形，如图 2-12。

但在现实中，种群是不可能按"J"形曲线无限制增长的，其原因是任何一个种群的增长都存在各种限制因素。此时，种群增长的数学表达式为

$$\frac{\mathrm{d}N}{\mathrm{d}t} = rN\left(1 - \frac{N}{K}\right) = rN\left(\frac{K-N}{K}\right) \tag{2-10}$$

这就是生态学中著名的逻辑斯蒂方程，它的积分式为

$$N = \frac{K}{l + \mathrm{e}^{a-rt}} \tag{2-11}$$

式中，$a$ 为参数，其值取决于种群的初始数量；$K$ 为环境容量，它随环境（资源量）的改变而改变，也就是在某些特定环境限制因素制约下，种群能够达到的最大数量。此时，种群的增长曲线呈 S 形，曲线渐进于但不可能超过 $K$ 值（图 2-12）。该式通常又称之为增长曲线方程，被广泛应用于多个领域。

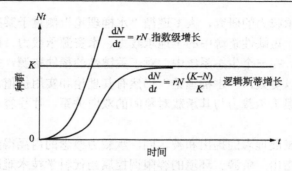

图 2-12　种群增长模型

逻辑斯蒂方程揭示了生物发展与环境之间的基本关系，它表明环境对生物发展的承载能力是有一定限度的（环境容限）。长期的生态研究表明，在环境条件较好时，物种往往会生长过头，当种群数量超过环境的承载能力过多以后，种群会大批死亡而导致种群数量骤然下降，然后再重新回到新的平衡点。逻辑斯蒂方程应归入生态承载力分析早期主要的数学模型。

随着生态环境问题的突出，承载力概念被发展并应用到人类生态学中，与生态破坏、环境退化、人口增加、资源耗竭、经济发展联系在一起。在生态和环境研究中，一些学者借用"承载力"这一术语来描述区域系统对外部环境变化的最大承受能力以及发展的限制程度等。马尔萨斯是第一个看到环境限制因子对人类社会物质增长过程有重要影响的科学家（程国栋，2002）。大约 200 年前，马尔萨斯就预言，由于土地资源的有限性和农业对土地的依赖性，食物供给将以自然级数增长，而人口增长则会以几何级数增长，最终，食物将不能满足人类的需求。食物增长不能满足人口增长要求的这个时点，就是马尔萨斯认为的人口增长的极限（蔡昉，2007）。达尔文在其进化论观点中也表达了人口几何增长和资源有限约束的观点。

### 4. 生态承载力

资源短缺和环境污染出现之后，另一个受到高度关注的问题是生态破坏。生态破坏的根本原因是外来干扰尤其是人类活动的干扰超出了生态系统的自我调节能力。为了定量研究生态系统对干扰的反应，20 世纪 70～90 年代，国外一些学者陆续提出了"生态弹性力"（ecological resilience）"生态支持力"（ecological persistence）"生态阈值"（ecological threshold）等概念（Bryan Norton，1995；Holling，1973；Holling，1996；Muradian，2001），国内王家骥等一些学者则提出了"生态承载力"的概念（王家骥和姚红，2000）。这些概念意思相近，都是为了说明生态系统对干扰尤其是人类活动干扰的承受能力。

　　以往对生态承载力的研究，大多遵循"水桶理论"侧重于某些单一要素承载力的研究，例如，短缺性资源中的土地承载力、水资源承载力、矿产资源承载力以及环境承载力。在一个生态系统中，对于关键性的稀缺资源，采取单要素承载力分析一般均可以奏效，"水桶理论"仍然有其理论和实用价值。然而，单一要素承载力研究着眼于承载力与其承载对象间的双向关系，往往容易忽视生态系统的整体效应。

　　随着可持续发展理念的提出和被认同，承载力概念的内涵得到进一步的发展和充实。陈述彭指出：资源、环境的容限调控属当代科学技术难题之一。在人口与经济快速增长的形势下，只能在环境保护与资源持续发展之间，寻求合理的代价与适度的承载能力的动态平衡临界点（陈述彭，1995）。可持续发展的本质是生态系统的持续承载，其中也包含了资源与环境单要素的承载，即人类的可持续发展应当建立在生态承载力的基础上。就理论而言，生态承载力突破了单一要素承载力研究的局限性，着眼于人类及其活动、资源、环境等多要素组成的复杂的生态系统。

　　当资源承载力研究不足以评价因人为活动引起的各种综合型生态环境问题时，许多学者把资源承载力的研究逐步发展到进行不同尺度的生态系统的生态承载力研究。高吉喜提出生态承载力的定义："生态系统自我维持、自我调节的能力，资源与环境子系统的供容能力及其可维育的社会经济活动强度和具有一定生活水平的人口数量"（高吉喜，2001）。人类对生态系统干扰的方式和后果是多种多样的，包括资源消耗、环境破坏、生态功能丧失等各个方面。因此，生态承载力研究应当包括这些方面的内容。高吉喜明确提出，生态承载力由三个方面构成：资源承载力、环境承载力和生态弹性力，并总结了承载力概念的演化与发展（表 2-8）。

表 2-8　承载力概念的发展

| 名称 | 出现背景 | 承载力意义 |
| --- | --- | --- |
| 种群承载力 | 生态学发展 | 生态系统对生活于其中的种群的可承载数量 |
| 土地承载力 | 人口膨胀、土地短缺 | 一定条件下某区域土地的生产能力以及可以承载的人口数量 |
| 水资源承载力 | 水资源紧缺、用水增加 | 某一区域水资源可支持人口数量及工农业生产活动强度 |
| 环境承载力 | 环境污染 | 某一区域环境对污染物的容纳能力及对人类开发活动的支持强度 |

　　石月珍等归纳的生态承载力的计算模型见表 2-9（石月珍等，2004）。

**表 2-9　生态承载力计算模型比较**

| 名　称 | 特　点 |
| --- | --- |
| 自然植被净第一性生产力估测方法 | 以生态系统内自然植被的第一性生产力估测值确定生态承载力的指示值,不能反映生态环境所能承受的人类各种社会经济活动能力 |
| 资源与需求的差量方法 | 根据资源存量与需求量以及生态环境现状和期望状况之间的差量来确定承载力状况,该方法比较简单,但不能表示研究区域的社会经济状况及人民生活水平 |
| 综合评价方法 | 选取一些发展因子和限制因子作为生态承载力的指标,用各要素的监测值与标准或期望值比较,得出各要素的承载率,然后按照权重法得出综合承载率,考虑因素较全面、灵活,适用于评价指标层次较多的情况,但所需资料较多 |
| 状态空间法 | 较准确地判断某区域某时间段的承载力状况,但定量计算较为困难,构建承载力曲面较困难,所需资料较多 |
| 生态足迹法 | 由一个地区所能提供给人类的生态生产性土地的面积总和来确定地区生态承载力,也不能反映社会、社会经济活动等因素 |

生态承载力是承载力概念在生态学中的借用,生态承载力关注的是生态系统对干扰的承受限度,这种限度并不仅仅局限于资源数量,更加重要的是整个系统的稳定性是否受到破坏,系统的结构和功能是否发生根本性的改变。由于自身的调节功能,生态系统对干扰具有一定的承受能力,只要干扰的强度不超过一定限度,生态系统能够维持其基本的结构和功能,但如果干扰强度过大,超过生态系统的承载能力,生态系统的基本结构和功能将遭到破坏。因此,应当通过生态系统的结构和功能对生态承载力进行分析。

系统的生态承载力决定于三个基本要素:生态稳定性、生态阈值和干扰,生态稳定性是生态承载力的基础,生态承载力来自系统的自我稳定和调节机制,这种调节机制使系统对干扰具有某种吸收和缓冲能力,在外来干扰强度没有超过一定限度的条件下,基本保持系统原有的结构和功能;而系统对干扰的最大承受限度就是生态阈值,生态阈值是生态承载力的核心,生态承载力研究的根本目的就是确定系统的生态阈值;干扰是生态稳定性的对立面,它使系统偏离原有的状态并有可能导致系统原有结构和功能的破坏。

大量的案例研究侧重于采用不同的技术方法核算不同类型生态系统的生态承载力,并应用研究结果提出系统的可持续发展模式和调控对策。在地域范围方面,国内的研究大多针对较大尺度的行政区(如甘肃省)(徐中民等,2000),或针对因过度人类活动而形成的生态脆弱区(如黑河流域)(高吉喜,2001), 对于人为扰动相对较轻的自然保护区的生态承载力研究则未见报导。

**5. 生态承载力与生态系统服务**

生态承载力与资源承载力、环境承载力以及区域承载力相比,更应该突出的是生态系统的承载力。生态系统是在一定空间中共同栖居着的所有生物（即生物群落）与其环境之间由于不断地进行物质循环和能量流动过程而形成的统一整体（牛翠娟等，2007）。生态系统由非生物环境、生产者、消费者和分解者 4 部分构成，生产者能够在适宜的水热条件下以非生物环境中的无机物制造有机物，是生态系统所有消费者生存和发展的基础，生产者、消费者和分解者通过捕食和分解关系联系在一起形成网络，即食物网，物质和能量沿着这个网络循环和流动，形成生态过程。这个过程给人类带来种种惠益，如提供食物、保持水土、净化环境等。由非生物环境差异及其影响下形成的种类和数量各异的生产者、消费者和分解者组成的不同类型的生态系统，其物质循环和能量流动存在差别，给人类带来的惠益也就不同。生态过程遵循林德曼（Lindeman）"十分之一法则"，即每通过一个营养级，有效能量大约为前一营养级的 1/10，人类从生态过程获得的惠益不是无限的。当人类过度索取或破坏时会引起生态系统向脆弱化发展，以至崩溃，因此人类的行为应在生态过程产生的惠益之内，并且可以通过对生态过程产生的惠益进行估算确定人类活动程度的大小，即生态承载力（曹智等，2015）。

　　生态系统服务与生态承载力的关系表现在：①生态系统的结构和过程是生态承载力的基础。区域生态系统具有一定的结构，包括组分结构、时空结构和营养结构。生态系统还不断进行着物质循环和能量流动，即发生着生态过程。正是生态过程的时时进行，生态系统提供了人类生活和经济发展的物质基础和环境基础，产生了生态承载力。②生态承载力具有复合性，涉及包含自然生态系统和社会经济系统在内的复合系统。生态承载力的承载主体是区域生态系统，表现为生态系统服务，是承载力的限制因素；生态承载力的承载对象是人类社会经济系统，表现为人口数量和经济规模，是承载力的增长变量。生态系统和社会经济系统通过生态系统服务这个媒介发生相互作用，生态系统源源不断地提供人类需要的各种生物产品，同时，消纳生活和生产过程中产生的各种污染物。③生态承载力具有动态性和空间分异性。生态系统结构和过程具有动态性和空间分异性，人类社会经济活动也具有动态性和空间分异性，决定了生态系统结构和过程对生态系统服务的提供和人类社会经济活动对生态系统服务的消耗具有动态性和空间分异性，因此生态承载力具有动态性和空间分异性（曹智等，2015）。

### 2.4.2　生态足迹内涵

　　生态承载力也称为生态容量，在传统的生态承载力的研究中以人口计量为基础，指研究区域在维持自身正常生产力的前提下能够给养的人口数量的上限。生态承载力本质为生态容量，即生态系统可以持续支撑的生态供给，也就是系统能够提供人类活动的生物生产性土地的面积。Hardin 在 1991 年明确定义"生态容量"为"在不损害有关生态系统的生产力和功能完整的前提下，可无限持续的最大资源利用率和废物产生率。"生态足迹研究者接受了 Hardin 的思想,并将一个地区所能提供给人类的生物生产性土地的面积总和定义为该地区的生态承载力。在传统的生态承载力的研究中以人口计量为基础,指研究区域在维持自身正常生产力的前提下能够给养的人口数量的上限。但是,随着学者们对生态承载力的不断深入研究,发现如果仅仅从人口数量上来衡量一个区域的生态容量是不合理的,应该还包括人类的各项活动对自然环境的影响。因此,本书对生态承载力亦即生态系统承载力的定义是:在生态系统结构和功能不受破坏的前提下,生态系统对外界干扰特别是人类活动干扰的承受能力,采用研究区域所能提供的生态生产性土地面积的上限。

自 20 世纪 50 年代以来,各国的科学家一直在寻找能对国家或区域的发展状况进行定量和比较的指标与方法,以便为可持续发展提供决策工具。在这种大背景的推动下,加拿大生态经济学家 Rees 及其学生 Wackernagel 于 20 世纪 90 年代提出并完善了"ecological footprint"(EF)的概念及分析框架。生态足迹是"ecological footprint"的直译,也有一些学者将其意译为生态占用。1996 年 Wackernagel 将特定人口的生态足迹,定义为"为生产这些人口消费所需的资源和同化其消费所产生的废弃物,所需要生态系统提供的生物生产性土地和水体面积"。生态足迹并不是连续的一片土地,由于国际贸易的发展,全球各国利用的土地和水域已遭破碎化,为简化起见,将可提供生态服务的具有生物生产性的面积进行叠加来计算。存在于地球上的个人、城市乃至国家都在消耗自然提供的产品和服务,从而对地球产生影响,因此,生态足迹的计算可以分为个体、区域(如城市、流域、乡村、自然区域等)、国家等不同层次。

生态足迹分析通过测度现今人类为了维持自己生存而利用的自然资源量来评估对生态系统的影响,并假定任何已知人口的生态足迹就是生产这些人口消费的所有资源和吸纳这些人口所产生的所有废弃物所需要的生物生产的总面积(包括陆地和水域)。生态足迹理论通过比较研究区域内人类活动所需要的生态足迹和自然生态系统所能提供的生态承载力来表征区域内可持续发展的状态。

人类对自然的各种利用存在空间竞争,如用于作物生产的区域不能同时成为道路、森林、牧场。在生态足迹的评估中,包括了以下 6 种不同类型的人类对自然的利用方式:耕地、草原、森林、水域、建筑用地和化石能源用地。其中,化石能源用地的涵义是指以可持续方式支撑能源消费必需的土地数量(Bicknell et al., 1998);耕地可产生大量的植物性产品,是最具有生物生产力的土地;草原是重要的牧场,可产生动物性产品,生产力显著低于耕地,而草原面积的扩大是森林面积缩小的一个重要原因;森林包括人工森林和天然森林,可为人类提供木材产品,也具有其他重要功能,如防止土壤侵蚀、保持气候稳定、维持水循环、保护生物多样性等；建筑用地包括了人类建造的房屋、道路等，建筑用地的扩大通常会造成耕地面积的下降；水域向人类提供丰富的水产品，以及其他生态服务功能。对已知人口的生态足迹的计算包括生产这些人口消费的资源和消纳其产生的废弃物所需要的生物生产性土地总面积。

　　生态足迹研究者同时将一个区域所能提供给人类的生物生产性土地的面积总和定义为该区域的生态承载力。生态足迹揭示了人类已利用了多少自然资源，生态承载力则反映自然所能提供的产品和服务能力，两者之间的差值为生态赤字或生态盈余，以此可以评价研究对象可持续发展的状态和趋势。

### 2.4.3　生态足迹方法的理论基础

　　生态承载力的研究从对单个的资源因子、环境因子，综合的资源因素与环境因素，发展到生态系统的综合研究。生态承载力的综合研究方法主要有：①多因子分级分层评价方法；②系统动力学方法；③生态足迹分析法。由于人类活动已经成为对自然生态系统的主要干扰因素，因此在生态承载力研究中，资源承载力、环境承载力，特别是生态系统承载力的研究，主要都是针对人类活动进行的。其中生态足迹分析又是一种较好的简便易行的生态承载力的分析方法，因此近十年来得到迅速发展。

　　生态足迹是一门研究自然资本消耗的空间，从详细的生物物理参数的角度，通过对维持人类生存而消耗的资源数量的测定，以衡量人类活动对自然生态系统的影响，代表了在一定的消费水平和技术条件下某地区人类活动对生态系统的影响大小以及对生态环境的需求量多少（Cataned，1999）。生态足迹的基本思想是：将人类消费自然资源产生的生态足迹和自然资源提供给人类的生态承载力，转化为可以进行直接比较的生态生产性土地面积，从而判断人类对资源是否过度利用。Rees 和 Wackernagel 在提出生态足迹理论时，有 6 点假设。

　　（1）自然界为人类生产生活所提供的各种自然资源、能源以及人类产生的废弃物是可以确定并量化的。

　　（2）人类对自然资源的消费量可以转换成对应的生态生产性土地面积。

　　（3）可以对各类生态生产性土地面积进行均衡化处理，折算成标准化的全球公顷面积来表示，同时可以累加得到总的土地消费量。

　　（4）某一种土地类型提供自然资源以及消化容纳废弃物的作用是特定的，具有排他性。

　　（5）自然生态系统具备为人类提供资源的土地面积经过标准化转换后可以直接与生态足迹进行比较。

　　（6）允许生态足迹大小超过生态承载力大小，反之亦然。

　　生态足迹的基本理论包括生物生产性土地、生态承载力/生态容量、生态盈亏。

生物生产性土地是生态足迹模型的计算进行统一度量基础，具体指的是具有生物生产能力的土地或者水域。生物生产性土地概念的提出，简化了人们对自然资源的消费以及自然生态系统承载力的统计。实际上，生态足迹模型中的所有指标的定义都是基于生物生产性土地这一概念的。根据各类土地的不同的生产力，主要将生物生产性土地划分耕地、牧草地、林地、化石能源用地、建筑用地和水域6类。

生态承载力和生态足迹在全球公顷基础上进行标准化转换后，可以直接进行比较，二者的比较结果可以反映出要研究区域自然生态资源的供求关系，生态盈余或者生态赤字。当自然资源供不应求，即生态足迹大于生态承载力时，表示研究区域处于生态赤字状态，自然资源的供给满足不了当地现有生活水平和技术条件下对自然资源的需求量，自然资源的利用是不可持续的；反之，则为生态盈余，自然资源的利用相对可持续。

生态足迹分析是目前可持续发展生态评估中应用最为成功和广泛的理论和方法论之一，与其他评价方法相比，主要具有以下优点：①评价结果为一个全球、国家或区域尺度的生态占用评价综合指标，具有全球可比性，并且通过引入均衡因子和产量因子，使得生物资源的消耗与自然生态的承载能力具有可比性；②能够在一定时期的特定经济背景下，定量地测定人类社会发展的物质需求与自然生态承载能力之间的总体性盈亏状况；③生态足迹与生态承载力的测算所采用的模型简便易懂，并采用人们熟知的生物生产性土地面积为计算单位，结果的可辩护性较强，而研究所需资料的相对易获取也使得生态足迹分析工作的具体实施障碍较少（胡世辉，2010）。

# 2.5  本 章 小 结

自然保护区生物多样性价值的评估方法以效用理论、需求理论、消费者行为理论、消费者剩余理论、福利经济理论等一系列微观经济学的理论为基础，是建立在西方经济学理论基础之上的科学方法。获得自然保护区价值评估信息的途径可分为观察法和假设法两类，主要有直接观察法、揭示偏好法和陈述偏好法三种。观察法包括直接市场法和替代市场法，以实际存在的市场为基础；假设法包括直接模拟市场法和间接假设法，以假想的市场为基础。在对自然保护区的总经济价值进行评价时，在评价方法的选择上应该尽可能地采用直接市场法，如果采用直接市场法的条件不具备，则采用间接的价值评估方法，只有在上述两类方法都无法应用时，才采用条件价值法。

生态承载力是在资源承载力、环境承载力、生物承载力的基础上发展起来的评估地区可持续发展的有效方法。生态系统的结构和过程是生态承载力的基础。生态承载力的研究越来越受到关注，研究思路与方法从单一因素向综合转变，生态足迹方法发展迅速。生态足迹的基本理论包括生物生产性土地、生态承载力/生态容量、生态盈亏。生态承载力和生态足迹在全球公顷基础上进行标准化转换后，可以直接进行比较，二者的比较结果可以反映自然生态资源的供求关系。

# 第3章 研究方法

## 3.1 自然保护区生物多样性价值评估方法体系

### 3.1.1 自然保护区生物多样性价值评估方法

对于自然保护区生物多样性价值估价的最大难题就是人们对生物多样性保护偏好的价值评估。自然保护区生物多样性价值，尤其是非实物使用价值、间接使用价值和非使用价值的评价没有公认一致的方法。间接使用价值不存在现成的市场，没有市场价格，可以采用替代市场法作为评价方法，通过观察消费者的市场行为与偏好而推导出其价值。存在价值既无法通过直接市场评价也无法根据消费者的市场行为和偏好作出推断，只能通过模拟市场法予以评估。因此，对自然保护区生物多样性价值进行评价时，针对不同的价值类型，必须综合使用多种评估方法，自然保护区不同生物多样性价值类型采用的评估方法不同（表3-1）。

表3-1　自然保护区不同价值类型对应的评估方法

| 价值类型 | 评估方法 |
| --- | --- |
| 直接实物使用价值 | 市场价格法 |
| 间接使用价值 | 替代市场法 |
| 直接非实物使用价值 | 旅行费用法 |
| 非使用价值 | 条件价值法 |

#### 1. 市场价格法

当自然保护区提供的产品或服务有现成的市场价格时，通过市场价格和实物产品的数量的乘积可以很方便地得到实物产品的价值，例如，没有通过市场交换而直接消耗的产品，这些产品可按市场价格来确定它们的经济价值。市场价值法确定的价值有充分的、客观的依据，操作性强。但要求市场调节机制充分，信息灵敏准确，既要有市场价格数据，也要有实物量变动的数据。虽然按照边际效用的理论，该方法没有考虑消费者剩余，但理论和实践都证明：对于有类似替代物的私有物品，其消费者剩余都很小，可以直接以其价格表示WTP（薛达元，1997）。

市场价值法建立在充分的信息和明确的因果关系基础之上，是一种合理方法，也是目前评估生物多样性直接使用价值应用最广泛的评估方法。用该方法进行评估得到的结果比较客观、操作也较方便。但是在自然保护区的总经济价值中，有相当一部分价值根本没有相应的市场，因而也就没有市场价格，或者其现有的市场只能部分地反映其价值。在这种情况下，就不能采用直接市场法进行评估。此外，直接市场法所使用的是有关商品或劳务的市场价格，而不是消费者相应的支付意愿或接受补偿意愿。当被评价对象存在消费者剩余时，该方法不能反映消费者的消费者剩余，也就不能充分衡量其价值。环境经济学家还研究出了其他评估方法。

### 2. 替代市场法

替代市场法是用物理功能相近或等效的替代物品或服务的市场价格来评价环境物品或服务的价值。其原理主要是根据人们赋予环境质量的价值可以通过他们为优质环境物品享受或者是为防止环境质量的退化所愿意支付的价格来推断。如当自然生态系统为社会提供的某种功能或效用（如森林植被释放氧气）可以通过社会商品或劳务（如人工制氧）的全部或部分来替代时，则可以这种商品或劳务的全部或部分价格来计量生态环境资源的价值（王健民和王如松，2001）。替代市场法要求具有对生态系统功能研究的实地定量观测资料或实验数据，数据的可获得性是替代市场法能否成功运用的关键。

自然保护区间接经济价值的评估主要采用替代市场法。该方法采用先定量评价某种生态功能的效果，然后以这些效果的市场替代物的市场价格为依据来评估其经济价值。其具体步骤首先是确定自然保护区提供的生态系统功能及其实物量，然后找出这些生态系统服务的市场替代物，最后根据生态系统服务的实物量以及替代物的市场价格计算间接经济价值。

在实际评估中，替代市场法通常有两类评价过程，一是理论效果评估法，分为三步：首先，计算某种生物多样性功能的定量值，如涵养水源的量、$CO_2$ 固定量、农作物增产量；其次，确定生态功能的"影子价格"，如涵养水源的定价可根据水库工程的蓄水成本，固定 $CO_2$ 的定价可以根据 $CO_2$ 的市场价格；最后，计算其总经济价值。二是环境损失评估法，这一方法与环境效果评估法类似。例如，评价保护土壤的经济价值时，用生态系统破坏所造成的土壤侵蚀量及土地退化、生产力下降的损失来估计。自然保护区生物多样性经济价值的评估适宜采用第一种方法。

关于替代市场法的最大争议在于市场替代物能够在多大程度上替代生态系统产品及其服务。

### 3. 旅行费用法

旅行费用法（TCM）是评价无价格商品的一种方法。该方法首先由霍特林（Harold Hotelling）在 1947 年提出基本框架，然后由 Clawson 等在其论文中进一步完善（Clawson and Knetsch,1966； Clawson,1959）。

#### 1）旅游函数的建立

旅行费用法是根据消费者为了获得环境服务所花费的旅行费用来计算旅游场所的价值，它以弱补偿性的效用最优化理论为基础。旅游方程的函数形式决定了最终评价的结果，而关于旅游方程的函数形式，没有统一的规定，有些研究采用线性函数的形式，有些采用半对数的形式。

建立旅游函数的两个假设前提条件是：旅游这一行为是由距离远近决定的，距离的不断增大意味着旅行费用的不断增加；旅行成本由旅行费用和门票价格两个部分决定，即旅游者对不论是由门票价格还是旅行费用造成的旅行成本的上升或下降的反应是一致的。其具体估算步骤如下：首先确定评价区吸引范围。以评价场所为中心点，根据旅行费用划分为若干区，把评价场所四周的地区按距离远近分成若干个区域。然后，在评价地点对旅游者进行抽样调查，确定他们的出发地区、旅行率、旅游费用、旅游人次和收入水平、受教育程度等各种社会经济特征，并计算每一区域内到此地点旅游的人次（旅游率）。再分析来自该旅游者样本的资料，用分析得到的数据，使旅游率对旅行费用和各种社会经济变量回归，求出第一阶段的需求曲线即旅行费用对旅游率的影响。得出方程为

$$V_i = f\ (C_i,\ X_1,\ X_2,\ \cdots,\ X_n)\qquad (3\text{-}1)$$

式中，$V_i$ 为第 $i$ 区旅游率，即根据抽样调查的结果推算出的 $i$ 区中到评价地点的总旅游人数除以 $i$ 区的人口总数；$C_i$ 为从 $i$ 区到评价地点的旅行费用；$X_1,X_2,\cdots,X_n$ 为包括收入水平、受教育程度和其他有关变量的一系列社会经济变量。假设评价地点的门票为零，则旅游者的实际支付就是他的旅行费用。通过门票费的不断增加来确定旅游人数的变化就可以得到来自不同区域的旅游者人次，从而得到需求函数并计算消费者剩余（侯元兆，2000）。

#### 2）线性旅游函数

上述的旅游函数没有特定的形式，可以是线性的，也可以是非线性的。如果假设函数 $f(*)$ 是成本和其他相关变量的线性函数，旅游率可以采取下面的方程进行估计：

$$V_i = \alpha + \beta C_i + \varepsilon_i = \alpha + \beta(T_i + P) + \varepsilon_i\qquad (3\text{-}2)$$

式中，$\varepsilon_i$ 为随机部分或者误差，假设其为正态独立分布、数学期望为零。如图 3-1 所示，如果门票费是零，则旅游人次最多。门票费逐步增加，逐个进行这样的计

算，直到找到整个需求曲线。假设原始的入场费为零，则曲线下面的面积是娱乐场所目前用户享受的总消费者剩余。$E[V_i]$ 为数学期望项，表示第 $i$ 个区域或者第 $i$ 个人的旅游人次。$E[V_i]$ 与 $P$ 之间的关系是一条向下倾斜的直线，$E[V_i^*]$ 为门票价格为零时的旅游人次；$P_i^*$ 为足以使旅游人次下降到零的最高价格。对于第 $i$ 个区域或者第 $i$ 个旅行者，在价格 $P=0$ 的情况下，马歇尔消费者剩余为图中需求曲线下的面积，总消费者剩余为所有区域全部旅游者消费者剩余之和。在一些 TCM 的应用研究中，在 $P=0$ 的情况下，利用对每个区域或每个人所观察到的实际旅游人次计算消费者剩余（侯元兆，2000）。

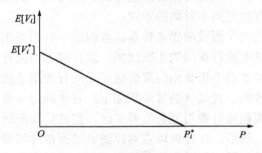

图 3-1　线性旅游函数

3）非线性旅游函数

如果假设函数 $f(*)$ 是成本和其他相关变量的非线性函数，旅游需求曲线采取以下方法求取（Tobias and Mendelsohn, 1991）。对每一个出发地区第一阶段的需求函数进行校正，求出每个区域旅游率与旅行费用的关系：

$$T_{ci} = \beta_{0i} + \beta_{1i} V_i$$

$$\beta_{0i} = -\frac{\alpha_0 + \alpha_2 X_i}{\alpha_1}, \quad \beta_{1i} = \frac{1}{\alpha_1 P_i} \quad (i=1, 2, \cdots, k) \tag{3-3}$$

上式每个区域有一个等式，共有 $k$ 个等式，每个等式中的 $\beta$ 值不同。

具体计算过程为：首先根据上述等式计算出当门票为零时，对应评价场所的最大旅游人次，即图 3-2 中的 A 点。然后，逐步增加门票费的价格（门票费的增加相当于边际旅行费用的变化），来确定边际旅行费用增加对不同区域内旅游率的影响，把每个区域内的旅游人数相加，就可以确定出相对于每一个单位旅行费用的变化对总旅游人数的影响。例如，门票费增加 1 元，可以得到图中的 B 点，逐步提高门票费，逐个进行这样的计算，就可以获得图中的整个需求曲线 AM。因而，假设原始的门票费为零，则图中需求曲线下的面积就是消费者所享受的总的消费者剩余。如果用数学方法来计算，就是根据实际的 $T_i$ 值，预测该地区总旅游人数 $V_i$，然后把第二阶段需求函数从 0 到 $V_i$ 积分，就可以获得不同区域的旅游者的消费者剩余：$MCS_i = \int_0^\infty f(T_i, X)\,\mathrm{d}P$，将每个区域的旅游费用及消费者剩余加总，得出总的消费者剩余，即

$$MCS = \sum MCS_i = \sum \int_0^\infty f(T_i, X)\,\mathrm{d}P$$

(3-4)

据研究，认为旅游方程采用半对数的函数形式，即将游览次数的对数与旅行费用进行相关分析能得到最好的结果（OECD，1995）。

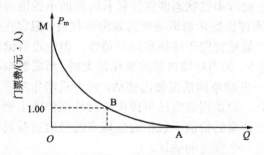

图 3-2　评价地点旅游的需求曲线

4）旅行费用法在应用过程中要注意的问题

（1）旅行成本的统计。许多 TCM 应用中包括了旅行时间价值的计量，将旅行时间成本考虑进去，即用工作的机会成本表示。但旅行成本中包括时间成本也存在一些问题（侯元兆，2000）。一些 TCM 的实践者认为既然存在许多困难，最好的办法是忽略时间成本，只根据旅行货币成本确定的 MCS 作为某个真实但未知 MCS 的最低限，而忽略旅行时间的影响。与旅游成本直接相关的成本是确确实实存在的，但要从被调查对象那里获得精确的信息还存在相当多的困难（Randall，1994）。对于多目的的旅行成本的计算，只要从到本自然保护区之前的一个景点起开始计费，而到其他地点的旅行费用要扣除。例如，有的人沿线参观了另一旅游景点，则对本自然保护区的旅游费用应从这一旅游景点算起。

（2）需求曲线的计算。旅行费用法假设所划分的每个区域的需求曲线相同，即消费者对它们的偏好相同。但当收入相差较大时，它们的偏好实际上不相同，需求曲线也不相同。因而，旅行费用法不适用于收入差别悬殊的地区。如果收入差别悬殊，则需要把不同收入等级各自的需求曲线加和起来。皮尔斯则认为按照给定收入等级划分的旅游者比按照距离来划分的旅游者似乎更具有共同的感受和偏爱（Pearce and Turner，1990）。

（3）旅游函数的不确定性和参数估计方法的不一致性。采用不同的函数形式和参数估计方法得到的结果不完全一致。

（4）旅行费用法估算的结果中包括消费者剩余。在与其他评价技术获得的结果进行比较时，要注意是否也包括消费者剩余。

（5）旅行费用法估算的是评价地点的直接使用者的效益。它不涉及其他方面的价值，如间接使用价值、非使用价值等。因此，该方法是对自然保护区旅游价值的估计，不包括那些即便不到保护区旅游也将受益的人们的其他价值。

总之，旅行费用法是一个比较成熟的方法，主要用于估计对游憩服务的需求以及对自然环境的保护、改善所产生的效益。旅行费用法是以可观察到的行为作为研究基础，当用它处理那些状态能保持较长时间的单独地点时，该方法是有效的。TCM 广泛地用来评价娱乐消遣场所的旅游者收益，但它在娱乐消遣以外的方面应用范围有限。它最适宜用于评估自然舒适性，但也没有给出其存在价值的估计值。在复杂的情况下，如当环境质量的变化较大时，所需数据相当多时不适合。因此，TCM 适合对一些简单的情况做出评估，或者只能作为主要的调查研究或长期咨询研究的一部分。但使用该方法所评价的自然保护区生物多样性的经济价值的范围受到限制，它计量的价值不包括这些地点的当地效益及非当地的价值和非使用价值，因此不是一个完全的估计。

### 4. 条件价值法

条件价值法（CVM）在自然保护区生物多样性价值，尤其是存在价值的评价中，是最常用也是唯一的方法。条件价值法要求被调查对象根据假设的情况，说出他们对不同水平的环境物品或服务的支付意愿或接受赔偿意愿。

#### 1）调查方法

条件价值法的调查方法主要有三种：一是开放式问卷法。被调查者在没有任何关于价值方面的建议或提示的情况下，要求给出其最大支付意愿或最小接受补偿意愿的金额。很多被调查者会觉得直接回答这个问题有困难，特别是那些以前没有这方面经验的人。二是支付卡法。调查者给被调查者提供了一个供选择的价值范围。由于该方法提供了价值暗示，包括最小、平均和最大的价值，有可能会对答案产生误导。三是投标博弈法。要求被调查者对不断提高的数目做出反应，直到达到他们的最大支付意愿数额，或者对不断下降的数目做出反应，直到达到他们最小的接受赔偿意愿数额。投标博弈又可分为单次投标博弈和收敛投标博弈。投标博弈法包括单次投标博弈法和收敛投标法。在单次投标博弈法中，调查者直接询问被调查者，为了保护该自然保护区的最大支付意愿或者接受该自然保护区被开发利用或被破坏的最小接受补偿意愿；在收敛投标法中，调查者不必事先给出一个确定的支付意愿或接受赔偿意愿的数额，而是直接询问被调查者是否愿意对自然保护区的保护支付给定的金额，根据被调查者的回答，不断调整这一数额，直至得到最大支付意愿或最小接受补偿意愿。投标博弈法存在起点偏差，即被调查者所做的反应可能受开始所给数目的大小的影响（马中，1999）。

2）操作步骤

采用条件价值法评估自然保护区非使用价值的具体步骤是：①向被调查者详细描述自然保护区的特点、功能及其对自然、生态和社会产生的影响。②询问人们为保护该自然保护区的支付意愿和最大支付意愿值（WTP）。在有些情况下，也可以询问人们对自然保护区实施开发利用所希望得到的接受补偿意愿和最小接受补偿意愿值（WTA）。③依据上述调查绘出支付愿望曲线或接受补偿曲线。④依据支付愿望曲线或接受补偿曲线计算曲线以下的面积作为自然保护区的非使用价值量。

3）条件价值法在分析统计时应注意的技术问题

条件价值法在分析统计结果时至少要注意三个问题，即样本数目、对偏离较大答案的处理和相关群体的确定。对于样本数目，一般要求样本数要足够多，以便能反映出被调查区域的人群的情况。实际数目是由所预期的反映多样性程度、希望的准确性等级及估计不回答的比率来决定的。20 世纪 70~80 年代，国外的一些典型的邮寄 CVM 研究的样本大致在 100~5000 个个体（Mitchell，1989）。通常情况下，要在正式调查之前进行预调查，以便最终确定样本数量和调查问题或问卷的设计。对于回收问卷的处理，通常要把那些偏差较大、特别极端的答案从有效问卷中剔除，因为这些出价可能是不真实的或是对问题的错误回答。一般是用诸如 5%~10%的中心剔除点等方法把那些极端的出价从问卷中剔除，或者用回归技术评估出一个出价曲线。这种剔除更多是建立在直观判断而不是统计科学的基础上（马中，1999）。对于相关群体的确定可以分为两个层次：一个是根据样本选择的范围来确定，如果样本在一个国家范围内随机抽样，则相关群体为该国的总人口；另一个层次为相关群体的概念是开放的，是没有范围的。如全球著名的野生动物保护区—亚马逊的雨林的生物多样性的存在价值。具有正的 WTP 的个人不可能都分布在这个国家内，而是分布在全球各地（侯元兆，2000）。

4）优越性与存在问题

条件价值法是评价非市场性舒适产品的主要方法。它可以对舒适性进行评价；它能评价各种类型的经济价值；它能用来从非用户处得到价值的评价。该方法的最大优越性在于它既可以评估使用价值，又可以评估非使用价值。例如，像自然保护区和生物多样性存在价值的证实与分析，是其他方法难以做到的。另外，条件价值法直接询问被调查者的支付意愿或接受补偿意愿，从理论上来说，所得结果应该最接近评价对象的货币价值。

但条件价值法同时也受到不同方面的冲击和责难，主要集中在它的理论与有效性等方面（Randall，1998；Bishop et al.，1995）。对条件价值法的理论和应用的有效性问题，许多学者认为，CVM 用个人意愿偏好的直接调查法易出现"搭便车"行为,被调查对象有意夸大或减小支付意愿,因而难以显示真实的支付意愿,生物多样性的货币价值也就难以评估(Green et al., 1995)。

在 CVM 研究的实践中,由于调查时涉及被调查者的心理及社会特征,因而不可控的因素较多,在研究过程中容易产生各种偏差。按照偏差产生的原因,可分为由调查设计所导致的偏差——信息偏差、支付方式偏差和部分-整体偏差;由被调查者行为引起的偏差——战略偏差;由调查的假想性导致的随机误差——假想偏差。信息偏差产生于被调查者的回答仅仅取决于所提供的被评价对象的信息;部分-整体偏差是指被调查者对被评价对象的范围变化的反应没有区别;战略偏差是指被调查者借机不反映真实情况而企图控制结果。当被调查者相信他们的回答能影响决策,使他们的实际费用低于或实际效益高于在正常市场中所预料的结果时,产生战略偏差;假想偏差是指个人对假想市场问题的回答与对真实市场问题的反应不一致。当产生偏差时,需要细心的工作和一定的技术处理才能消除或减小误差。比如,在调查时,需要进行广泛而细致的工作,要求研究人员要有充足的时间和财力作为保证,这对于小规模的研究是难以做到的;要求调查者与被调查者进行合作,这就要求调查者有一定的社会调查的工作能力,对各种被选方案介绍完全,不使人误解,问卷假设方式恰当,被调查者具备一定的相关知识,能真实反映自己的意愿。避免由于调查者和被调查者所掌握的信息的不对称,以及调查对象长期免费享受环境资源而形成的免费搭便车心理等原因而产生的偏差。由此可见,如果不进行周密细致的准备,条件价值法是可能产生重大偏差的一类方法。

## 5. 关于评价方法的评述

在三大类评价方法中,市场价格法和模拟市场法属于直接评价技术,替代市场法为间接评价技术。表 3-2 从适用范围与条件、主要优点及方法使用中的局限性等方面对自然保护区生物多样性价值评估的主要方法进行了描述。

不管应用什么评价方法,都需要有强大的信息支持及相当丰富的科学研究作为基础。人类活动对环境的影响还存在许多不确定的因素,如生态学方面的变化等。这些因素无疑增加了评估的难度。对所有评价方法而言,市场(实际的市场和假想的市场)都是重要的。人们对假想的市场越生疏,针对所愿意支付数额响应的准确性就越差。由于条件价值法建立在假想的市场基础上,存在着各种偏差,因此,在对自然保护区生物多样性的总经济价值进行评价时,在评价方法的选择上应该尽可能地采用直接市场法,如果采用直接市场法的条件不具备,则采用间接的价值评估技术,只有在上述两类方法都无法应用时,才采用条件价值法。

**表 3-2　自然保护区生物多样性价值评估方法的比较**

| 评估方法 | 适用范围与条件 | 优点 | 局限 | 适用范围 |
|---|---|---|---|---|
| 市场价格法 | 有市场价格的物品 | 简便易行，结果较客观 | 只能评估直接实物使用价值；低估存在消费者剩余的物品的价值 | 实物性产品 |
| 替代市场法 | TCM 适用于生物多样性保护区的旅游价值的评估；影子价格法要求被评估对象有市场替代物 | 比较成熟；评估间接使用价值 | 忽略了时间价值、非使用者和非当地效益；存在取样偏差；对游客的多目标游览的估计不足，难以找到能完全替代环境服务的物品 | 评估间接使用价值；市场性和非市场性产品 |
| 模拟市场法 | CVM 研究要求样本人群具有代表性，对所调查的问题感兴趣并且有一定的了解；要有充足的资金、人力和时间 | 评估非使用价值 | 存在信息偏差、战略偏差等偏差；WTP 与 WTA 不一致；确定相关群体的困难性；价格与范围的敏感性；评估结果的可信度变化幅度大 | 评估非使用价值 |

总之，在自然保护区的生物多样性价值评估中，单一的评价方法无法充分评价其价值，必须综合使用多种评价方法；各种方法评价的结果也不能直接相加；每个研究案例的有效性是值得讨论的重要问题。评价研究有效性的主要标准是看方法是否有理论上的充分性、其结果是否与经济理论一致、是否与已有的可信的研究结果有矛盾。

### 3.1.2　自然保护区生物多样性价值评估的指标体系

1. 指标体系建立原则

要全面反映自然保护区生物多样性的经济价值，需设计由不同指标集组成的指标体系。全面表达自然保护区的直接使用价值、间接使用价值、存在价值、遗产价值和选择价值。在确定指标体系和选择指标时遵循以下基本原则。

1）科学性原则

以自然保护区总经济价值理论为基本出发点，设计指标体系。

2）与生态系统功能与服务理论相结合的原则

生态系统功能与服务理论是自然保护区生物多样性价值的生态学基础，在构建指标体系时应与生态系统功能和服务类型相一致或相衔接。

3）针对性原则

针对性原则指建立的指标体系应当具有明确的目的，同时应针对使用者的实际能力。同时针对评价对象，既要内容全面，更要重点突出。

4）简便和可操作性原则

由于每个评价指标都要依据一系列的调查工作，因此构建的指标体系应尽量简化，选择的指标应具有针对性，以便于操作。指标设置要尽可能利用现有的统计资料，对于必须监测的指标参数，应适应地方监测力量的技术设备。

自然保护区生物多样性的总经济价值包括使用价值和非使用价值两大部分。使用价值又包括直接使用价值和间接使用价值。直接使用价值还包括直接实物价值和直接非实物价值。非使用价值包括遗产价值、存在价值和选择价值。

自然保护区生物多样性价值评估指标体系总框架见表3-3（仅列到二级指标）。总经济价值由使用价值子指标体系层和非使用价值子指标体系层两部分组成。使用价值子指标体系层又由若干层次和具体指标组成，非使用价值子指标体系层由存在价值、遗产价值和选择价值三个子指标层组成。

**表 3-3　自然保护区生物多样性价值评估指标体系总框架**

| 指标 | | 分指标 | | 分指标 | |
|---|---|---|---|---|---|
| 编号 | 指标名称 | 编号 | 指标名称 | 编号 | 指标名称 |
| 1 | 使用价值 | 1-1 | 直接使用价值 | 1-1-1 | 直接实物价值 |
| | | | | 1-1-2 | 直接非实物价值 |
| | | 1-2 | 间接使用价值 | 1-2-$k^*$ | 具体指标 |
| 2 | 非使用价值 | 2-1 | 存在价值 | 2-1-1 | WTP1 |
| | | 2-2 | 遗产价值 | 2-2-1 | WTP2 |
| | | 2-3 | 选择价值 | 2-3-1 | WTP3 |

\* 为间接使用价值指标的数目 1，2，…，$k$。

**2. 自然保护区直接使用价值评估的指标体系**

直接使用价值源于自然保护区提供的各种实物产品和非实物产品的价值，其评价指标分为两个指标层，即直接实物价值指标层（编号为 1-1-1）和直接非实物价值指标层（编号为 1-1-2）。

1）直接实物价值评估的指标体系

自然保护区提供了野生动植物的生存条件，同时也提供了人类进行生产活动

的场所（主要指实验区），为人类提供了种类丰富的动植物产品。表 3-4 列出了
自然保护区直接实物产品价值的评估指标体系，该指标体系适用于所有类型的自
然保护区。在具体评估时，以该指标体系为基础，对照被评价自然保护区的实际
实物产出类型与数量，采用市场价值法进行评估。不同类型的自然保护区，其实
物产品各有特色，评估指标必然有所区别，指标体系中的某些指标也会缺失。例
如，湿地生态系统类的自然保护区，其实物产品主要包括芦苇产量、饲料产量、
蔬菜果品产量、动物狩猎量、毛皮获取量、捕鱼、捕虾量、贝类等。

表 3-4 自然保护区直接实物价值评估指标体系

| 指 标 | | 分 指 标 或 参 数 | |
|---|---|---|---|
| 编号 | 指标名称 | 编号 | 指标名称 |
| 1-1-1-1 | 野生植物 | 1-1-1-1-1 | 食用植物 |
| | | 1-1-1-1-2 | 油料植物 |
| | | 1-1-1-1-3 | 工业植物 |
| | | 1-1-1-1-4 | 药用植物 |
| | | 1-1-1-1-5 | 观赏及其他植物 |
| 1-1-1-2 | 栽培植物 | 1-1-1-2-1 | 粮食作物 |
| | | 1-1-1-2-2 | 经济作物 |
| | | 1-1-1-2-3 | 绿肥及饲料作物 |
| 1-1-1-3 | 野生动物 | 1-1-1-3-1 | 毛皮动物 |
| | | 1-1-1-3-2 | 羽绒动物 |
| | | 1-1-1-3-3 | 药用动物 |
| | | 1-1-1-3-4 | 肉用动物 |
| | | 1-1-1-3-5 | 观赏动物 |
| 1-1-1-4 | 饲养动物 | 1-1-1-4-1 | 毛皮动物 |
| | | 1-1-1-4-2 | 羽绒动物 |
| | | 1-1-1-4-3 | 肉用动物 |
| | | 1-1-1-4-4 | 药用动物 |
| | | 1-1-1-4-5 | 观赏动物 |
| | | 1-1-1-4-6 | 役用动物 |
| | | 1-1-1-4-7 | 其他动物 |
| 1-1-1-5 | 矿产资源 | 1-1-1-5-1 | 金属矿产 |
| | | 1-1-1-5-2 | 非金属矿产 |

2）直接非实物价值评估的指标体系

自然保护区非实物价值源自自然保护区提供非商业性用途的机会，如自然保护区提供休闲旅游活动的机会，包括生态旅游、垂钓及其他户外游乐活动等以及生态系统的美学、艺术、教育、精神及科学研究等服务功能。非实物价值评估指标体系主要包括科普教育价值、科学研究价值、旅游价值和文化艺术价值几个方面（表 3-5）。

**表 3-5　自然保护区直接非实物价值的评估指标体系**

| 指标 | | 分指标或参数 | |
| --- | --- | --- | --- |
| 编号 | 指标名称 | 编号 | 指标名称 |
| 1-1-2-1 | 科普教育价值 | 1-1-2-1-1 | 学生实习人数、支出 |
| | | 1-1-2-1-2 | 参观考察人数、支出 |
| | | 1-1-2-1-3 | 科普出版物册书 |
| 1-1-2-2 | 科研价值 | 1-1-2-2-1 | 吸引的科研经费 |
| | | 1-1-2-2-2 | 学位论文数 |
| | | 1-1-2-2-3 | 发表的论文 |
| | | 1-1-2-2-4 | 其他出版物 |
| 1-1-2-3 | 旅游价值 | 1-1-2-3-1 | 往返交通费 |
| | | 1-1-2-3-2 | 餐饮费用 |
| | | 1-1-2-3-3 | 住宿费 |
| | | 1-1-2-3-4 | 门票费 |
| | | 1-1-2-3-5 | 购买纪念品和当地特产支出 |
| | | 1-1-2-3-6 | 设施使用费 |
| | | 1-1-2-3-7 | 摄影费用 |
| | | 1-1-2-3-8 | 其他费用 |
| 1-1-2-4 | 文化艺术价值 | 1-1-2-4-1 | 文化产品 |
| | | 1-1-2-4-2 | 艺术品 |

## 3. 自然保护区间接使用价值评估的指标体系

自然保护区间接使用价值主要是针对生态系统类和野生生物类自然保护区而言。虽然野生生物类自然保护区的保护对象以野生动植物为主，但该类保护区与生态系统类自然保护区一样，仍具有巨大的间接使用价值，这些价值来源于野生生物所赖以生存的自然生态系统。虽然间接使用价值的核心是生物体与生态系统功能之间的关系，但人类对不同物种在上述功能中的调节作用还不完全清楚，对于这些物种的间接价值还不能单独估算，因此自然保护区间接使用价值的评估以生态系统提供的生态服务为研究对象，评估的指标体系就是各种生态系统服务的量化参数及其对应的影子价格。这些生态系统服务和功能主要指涵养水源、保持土壤、净化和更新大气、营养物质循环等方面。以生态系统服务功能为基础的自然保护区间接使用价值的评估指标体系见表 3-6，该指标体系适用于所有自然生态系统类型的自然保护区。

**表 3-6 自然保护区间接使用价值评估指标体系**

| 指标 | | 分指标或参数 | | |
|---|---|---|---|---|
| 编号 | 指标名称 | 编号 | 指标名称 | 评价参数 |
| 1-2-1 | 水分调节 | 1-2-1-1 | 水源涵养 | 径流量（mm）、降水量（mm）、蒸散量（mm） |
| | | 1-2-1-2 | 防洪减灾 | 蓄水量、消减洪峰流量百分比径流量和径流洪枯比（%） |
| | | 1-2-1-3 | 净化水质、污水处理 | 净化水质指标 |
| 1-2-2 | 土壤形成 | 1-2-2-1 | 增加土壤有机质 | 土壤有机质含量（%） |
| 1-2-3 | 保持土壤 | 1-2-3-1 | 减少土地损失面积（hm²） | 减少的土壤侵蚀量（t）、土壤容重 |
| | | 1-2-3-2 | 减少氮、磷、钾损失量（t） | 减少的土壤侵蚀量（t）、土壤养分含量 |
| | | 1-2-3-3 | 减少泥沙淤积量（m³） | 泥沙在河流、湖泊淤积的百分比（%） |
| | | 1-2-3-4 | 防风固沙 | 与主风方向垂直的森林长度（m）、控制流沙移动的距离（m） |
| 1-2-4 | 大气调节 | 1-2-4-1 | 吸收 $CO_2$、释放 $O_2$ | $CO_2$ 年固定量（t/a）、$O_2$ 年释放量（t） |
| 1-2-5 | 养分循环 | 1-2-5-1 | 氮循环 | N 储存量（t）和年固定量（t/a） |
| | | 1-2-5-2 | 磷循环 | P 储存量（t）和年固定量（t/a） |
| | | 1-2-5-3 | 钾循环 | K 储存量（t）和年固定量（t/a） |
| | | 1-2-5-4 | 其他元素循环 | Ca、Mg 等元素的储存量和年固定量（t/a） |
| 1-2-6 | 废物处理、污染控制、解毒作用 | 1-2-6-1 | 吸收 $SO_2$ | 吸收 $SO_2$ 量（kg/（hm²·a）） |
| | | 1-2-6-2 | 减尘滞尘 | 植物的滞尘量（t/hm²） |
| 1-2-7 | 干扰调节 | 1-2-7-1 | 防治病虫害 | 原始林或天然次生林的面积保护面积、保护带长度（湿地） |
| | | 1-2-7-2 | 降解污染物 | 吸收污染物的量 |

续表

| 指标 | | 分指标或参数 | | |
|---|---|---|---|---|
| 编号 | 指标名称 | 编号 | 指标名称 | 评价参数 |
| | | 1-2-7-3 | 减少噪音 | 噪声降低的级别（分贝） |
| 1-2-7 | 干扰调节 | 1-2-7-4 | 杀菌 | 杀菌能力 |
| | | 1-2-7-5 | 其他净化作用 | 如污水处理能力 |
| | | 1-2-8-1 | 反射率及辐射 | 反射率及辐射（%） |
| | | 1-2-8-2 | 气温 | 保护区和邻近地区年平均气温（℃）、最高温与最低温（℃） |
| 1-2-8 | 调节小气候 | 1-2-8-3 | 大气相对湿度 | 保护区和邻近地区大气相对湿度（%）之差 |
| | | 1-2-8-4 | 蒸散力 | 保护区和邻近地区蒸散力之差 |
| | | 1-2-8-5 | 湿润指数 | 保护区和邻近地区湿润指数之差 |
| | | 1-2-8-6 | 地温 | 地温（℃） |
| 1-2-9 | 传粉和播种 | 1-2-9-1 | 传粉和播种 | 保护区生态系统面积 |

由于生态系统功能的不确定性、无限认知性以及人类认识的有限性，对生态系统许多功能的原理还不是很明确，更不能对其加以量化。从表 3-6 列出的评估指标和参数来看，它们只是复杂生态系统服务一个未尽的清单。随着人类社会的发展，生态系统服务的稀有性越来越高，因此研究并确定一定的标准来评估生态系统服务的实物量及其价值仍是生态学家和经济学家的一项长期而重要的任务。

### 3.1.3　自然保护区生物多样性价值评估模型

1. 直接实物价值的评估模型

自然保护区直接实物产品的价值评估采用直接市场评价法，根据实物产品的实际市场价格和各类产品的收获量来评价。其中产品的收获量包括在市场上出售和在当地直接消费的两部分，产品在市场的销售量数据比较容易得到，而当地居民直接消费的数量相对就较难获取。一般而言，首先调查确定评价的具体物品和服务种类，可以户为单位，选取一定的样本进行抽样调查，统计每户对各类产品的年消费数额，然后再以保护区全部住户为基数，估算其对某类或某几类产品的总消费量。

自然保护区实物产品总价值的估算模型为

$$DR_s = \sum_{i=1}^{n} X_i P_i \tag{3-5}$$

式中，$DR_s$ 为直接实物产品的总价值；$X_i$ 为某类产品的总收获量；$P_i$ 为某类产品的市场价格；$i$ 为实物产品的各种类型；$n$ 为实物产品的数目。

### 2. 直接非实物价值的评估模型

#### 1）旅游价值的评估

关于旅游价值的评估有两种计算方法。一种是费用支出法，即根据消费者的实际旅游花费来估价。旅游价值费用支出法的评估模型为

$$V_t = \sum_{i=1}^{n} C_i Q_i \qquad (3\text{-}6)$$

式中，$V_t$ 为旅游价值（元/年）；$C_i$ 为第 $i$ 个区域的消费者在保护区旅游的费用支出，包括往返交通费、餐饮费用、住宿费、门票费、入场费、设施使用费、摄影费用、购买纪念品和当地土特产所支出的费用、购买或租借设备费、停车费、电话费等所有支出的费用（元/人）；$Q_i$ 为第 $i$ 个区域的旅游总人数（人）。

第二种方法为旅行费用法（TCM）。旅行费用法估算的是某一自然保护区的所有消费者剩余和费用支出之和，因此，是对自然保护区旅游价值相对比较全面的估计。

#### 2）科研、教育、文化价值

自然保护区以其典型性、自然性、代表性、稳定性、稀缺性等特性而具有极高的科学研究价值。虽然从某种意义上来说，自然保护区的科研价值不应该用经济价值来衡量，但从自然保护区管理的角度，必须为其标上合适的标价签，便于进行成本效益核算及保护区的管理。

科学研究、科普文化价值的评价可根据专家评分法进行。专家评分法所依据的指标对于不同生态系统类型的自然保护区来说，是多种多样的，被评价自然保护区所有的特殊性都应该是重要的计量评价指标。科学研究、科普文化价值的评价也可以采用费用支出法和旅行费用法进行评价。

费用支出法包括用于科学研究、科普文化教育活动的全部成本。但该方法所估算的价值仅仅是科学研究、科普文化总价值中的一部分，不包括消费者剩余，因此不是一个完全的估计。旅行费用法估算科学研究、科普文化价值可以弥补费用支出法的不足，但要求的信息量大。

自然保护区的直接使用价值为直接实物价值与直接非实物价值之和。即

$$DR = DR_s + DR_n \qquad (3\text{-}7)$$

式中，$DR$ 为直接使用价值；$DR_s$ 为直接实物价值；$DR_n$ 为直接非实物价值。

### 3. 自然保护区间接使用价值的评估模型

生态系统是由生物及其环境组成的复杂巨系统，有一定的状态和结构，这一

状态和结构产生自然保护区的生态系统功能。生态系统功能可以由人工改造恢复加以转换,对它的经济价值的评估依据其功能产生的结果的市场替代物进行。

1)间接使用价值的评估流程

要科学地核算自然保护区生物多样性的价值,须分两个步骤:首先要全面认识生态过程和各种生态系统服务,特别是人类经济活动涉及的生态过程和生态系统服务;其次要研究如何测算出这些生态过程和服务的间接的、非市场的价值量;最后根据自然保护区生态系统的总面积,估算其总间接使用价值。具体估算步骤为以下方面(图3-3)。

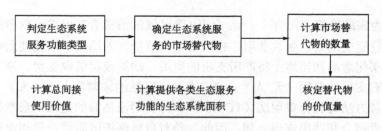

图3-3　自然保护区间接使用价值的评估流程图

第一步:判定不同生态系统服务的功能类型

可以认为,在已被人类所认识的生态系统服务功能中,自然保护区生态系统服务功能的内涵至少应包括以下内容,即有机质的合成与生产、生物多样性的产生与维持、调节气候、营养物质储存与循环、土壤肥力的更新与维持、环境净化与有害有毒物质的降解、植物花粉的传播与种子的扩散、有害生物的控制、减轻自然灾害等诸多方面。其中,大部分服务功能是各种生态系统共有的,如有机质的合成与生产、生物多样性的产生与维持、调节气候、营养物质储存与循环等;有些功能是某一生态系统所特有的,如湿地的污水处理能力。

第二步:寻找各类生态系统功能和服务的市场替代物

按照替代市场法,生态系统服务功能可用其相应的市场替代物代替,需找出各类生态系统服务的市场替代物。

第三步:计算各生态系统服务功能的市场替代物的数量

自然保护区具有一定的科研监测基础,可以进行一些测量方法成熟、简便的生态系统服务的定量研究。但由于有些生态系统服务功能的定量研究需要长期的严格定位观测试验才能得到,有些功能人类目前还无法定量,因此,只能计算全部生态系统生态功能和服务的一部分,要全面计算生态系统服务的数量,仍需进一步加强对生态系统服务功能的研究。

第四步:核定生态系统各类服务功能市场替代物的单位价值量

生态系统各类服务功能市场替代物的单位价值量以这些替代物的市场价格表

示，作为生态系统服务功能价值评估的影子价格。

第五步：计算提供各类服务功能的生态系统面积

自然保护区提供各类服务功能的生态系统面积可以通过实地测量或遥感图片判读、GIS 计算而得到。

第六步：计算总间接使用价值

生物多样性总间接使用价值的计算首先是计算各类生态系统服务的价值，然后将其加总得到。

2）间接使用价值的评估模型

建立间接使用价值评估模型的基本思想是各类生态系统服务的市场替代物的数量与市场价格的乘积。估算模型可表示为

$$V_{IU} = \sum_{i=1}^{n} E_i P_i \tag{3-8}$$

式中，$V_{IU}$ 为间接使用价值；$E_i$ 为各类生态系统服务的市场替代物的数量；$P_i$ 为市场替代物的价格。由于不同的生态系统服务的市场替代物的数量及其价格的计算途径不一，因此应分别建立模型。

（1）水分调节的评估模型。生态系统调节水分的价值为涵养水源、防洪减灾和水质净化的价值之和。

①涵养水源价值的计算。涵养水源的价值由涵养水源的量乘以单位体积库容的造价 $p$（元/$m^3$）得到。

计算生态系统年涵养水源总量，主要有三种方法：第一种方法是根据土壤平均非毛管孔隙度数值换算，自然土壤的蓄水能力取决于它的非毛管孔隙度，假定自然土壤的厚度为 1m，则

$$Q_w = (A_1 - A_2) \times S \times H \times 10^4 \tag{3-9}$$

式中，$Q_w$ 为自然土壤的蓄水能力（$m^3/a$）；$A_1$ 为自然土壤的非毛管孔隙度（%）；$A_2$ 为荒山土壤的非毛管孔隙度（%）；$S$ 为生态系统面积（$hm^2$）；$H$ 为土壤平均厚度（m）。根据上式得到的是静态蓄水能力，不是年蓄水量，因为当土壤蓄水处于饱和状态时，水分将向下渗透，并不断蓄水，处于动态饱和状态，因此，这种动态蓄水能力与渗透速度有关，而土壤水渗透速度的测定是一项较为复杂、难度较大的工作（陈应发，1994）。

第二种方法为水量平衡法。根据评估区的水量平衡，以降水量与蒸发量的差值来计算生态系统涵养水源量。即

$$Q_w = (P - E) \times S = \alpha \times P \times S \times 10 \tag{3-10}$$

式中，$Q_w$ 为生态系统涵养水源量（$m^3/a$）；$\alpha$ 为径流系数；$P$ 为降雨量（mm）；$E$ 为蒸散量（mm）；$S$ 为生态系统面积（$hm^2$）。此方法只要有准确的蒸散量测

定资料，就能计算出准确的涵养水源的量。

第三种方法为年径流总量法。用研究区域的年径流总量代替生态系统的涵养水源量。从理论上说，自然植被覆盖区域的年径流量可以表示涵养水源量，但这些区域的蒸散量明显大于其他土地利用类型。因此，年水源涵养量应该小于该区域的年径流量，用径流量代替涵养水源量会带来计算结果的增大（李金昌等，1999）。采用水量平衡法估算涵养水源量。

②防洪减灾的价值评估。综合众多的研究，生态系统的防洪效益可根据如下计算公式得

$$V = \sum_{i=1}^{n} BcS_i (H_i - H_0) \tag{3-11}$$

式中，$V$ 为生态系统的防洪减灾价值（元/a）；$n$ 为生态系统类型数；$S_i$ 为第 $i$ 种生态系统的面积；$H_i$ 为第 $i$ 种生态系统的蓄洪能力；$H_0$ 为裸地的蓄洪能力；$B$ 为拦蓄单位体积洪水的水库和堤坝的平均修建费用；$c$ 为效益与投入比值（周晓峰和蒋敏元，1999）。该价值的评估对基础数据要求较高。

③水质净化的价值评估。自然保护区生态系统具有良好的水质净化作用，流过自然生态系统的水质大多数为优质清洁的 I 类饮用水（陈步峰等，1998）。水质净化的价值可通过自来水的水价来计量评价，其计算公式为

$$V = \sum_{i=1}^{n} S_i \times Q_i \times p \tag{3-12}$$

式中，$V$ 为水质净化的价值（元/a）；$n$ 为生态系统类型的个数；$S_i$ 为第 $i$ 种生态系统的面积；$Q_i$ 为第 $i$ 种生态系统单位面积的产水量；$p$ 为净化单位体积来自自然保护区的水和普通水以达到生活用水标准时的价格差异。

④增加枯水期有效水量。生态系统通过截留、拦蓄等途径调节水量的季节分配，增加地下径流量，从而大大增加了有效水量。生态系统增加枯水期有效水量的效益集中体现在提高农田灌溉和社会供水能力上（周国逸和闫俊华，2000），其增加有效水量的价值计量评价公式为

$$V = \sum_{i=1}^{n} M_i (R_1 \eta_1 - P_2 \eta_2) \tag{3-13}$$

式中，$V$ 为生态系统增加有效水量的价值（元/a）；$n$ 为生态系统的类型数；$M_i$ 为第 $i$ 种生态系统增加有效水资源量；$R_1$ 为单位体积的农田灌溉水资源价格；$P_2$ 为单位体积的社会供水价格；$\eta_1$、$\eta_2$ 分别为农田灌溉和社会供水利用系数。

（2）土壤保持的价值评估模型。生态系统对土壤的保护主要体现在减少土地资源的损失、减少水库泥沙滞留和淤积、减少土壤肥力丧失、减少风沙灾害和土体崩塌泻溜等方面。

① 保持土壤的量的评估。生态系统土壤保持量的计算方法主要有三种：一是以潜在的土壤侵蚀量与现实土壤侵蚀量之差来估算。从理论上来说，这是计算土壤保持量的最好方法，能确切反映生态系统保持土壤的量。但这种方法需要在研究区和荒地进行土壤侵蚀对比的研究，得出各类土壤的潜在侵蚀量和现实侵蚀量，再综合得出整个区域每年减少土壤侵蚀的总量。而到目前为止，我国还没有系统地从事这方面的研究，零星的研究又因研究方法与研究地位置、降雨、风速和温度的差别太大，而没有代表性（侯元兆，1995）。

二是采用土壤流失方程修改式进行计算，即

$$A_c = R \times K \times LS \times (1 - CP) \tag{3-14}$$

式中，$A_c$ 为土壤保持的量（t/a）；$R$ 为降雨侵蚀力指标；$K$ 为土壤可蚀性因子；$LS$ 为坡长坡度因子；$C$ 为地表植被覆盖因子；$P$ 为土壤保持措施因子。

三是以荒地的土壤侵蚀量来估算。该方法的根据是：有植被覆盖的土壤侵蚀量为零，或者小到可以忽略不计。根据我国土壤侵蚀的研究成果，无林地的土壤中等强度的侵蚀深度为 15~35mm/a，侵蚀模数为 150~350m³/（hm²·a）（相当于 192~447.7t/（hm²·a））（侯元兆，1995）。

采用第一种方法，即

$$Q = Q_p - Q_r \tag{3-15}$$

式中，$Q$ 为土壤保持量（t/a）；$Q_p$ 为潜在土壤侵蚀量（t/a）；$Q_r$ 为现实土壤侵蚀量（t/a）。以我国耕作土壤的平均厚度 0.5m 作为土层厚度。

② 保持土地面积的价值。保持土地面积的价值根据下式计算：

$$V_1 = Q / \rho / h \times P \tag{3-16}$$

式中，$V_1$ 为保持土地面积、避免土地废弃的价值（元/a）；$\rho$ 为土壤容重（t/m³），$h$ 为表土层厚度（m）；$P$ 为土地的机会成本（元/hm²）。

③ 保持土壤营养元素的价值。保持土壤营养元素的价值根据下式计算：

$$V_2 = \sum Q \times b_i \times p_i \tag{3-17}$$

式中，$V_2$ 为保持的土壤营养元素价值，即减少土壤营养元素损失的价值（元/a）；$b_i$ 为第 $i$ 种养分元素在土壤中的含量（%）；$p_i$ 为第 $i$ 种养分的化肥价格（元/t）；$i$ 为营养元素的类型。

④ 减少泥沙淤积的价值。减少泥沙淤积的价值计算公式为

$$V_3 = Q / \rho \times k_i \times P \tag{3-18}$$

式中，$V_3$ 为减少泥沙淤积的价值（元/a），$\rho$ 为土壤容重（t/m³）；$k_i$ 为进入河川水库的固体径流占总土壤保持量的百分比；$P$ 为每立方米淤塞物的清理费用（元/m³）。

综上所述，土壤保持的总价值为

$$V_s = V_1 + V_2 + V_3 \tag{3-19}$$

式中，$V_s$ 为土壤保持的总经济价值（元/a）。

⑤ 防风固沙的价值。生态系统防风固沙效能主要表现在控制流沙移动，减少农田沙压，其价值大小可以通过整个防护效益所获得的减少沙压农田作物收益来进行评估（周国逸和闫俊华，2000）。计算公式为

$$V = \sum_{i=1}^{n} d_i L Q_i (P_i - C_i)(1+p)^{n+1-i} \tag{3-20}$$

式中，$V$ 为 $n$ 年防风固沙的价值；$n$ 为所计算的年限；$i$ 为年份的流动指标；$d_i$ 为到第 $i$ 年共控制流沙移动的距离；$L$ 为与主风方向垂直的森林长度；$Q_i$ 为第 $i$ 年农作物的单产；$P_i$ 为第 $i$ 年农作物的价格；$C_i$ 为第 $i$ 年农作物的单位成本消耗；$p$ 为社会平均利润率。根据上式计算得到的是 $n$ 年的价值，用总价值除以 $n$ 年可获得年价值（元/a）。该模型适合于有定位实验资料的自然保护区。

（3）固定 $CO_2$ 的价值评估模型。首先确定生态系统固定 $CO_2$ 的量。国内外关于生态系统固定 $CO_2$ 的量的计算有三种方法。

第一种方法是根据植物光合作用方程式计算。根据光合作用方程，植物每生产 1g 干物质需要 $1.63g CO_2$，产生 $1.19g O_2$。再根据生态系统干物质的年生长量，可计算出生态系统年固定 $CO_2$ 的量（侯元兆和张莉莉，1997），即

$$Q_c = 1.63 \sum r_i \times S_i \tag{3-21}$$

第二种方法是实验测定生态系统每年固定 $CO_2$ 的量。生态系统是一个复杂的系统，有植物的光合作用和呼吸作用、凋落物层的呼吸作用和土壤释放 $CO_2$ 的作用（李意德等，1998），据此得

$$Q_c = S - Rd - Rs \tag{3-22}$$

其中，$Q_c$ 为 $CO_2$ 固定量（t/(hm$^2$·a)）；$S$ 为净第一性生产力所同化的 $CO_2$ 量（t/(hm$^2$·a)）；$Rd$ 为凋落物层呼吸释放的 $CO_2$ 量（t/(hm$^2$·a)）；$Rs$ 为土壤呼吸释放的 $CO_2$ 量（t/(hm$^2$·a)）。

第三种方法是根据数学模型来求生态系统年固定 $CO_2$ 的量。

在具体应用中，根据被评价自然保护区的现有研究基础和资料，选择其中一种和几种方法估算。若以第一种方法确定生态系统年固定 $CO_2$ 的量，则其价值的评估模型为

$$V_c = Q_c \times P = 1.63 \sum r_i \times S_i \times P \tag{3-23}$$

式中，$V_c$ 为固定 $CO_2$ 的价值（元/a）；$Q_c$ 为固定 $CO_2$ 的量（t）；$P$ 为固定 $1t CO_2$ 的价值（元/t）。$r_i$ 为植物的净生产力（t/(hm$^2$·a)）；$S_i$ 为不同生态系统的

面积（hm$^2$）。

（4）营养物质循环价值评估模型。生态系统中的营养物质通过复杂的食物网而循环再生，并成为全球生物地化循环不可或缺的环节。营养元素循环所提供的服务可以生态系统对养分的持留量为基础。主要有两种方法估算生态系统的有机质、氮、钾、钙和镁等重要营养物质的量：一是根据生态系统的净生物量与生产力，测定年生长量中氮、磷、钾元素的比例，即测定植物一年中从土壤中吸收的养分，再测定每年凋落物归还土壤的养分，将年吸收养分总量减去凋落物归还养分总量，得到植物持留的养分总量。二是采用实测法。实测法的养分持留量计算式为 $N = N_i - N_o$，其中 $N$ 为养分持留量（kg/（hm$^2$·a））；$N_i$ 为大气输入养分量（kg/（hm$^2$·a））；$N_o$ 为径流输出养分量（kg/（hm$^2$·a））。

以化肥平均价格作为营养元素的市场替代物，以养分持流量与化肥平均价格的乘积估算营养物质循环的价值。即

$$V_n = \sum S_i \times A_i \times P_i \tag{3-24}$$

式中，$V_n$ 为营养物质循环的价值（元/a）；$S_i$ 为各生态系统的面积（hm$^2$）；$A_i$ 为单位面积养分持流量（t/hm$^2$）；$P_i$ 为第 $i$ 种养分对应的化肥价格（元/t）。

（5）吸收、降解污染物价值评估模型。吸收、降解污染物的价值评估模型为

$$V_i = \sum Q_i \times P_i = \sum S_i \times A_i \times P_i \tag{3-25}$$

式中，$V_i$ 为降解污染物的价值（元/a）；$Q_i$ 为吸收污染物的量（kg/a）；$P_i$ 为削减污染物的单位成本（元/kg）；$S_i$ 为各类生态系统的面积（hm$^2$）；$A_i$ 为单位面积吸收污染物的量（t/hm$^2$）；$i$ 为污染物的种类。

（6）净化环境价值评估模型。生态系统净化环境的价值一般包括如下三个方面：

① 吸收污染物的价值。吸收污染物的价值可根据下式估算：

$$V_d = \sum \sum Q_i \times p_i = \sum \sum S_i \times A_{im} \times p_i \tag{3-26}$$

式中，$V_d$ 为吸收污染物的价值（元）；$Q_i$ 为第 $i$ 类生态系统吸收污染物的量（t/hm$^2$）；$S_i$ 为第 $i$ 类生态系统的面积（hm$^2$）；$A_{im}$ 为第 $i$ 类生态系统第 $m$ 类污染物的单位面积的吸收量（t/hm$^2$）；$p_i$ 为削减污染物的单位成本（元/t）。

② 滞尘功能的价值。生态系统滞尘价值 $V_d$ 的估算以生态系统的滞尘量与削减粉尘的成本的乘积求得。其滞尘量的计算公式为

$$W = Q_d \times S \tag{3-27}$$

式中，$W$ 为生态系统的滞尘量（t）；$Q_d$ 为生态系统的滞尘能力（t/（hm$^2$·a））；$S$ 为生态系统的面积（hm$^2$）。滞尘功能的价值按下式计算：

$$V_d = Q_d \times S \times C_d \tag{3-28}$$

式中，$V_d$ 为滞尘价值（万元/a）；$C_d$ 为削减粉尘成本（元/t）。

③ 医疗保健功能的价值。将保护区内与区外居民的医疗费进行对比，减少量即为生态系统净化空气所提供的医疗保健功能服务的量。用公式表示为

$$V_b = (r_1 - r_0) \times N \tag{3-29}$$

式中，$V_b$ 为医疗保健功能的价值；$r_1$ 为保护区内人均医疗费支出（元/（人·a））；$r_0$ 为保护区外人均医疗费支出（元/（人·a））；$N$ 为保护区人口数。

（7）防治病虫害的价值评估模型。采用替代花费法，参照人工林和天然次生林每年用于防治森林病虫害的单位面积费用来计算。评估公式为

$$V_f = S \times P_i \tag{3-30}$$

式中，$V_f$ 为防治病虫害的价值（元/a）；$S$ 为生态系统的面积（hm²）；$P_i$ 为单位面积的防治费用（元/t）。

表 3-7 总结了定量评估生态系统服务的类型、方法及模型。至于其他生态功能如干扰调节、废弃物处理、授粉、生物控制、庇护等由于目前对其定量化方面存在困难，无法通过替代市场法进行评价，这也是分解求和思想的局限性——不能遵循穷尽性与独立性原则的一个具体体现。同时也说明，自然保护区间接使用价值的评估很难做到非常全面。自然生态过程的不确定性、动态性和生态系统服务的多样性以及生态过程和经济过程及两者之间联系的复杂性等使精确评估的难

**表 3-7　自然保护区间接使用价值评估的指标、参数、方法与计量模型**

| 生态功能类型 | 评估指标 | 定价参数 | 计量模型 | 评价方法 |
|---|---|---|---|---|
| 保持土壤 | 减少土壤损失的量，表土层的厚度，土壤有机质、氮、磷、钾的含量 | 土地的机会成本化肥的平均价格，水库淤泥的清理费用 | $V_s=V_1+V_2+V_3=Q/\rho/h \times p_f + \sum Q \times b_i \times p_f + Q/\rho \times k_i \times p_c$ | 替代市场法 |
| 涵养水源 | 生态系统的面积，年降水量（mm），年蒸散量（mm） | 水的影子价格 | $V_w=\alpha \times P \times S_p$ | 替代市场法 |
| 固定$CO_2$ | 不同林型的面积，植物的年净生长量 | 削减 $CO_2$ 的单位成本 | $V_c=1.63 \sum r_i \times (1+c) \, S_j \times p_t$ | 替代市场法 |
| 营养物质循环 | 各林型的面积，氮、磷、钾的年储存量（t）和年固定量（t） | 各营养元素的影子价格 | $V_n=\sum \sum S_i \times A_{ik} \times p_k$ | 替代市场法 |
| 降解污染物 | 各林型的面积，植物吸收 $SO_2$ 和粉尘的量（kg/（hm²·a）） | $SO_2$ 和粉尘的削减成本 | $V_d=\sum \sum S_i \times A_{im} \times p_m$ | 替代市场法 |
| 防治病虫害 | 原始林或天然次生林的面积 | 单位面积的防治成本 | $V_p=S \times p$ | 替代市场法 |

度增加。因此，通过上述模型评估所得到的结果只是间接使用价值的最低值，是一个不完全的估计。

4. 自然保护区非使用价值的评估模型

在条件价值法的基础上，创造性地采用区域分层随机抽样条件价值法对自然保护区非使用价值进行评估。

1）分层随机抽样法的原理

分层随机抽样是指将总体的 $N$ 个单位按其某一标志划分为互不重叠的若干个层，再分别从各层中独立地随机抽取一定数量的单位构成样本，用来推断总体参数的方法。

分层随机抽样利用已知总体有关标志的信息，把调查对象依其差别类型分别划入各层后再随机抽样，具有以下优点：①抽取的样本单位在总体中分布得更均匀、更合理，降低了出现极端数值的可能性。②划入各层的单位之间的差异程度相对减少，使每一层随机抽取的样本单位对该层的代表性得到了提高，因此，由这些抽中单位构成的样本对整个总体也就有了较高的代表性。③管理方便，节约调查费用。分层的原则是使各层间的调查样本尽量异质，以使层间方差 $S_b^2$ 尽可能大，并使每一层内的调查样本尽量同质，以使层内方差 $S_w^2$ 尽可能小，从而提高分层抽样的精确度。

单纯随机抽样的总体均值 $\bar{Y}$ 的无偏估计量为样本均值 $\bar{y}$。在分层随机抽样中，为了提高估计的精确度，利用已知的总体层权数 $W_h$，用分层的样本均值 $\bar{y}_{st}$ 作为总体均值 $\bar{Y}$ 的估计量，即

$$\bar{y}_{st} = \bar{Y} = \frac{1}{N}\sum_{h=1}^{L} N_h \bar{y}_h = \sum_{h=1}^{L} W_h \bar{y}_h \tag{3-31}$$

式中，$N$ 为总体数目，$h$ 为分层数目，$N_h$ 为各分层总体数目，$\bar{y}_h$ 为各样本层的平均数，$W_h$ 为总体层权数，$W_h = \dfrac{N_h}{N}$。在具体抽样时，每个层中抽取的都是一个单纯随机样本，$\bar{y}_{st}$ 是总体均值 $\bar{Y}$ 的无偏估计量（下标 st 表示分层随机抽样）。总体总值的无偏估计量为

$$\hat{T}_{st} = N \times \bar{y}_{st} \tag{3-32}$$

总体均值和总值的 $100(1-\alpha)$% 置信区间分别为：$\bar{y}_{st} \pm t \times s\ (\bar{y}_{st})$ 和 $N\ \bar{y}_{st} \pm t \times N \times s(\bar{y}_{st})$；其中，$t$ 在 $n \geq 30$ 时等于 $z_{\alpha/2}$。

当各层抽取的样本单位数 $n_h$ 与各层总体单位数 $N_h$ 呈比例时，称之为等比例分层抽样。当 $n_h$ 与 $N_h$ 不呈比例时，称之为不等比例分层抽样。在等比例分层抽

样时，$\bar{y}_{st}=\bar{y}$；在不等比例分层抽样时，$\bar{y}_{st}\neq\bar{y}$。但无论是等比例还是不等比例分层抽样，$\bar{y}_{st}$都是总体均值$\bar{Y}$的无偏估计量（张小蒂和李晓钟，1998）。

2）区域分层随机抽样条件价值法

条件价值法是自然保护区非使用价值评价的唯一方法。尽管一项条件价值法的意愿调查研究有非常复杂的程序，存在许多有争议的问题。比如存在着准确性和有效性的问题以及各种偏差等，但该方法仍被认为是评价非使用价值的有效办法。许多经济学家对调查问卷的设计、平均 WTP 计算的方法、结果的分析进行了大量的研究。这些研究的目的均是要改进该方法，提高它的准确性与有效性。

按照条件价值法的原理，非使用价值可用总 WTP，即调查样本的平均支付意愿值 $M$（WTP）与相关群体总人数（$N$）的乘积来估算，即

$$T(\text{WTP})=M(\text{WTP})\times N \tag{3-33}$$

平均支付意愿值的大小 $M$（WTP）通过问卷调查获得，其精确度取决于问卷的设计、调查的方式、范围、样本的数量等许多因素。调查的有效性越高，WTP越接近真实值，偏差越小。人均 WTP 具有区域性的特点，存在区域差异，具有特定的空间分布特征。相关群体的大小（$N$）与自然保护区存在价值的概念有关。理论上，只要自然保护区存在，就有存在价值，存在价值受益对象的范围为全人类，具有全球性的特点。而总人数的大小直接决定了总的评价结果，在相同的平均 WTP 下，群体范围越大，则总价值越高；反之亦然。

假设将全球分为 $L$ 个区域，分别求所评价的自然保护区在每个区域的平均支付意愿值 $M$（WTP）$_h$，则总 WTP 为各个区域的分总 WTP 之和，即

$$T(\text{WTP})=\sum_{h=1}^{L}M(\text{WTP})_h\times N_h \tag{3-34}$$

但由于人力、物力、财力以及调查的必要性等原因，不可能为了评价自然保护区的存在价值而展开全球性的抽样调查，因而无法获得全球各地的人均 WTP，也就不能得出保护区在全球范围内的总 WTP。因此，对存在价值的评估通常是与一定区域的相关人口相联系的，是对存在价值的部分评估，即自然保护区对某个地区相关人口的存在价值。

相关人口可以落实到一定的区域，且平均 WTP 受调查样本的社会经济各因素的影响较大，同一行政区域个体的社会经济特征较为相似，以统计学上分层随机抽样法为原理，以地理空间上互不重叠的行政区域作为分层的依据，提出自然保护区非使用价值评估的分层随机抽样条件价值法。因为分层的依据为行政区域，所以将该方法称为区域分层随机抽样条件价值法。该方法有效地解决了抽样总体范围难以确定的问题，同时通过采用分层抽样技术，使得总体的平均 WTP 得到更

准确的评估，从而提高了评估结果的准确性和有效性。

在分区时要注意空间的不可重复性。行政区划的级别应保持一致，否则容易出现区域的重复或者空缺现象。行政区域有层次性，就我国而言，从最小级别村到国家分为许多等级。在研究中具体选择哪一层次作为研究的区域级别，应根据研究目的、要求以及被评价对象的具体情况决定。对国家级自然保护区而言，采用省级作为分层标志较为合适。

区域分层随机抽样条件价值法的操作步骤分为五步（图3-4）。

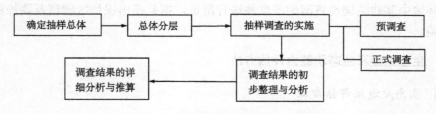

图 3-4 区域分层随机抽样的操作步骤

调查结果的统计与分析：

调查结果的统计与分析根据分层随机抽样的原理进行。区域分层随机抽样的样本的平均值通过下式估算，即

$$M(\text{WTP})_{\text{st}} = \sum_{h=1}^{L} W_h M(\text{WTP})_h \qquad (3\text{-}35)$$

式中，$M(\text{WTP})_{\text{st}}$ 为总体的平均支付意愿值的估计值，$M(\text{WTP})_h$ 各分层总体的平均支付意愿值，$W_h$ 为分层的权重，$h$ 为各分区的编号，为 1，2，…，$L$，$L$ 为分层的最大数目。由于事先无法确定反馈率的大小，因此区域分层抽样法大多为不等比例抽样。

总 WTP 为总体的平均支付意愿值的估计值与总体人数的乘积，即

$$T(\text{WTP}) = N \times M(\text{WTP})_{\text{st}} \qquad (3\text{-}36)$$

总 WTP 也可以由各个分层的总 WTP 相加得到，即

$$T(\text{WTP}) = \sum_{h=1}^{L} T(\text{WTP})_h = \sum_{h=1}^{L} M(\text{WTP})_h \times N_h \qquad (3\text{-}37)$$

式中，$N$ 为调查总体的单位数；$N_h$ 为第 $h$ 分层总体的单位数。

确定了某个区域以后，群体的总量则为一个固定值，通过调查区域层次的个人支付意愿值，可以得到个人WTP的空间分布特征。由于WTP受到一系列社会、经济、人文等背景的影响，具有很大的不确定性，反过来通过它也能反映一个地区的经济发展水平、居民的环境保护意识。

与单纯随机抽样法相比，区域分层随机抽样有两个优点：一是获得了区域样

本容量数据后，总体单位数量可以准确确定；二是从统计学上来看，二者统计方法不同，区域分层法的统计分析对总体均值的估计更准确。

## 3.2　自然保护区生态承载力评估方法

本节采用生态足迹分析方法评估鹞落坪自然保护区的生态承载力，计算保护区内社区居民的生态足迹和生态承载力，判定系统的生态赤字或生态盈余，并对生态环境中某些关键性资源因子单独进行剖析，据此提出保护区管理及调控的对策措施。

### 3.2.1　生态足迹及生态承载力评估方法

#### 1. 生态足迹法评估步骤

生态足迹法的分析与评估分为以下五个步骤（Wackernagel and Reos，2002；顾传辉等，2001）。

1）计算各主要消费项目的人均年消费量

（1）划分消费项目。如将消费划分为消费性能源、食物、木材、日用品消费等。

（2）分别计算评价区域内各消费项目的年消费总量，消费＝产出＋进口－出口。

（3）计算各消费项的人均年消费量值 $c_i$。

2）计算为了生产各种消费项目人均占用的生物生产性面积

利用生产力数据，将各项资源或产品的消费折算为实际的生物生产性面积，即实际生态足迹的各组成部分。其中 $i$ 消费项目人均占用的实际生物生产性面积为 $a_i$，$a_i = c_i / Y_i$，$Y_i$ 为相应的生物生产性面积生产第 $i$ 消费项目的年平均生产力。为便于区域之间的相互比较，$Y_i$ 一般采用世界或国家等更大区域范围的平均生产力，即平均产量数据。

3）计算生态足迹

（1）汇总生产各种消费项目人均占用的各类生物生产性面积，即生态足迹的各类组分。

（2）等价因子（均衡因子）计算。由于六类生物生产性面积的生产力存在差异，利用等价因子使不同类型的生物生产性面积转化为在生产力上等价的参数。计算公式为：某类生物生产性面积的等价因子＝全球该类生物生产性面积的平均生产力／全球所有各类生物生产性面积的平均生物生产力。Rees 和 Wackernagel 在以往的计算中，已经给出了这六类用地的均衡因子：耕地、建筑用地 2.8,森林、化石能源用地 1.1,草地 0.5,水域(海洋)0.2(张志强和徐中民,2000)。

(3)计算人均占用的各类生物生产性面积的等价量值。

(4)计算人均各类生态足迹组分的总和 ef 值。

(5)计算地区总人口的总生态足迹 EF 值。

4)计算研究地区的生态容量(生态承载力)

(1)计算各类组分的生物生产性面积。

(2)计算生产力系数(产量因子)。由于不同国家或地区间同类生物生产性面积的生产力存在差异,故不能将各国或各地区的同类生物生产性面积的实际值进行直接比较,用生产力系数将不同生物生产性面积转化为可比的面积参数,即该国或该地区某类平均生产力与世界同类平均生产力的比率。

(3)计算各类组分的人均生态承载力。计算公式:某类组分的人均生态容量=该类生物生产性面积×等价因子×产量因子。

(4)计算各类组分的人均生态承载力之和,得出总的人均生态承载力。

5)计算生态赤字或生态盈余

通过比较生态足迹与生态承载力,分析可持续发展的程度。

**2. 生态足迹的计算公式**

生态足迹计算公式如下:

$$EF = Nef = N\sum r_i a_i \tag{3-38}$$

$$a_i = \frac{c_i}{Y_i} = \frac{P_i + I_i - E_i}{Y_i \times N} \quad (i=1,2,\cdots,6) \tag{3-39}$$

式中,$i$ 为消费类型;$r_i$ 为 $i$ 类用地的等价(均衡)因子;$a_i$ 为 $i$ 消费类型折算的人均生物生产性土地面积;$Y_i$ 为 $i$ 消费类型的平均生产能力;$c_i$ 为 $i$ 消费类型的人均消费量;$P_i$ 为 $i$ 消费类型年生产量;$I_i$ 为 $i$ 消费类型年进口量;$E_i$ 为 $i$ 消费类型年出口量;$N$ 为评价区人口数;$ef$ 为人均生态足迹;$EF$ 为总的生态足迹。

式(3-37)和式(3-38)还可以变换成如下形式:

$$EF = \sum n_i A_i \tag{3-40}$$

$$A_i = \frac{C_i}{Y_i} = \frac{P_i + I_i - E_i}{Y_i} \text{ 或 } A_i = \frac{P_i}{Y_i} \quad (i=1,2,\cdots,6) \tag{3-41}$$

式中,$A_i$ 为 $i$ 消费类型折算的生物生产性土地总面积;$C_i$ 为 $i$ 消费类型的总消费量。

地球上现有的资源中,并没有化石能源用地,化石能源消费用地的估算,一般采取如下三种方式：第一种，计算生产可持续替代化石燃料（统一折成乙醇或甲醇）所必需的土地数量，Rees 和 Wackernagel 1996 年报导，在 Prior 的研究中，作者提出这种燃料的能源生产力每年为 80~150 GJ/hm$^2$。第二种，计算吸收来自化石燃料燃烧产生的 $CO_2$ 所需要的土地面积，Rees 和 Wackernagel 提议，平均每年 1 hm$^2$ 森林能吸收由于消费 100 GJ 化石燃料所产生的 $CO_2$。第三种，通过确定以同等速度可替代重建耗竭化石燃料的自然资产所必需的土地面积来计算，即平均 1 hm$^2$ 持续生长的森林每年能积聚 80 GJ 可重获的生物量（Bicknell et al.，1998）。本书分别采取第二种或第三种评估方式。

### 3. 生态承载力的计算公式

各类用地人均生态承载力的计算公式为

$$ec_i = a_i \times r_i \times y_i \tag{3-42}$$

人均生态承载力是六类用地人均生态承载力的总和，即

$$ec = \sum ec_i \quad (i=1,2,\cdots,6) \tag{3-43}$$

式中，$ec$ 是人均生态承载力，$ec_i$ 是 $i$ 类用地人均生态承载力，$a_i$ 是 $i$ 类用地人均生物生产性面积，$r_i$ 是均衡因子，$y_i$ 是产量因子（生产力系数）。

区域生态承载力为

$$EC = N \times ec \tag{3-44}$$

式中，$EC$ 是区域总生态承载力，$N$ 是区域人口数。或者，

$$EC = \sum EC_i \quad (i=1，2，\cdots，6) \tag{3-45}$$

式中，$EC_i$ 是 $i$ 类用地生态承载力。

### 4. 生态赤字与生态盈余

对基于一定的经济规模和人口数量基础上的生态足迹和生态承载力计算，可以得出：为了保证当前规模下的生存与发展所需要的资源即生态足迹 $ef$（或 $EF$）；自然环境所能提供的资源保障即生态承载力 $ec$（或 $EC$）；以及进行两者比较，也就是 $ec-ef$（或 $EC-EF$）。如果 $ec-ef$（或 $EC-EF$）结果为正，就表明在当前经济规模与人口数量下，生态承载空间能够容纳下人群的生态足迹，生态环境是盈余的；反之，则说明生态承载空间不足以容纳人群的生态足迹，生态环境是赤字的，人类的生存及经济的发展是以破坏生态环境为代价的。

### 3.2.2 自然保护区生态承载力评估方法

主要采用生态足迹分析理论和方法，侧重从生态承载力、人类活动的影响即生态足迹和生态盈亏的角度，来判别自然保护区能否可持续发展，并就如何做到可持续发展提出建议。自然保护区生态承载力研究与一般区域的生态足迹分析不同之处在于：一个自然保护区不仅要承载自身社区人类生存与发展活动以及相关管理活动的生态影响，而且还要担负着保护全球生物多样性与维持周边区域生态系统平衡的任务，因此存在着如何划分这两方面的生态承载力的问题。划分这两方面的生态承载力，一个基本依据是《中华人民共和国自然保护区条例》中的相关规定，即"禁止任何人进入自然保护区的核心区"（第二十七条）；"禁止在自然保护区的缓冲区开展旅游和生产经营活动"（第二十八条）；"……实验区，可以进入从事科学试验、教学实习、参观考察、旅游以及驯化、繁殖珍稀、濒危野生动植物等活动"（第二十八条）；"在自然保护区的核心区和缓冲区内，不得建设任何生产设施"（第三十二条）。鉴于该条例的规定比较原则，试图利用生态足迹分析的原理与方法尽可能地给予定量分析，以指示该保护区可持续发展的方向。

从消费和生产两个角度分别计算该保护区的生态足迹。从保护区内社区居民及管理人员消费的角度计算得出的人均生态足迹可与全球或区域的人均生态足迹进行比较；从生产的角度——特别是利用或占用保护区的生态资源进行的生产计算得出的生态足迹则用于分析保护区内人类活动的生态影响和生态盈亏。为便于分析，本书定义：从消费的角度计算的生态足迹为"消费型生态足迹"，从生产的角度计算的生态足迹为"生产型生态足迹"。按照此定义，从生产的角度，书中生态足迹分析包括用于自己消费和用于贸易的全部产品，都占用（消费）了生态生产性土地，只是这种生态足迹仅限于研究区域内的生物生产性土地；从消费的角度，生态足迹分析包括消费了自己生产和通过贸易获取的全部产品，也都占用（消费）了生物生产性土地，这种生态足迹包括了研究区域内的（一部分）和研究区域外的生物生产性土地。另外，从经济学角度看，生产＝消费＋储蓄，伴随着人类的发展与进步，通常情况下，储蓄一般为正值，即生产≥消费，因此，从生产的角度计算，可能更能反映人类的生态足迹。一般而言，在全球、全国或较大的区域范围内，其生产型生态足迹与消费型生态足迹的量值差距较小，占用的生物生产性土地的类型和项目及其量值比较接近；而区域范围越小，其生产型生态足迹和消费型生态足迹的量值可能差距较大，占用的生物生产性土地类型和项目差别较大，各类各项量值的差距可能较大。

# 3.3　自然保护区可持续发展理论与指标

## 3.3.1　自然保护区可持续发展的目的与内容

### 1. 自然保护区可持续发展的目的

可持续发展就其本质而言是社会经济活动与资源环境在特定的时间和空间尺度上的协调。1987 年世界环境与发展委员会（NCED）在其发表的《我们共同的未来》报告中对可持续发展定义为"既能满足当代人的需求又不危及后代人满足其需求的发展"，正式确立了可持续发展的概念。1992 年在里约热内卢召开的联合国环境与发展大会上，通过了《21 世纪议程》，该文件着重阐明了人类在环境保护与可持续发展之间应作出的抉择和行动方案，这表明各国对可持续发展问题表示了极大的关注，并加强了可持续发展的国际合作。中国政府高度重视可持续发展，在里约热内卢大会后，即着手制定《中国 21 世纪议程》，并于 1994 年 3 月国务院第 16 次常务会议讨论通过了这一重要文件。该文件提出了可持续发展的各方面的目标和行动。

自然保护区建设是实现可持续发展的重要保障措施之一。20 世纪 80 年代，随着生物多样性保护事业的发展和可持续发展战略的实施，自然保护区建设得到了世界各国的普遍关注，并成为衡量一个国家文明和进步的标志之一。

相对而言，一方面，自然保护区是一个地区乃至一个国家自然资源（尤其是生物资源）最丰富、自然环境质量最优良的地区。自然保护区的性质决定了其区内的资源和环境应受到严格的保护；但另一方面，自然保护区又是保护区内及其周边地区居民赖以生存的地方，长期以来，这些居民直接或间接地依赖保护区内的资源谋生，而保护区的建设由于施行一些限制则在一定程度上影响到当地社区经济的发展。如何正确协调好保护与发展的关系，在不影响当地社区经济发展的前提下，有效地管理好自然保护区，已成为摆在世界面前的主要难题之一。

自然保护区可持续发展的目的不仅仅是为了解决保护区社区经济的发展问题，而是通过社区经济的协调发展，解决资源的保护与利用的矛盾问题，最终实现自然保护区资源与环境保护、科学研究与生态监测、宣传教育以及生产示范等多种功能的全面发挥，从而进一步推动自然保护区所在地区社会经济的可持续发展。

### 2. 自然保护区可持续发展的内容

建立自然保护区是保护自然环境与自然资源最重要的、也是最为有效的措施。保护是手段，保护的目的在于合理地、可持续性地利用自然资源，并为当代和子孙后代留下基本保持自然状态的有限空间，更为重要的是自然保护区还应当为更大范围保护生态环境与合理开发利用自然资源起示范作用。因此，自然保护区的可持续发展主要应该包括下列四个方面的内容。

（1）采取有效措施使自然保护区的生物多样性得到良好的保护，处于稳定发展状态，维持基本的生态过程和生命支持系统，保护基因多样性，使生物资源与其他自然资源得以永续利用，使自然保护区的生态环境得到改善和逐步优化。

（2）通过合理开发利用实验区和当地优势自然资源，获取良好的生态效益、经济效益和社会效益，提高自然保护区自我发展能力，使保护区职工和区内居民的生活得到逐步改善和不断提高，并且要使周边地区人民受益。

（3）利用经济、科技、教育、法律等综合措施，协调保护区与当地社区关系，使当地居民成为保护自然的重要力量。鼓励当地居民在生物资源利用方面采取替代和多种策略，以减少对任何一种资源的过度利用。为达到持续发展目的，当地居民应作为项目和计划的参与者，使他们的知识、技能以及依赖生物多样性的意识能够调动起来用于公共利益和他们自身利益的维护与发展，将人类对自然保护区的不利影响降低到最低程度。

（4）自然保护区在实现可持续发展的同时，要注重自然保护与科学研究、环境监测、示范、环境教育以及当地人民的参与结合起来，特别强调自然保护区的建立不仅要为提高当地人民的环境意识提供普及教育的机会和场所，而且要使他们获得为了合理、持续地发展所需的知识和技术，从而使当地人民的生活受益。并通过示范作用带动周围更大范围实现可持续发展。

### 3.3.2 资源适度开发阈值的确定

#### 1. 资源适度开发利用在保护区可持续发展中的作用

自然保护区内的自然资源一方面是保护区的保护对象，另一方面也是区内居民生产和生活所必需的资源，任何区内有居民分布的自然保护区不可能使区内的一草一木原封不动地保存。现阶段乃至今后的一段时期内，保护区内部分自然资源仍然要作为当地居民生产资料和生活资源。因此，自然保护区可持续发展的实现不应排除对保护区内资源的适度开发利用。在现阶段，资源的适度开发利用在保护区可持续发展中主要具有以下的作用和功能。

1）筹集保护资金，一定程度上弥补政府对自然保护区投入的不足

我国自然保护区建设和管理经费主要来自于保护区所在地的地方政府财政，国家仅对国家级自然保护区的基础设施建设给予适当补助。而自然保护区分布相对集中的地区往往都是经济不发达的地区，地方政府很难拿出足够的经费用于保护区的建设和管理。有限的投入仅能维持管理人员的工资发放，很少有多余经费用于建设和管理。因此，通过资源的适度开发利用，可以筹集一些经费用于开展

资源的管理。多年的实践也证明，在现阶段，这也是自然保护区资金渠道的来源之一。

2）探索资源可持续利用的模式

我国自然保护区绝大多数都地处老少边穷地区和贫困山区，这些地区科技、文化、教育均不发达，生产方式落后，生产力水平低下，"靠山吃山"等传统观念决定了资源利用率处于较低的层次。自然保护区利用自身的技术优势，开展资源的适度开发和合理利用，探索符合当地实际的资源可持续利用模式。而这些可持续利用资源的模式一旦为当地居民所接受，一方面可以提高当地生产水平和经济效益，另一方面，也可以减少不合理的资源消耗和浪费，从而更好地保护自然资源。

3）改善社区关系，促进社区共同管理

自然保护区的建立，一定程度上制约了当地社区对保护区内资源的利用，影响到当地经济的发展和社区居民的生活水平。这种情况下，往往会导致保护区与社区之间产生矛盾，而保护区缺少社区的支持和配合，则不可能真正保护好区内的资源和环境。通过吸引当地社区共同参与资源的适度开发和利用，结合保护区的技术优势、信息优势以及当地社区的劳力优势，走共同开发、共同富裕之路，不仅可以使保护区和社区都获取相应的经济效益，同时社区居民通过参与开发弥补了因保护区建立而带来的经济利益损失，也使社区居民自觉投入到保护区的建设和管理之中，达到双赢的目的。

4）有助于开展生物多样性保护和其他自然资源及环境保护的宣传教育

自然保护区是天然的生物多样性保护和科学宣传教育基地，但封闭式的保护并不能真正发挥保护区作为宣传教育基地的功能，只有当人们走进保护区亲身体验和感受后才能使这种作用得到发挥。我国绝大多数自然保护区均具备开展生态旅游的潜力，通过保护区开展的生态旅游，在获取经济效益的同时，让到保护区参观和旅游的人员认识自然，无形中起到了宣传教育的作用，这对于青少年宣传教育作用更为明显。

**2. 资源开发利用对保护区资源保护的影响**

自然保护区内的资源开发利用和保护是矛盾的两个方面，虽然适度开发利用区内的自然资源可在一定程度上提高保护区的能力建设，但任何形式和任何程度的开发都会对资源造成相应的破坏。从国内已开展资源开发利用的自然保护区调查情况来看，存在的负面影响主要有以下几个方面。

1）旅游开发带来的景观破坏和环境问题

生态旅游的开展，势必需要修建相应的旅游设施，如道路、建筑物等，虽然相当一部分旅游设施修建在保护区外围，但保护区内或多或少地需要补充建设一些如道路等必要设施,因而在自然景观中引入人工成分,造成了景观的破碎化。另一方面,旅游者的进入,又容易带来垃圾等环境污染物,同时游人的活动影响了保护区内生态条件的改变,在一定程度上干扰了动物的取食、繁殖等活动。

2)生物资源的开发利用在一定程度上对生态系统的自然状态和种群结构造成影响

虽然,保护区内生物资源的利用限制在实验区范围内,并局限于非重点保护且种群数量较大的物种。但不可避免的是使生态系统的自然状态受到一定程度的影响,对一些物种的采集利用(如浆果、药材、食用菌等)也会影响到以其为食的动物的食源结构,有可能对这些动物的种群繁衍带来潜在影响。

3)种养业的开展可能会带入外来物种以及水产养殖业带来的水体污染问题

种植业和养殖业的开展,人们往往是以经济物种为对象,以谋取最大的经济利益。但与此同时,很可能带来外来物种。虽然,保护区禁止引入外来物种,但随着种子、苗木、苗禽、幼畜的引入(这些物种可能在保护区所在地均有分布),杂草、病源微生物很可能被引入,从而对保护区内的生态系统及物种带来潜在危害。此外,湿地水域开展水产养殖,饵料的投入则容易引起水体富营养化,导致水体污染。

4)小水电的建设可能导致河流生态系统功能与结构的变化

小水电建设在山区的自然保护区中受到较高的重视,其主要优点为无污染、效益稳定。但存在的弊端为堤坝阻断河流,坝上下形成较大的落差,导致小水电站坝下很长一段河流中水体断流,从而使河流的结构和功能发生变化,阻隔了鱼类的洄游,对一些水生昆虫的生境也造成破坏。

自然保护区资源开发利用客观存在着上述负面影响,如何正确处理保护和开发利用的矛盾问题,关键是必须寻找一个平衡点,即开发利用保存在一个适度的范围内,一方面使负面影响降低到最小程度,并在保护好资源的前提下获得一定的经济效益。上述可能存在的负面影响中,一些影响可能通过加强管理或通过制定相应法规予以控制,如外来物种的入侵和污染控制,另一些问题可以通过项目实施前的环境影响评价来预先控制,如生态旅游的环境容量控制、旅游设施、小水电等建设的环境影响评价、种养业发展的科学论证等。此外,加强资源开发利用过程中的管理工作和检查评估工作也是减少其负面影响的重要措施。

**3. 自然保护区资源适度开发利用阈值的确定**

自然保护区资源的开发利用的关键是控制在一定范围之内,即适度开发利用。根据自然保护区的性质,其开发利用的资源种类、开发利用的强度均不同于保护区外的其他地区。

自然保护区可开发利用的资源类型主要有生物资源、景观资源、水资源等。

1）生物资源

自然保护区内可开发利用的生物资源包括动物资源、植物资源，主要为以下几类。

（1）人工栽培的经济作物，如人工用材林、经济林等。

（2）实验区内非国家重点保护，且生长周期短、再生能力强、繁殖快的经济动植物、野生药材、食用菌、水产资源等。

（3）正常保护和科研工作中所获得的剩余物和产品。

（4）实验区内自然或人为淘汰的生物资源、其他再生资源。包括落叶、动植物分泌物等。

2）景观资源

自然保护区内的景观资源包括自然景观、自然遗迹、人文历史遗迹等，景观资源主要应用于生态旅游的开发，也是自然保护区开发利用较多的一类资源。

（1）自然景观：主要有山岳景观、水体景观、生物群落景观以及生物群落与山岳、水体等构成的复合景观等。

（2）自然遗迹：包括地质遗迹和古生物遗迹。其中自然遗迹主要有地层剖面、溶洞、温泉、瀑布、火山遗迹、古冰川遗迹、现代冰川等地质遗迹以及因地震、崩塌、泥石流、地面塌陷、地表沉降等形成的地质灾害遗迹；古生物遗迹主要有古生物化石、古人类化石以及反映古生物、古人类活动的遗迹等。

（3）人文历史遗迹：主要指保护区内分布的历代古文化建筑、碑刻、雕像以及历代名人活动的遗迹等。

3）水资源

自然保护区内可供开发利用的水资源主要包括水能资源、径流资源以及矿泉水等特殊水资源。尤其是我国不少山地自然保护区中蕴藏有比较丰富的水能资源，可供修建小水电站，以解决保护区及其社区的能源问题。

4）其他资源

除上述资源外，自然保护区内可供开发利用的自然资源还有实验区内分布的农田、荒山荒地、湿地水体以及太阳能和风能资源等。

自然保护区内的自然资源开发应最大限度地减少对区内资源的消耗，或者是不消耗区内的资源，根据对一些自然保护区自然资源开发现状的调查，下列资源的开发或其生产方式应受到限制。

1）不可再生资源

自然保护区内的不可再生资源主要有矿产资源、地质遗迹和古生物遗迹，矿产资源除国家特许开发外，一律不得开发利用。地质遗迹和古生物遗迹除了可供观赏开展生态旅游外，不得作消耗性开发。

2）狩猎

自然保护区内的任何野生动物都受到国家法律的保护。因此不得在区内进行任何形式的狩猎活动，包括一些经某些部门批准建立的狩猎场也不得涉及自然保护区。

3）菌类植物的栽培

菌类植物（包括木耳、香菇、天麻、茯苓等食用菌和药用菌）的人工栽培需要消耗大量的木材，大规模的生产对森林资源破坏非常明显，现阶段大多数保护区开展的菌类植物栽培用木材都取自保护区内。其替代措施为从保护区外调入原料木材，或者是农作物秸秆、杂草取代木材作为菌类植物的培养基。

4）湿地水域的精养鱼池

结合湿地的人工恢复开展水产养殖虽然是一种比较可行的开发方式，但精养鱼池往往需要投入大量饵料，为防治鱼类病虫害的发生，还需投放相应的药物，但结果会造成水体的污染。因此，保护区不适宜精养鱼池的建立，可采取自然放养的方式，既不造成污染，也可获取相应的效益。

5）大面积的人工林及皆伐的作业方式

在一些集体林区的自然保护区中，结合社区经济的发展，可以在实验区的荒山荒地中建设小块的用材林（不少保护区建区前实验区就包含有部分人工林）。但人工林的建设只能利用实验区的荒山荒地，不得将现有的次生林改造为人工林。同时，人工用材林的采伐必须采取择伐和间伐的经营方式，不得采用皆伐的经营方式。人工林的营造也应为混交林，不宜选用单一树种造林。

6）引入外来物种发展种养业

种植业和养殖业具有市场前景好、技术难度相对较小的优点，是自然保护区采用较普遍的一种资源开发利用方式。不少保护区通过发展经济植物的栽培和经济动物的饲养繁殖获取了较好的经济效益，但也有少数保护区盲目引入外来物种发展种养业，给自然保护区内的自然生态系统和物种带来潜在的威胁。鉴于外来物种可能带来的潜在危害，自然保护区发展的种养业不得引进任何外来物种（包括国内其他地区有分布，但保护区内无分布记录的物种）。

对于允许开发利用的资源及相应的开发利用方式，通过确定最大利用程度，即阈值，限制开发利用程度。自然保护区内自然资源开发利用阈值的确定包含了空间、时间及数量三个层次，即开发利用的区域、开发利用的时间和开发利用的量。

1）开发利用区域的确定

《中华人民共和国自然保护区条例》第二十七条规定"禁止任何人进入自然保护区核心区"。第二十八条规定"禁止在自然保护区缓冲区内开展旅游和生产经营活动"。虽然现行的条例并不符合中国的国情，也与国际上新的自然保护区的管理理念有一定的差距，但在现行法规修改前，仍应按照现行法规管理自然保护区。因此，自然保护区内任何形式的资源开发活动都必须严格限制在实验区范围之内，不得涉及核心区和缓冲区。即使在实验区范围内，也并不是所有的区域均可以开发利用。划定实验区的主要目的是为了更好地保护好保护区内的资源和环境，在实验区内进行相关的资源开发活动，有必要对实验区进一步进行区分，使开发活动限制在一定范围之内，达到在保护的前提下进行适度开发的目的。

2）开发利用时间的确定

自然保护区内资源的开发利用往往受时间的限制，尤其是以野生动植物资源为主要保护对象的自然保护区，时间限制的因素更为明显。这主要是为了确保野生动植物的繁衍不受到人为开发活动的影响。

生物资源属于可更新资源，是自然保护区中开发利用较多的一种资源。生物资源的开发利用时间应遵循生态规律、生物生长繁殖规律，开发利用任何一种生物，必须以不损害其繁衍为前提。例如，水生生物（尤其是鱼类）的交配和产卵季节、幼苗期，应禁止捕捞任何水生动物。野生植物的采集则应避开其生长旺盛期，而在植物生长成熟后期采集。

旅游开发时间的确定必须考虑到自然资源保护的需求和生物的周期性生理变化，例如，在野生动物交配和繁殖季节不能观看野生动物。在封山防火季节，旅游活动应相应减少游人的容量，甚至对一些重点防火区域停止开展旅游活动。

3）开发利用量的确定

资源开发利用量的确定应遵循以"持续发展"为核心的资源经济学思想指导下的"资源适度开发"原则，"适度开发"意味着：资源的利用方式和利用强度应与保护区的质量要求相适应，应与经营的资源承载力相适应；根据保护区自然资源的总量和环境容量以及资源的自然恢复程度，严格控制在一定的范围和规模内。

在生物资源的开发利用方面，由于生物资源属于可更新资源，自然界中处于相对平衡的状态。一般说来，开发利用量不能超过其生长量，要保持物种原有足够能维持其生存和繁殖的空间和数量。但在自然保护区生物资源的开发利用，还受到开发利用范围的制约，可开发利用量则应远低于生长量，如木材资源的利用，还受到开发利用范围的制约，其采伐量应小于实验区内活立木的生长量。同样，草场资源的利用，则应低于实验区内草地的载畜量。

在旅游资源的开发利用方面，应根据本区的旅游条件和游人容量制定相应的旅游规划和年度接待计划。旅游活动的开展必须进行游人容量分析，以确定合理的旅游规模。一般情况下，游人容量应考虑一次性游人容量、日游人容量、年游人容量三个层次。旅游容量是旅游资源可以承受的既定利用方式的综合上限，包括特定旅游活动对土地、大气、水体、动植物等自然资源以及各种人文景观资源综合利用上限，通常以"当量人"来统一度量，即在一定的时间和空间范围内所能承受的旅游者人数。国内外有关旅游容量的计算方法较多，常用的有游线容量法、面积容量法和卡口法等。其中游线容量法适用于旅游道路等，面积容量法适用于旅游小区，卡口法适用于景点。一般情况下，三种方法结合使用比较好。

### 3.3.3 自然保护区可持续发展评价指标

#### 1. 指标分类

当前，国内外关于可持续发展的评价指标研究较多，如北京大学叶文虎、栾胜基（1996）、环境保护部张坤民（1997）等均提出了有关社会经济可持续发展的指标体系，但自然保护区可持续发展的评价指标研究尚未见报道。一般而言，可持续发展的指标体系反映的是社会-经济-环境系统之间的相互作用关系，即三者之间相互的压力-状态-响应关系。张坤民等在《可持续发展论》中提出衡量发展的可持续性的四个评价指标为：①污染排放和废物排放是否超过了环境的承载力；②对可更新资源的利用是否超过了它的可再生速率；③对不可再生资源的利用是否超过了其他资本形式对它的替代速率；④可持续收入是否增加了。上述指标可以细化为若干具体指标，基本上可以对一个地区，乃至国家或者全球的发展可持续性进行评价。但由于自然保护区是一个特殊的区域，自然保护区的性质制约了其自身发展所能从事的产业和发展方式。因而，上述指标并不适用于自然保护区。如自然保护区禁止污染物及其他废物的排放，禁止对不可更新资源的利用，同时也限制了对可更新资源的利用程度，可见，四个指标中有三个对自然保护区而言无评价上的意义。鉴于上述原因，自然保护区可持续发展的评价需要研究符合其自身特点的指标。

自然保护区可持续发展的实现是资源与环境、社会、经济目标的同期实现。即保护区内资源（生物资源和非生物资源）得到了最为有效的保护，生物资源得到恢复和增长，环境未受到人为破坏和干扰；保护区内及其周边地区的居民经济、文化、生活水平未因保护区建立受到影响，并呈增长的趋势，保护区与社区的关系良好；保护区建设和管理的经费得到保障，社区人口的收入呈稳步增长。除上述目标外，自然保护区发展可持续性评价还应包括实现可持续发展的能力评价。据此，自然保护区可持续发展的评价指标大体上应为以下几种。

##### 1）资源与环境的保护

包括生物多样性保护（主要为生态系统及物种、重点评价主要保护对象的保护）、非生物资源的保护（地质遗迹、古生物遗迹、人文遗迹、矿产、水资源等）、环境污染状态（外界污染的影响、自身经营活动污染）和外界干扰度（人类活动、周边地区社会经济发展对保护的干扰程度）。

2）可持续发展能力建设

包括管护能力（机构建设人员配置、管护设施建设、边界划定与土地权属、法规建设与执法、总体规划制定与实施）；科研与监测能力（专业人员配置比例、科研与监测设施建设、资源本底调查、科研活动开展、对外科技交流合作）；宣传教育能力（宣传教育设施建设、职工培训、对外宣传教育）和经费保障程度（行政事业费及其来源、自养能力、职工收入）。

3）社会经济发展程度

包括社区经济状况（人均 GDP、人均纯收入、人均粮食产量、能源消耗结构、社区产业结构）以及社区关系（区内居民数量、生态承载力、社区关系协调状况）。

自然保护区可持续发展的评价指标可能很多，但上述三类指标对保护区可持续发展的影响最大。资源与环境保护指标反映了自然保护区内的自然资源和环境是否得到了有效的保护，这是一项最为关键的指标，如果建区后区内的资源未能得到增长（或保持原有状态），即使其他指标再好，该保护区也不可能处于可持续发展状态之中。可持续发展能力建设反映的是自然保护区目前乃至今后一段时期内管理的能力及发展的潜力，也是实现可持续发展的必要条件。社会经济发展程度指标反映了自然保护区发展的外界保障条件，自然保护区与社区休戚相关，社区发展问题得不到解决，保护区本身则不可能建设和管理好。

2. 具体指标

采用生物多样性价值变化、生态盈亏和生态容量来衡量自然保护区的可持续发展水平。

1）生物多样性价值

自然保护区生物多样性价值的评估结果可作为衡量自然保护区可持续性的指标之一。从经济学的角度考察可持续发展，可以将它分为强可持续性和弱可持续性。根据资源总存量变化来考察四种资本的比重大小，即自然资本、人造资本、社会资本和人力资本。弱可持续性要求只要保持资本总存量不减少，以上四种资本可以任意替代，使得后代人的福利水平不降低；强可持续性要求不同种类的资本要分门别类地加以保持。它强调同类资本之间的替代和不同资本之间的互补。自然资本是指环境资源可以通过自我繁殖、生长、存在的可再生资源、不可再生资源和环境的生态服务功能，还包括人类对自然资源的各方面投入（刘庸，2000）。对自然保护区而言，其资源总存量主要为自然资本。假定相对于自然资本，后三种资本可以忽略不计，则无论是按照弱可持续性还是强可持续性的要求，都要满

足自然资本总存量不减少的条件，才能保证发展是可持续的。如果以自然保护区
提供的生态系统产品和服务作为衡量其自然资本存量的大小，则随着时间的变化
生态系统产品和服务应保持在恒定水平或有所提高，用表达式可表示为

$$\begin{cases} \partial E/\partial t > 0 & 可持续 \\ \partial E/\partial t < 0 & 不可持续 \end{cases} \tag{3-46}$$

式中，$E$ 为自然保护区提供的生态系统产品和服务，$t$ 为时间。

　　2）生态盈亏

　　生态承载力则反映自然所能提供的产品和服务能力，生态足迹揭示了人类已
利用了多少自然资源，两者之间的差值为生态赤字或生态盈余，以此可以评价研
究对象可持续发展的状态和趋势。

　　生态赤字表明该地区的人类负荷超过了其生态容量，要满足其人口在现有生
活水平下的消费需求，该地区要么从地区之外进口欠缺的资源以平衡生态足迹，
要么通过消耗自然资本来弥补供给量的不足。这两种情况都说明地区发展模式处
于相对不可持续状态，其不可持续的程度用生态赤字来衡量。相反，生态盈余表
明该地区的生态容量足以支持其人类负荷，地区内自然资本的收入流大于人口消
费的需求流，地区自然资本总量有可能得到增加，地区的生态容量有望扩大。从
自然生态系统看，该地区消费模式具相对可持续性，可持续程度用生态盈余来
衡量。

# 3.4　本 章 小 结

　　本章对自然保护区经济价值及其评价的理论与方法进行了探讨，构建了一
套适用于我国自然保护区经济价值评价的指标体系与估算模型。在评价方法方
面，在深入分析了条件价值法的优点与不足之后，针对样本总体难以确定、由
调查方法造成的统计结果的误差较大的问题，提出了自然保护区非使用价值评
估的区域分层随机抽样条件价值法的研究框架和模型。同时，较深刻地探讨了
自然保护区经济价值评估方法的理论基础，并建立了适合我国自然保护区经济
价值评估的指标体系和评估模型，对我国自然保护区经济价值的评估具有一定
的理论和实践意义。

　　自然保护区是在生物多样性日益减少的压力下，人类为了控制这种局面而采
取的人为正向干扰措施。作为受人类活动影响相对较小的区域，自然保护区保存
了生物的生存条件，为人类提供了各种福利，具有巨大的经济价值。对其经济价
值进行评估可使人类更加有效地管理自然保护区，延缓并抑制生物多样性下降的
趋势。对自然保护区的经济价值的评估不可以采用像对待一般意义上的商品那样

的通常的方法。根据总经济价值（TEV）的原理，以对自然保护区资源的使用与否作为标准，首先将其经济价值分为使用价值与非使用价值两大类。使用价值又进一步分为直接使用价值和间接使用价值；非使用价值则包括存在价值和遗产价值；选择价值由于不是当前加以使用而产生的价值，理论上，应属于非使用价值范畴。

以总经济价值理论为基础构建的自然保护区经济价值评估的指标体系适用于我国所有类型的自然保护区。不同的价值类型有不同的评估模型，不同的生态系统功能及其服务的评价模型也不一样，应分别建立并采用各自的评估模型。条件价值法理论和案例研究非常多，但这一方法仍然不是一个成熟的方法。问题不是讨论是否要应用该方法，而是要考虑如何进一步完善它。针对条件价值法样本总体确定的困难性和调查结果统计分析的准确性问题，提出了区域分层随机抽样的调查与统计方法，该方法较好地解决了样本总体确定的困难，提高了统计分析结果的准确性。

采用生态足迹分析的方法及思路对自然保护区的生态承载力与可持续性进行研究，以往的生态足迹研究一般都是针对较大的区域范围，对人类的生态占用及生态影响仅仅利用各种消费项目进行分析。事实上，人类的消费行为不一定直接对生态系统产生影响，有许多是通过为满足人类消费的生产行为来对生态系统产生直接的影响。在较大的区域范围内，人类的消费项与生产项基本上是接近一致的，因而可用消费项代替生产项来判定人类对区域生态系统的影响，而且用消费项计算的生态足迹能够判定不同人群的生态占用是否公平（公平性是可持续发展的一项重要原则）。然而在较小的区域范围内，人类活动的生产项与消费项往往相去甚远，用消费项所做的生态足迹分析并不能完全反映对区域生态系统的影响。因此，本书提出了消费型生态足迹和生产型生态足迹的概念，区分了区内与区外的生产型生态足迹、区域总体生态承载力与可供社区利用的生态承载力。并以区内生产型生态足迹为主，对社区的生态足迹进行了计算，与可利用生态承载力进行比较确定了生态盈亏，并据此判定自然保护区及其社区的可持续发展状况。由于书中提出了消费型与生产型生态足迹并以生产型生态足迹为主，区分了总体与可供的生态承载力，因而可以对自然保护区及其社区进行可持续发展的分析研究，从上述几个方面丰富生态足迹分析的方法与思路，拓宽生态足迹分析法在较小区域范围内的运用。

本书依据生态足迹分析法创立了生态容量概念模型，阐述了影响生态容量的各个主要因素，分析了各个因素的作用。生态容量预测方法可为自然保护区可持续发展研究以及相关的规划方法提供借鉴。

本章提出采用生物多样性价值的变化和生态盈亏作为衡量自然保护区可持续发展的重要指标。

# 第4章 鹞落坪自然保护区自然环境与生态系统

鹞落坪自然保护区位于安徽省岳西县境内，总面积 12 300 hm²。保护区于 1991 年经安徽省人民政府批准建立，1994 年晋升为国家级自然保护区，主要保护对象为北亚热带常绿落叶阔叶混交林生态系统及珍稀物种。

## 4.1 自然地理概况

### 4.1.1 地理位置与范围

鹞落坪自然保护区地处皖、鄂两省三县（安徽岳西、安徽霍山和湖北英山）交界处，大别山的腹地。地理坐标为 30°40′N ~31°06′N， 116°31′E ~116°33′E。保护区范围与岳西县包家乡行政区域完全重叠（图 4-1）。

图 4-1　鹞落坪自然保护区地理位置

#### 4.1.2　地质地貌

大别山是我国中央造山带的重要组成部分，属扬子地台区，出露地层为晚太古代大别山群。侵入体为侵入于晚太古代中深变质岩系中燕山晚期的花岗岩类。

保护区位于大别山主体部分，因其受到多期次生构造运动的影响，构成了一个以群峰林立、山峦起伏、山体陡峻为特征的中山、低山和山间河谷盆地等组成的山地地貌。该区基本上属中山区，通常在海拔 800 m 以上。地形切割强烈，一般山体宽厚、山顶尖突、山脊狭窄，到处可见悬崖峭壁、瀑布、悬流、迭水、狭谷景观。相对高差 400~1000 m，山坡角在 40°~60°。沟谷多呈"V"形，谷底基岩裸露，表明该区仍处在缓慢上升、河谷下切阶段。区内海拔千米以上的山尖约60 余个，构成了大别山区的主要分界线。多（多枝尖）丛（丛毛尖）山脉是大别山东段长江水系与淮河水系主分水岭；青（青尖寨）四（四望山）山脉为大别山南坡东西分水岭。该区包家河下游（保护区最低处鲤鱼尾，海拔 500 m）有少数被中山所围隔的低山山地，海拔 500~1000 m，相对高度大于 500 m，以浅切割为主，坡度在 30°~40°。山顶浑圆，沟谷发育"U"形及"V"形兼有。其间沿河谷地带分布有一定面积水稻土，多为冲垄田、土塝田及零星分布的旱地，构成小型河畈与冲垅地貌。

#### 4.1.3　气候

该区属北亚热带季风性气候区，受江淮气旋与梅雨控制以及副热带高压进退的影响，空气湿润，气温较低，雨雪充沛，气候宜人。年雨日 130~146 d，年降水量为 1400~2000 mm，属大别山的降水高值区。由于是大别山深处的林区，森林对气候的调节作用明显，降水的年际和年内变化均较小。

保护区的气温垂直差异显著，海拔每升高 100 m，温度下降 0.48℃，最高处与最低处年平均气温相差 5.8℃，≥10℃积温在 500 m 处有 4280℃，到 1700 m 处仅有 2380℃。大气降水随高度增加而递增，根据热量和水分条件，可将保护区划分为三类气候带。

1. 温湿低山气候带

海拔为 500~800 m，主要位于保护区的中北部，年平均气温 13~ 14℃，≥10℃积温为 3800~4300℃，年降水量为 1400~1600 mm，是保护区的主要农业区，主要种植水稻、小麦、玉米、红薯、大豆等作物，粮食自给率较高。

### 2. 凉湿中山气候带

海拔在 800~1200 m，基本上包括了保护区的缓冲区，年均气温 11~12℃，≥10℃积温 3000~3600℃，年降水量 1600~1800 mm。由于热量不足，农作物种植较少，除河谷地带的水稻、小麦、玉米有零星种植外，主要适合栽培药材、食用菌、茶叶及经济林木等，基本属非农业区，粮食自给率不足 1/3。

### 3. 寒湿高山气候带

海拔大于 1200 m，四个核心区基本属于该气候带，年平均气温≤10℃，≥10℃积温不足 2700℃，年降水量在 1800 mm 以上。该区由于热量缺乏，光照不足，处于农作物生长的上限以上，定居居民极少。适合耐寒的黄山松等用材林生长，是主要的水源涵养区。

## 4.1.4　土壤

保护区境内土被面积约为 11 203.5 hm²，占总面积的 91.1%，山地自然土壤占 92.8%，主要土壤类型有山地棕壤、山地黄棕壤、山区草甸土和水稻土。

山地棕壤为该区垂直带谱土壤，分布于海拔 800 m 以上的中山区，约占总面积的 3／5。山地黄棕壤为地带性土壤，广泛分布于该区海拔 800 m 以下的山地，约占总面积的 2／5。海拔千米以上的中山山地平台或缓坡凹地有山地草甸土分布。

## 4.1.5　水文

该区充足的大气降水渗入形成裂隙水（以风化裂隙潜水为主，地下水层厚 1~3 m），在沟谷以泉水的形式流出地表，区内除个别较短小的小沟外，几乎每条沟都有裂隙水流出；入山听泉，比比皆是。

该区是大别山区重要的水源涵养林区，其边界的山脉都是河流的源头，东、东北源于金刚岭、鸡笼尖、大川岭的青天河、石升河及马家河为淮河流域淠河水系淠河支干流黄尾河的源头及支流，流向东北；源于多枝尖东南的大河、栏牛石河及天河为长江流域皖河水系潜水干流店前河的源头河，流向南；源于李家寨、牛脊背骨西南的草盘河是长江流域浠水水系白莲河的源头河，流向西。

保护区内的主要河流是包家河，为淮河流域淠河的一级支流，发源于多枝尖北部，全长 23.2 km，流经全乡 9 个行政村，集水面积 125.9 km²，向北汇集霍山境内的太阳河、漫水河，是淠史杭水利枢纽工程中的佛子岭和磨子潭水库的源头河。

包家河有五条支流。一是总铺河（又名道士坪河），源于多枝尖北，系包家河的源头河；二是农茶河（又名黄栗园河），源于金刚岭北部的天波浪；三是川岭河（又名西冲河），源于大川岭及黄杨木岭；四是石佛河（又名茶园河），源于石佛寺；五是红山河，源于岳霍交界的火烧岭及李家寨。

包家河平均河床坡降为 27.9‰，流速随坡降不同而异，多年平均年径流深972 mm，年总径流量为 $1.22 \times 10^8 m^3$，多年平均流量为 3.53 $m^3/s$，径流量的年际变化较小。区内有轻微水土流失，泥沙流失量为 24.87 万 t/a，侵蚀模数为 1975 $t/(km^2 \cdot a)$。全区近 10 年平均径流深 1004 mm，径流系数为 0.619。

保护区境内除小水电和少量农副产品加工外，尚无其他工业企业，加上人类活动的影响小，水源没有受到污染。水质监测结果表明，Cu、Pb、Zn、Cd、Hg、As 等重金属元素含量均低于国家地表水环境质量标准 Ⅰ 类水质标准。地下水为矿化度小于 1.0 g/L 的 $HCO_3^-$ 型淡水，水质优良。

该区水量充沛，河道陡峻，落差较大，蕴藏着较丰富的水能资源。包家河水能蕴藏量为 4310 kW，现已开发 1410 kW。

# 4.2　保护区类型及功能区划

## 4.2.1　保护区类型

根据鹞落坪自然保护区的自然地理特点、生态环境特征、植被类型、生态功能等属性，按照《自然保护区类型与级别划分原则》（GB/T 14529－93），该保护区为自然生态系统类的森林生态系统类型自然保护区。按照国际自然与自然资源保护联盟（IUCN）保护区分类标准，该保护区则属于资源管理保护区。

## 4.2.2　保护区功能区划

根据鹞落坪自然保护区的资源分布特点及分区保护的原则，将保护区划分为三个功能区，即核心区、缓冲区、实验区（图 4-2）。

1. 核心区

考虑边界划分和管理的可操作性，选择生态系统受人为影响最小、保护对象最为集中的地段，共建立了四个核心保护区。核心区合计面积约 2120 $hm^2$，占自然保护区总面积的 17.2%。

（1）石佛寺、大川岭核心区。位于保护区东北部，面积约 800 $hm^2$，海拔 698~1673 m。境内有国家二级保护动物原麝、勺鸡、大鲵；珍稀濒危保护植物天麻、厚朴、杜仲等，还有国内罕见的大面积珍珠黄杨林、多支杜鹃林、大别山仅存的小片原生阔叶林。

（2）麒麟沟核心区。位于保护区西部，面积约 300 $hm^2$，海拔 720~1697 m。

境内有国家二级保护动物原麝、大鲵、猛禽；树种有银杏、香果树、金钱松、天
女花等。需要重点保护的有大面积原生香果树林、"多枝杜鹃王"等古树名木。

（3）吊罐井核心区。位于保护区中心部，面积约 300 hm$^2$，海拔 620~1130 m，
重点保护大鲵、原麝、白冠长尾雉、小片常绿阔叶林及自然景观。

（4）多枝尖核心区。位于保护区南部，面积约 720 hm$^2$，海拔 1080~1721 m。
重点保护多枝杜鹃、厚朴、天麻、领春木、金钱松、天女花、金钱豹、勺鸡等珍
稀物种及山岳景观。

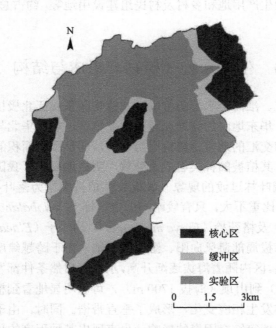

图 4-2　鹞落坪自然保护区功能区划图

### 2. 缓冲区

在四个核心区外围均设缓冲区，其面积约 2840 hm$^2$，占保护区总面积的 23.9%。

（1）石佛、大川岭缓冲区。位于石佛寺、大川岭核心区的西面。

（2）麒麟沟缓冲区。位于麒麟沟核心区的东面。

（3）吊罐井缓冲区。位于吊罐井核心区的外围及沿包家河河谷向上游延伸与
多枝尖缓冲区相连。

（4）多枝尖缓冲区。位于多枝尖核心区的西北面。

3. 实验区

在缓冲区外围设置实验区，面积合计约为 7340 hm²，占保护区总面积的 59.7%。在该区可培育有经济价值的生物资源、开展生态旅游和科普宣传活动；进行居民点和集镇建设等。

实验区再分为一般保护区和生产生活区。一般保护区的主要功能是根据不同的生态环境条件对遭受破坏的生态系统进行恢复和重建，实行选择性管理。生产生活区包括居民农业生产用地和乡村及村民组建设用地等，约占总面积的 11.4%，实行监测性管理。

# 4.3　生态系统（植物）组成与结构

鹞落坪处在长江、淮河分水岭的主段，其植物区系属泛北极植物区、中国—日本森林植物亚区、华东地区的江淮丘陵山地亚地区，它是华北与华中、西南植物区系的渗透过渡和交汇的地带，境内岗峦起伏，保存了大面积的天然次生林。植物资源十分丰富，其植被的种类组成及外貌，明显地反映了我国暖温带落叶阔叶林向亚热带常绿阔叶林过渡的现象。其地带性植被类型为落叶−常绿阔叶混交林，但常绿阔叶树种比重不大，只有较耐寒的青冈栎（*Cyclobalanopsis glauca*）、冬青（*Ilex chinensis*）及格药柃（*Eurya muricata*）、胡颓子（*Elaeagnus pungens*）等，主要分布于低海拔局部避风向阳、湿润的谷地。由于跨越纬度很小，故植被的纬度地带性不明显。区内随着海拔逐渐升高，水热等自然条件都发生相应变化，从山麓（海拔 500 m）到山顶（海拔 1700 m），可以明显地看到植物种类分布不断变化，植被类型亦发生相应变化，形成了垂直带谱。同时，由于所处的地理位置及地形、气候和土壤等综合因素的影响，也表现出某种程度的独特性，特有种植物较多。

该区的植被特征主要表现为植被类型多样、植物种类丰富、区系起源古老、地理成分复杂。

## 4.3.1　主要植被类型

依据植物群落的种类组成、外貌结构和生态地理分布，植被类型可以粗略分成 8 个植被型（亚型）和 35 个群系组。

### 1. 常绿阔叶林

该区地处北亚热带，其地带性植被应为常绿−落叶阔叶混交林。但在局部的低海拔处，因特殊小环境的水热条件较好，发育有小面积呈块状分布的常绿阔叶林。

青冈栎林（*Form. Cyclobalanopsis glauca*）：该区在刘畈（海拔 720 m）、吊罐井（海拔 650 m）等处沿河谷地带分布有以青冈栎为建群种的小面积常绿阔叶林，伴生树种有冬青、油茶、小叶青冈（*Cyclobalanopsis myrsinifolia*）等，草本层有碎米荠、美丽鼠尾草、黄精、狗脊蕨（*Woodwardia japonica*）等。

### 2. 落叶–常绿阔叶混交林

此类型群落一般分布在低山沟谷两侧，由于受人类的经济活动影响，破坏较严重，常成为灌丛状态的次生幼林。这一植被类型在世界其他地区并不显著，在我国东部广大的亚热带季风气候区的中段和北段，这一类型显得很为明显和独特，为世界上所罕见。它有相对的稳定性，并有一定的地带性意义。

短柄枹、青冈栎混交林（*Form. Quercus glandulifera* var. *brevipetiolata*）：上木层盖度约 70%，分为两层，第一亚层以短柄枹（喜温湿落叶树种）为主，高约 5 m；第二亚层为青冈栎（耐寒喜湿常绿阔叶树种）占优势，高 2~3 m。林下草木常有铁灯兔儿风（*Ainsliaea maclroclinidioides*）、兔儿伞（*Syneilesis aconitifolia*）、玉竹（*Polygonatum odoratum*）等。

### 3. 落叶阔叶林

中国的落叶阔叶林主要分布在我国的华北暖温带落叶林区，淮河以南北亚热带地区的地带性植被应该是落叶阔叶与常绿阔叶混交林，但大别山区山峦重叠，地势险峻，冬季寒流可以长驱直入，故落叶阔叶林成为该保护区阔叶林的主要类型，且分布面积大。

该区的落叶阔叶林与华北地区相比，虽然植被类型基本特征相似，但在组成结构和区系成分上有许多差异。

#### 1）种类组成比较丰富

据不完全统计，该区落叶阔叶林内大约有种子植物 100 余科 1000 余种，远远多于华北区，有较多的亚热带落叶树种和山地落叶树种渗入，许多亚热带区系成分如水青冈属、江南桤木、华东野核桃等均不见于华北区。另外还有一些珍贵稀有树种如鹅掌楸、连香树等分布于林中。

#### 2）群落结构较复杂

该区的落叶阔叶林在群落结构上较复杂，除乔木层、灌木层、草本层外，层外植物比较发达，藤本植物不但有草质藤本，如薯蓣（*Dioscorea* spp.）、鸡矢藤（*Paederia scandens*）、乌蔹莓（*Cayratia japonica*）、绞股蓝（*Gynostemma* spp.）、海金沙（*Lygodium japonicum*）等，还有木质藤本（包括常绿的），如五味子（*Schisandra* spp.）、菝葜（*Smilax* spp.）、木通（*Akebia* spp.）、薜荔（*Ficus pumila*）、野葛（*Pueraria lobata*）、紫藤（*Wisteria sinensis*）、扶芳藤（*Euonymus fortunei*）、

爬山虎（*Parthenocissus* spp.）、山葡萄（*Vitis* spp.）、忍冬（*Lonicera* spp.）、猕猴桃（*Actinidia* spp.）等。林地表面有或多或少的苔藓植物，林中树干上还有藻类和壳状地衣附生。

3）优势种不明显

该区的阔叶林几乎没有纯林，有的林内乔木种类可多至十多个优势种、且层次分化不明显，出现大面积次生落叶阔叶林，形成的原因主要是以下两方面：一是水热条件好，区系成分丰富，多种乔木种类竞相发展，尤以沟谷林为甚；二是植被的次生性，大多数森林曾被樵柴砍伐，原有的优势种消失，喜阳、耐瘠、萌生性强的种类迅速发展。

4）出现了更多的常绿乔灌木种类

出现了如青冈栎、苦槠（*Castanopsis sclerophylla*）等耐寒的乔木种及乌饭树（*Vacciniuim bracteatum*）、米饭花（*Vacciniuim mandarinorum*）、檵木（*Loropetalum chinensis*）、柃木（*Eurya* spp.）等常绿灌木树种。

该区常见的主要落叶阔叶林类型有以下几种。

1）江南桤木林（*Form. Alnus trabeculosa*）

建群种为江南桤木，分布于海拔 1000 m 左右的溪流两岸及河谷乱石堆中小块冲积沙壤土上，要求空气湿度大、地下水位高或地表有流水的生境。常沿河谷成带状分布。由于地面多石块，小地形起伏较大，建群种分布不均，小片密集时盖度可达 70%~80%，散生时只有 40%。伴生的有一些为喜湿的种类，如亮叶桦（*Betula luminifera*）、河柳（*Salix matsudana*）、旱柳（*S. matsudana*）、皂柳（*S. wallichiana*），有时还有灌木银叶柳（*S.chienii*）、紫柳（*S.wilsonii*），另一些为山坡上种类，生于小地形凸起处，实际上不属于该群落的成分，如黄山松、川榛（*Corylus heterophylla* var. *sutchuenensis*）。灌木层盖度大，达 50%，除银叶柳、紫柳外，其他为喜阳的林缘种类，如水马桑（*Weigela japonica* var *sinica*）、黄山溲疏（*Deutziaglauca*）、湖北山楂（*Crataegus hupehensis*）等。该群落因上层郁闭度小，土壤水分充足，故草本层发达，盖度可达 30%。其中一部分为喜湿种类，如蛇莓（*Duchesnea indica*）、野薄荷（*Mentha haplocalyx*）、拂子茅（*Calamagrostis epigeios*），但也有一些杂草，如一年蓬（*Erigeron annuus*）、牡蒿（*Artemisia japonica*）等。江南桤木耐肥喜湿，在河滩谷地，生长迅速，根有根瘤菌，既可固沙，又可改良土壤，自然情况下可分布于该区内水湿条件较好的海拔高处，有重要的水土保持作用。

2）茅栗林（*Form. Castanea Seguinii*）

茅栗虽为亚热带种类，但能耐寒，在该区分布最高可达 1700 m 的山坡上，川岭、牛脊背骨、多枝尖的秀岭、蜡烛尖、大同尖等处近山顶的山脊两侧普遍有分布，往往成纯林。在该区此类型林保存最好，有些地方茅栗可长成 1~2 人合抱的大树，但常因林龄过大，林冠稀疏，郁闭度降低，枝干上部常被风折，干中空，枝上生许多枝状地衣，林中风倒木、枯木不少，成为过熟林。在一些地段除茅栗为建群种外，乔木层中还混生有短柄枹、化香及黄山松、灯台树、锐齿槲栎、野樱桃等。灌木层发达，某些地段常出现盖度达 90%以上的映山红（*Rhododendron simsii*）或盖度可达 90%以上的华箬竹，严重影响茅栗林的更新。除上述两种情况外，灌木层中常见的种类有茅栗、伞形绣球（*Hydrangea umbellata*）、山莓（*Rubus corchorifolius*）、绿叶胡枝子（*Lespedeza buergeri*）、白檀（*Symplocos paniculata*）、化香、四照花、黄山溲疏等。草本层以蕨（*Pteridium aquilinum* var. *latiusculum*）最常见，数量也最多，在群落内成为明显的层片，其他草本皆较矮小，在蕨占优势的林内，乔木层的郁闭度多不大或有"林窗"。在该区郁闭度较大的林内（多数情况），草本层常由稀疏的薹草、山萝花（*Melampyrum roseum*）、沙参（*Adenophora verticiclata*）、鹿蹄草等少数植物组成。

3）锐齿槲栎林（*Form. Quercus aliena* var.*acuteserrata*）

一般分布于川岭、多枝尖、牛脊背骨一带海拔 1200~1400 m 的阴坡处，喜稍湿润土壤，与茅栗林相间分布。乔木层除锐齿槲栎外，还有茅栗，短柄枹等。灌木层中常见有伞八仙（*Hgdrangea umbellata*）、中华胡枝子（*Lespdeza chinensis*）、白檀、盐肤木（*Rhus chinensis*）等，草本层多为阳性种类，如桔梗、前胡（*Peucedanum dewrsivum*）、景天三七（*Sedum aizooa*）、败酱等。

4）短柄枹林（*Quercus glandulifera* var. *brevipetiolata* Nakai）

分布于多枝尖、黄柏山岗等海拔 1100 m 左右的山坡。伴生树种为茅栗、野樱桃、黄山松、四照花、华千金榆等，灌木层有荚迷（*Viburnum dilatatum*）、蜡瓣花、华山矾（*Symplocos chinensis*）、三桠（*Edgeworthia chrysantha*）、乌药（*Lindera aggregata*）、山胡椒（*Lindera glauca*）、映山红、白蜡树（*Fraxinus chinensis*）、鸡爪槭、胡枝子（*Lespedeza bicolor*）等，草本层有费菜（*Sedum kamtschaticum*）、金龟草（*Cimicifaga acerina*）、落新妇（*Astilbe chinensis*）、水蕨（*Pteridium aqilinum* var.*latiusculum*）等。

5）黄山栎林（*Form. Q. stewardii*）

分布于主峰条枝尖海拔 1640 m 山脊和坡地上，土壤瘠薄，风大寒冷。除优势种黄山栎外，还有黄山松、茅栗、皂柳、日本椴（*Tilia japonica*）、华千金榆等。乔木层因受气温低、风力大、坡陡等生长环境条件影响，一般高 4~5 m。灌木层常见有华山矾、水马桑、伞形绣球、四照花、绿叶胡枝子、山梅华（*Philadelphus incanus*）等。草本层常见有宽叶苔、蕨、毛华菊（*Dendranthema vestitum*）、林阴千里光（*Senecio nomorensis*）、北黄花菜（*Hemerocallis lilio-asphodelus*）、心叶地榆（*Sanguisorba officinalis* var.*cordifolia*）等。

6）栓皮栎林（*Form. Q. variabilis*）

栓皮是大别山区也是该区大宗土特产之一，是重要的工业原料，尽管栓皮栎是大别山落叶阔叶林的优势种类，但由于栓皮栎成年树不断被砍伐，恢复的次生林中有些次优势种如麻栎（*Quercus acutissima*）、槲栎、短柄枹、枫香（*Liquidambar formosana*）等数量较多。灌木种类不多，有胡颓子、盐肤木（*Rhus chinensis*）等，草本层种类也不多，都是耐旱、耐瘠种类，如薹草、白茅（*Imperata cylindrica* var. *major*）等。

7）华东野核桃林（Form. *Juglans cathayensis* Dode var. *formosana*）

见于该区大川岭的核桃湾，垂直分布于海拔 800 m 左右的山坡谷地，土层深厚、肥沃湿润、光照条件好。伴生树种较多，有茅栗、化香等。当地主要是采食果仁及药材用。

8）鸡爪槭林（Form. *Acer palmatum*）

该区的月形湾、七色山、道士冲的三道井等沿河沟谷两侧坡地上有鸡爪槭林分布，伴生树种有江南桤木、茅栗、映山红、山槐、朴、野樱桃等，深秋时节娇艳欲滴，在蓝天碧水的映衬下十分美丽。

9）漆树林（Form. *Toxicodendron vernicifluum*）

多为在向阳避风山坡人工种植的小片纯林。近年来在该区还陆续发现一些较特殊的林种，尤其是一些呈小片状分布的国家保护珍稀植物及地方特有植物种群，更显示了该区在生物多样性保护方面的重要意义。主要包括以下几类林种。

（1）领春木林（Form. *Euptelea pleiosperma*）。在多枝尖的东南坡，海拔约 1410 m 处沿沟谷分布有呈块状的小面积领春木林，伴生乔木有茅栗、天目木姜子、水榆花楸、刺楸（*Kalopanax septemlobus*）等，灌木层不发达，常见有五加、茅栗等，常见草本层有大叶三七（*Panax pseudo-ginseng* Wall var. *japonicus*）、孩儿参、开口箭、藜芦（*Veratrum nigtum*）、东亚囊瓣芹等。

（2）天女花林（Form. *Magnolia sieboldii*）。在多枝尖的东南坡海拔约 1600 m 坡谷中、牛背脊骨西北坡谷中、蜡烛尖约 1300 m 处有小块状分布，为小乔木，常与毛千金榆、灯台树、椴树、多枝杜鹃混生。天女花叶圆（卵形）翠绿，背面有白粉，花大芳香、蕊黄瓣红、洁白艳丽，花开时满山如雪，纷散于绿树丛中。

（3）鹅掌楸林（Form. *Liriodendron chinense*）。在该区鹞落坪瓦屋基海拔约 1400 m 的缓坡谷地散生有十几株鹅掌楸。鹅掌楸树姿古雅，叶形奇特，与茅栗、黄山木兰、映山红等混生，结实良好，但幼苗不多见，最大的一株被砍伐，树桩直径达 50 cm，萌发许多枝芽，该树顶端遭雷击折断，预估高约 20 m。

（4）香果树林（Form. *Emmenopterys henryi*）。在该区的红山小石屋中约海拔 800 m 的山谷里，沿溪近 2 km，成片分布着罕见的香果树群落，因该区历经战乱和毁灭性大砍伐，原生型古木大树已不可见。这里的香果树林相整齐，乔木胸径 10~20 cm，树高 8~12 m，与之伴生乔木有茅栗、梾木（*Swida macrophylla*）、槲栎（*Quercus aliena*）、朴树、山鸡椒（*Litsea cubeba*）、厚朴、漆树科及槭树属等，灌木层不发达，常见草本层有楼梯草、菝葜、胡枝子、中国绣球、山胡椒、苔草、卫矛等。在美丽石屋冲，香果树形成小块状纯林，多为胸径 20 cm 以上的大树，该地处河谷阳坡，可见裸露在外的根部上长出粗壮的植株，整个纯林呈现向外扩张的态势，据估计这片纯林是原生树木被砍伐后形成的萌芽林。

（5）凹叶厚朴林（*Form. Magnolia biloba*）。见于该区鹞落坪东冲湾海拔约 1200 m 的西北向沟谷中，土层深厚，肥沃湿润，约有几十株，胸径为 8~15 cm，大的可达 35 cm 以上，伴生杂木树种有茅栗、三桠乌药。

### 4. 针叶林

针叶林在该区主要类型是马尾松林、黄山松林及杉木林，是林业上的主要经营对象，也是木材生产的主要来源。

1）马尾松林（*Form. Pinus massoniana*）

在该区海拔 650 m 的山麓有分布，以前被砍伐严重，现在正恢复，但面积不大，主要在向阳山坡、峭等采伐迹地，天然更新，为幼林。

2）黄山松林（*Form. Pinus taiwanensis*）

为该区最主要的一种植被类型，分布面积大，在海拔 700~1700 m 的中山上均有分布，在一些地段的陡坡地或山脊地、岩石裸露处，多形成黄山松天然纯林。其垂直分布的下限与马尾松林相接。

黄山松适生于气候温凉湿润、雨量充沛、相对湿度大的山地。海拔 700 m 以上的陡坡地或山脊地，岩石裸露处，多形成黄山松天然纯林。从它的生态特性来看，是一种强阳性树种，在全光照条件下，树干端直、生长迅速、抗风力强；喜排水良好的酸性土，以花岗岩、砂岩风化的土壤最适宜，在其分布范围内包括山地黄壤、山地黄棕壤及山地棕壤，pH 为 4.5~5.5，呈酸性。耐瘠薄干燥，喜温凉湿润多云雾的高海拔气候，在不同海拔黄山松生长差别大，有一定适生条件。

据黄山松林组成成分，可分为以下几个类型。

（1）黄山松-映山红-蕨群落。该类型主要分布在区内海拔 1200 m 以下的山坡或山脊谷地，如石佛寺，土壤为山地黄棕壤，呈酸性反映，土层较为瘠薄干燥。伴生种有栓皮栎、漆树、山槐（*Albizia kalkora*）等。常见的林下灌木种类有映山红、伞形绣球、米面蓊、美丽胡枝子、野漆树、白檀、阔叶箬竹、溲疏、野山楂、中华绣线菊等。草本层主要有白茅、三脉叶马兰（*Aster ageratoides*）、薹草、一枝黄花、蕨等，大都为喜光种类。层外植物最常见的为菝葜、紫藤、海金沙等。

（2）黄山松-短柄枹-蕨群落。该群落类型主要分布于海拔 800~1200 m 的向阳山脊坡地，光照充足，土层较为干燥。林相较整齐，但盖度不大，下木茂盛，种类也较多。灌木层以短柄枹、茅栗、映山红、山胡椒、箬叶竹（*Indocalamus longiauntus*）、六月雪（*Serissa serissoides*）等较为常见。草本植物以蕨、三脉叶马兰、薹草等喜光耐旱种类为主，林地内黄山松幼苗较多，天然更新良好。

（3）黄山松-黄山栎-薹草群落。该群落类型分布于海拔 1400~1600 m 的山坡或山脊上。由于光照充足、土层瘠薄、风力大，黄山松生长粗矮，树冠平展如伞盖状，因破坏较小，林下黄山松更新幼苗较多，其林内组成的下木种类多系高海拔适生的树种，常见的有黄山栎、短柄枹、蜡瓣花、多枝杜鹃、毛梾木（*Cornus walteri*）等，草本植物有薹草、野菊、秋鼠曲草（*Gnaphalium hypoleucum*）等。

（4）黄山松-华箬竹群落。在该区有些立地条件尚好的山坡地有分布。伴生乔木有茅栗、化香、短柄枹等，林下灌木较发达，常见有密集丛生的华箬竹及映山红、山胡椒、蜡瓣花、云锦杜鹃（*Rh. fortunei*）等。

3）金钱松林（*Form. Pseudolarix amabilis*）

金钱松是我国特有珍稀树种，为亚热带落叶针叶林树种之一，在该区境内有天然分布。在海拔 1000 m 左右温暖多雨、土层深厚肥沃的山谷坡地，如东冲湾、道士冲等处有小片纯林分布，基本都是几株古树周围萌生而成，林下金钱松幼苗遍布，伴生树种主要有枫香、江南桤木、山胡椒、映山红等。该区内古金钱松不少，散生的金钱松大的胸径都在 12 cm 以上。金钱松树形优美，春叶翠绿俏丽，秋叶金黄灿烂，生长迅速，材质优良，根皮可拷胶又可制土槿皮酊（供医药上治顽癣、脚气），是一种用材和观赏兼优的珍贵树种。

4）大别山五针松林（*Form. Pinus parviflora*）

大别山五针松是国家重点保护树种之一，仅见于大别山区的安徽岳西及湖北英山、罗田等地，分布区域狭窄，保存数量极少，鹞落坪门坎岭莲花地是该种模式标本产地，近年来，在其附近茅山大王沟海拔 900~1400 m 山坡地带，又发现100 余株，散生于针阔混交林中。

大别山五针松，常与黄山松混生，或与茅栗、短柄枹等构成针阔混交林，其群落区系成分，多为亚热带的种类，林分结构，层次分明。常见的伴生乔木树种有黄山松、茅栗、鹅耳枥、灯台树、紫茎、四照花、短柄枹、水榆花楸、江南桤木、化香、青冈等。灌木层有映山红、三桠乌药、柃木、盐肤木、白檀、金缕梅、大果山胡椒、冬青、乌饭树等。草本层有一枝黄花、山萝花、前胡、麦冬、蕨等，层外植物有二色五味子、鸡屎藤、海金砂、葛藤等，林内地面或裸露的岩石及树干上都布满苔藓，呈现阴湿的生态环境。

大别山五针松为高大乔木树种，树干通直圆满，枝条开展，树冠塔形，苍劲挺拔，生机勃勃。现存最大的一株即该种的模式标本，生于鹞落坪门坎岭和平桥西北美丽河悬崖石壁上 8 m 处，海拔 1020 m。该植株高 15.2 m（顶遭雷击），胸围 2.04 m，枝下高 5 m，主枝 4 枝，枝围 1.3 m，冠形圆柱状，冠幅东西 5 m，南北 7 m，占地 35 m²。1958 年工作人员在该区采炼松脂时发现，因其种鳞鳞盾先端肥厚，明显反卷，其五针一束的较短叶形，优异的材质、特殊的生态习性与其他松绝然迥异，遂于 1961 年由郑万钧、刘玉壶两位教授定名为安徽五针松（*Pinus anhweiensis* Cheng *et* Law），1975 年易名为大别山五针松。

大别山五针松喜半阳坡湿润凉爽的气候，耐干旱瘠薄的土壤，适应性较强，能在较高海拔山地岩壁石缝中扎根生长。在高山陡坡，有涵养水源和固土保肥的作用，是良好的高山造林树种。保护区的科研人员已在积极保护结实母树、研究嫁接繁殖技术，发展种源基地，进行人工造林，虽采种培育了一些，但保存不多。

5）杉木林（*Form. Cunninghamia Lanceolata*）

杉木林广泛分布于我国秦岭、淮河以南各省，为典型的亚热带地区常绿针叶林之一。由于杉木喜湿、喜温、怕风、怕旱，因此专家提出在群山环抱的山地，杉木适宜种植区上限在海拔 1000 m 左右，超出此高度杉木极易受冻害。由于杉木的耐寒性大于耐旱能力，再加上长期以来该区群众对杉木经营管理的结果，在该区山谷，山坞背风湿润的地方，形成大面积的杉木纯林，且生长良好。但在该区海拔 1000 m 以上或西北向陡坡地风口上，由于冬季气温低、风速大、土壤瘠薄，杉木林长势弱，易形成"小老树"，也经常遭受冻害。

该区内通常是单优种纯林，由于山区次生林改造，补植杉木，也往往形成杉、杂混交林，乔木层偶见混生少数马尾松，下木层常见种类有茅栗、短柄枹、山胡椒、映山红、野山楂、美丽胡枝子、伞形绣球、山檀、盐肤木、白檀、楤木（*Aralia chinensis*）等。草本层以五节芒、蕨占优势。该区有大面积的杉木-三桠（结香）群落，多是在人工杉木纯林育成后在林下种植形成。三桠（结香，*Edgeworthia chrysantha*）是著名的经济植物，为落叶灌木，萌发力强，喜阴湿肥沃环境，垂直分布于海拔 400~1200 m 处，春季先叶开花，头状花序，花黄色，可供观赏用。根及花可入药（根入药称连皮，花入药称芫花），茎皮纤维既可制绳索，也可制高级纸张和化学纤维。三桠是大别山区的特产之一，该区群众素有种植的传统，俗语称"家有千棵连，不愁油和盐"。

6）华山松林（*Form. Pinus armandii*）

华山松林系于 1958 年人工引种栽培，在该区鹞落坪的月形湾、王湾及小金岗岭山谷坡地生长良好，约有 3.33 hm²，伴生乔木有茅栗、化香、杉木等，林下灌木有映山红、山胡椒等，华山松幼苗较多，但小树常因竞争不过杂树而多夭折。华山松为常绿乔木，叶五针一束，当地群众多与大别山五针松混淆，统称"五针松"，当地主要是割松脂、采松子及材用。

### 5. 竹林

竹林（或矮竹林）是由竹类植物组成的单优势种群落，竹林在该区植被及林业生产中占有一定位置，并构成了该区植被的特殊景色。

1）华箬竹林（*Form. Sasamorpha sinica*）

是该区的主要野生竹林，在该区有些山顶、山脊处（海拔 1400 m 以上）常有纯林分布，林下草木稀少。有些山顶或山脊处成为黄山松、黄山栎等疏林的下木，其盖度可达 80%，伴有白檀、伞形绣球和黄山松等，草本层有白马鼠尾草、药百合（*Lilium speciosum* var.*gloriosoides*）等。由于华箬竹为复轴型竹类，严重影响到上层乔木树种的侵入及天然更新。

2）毛竹林（*Form. Phyllostachys pubescens*）

在该区海拔 800 m 以下地段，河流两岸及村舍附近依山傍水，多为人工栽培的纯林，为大型竹，林下草本较少，主要有鱼腥草、紫花地丁、薹草等。竹材主要供建筑用。

3）刚竹林（*Form. Phyllostachys viridis*）

该区鹞落坪小金岗岭海拔近 1000 m 处人工栽培的一片刚竹林，由于人工抚育管理，林下灌木、草本植物很少，呈单一纯林状态。刚竹能耐寒（−18℃），秆高 10 m 左右，竹材坚硬。

4）水竹林（*Form. Phyllostachys heteroclada*）

在该区海拔 500~1200 m 的水沟和溪边，有呈野生状态纯林分布，耐水湿，一般生长较矮小，高 2~4 m，秆直节长，篾性好。

### 6. 灌丛

该区内除海拔较高的山地有小面积比较稳定的原生灌丛外，绝大部分是由于森林破坏后形成的中生性次生灌丛，外貌变化大，结构较零乱，种类组成十分复杂，处于演替阶段。

1）多枝杜鹃灌丛（*Form. Rhododendron shanii*）

这一类型为大别山特有的常绿灌丛，分布于该区多枝尖南坡海拔 1700 m 左右（面积约 0.27 hm$^2$，50 余株）及川岭、牛脊背骨、黄茅尖海拔 1500 m 左右的山顶、山脊和悬崖等处。总盖度达 80%左右，优势种为多枝杜鹃，一般高 2~3 m，个别的高达 10 多米，胸径达 50 多厘米成乔木状。伴生的树种有绿叶胡枝子、华山矾、黄山松、黄山栎、三桠乌药、伞型绣球、天女花、安徽小檗等。草本层常见有白花前胡、开口箭、藜芦等。

该类型属原生灌丛，群落内多枝杜鹃的更新苗很多，其上接山地草甸，下连黄山松、黄山栎针阔混交林，群落较稳定。

### 2）小叶黄杨灌丛（*Form. Buxus sinica* var *.parvifolia*）

在该区川岭村黄杨木岭与石佛寺附近，有一片小叶黄杨的天然群落。这里海拔 1060 m，群山环抱，乱石堆集，风光秀丽，面积约 27 hm²，其中有一半是纯林，面积近 13 hm²，总盖度达 40%。株高 2~3 m 左右，根围 0.31~0.37 m。建群种为小叶黄杨，伴生树种有黄山栎、蜡瓣花、具柄冬青、圆锥绣球等。草本层稀疏，主要为假升麻、藜芦等，土层上密布羽藓、青藓等。

此处的小叶黄杨苍劲古雅、秀姿美态、斗雪傲霜，实为罕见。由于其纹理极细，坚硬美观，可供雕刻高级工艺美术品，因此这些"深山隐士"也难逃不法之徒的盗伐采挖，由于山高林密，管护难度极大。

### 3）短柄枹–映山红灌丛

分布于该区海拔 1000 m 左右的山坡，为常见的落叶次生灌丛。一般上层为短柄枹，高 2 m 左右，有时可达 4 m，第二亚层为映山红，高 1 m 左右，有时达 2.5 m。伴生种类有山胡椒、美丽胡枝子、满山红、山鸡椒、野山楂、中华绣线菊、盐肤木、米面蓊等。草本植物少，该群落外貌呈黄绿色，共建种为映山红，早春开红色花，呈现一片山花烂漫的景色。

### 4）茅栗–短柄枹灌丛

是该区较常见的次生落叶灌丛，见于海拔 500～1000 m 左右的坡地，主要是屡遭樵采砍伐形成，总盖度 40%～90%，层次不明显，伴生种除此二者外，还有槲栎、山胡椒、胡颓子等。该类型的建群种都是乔木树种，若封山育林，很快可以发展成乔木林。

## 7. 草丛

### 1）野古草草丛（*Form. Arundinella hirta*）

分布于该区多枝尖海拔 1580 m 左右的山顶阳坡处，是在森林遭受严重破坏后，接连不断烧山的情况下（战乱、盖茅草房屋、伐木等）发展起来的一种次生植被类型，主要是野古草，伴生种有白花前胡、一枝黄花、异叶茴芹、柴胡、地榆、细叶薹本、夏枯草、茵陈蒿、赶山鞭等。木本植物很少，如美丽胡枝子、黄山松等。该群落外貌为一片绿色草地，秋季天高云淡、繁花蝶舞，引人入胜。

### 2）沼原草–野古草草丛

分布于该区海拔 1200 m 以上局部地势较平坦处，一般为山地草甸土，草本层中沼原草（*Molinopsis hui*）、野古草占绝对优势，其次为龙须草（*Scirpus subcapitatus*）等。混生的种类有异叶败酱、白花前胡、心叶地榆、松蒿、山萝花、薹草等。在草本层的上层，疏生灌木如白檀、三桠乌药等，该类型又逐渐被黄山松、黄山栎替代发展成灌丛或矮林。

8. 其他人工植被

1）水生植被

该区内的田沟、塘洼等浅小静水区域,常有人工放养的满江红群落及大藻（水浮莲）、凤眼莲（水葫芦）组成的共生群落。

2）作物植被

水田多为单季中稻一年一熟为主,由于地势较高,气温偏低,多为冷浸田,三年两灾。旱地以一年二熟为主,玉米、马铃薯、小麦、豆类、蔬菜连作,耕作粗放,产量低。

3）茶园（*Form. Camellia sinensis*）

该区是一个老茶区,"石佛炒青"、"岳西翠兰"等贡茶、名茶皆出于此地,现有茶园近 133 hm$^2$,分布高度可达海拔 900 m 左右,该区茶叶品种多为中叶型种,生长于气候湿润、土质松软、林木葱茏、荫蔽高湿的自然环境里,茶树终年在云蒸雾绕之中,不受寒风侵袭,加之该区茶遍生兰花,则更具有特殊香型,当地土壤肥沃、病虫害少,因此几乎不施用化肥和农药,故所产的有机茶叶品质优良,具有味浓香甜、色翠汤青、形似兰花、耐泡解渴的特点。

### 4.3.2　植被的水平分布

鹞落坪自然保护区原有的纬度地带性植被保留得较完整,在华东各省中是不易见到的。该区的植被种类组成的区系成分特点如丰富性、古老性、特有性、过渡性等,在很大程度上决定着植被的特征。以温带植物为主的多种落叶成分构成了该区大面积的优势种但不明显的落叶阔叶林;高海拔地区散生有黄山松,形成针阔混交林,海拔千米以上山脊处有黄山松纯林;低海拔地区水热条件较好,混生的常绿种类增多,形成落叶、常绿阔叶混交林及小面积常绿阔叶林;海拔500~1000 m 处散生有大量的杉木、松等针叶树种,组成多种类型针、阔混交林或纯针叶林;毛竹、刚竹、水竹等植物或形成大面积的纯林或镶嵌于各植被类型中,构成特有景观。

该区占优势的禾本科、莎草科、菊科、伞形科、唇形科、蓼科及蕨类等构成了复杂多样的草本植物群落。

虽然该区跨纬度很小,植被的纬度地带性不明显,但其植被分布的过渡尤为明显,是安徽省南北植物交汇的过渡带。

### 4.3.3　植被的垂直分布

该区山体海拔较高,从海拔最低 500 m 的山麓河谷到海拔最高 1721 m 的山顶,可以明显地看到植物种类分布组成不断变化,山地植被类型的变化形成了一定的垂直分布带谱。

在该区的刘畈等地（海拔 720 m）的山谷处发育有小面积以青冈栎为主要成分的常绿阔叶林。在燎原渠一带的山坡处分布有小面积的常绿、落叶阔叶混交林，常绿树种有青冈栎、冬青（*Ilex purpurea*）、豹皮樟（*Litsea coreana* var. *sinensis*）等，落叶树种有短柄枹、木蜡树（*Toxicodenddron sylvestre*）等。在海拔 1000 m 以下的沟谷两侧有呈块状分布的含少量常绿树种的落叶阔叶林，常绿树种有冬青、格药柃、微毛柃、胡颓子等。

海拔 500~1500 m 处为落叶阔叶林带，群落组成以栓皮栎、茅栗、短柄枹、化香、黄檀、灯台树、四照花、华千金榆（*Carpinus cordata* var.*chinensis*）、野漆树、华东野核桃、山樱桃（*Prunus serrulata*）、木蜡树、青榨槭、鸡爪槭等，无明显的优势种，类型较复杂。但在沟谷两侧分布有江南桤木林、华千金榆林及以朴树、枫杨、河柳占优势的群落。在海拔 1300 m 以上的山坡处分布有较大面积的茅栗林。在海拔 1500 m 以上的山顶两侧常有多枝杜鹃、黄山栎（*Q.stewardii*）、小叶黄杨等山地矮林分布，此外在山顶的山脊处有山地草甸分布。

马尾松分布在海拔 600 m 以下，面积小，多为幼林，林下有映山红、檵木、乌饭树、尖叶山茶等酸性土壤指示植物。黄山松分布于海拔 600 m 以上，面积大，常在海拔 1100~1700 m 的山脊形成纯林。海拔 1100 m 以下有呈片状分布的杉木林，落叶阔叶林中还散生有金钱松、香榧、三尖杉等针叶树种。

# 4.4　生物资源及其分布特点

## 4.4.1　植物资源及其分布特点

### 1. 植物资源概况

由于鹞落坪自然保护区地处由亚热带常绿阔叶林区域向暖温带落叶阔叶林区域的过渡地带，区内植物种类资源比较丰富。经初步调查鉴定（资料截止 1998 年），该区总计有野生种子植物 1297 种（含种下等级），隶属 141 科、572 属。其中裸子植物 6 科、7 属 11 种；双子叶植物 116 科、548 属 1056 种；单子叶植物 19 科、17 属 230 种。有 2 种为中国地理分布新记录，有 3 属、31 种、3 变种为安徽省植物地理分布新记录。上述科、属和种数分别占安徽省的 80.8%、61.2%及 45.9%，这说明在该区占不足全省 0.088%的面积上却分布有种数约占全省 2/3 的维管束植物。与纬度相近的安徽天堂寨自然保护区（1037 种）、安徽马宗岭自然保护区（1192 种）、湖北大别山（1109 种）、河南大别山（鸡公山、董寨、金岗台自然保护区，1288 种）相比，植物种类更为丰富。足见该区是大别山植物最集中分布地之一，是一个宝贵的物种基因库。

### 2. 植物资源分布的主要特点

1）古老、珍稀孑遗植物较多

该区自三迭纪末期以来，基本上保持着温暖湿润的气候，第四纪冰期的影响不大，因此成为许多古老植物的避难所之一，保存下来了一大批古老的孑遗植物以及系统演化上原始或孤立的科属。

古老和系统演化上原始或孤立的植物科、属一般含种数很少。在该区被子植物中，单型科（含 1 属 1 种）4 个，即杜仲科（Eucommiaceae）、大血藤科（Sargentodoxaceae）、透骨草科（Phrymtaceae）和引种的银杏科（Ginkgoaceae）；世界性单型属（含 1 种）29 个，即短颖草属（*Brachyelytrum*）、连香树属（*Cercidiphyllum*）、独花兰属（*Changnienia*）、狗筋蔓属（*Cucubalus*）、青钱柳属（*Cyclocarya*）、香果树属（*Emmenopterys*）、杜仲属（*Eucommia*）、牛鼻栓属（*Fortunearia*）、泥湖菜属（*Hemistepta*）、鱼腥草属（*Houttuynia*）、山桐子属（*Idesia*）、刺楸属（*Dslopanax*）、棣棠属（*Kerria*）、牛繁缕属（*Myosoton*）、南天竹属（*Nandina*）、臭常山属（*Orixa*）、紫苏属（*Perilla*）、显子草属（*Phaenosperma*）、透骨草属（*Phryma*）、山拐枣属（*Poliothyrsis*）、金钱松属（*Pseudolarix*）、鸡麻属（*Rhodotypos*）、松下兰属（*Hypopitys*）、大血藤属（*Sargentodoxa*）、汉防己属（*Sinomenium*）、天葵属（*Semiaquilegia*）、竹叶子属（*Streptolirion*）、桔梗属（*Platycodon*）；世界性少型属（含 2~6 种）78 个，即杜鹃兰属（*Cremastra*）、领春木属（*Euptelea*）、华箬竹属（*Sasamorpha*）、大百合属（*Cardiocrinum*）、黄水枝属（*Tiarella*）、东风菜属（*Doellingeria*）、射干属（*Belamcanda*）等。二者共计 107 属，占该区种子植物总属数的 18.7%。这些单型属和少型属起源古老，大多为第三纪古热带植物区系的后裔或更古老的成分。此外该区还分布有相当丰富的的古老孑遗植物，如鹅掌楸、银杏、领春木、连香树等有名的"活化石"。还有裸子植物中的金钱松、三尖杉（*Cephalotaxus fortunei*）、杉木及被子植物中的米心水青冈（*Fagus engleriana*）、旌节花（*Stachyurus chinensis*）、大血藤（*S. cuneata*）、蕺菜（*Houttuynia cordata*）、青皮木（*Schoepfia jaeminodora*）和杜仲（*E. ulmoides*）等。

该区列入国家二级重点保护的野生植物有大别山五针松、金钱松、巴山榧树（*Torreya fargesii*）、榧树（*T. grandis*）、连香树、天竺桂（*Cinnamomum japonicun*）、野大豆（*Glycine soja*）、鹅掌楸、厚朴（*M. officinalis*）、凹叶厚朴（*M.officinalis subsp.biloba*）、喜树（*Camptotheca acuminata*）、金荞麦（*Fagopyrum dibotrys*）、香果树（*Emmenopterys henryi*）、黄檗（*Phellodendron amurense*）、川黄檗（*P.chinense*）、榉树（*Zelkova schneideriana*）共 16 种。

该区列入《国家重点保护野生药材物种名录》的野生中药材植物有属二级保

护的 8 种（含亚种），即毛茛科植物短萼黄连（药材名黄连）、五加科植物人参（引种）、杜仲科植物杜仲（药材名杜仲）、木兰科植物厚朴、凹叶厚朴（药材名厚朴）、芸香科（*Rutaceae*）植物黄檗、川黄檗和光叶黄皮树（*P.chinense* var.*glbraiusculmn*）（药材名黄柏）；属三级保护的 8 种，即百合科植物天门冬（*Asparagus cochinchinensis*）（药材名天冬）、多孔菌科真菌猪苓（*Polyporus umbelatus*）（药材名猪苓）、远志科植物卵叶远志（西伯利亚远志，*Polygala sibirica*）（药材名远志）、马兜铃科植物细辛（*Asarum sieboldii*）（药材名细辛）、五味子科（原木兰科）植物华中五味子（*Schisandra sphenanthera*）（药材名五味子）、山茱萸科植物山茱萸（*Cornus officinalis*）（药材名山茱萸）、木犀科植物连翘（*Forsythia suspensa*）（药材名连翘）、兰科植物石斛（*Dendrobium* sp.）（药材名石斛）。此外，与名录中相同药材名称的不同替代药用植物有 20 余种。

2）特有植物丰富

鹞落坪自然保护区具有古老的地史和有利的自然条件、复杂多型的生境，不仅是一些古老植物的理想"避难所"，而且也是一些进化中的植物衍生和发展的场所，形成了一些地方特有植物。该区有大别山五针松、多枝杜鹃、白马鼠尾草（*Salvia baimaensis*）、美丽鼠尾草（*S. meiliensis S.W.Su*）、大别山石楠（*Photinia dabieensis*）、大别山冬青（*Ilex dabieshanensis*）、霍山香科（*Teucrium huoshanensis*）等十几种大别山特有植物。其中多枝杜鹃、大别山五针松、美丽鼠尾草的模式标本就采于此。近年来，这里又陆续发现了大别薹草（*Carex dabieensis S.W.Su*）、突喙薹草（*Carex yuexiensis* S.W.Su）、鹞落坪半夏（*Pinellia yaoluopingensis* X.H.Guo et.X.L.Liu）、长梗胡颓子（*Elaeagnus longpedunculata* N.Li et.T.M.Wu）、凸脉猕猴桃（*Actinidia arguta* var. *nervosa* C.F.Liang）、白花岩生香薷（*Elsholtzia saxatilis* Nakai *f. albis* Z.W.Xe *f.* nov.）等。这些新种、新变种和新变型都是在这特殊的生态环境里经长期演化变异而产生的。

该区还分布着一定数量的安徽特有植物及中国特有植物。安徽特有植物有小叶蜡瓣花（*Corylopsis sinensis* var. *parvifolia*）、安徽槭（*Acer anhweiense*）、安徽碎米荠（*Cardamine anhuiensis*）、安徽贝母（*Fritillaria anhuiensis*）等。中国特有植物有 14 属，即金钱松属、杉木属、杜仲属、山拐枣属、牛鼻栓属、青钱柳属、香果树属、青檀属、车前紫草属（*Sinojohnstonia*）、八角莲属、独花兰属、大血藤属、化香属（*Platycarya*）、银鹊树属（*Tapiscia*），它们绝大部分是单种属和少种属，且多数为原始或古老的孑遗属。

3）植物优势科和优势属显著

植物基本组成上优势科（含 20 个种以上的科）和优势属（含 11 种以上的属）较为突出。该区优势科共有 13 个，共含 250 属 587 种，分别占总属数和总种数的 43.7%和 45.3%，它们是菊科（48 属 103 种）、禾本科（54 属 87 种）、蔷薇科（18

属 67 种）、唇形科（22 属 51 种）、豆科（23 属 43 种）、莎草科（9 属 39 种）、百合科（18 属 37 种）、毛茛科（10 属 35 种）、蓼科（5 属 31 种）、伞形科（16 属 29 种）、忍冬科（6 属 23 种）、兰科（14 属 21 种）、荨麻科（7 属 21 种），其余接近 20 个种的科有樟科（5 属 16 种）、山毛榉科（5 属 15 种）、石竹科、八仙花科、堇菜科、十字花科、卫矛科、大戟科、葡萄科、槭树科（1 属 15 科）、玄参科、茜草科。

优势属 9 个，共含 129 种，约占总种数的 10%。它们是蓼（*Polygonum*）、薹草（*Carex*）、槭木（*Acer*）、铁线莲（*Clematis*）、卫矛（*Euonymus*）、李（*Prunus*）、菝葜（*Smilax*）、堇菜（*Viola*）、柳（*Salix*）。

**4）植物地理成分复杂、联系广泛**

分析该区种子植物区系的各类地理成分可知，温带分布类型占优势，既有典型的温带分布类型，又有各类温带分布类型的变型。虽然热带成分也占较大比例，但真正典型的热带成分却为数甚少。根据吴征镒教授对我国种子植物分布区类型的划分方法，该保护区的 572 属种子植物可分为 14 个分布区类型。

（1）世界分布成分。计有 43 个属，隶属于 24 个科，其中木本属植物很少，仅有悬钩子（*Rubus*）、槐（*Sophora*）、木蓝（*Indigofera*）、鼠李（*Rhamnus*）等，草本属较多，多为中生或水生草本。

（2）北温带分布成分。这一分布类型是指广泛分布于欧、亚和北美温带地区的属，也包括分布到热带山地，甚至到南半球温带，但其原始类型或分布中心仍在北温带的属。中国该成分具有以下特点：中等属（含 10~100 种）的比例较高，而单型属和少型属则很贫乏；木本属较丰富，几乎包括了北温带分布所有典型的木本属，是我国温带及亚热带山地落叶阔叶林和针叶林的主要组成成分，这是世界任何其他国家或地区所不可比拟的；草本植物更加丰富多样，是温带森林下或各类草甸的代表植物或重要组成成分。该区属于这一分布类型的有 152 属，占该区总属数的 28.9%（总属数不包括世界分布属，下同）。这一成分在该区植物区系及植被组成中起着非常重要的作用，如松属（*Pinus*）、栎属（*Quercus*）、板栗属（*Castanea*）、鹅耳枥属（*Carpinus*）、桤木属（*Alnus*）和椴（*Tilia*）、槭（*Acer*）、桦木（*Betula*）等是该区森林植被的主要成分和建群种类。而水青冈、柳、胡桃（*Juglans*）、李属则为森林植被的主要伴生树种，忍冬、杜鹃等则是下木的主要成分。该区草本植物种类繁多，如乌头（*Aconitum*）、鹿蹄草（*Pyrola*）、虎耳草（*Saxifraga*）、景天（*Sedum*）、黄精（*Polygonatum*）、山萝花（*Melampyrum*）、颉草（*Valeriana*）、杓兰（*Cypripedium*）、升麻（*Cimicifuga*）、天南星（*Arisaema*）、独活（*Heracleum*）、盘果菊（*Prenanthes*）等是林下常见的草本，而野古草、白头翁（*Pulsatlla*）、桔梗、藜芦（*Veratrum*）、银兰（*Cephalanthera*）、柳叶菜（*Epelobium*）、葱（*Allium*）、柴胡（*Buplerum*）等则是山顶草地的主要成分。另外，该区还有北温带分布类型的一个变型即北温带和南温带间断分布，如兰布政（*Geum*）、荨麻（Urtica）、当归（*Angelica*）、山茱萸（*Macrocarpium*）、火绒草（*Leontopodium*）等。北温带区系主要起源于古北大陆，由于古北大陆与古南大陆之间有千丝万缕的联系，特别是古北大陆南缘和古南大陆北缘的密切联系，因而北温带区系中也有少数具有热带起源的科属，如鹿蹄草科（Pyrolaceae）和水晶兰科（Monotropaceae）。

（3）东亚成分。东亚成分是指分布于喜马拉雅、中国和日本的属，为第三纪古热带起源，它有许多古老的成分，丰富的特征科属及高比例的木本植物。该区正处在东亚植物区系分布范围之内，该成分在该区共有95属，占总属数的18.8%，仅次于北温带分布类型。该区典型的东亚成分有领春木、青荚叶（*Helwingia*）、猕猴桃（*Actinidia*）、旌节花（*Stachyurus*）、刚竹和四照花（*Dendrobenthamia*）等。分布于中国和喜马拉雅的有冠盖藤（*Pileostegia*）、双蝴蝶（*Tripterospermum*）、开口箭（*Tupistra*）等，以及分布于中国和日本的荷青花（*Hylomecon*）、鸡麻（*Rhodotypos*）、连香树、黄柏、刺楸（*Kalopanax*）等。

（4）泛热带分布成分。该区中属于该分布区类型的有 77 属，占该区总属数的 14.6%，但没有典型的泛热带成分属，只有延伸到亚热带和温带地区的草本或木本植物。分布到亚热带的有黄檀（*Dalbergia*）、柞木（*Xylosma*）、野茉莉（*Styrax*）等。分布到温带的大多为单子叶草本，如凤仙花（*Impatiens*）、兰花参（*Wahlenbergia*）、白羊草（*Bothriochloa*）、兰耳蒜（*Laparis*）、水竹叶（*Murdannia*）等，木本较少，如乌桕（*Sapium*）、朴（*Celtis*）、黄杨等。另外这里还有其他类型分布的两个类型，即热带亚洲、大洋洲和南美洲间断分布，热带亚洲、非洲和南美洲间断分布，前者如五叶参（*Pentapanax*）、兰花参，后者如土人参（*Talinum*）。

（5）东亚和北美间断分布成分。这是已确认的洲际间断分布的显著例子，这些共有属在我国主要分布于西南至秦岭、长江以南的亚热带地区，该保护区位于亚热带北缘，故这类成分不太丰富，有 51 属，占 9.7%，其中少型属明显较多。如檫木（*Sassafras*）、金缕梅（*Hamamelis*）、蜻蜓兰（*Tulotis*）等，表明了这一成分的古老性。其中的一些少型属在该区和北美存在着对应种，如米面蓊属（*Buckleya*）共 5 种，分布于东亚和北美，我国有 3 种，该区的米面蓊（*B.henryi*）与北美米面蓊（*B.distichophylla*）相对应；凌霄属（*Campsis*）共 2 种，该区的凌霄（*C.gradiflo*）与北美产的美国凌霄（*C.radicans*）相对应；流苏树属（*Chionanthus*）仅 2 种，东亚和北美各产 1 种。

（6）旧大陆温带分布成分。这类成分起源于古地中海，其特点是单型属和少型属很少，草本植物较多，既具有北温带区系的一般特点，又兼有地中海和中亚植物区系的特点。该区共有 32 属，占 6.1%。较标准的欧亚温带分布成分有麻华头（*Serratula*）、糙苏（*Phlomis*）、橐吾（*Lychnis*）、淫羊藿（*Epimedium*）、瑞香（*Daphne*）和剪秋罗（*Lychnis*）等。此外，该区还有这类分布类型的两个变型，首先是地中海区、西亚（或中亚）和东亚间断分布，如连翘（*Forsythia*）、毛莲菜（*Picris*）、窃衣（*Torilis*）等，其次是欧亚和南部非洲间断分布，如前胡（*Peucedanum*）、莴苣（*Lactuca*）等。

（7）热带亚洲成分。这一地区是南、北两古陆植物区系相互交汇渗透的地区，是世界上植物区系最丰富的地区之一。因鹞落坪位于亚热带北缘，仅有该类型向北延伸至亚热带和温带的热带属 28 个，占 5.3%，如栲（*Castanopsis*）、清风藤（*Sabia*）、金栗兰（*Chloranthus*）、百部（*Stemona*）、油点草（*Tricyrtis*）等。

（8）旧大陆热带分布成分。我国是其分布的北缘，因此该区仅有一些分布延伸至亚热带和温带地区的旧大陆热带成分，有 25 属，占 4.85%，如槲寄生（*Viscum*）、八角枫（*Alangium*）、一点红（*Emilia*）、山珊瑚（*Galeola*）等。

（9）热带亚洲至热带大洋洲分布成分。该区是此类成分中某些属的分布北界，主要分布有该类成分向亚热带和温带延伸的属，有 14 属，占 2.7%，如樟（*Cinnamomum*）、香椿（*Toona*）、天麻（*Gastrodia*）、荛花（*Wikstroemia*）和通泉草（*Mazus*）等。

（10）中国特有分布成分。该保护区位于中国特有成分分布区（秦岭—淮河以南，横断山脉以东的亚热带和热带地区）的北缘，故该类成分较为贫乏，仅含有 14 个中国特有属，占该区总属数的 2.5%，占整个中国特有成分 196 属的 7.1%，这 14 个属分属于西南组，如青钱柳、八角莲、香果树、杜仲，余皆属华中—华东组。另外，大别山地区尚有明党参（*Changium*）、地钩叶（*Speranskia*）等中国特有属。这 14 属的保护填补了生物地理（Udvardy）中东方落叶阔叶林地理省的空白。

此外该区还有温带亚洲分布成分，11 属，占 2.1%，都是没有明显特殊性的草本科属，如孩儿参（*Pseudostellaria*）、马兰（*Kalimeris*）等；热带亚洲至热带非洲分布成分，10 属，占 1.9%，是向北分布的非典型的热带属成分，禾本科较多，如常春藤（*Hedera*）、芒（*Miscanthus*）、荩草（*Arthraxon*）等；地中海区、西亚至中亚分布成分，9 属，占 1.7%，仅有其变型，如苍耳（*Xanthium*）、黄连木（*Pistacia*）等；热带美洲与热带亚洲间断分布成分，9 属，占 1.7%，如木姜子（*Litsea*）、柃（*Eurya*）、泡花树（*Meliosma*）、苦木（*Picrasma*）、雀梅藤（*Sageretia*）等。

迄今为止，有关大别山古植物学和历史植物地理学的资料非常缺乏，但我们从科的分布区中可以看出，热带分布（含热带—温带分布和热带—亚热带分布）占总科数（除去世界分布科）的 61.4%，具有一定程度的热带性质，而且还有相当部分的古热带的科，如木兰科、樟科、五加科、杜鹃花科、胡桃科、壳斗科等，其中有十几个科在中生代白垩纪就已建立。这些情况说明在该区以及整个大别山植物区系中，第三纪古热带植物的残遗是基本成分。因此专家认为，该区乃至整个大别山区的植物区系远在第三纪以前就在联合古陆的热带地区发生。在中生代大陆漂移过程中，起源于古北大陆的北温带成分构成了大别山植物区系的主体，但在漫长的地史中，随着大陆的分合，陆桥的沉浮，冰期、间冰期的相间，南北区系地理成分的渗透迁移，加上人类经济活动的传播作用，成了现代该区的植物区系，这也是该区与其他各地植物区系有着不同联系的原因。

大别山区在地史上没有长期孤立时期，与其周围地区一直保持着地理联系和植物区系成分的交流，它是华中、华北和西南植物区系与华东植物的渗透过渡和交汇地带。该区植物区系中华东成分最多，占总种数（不含广布种和归化种）的89.4%，且仅限于华东地区分布的典型华东区系成分为数不少。常见有黄山木兰、安徽小檗（*Berberis anhweiensis*）、天目木姜子、毛鸡爪槭（*Acer pubipalmatus*）、华箬竹等 80 余种，故该区植物区系隶属华东。从属种的相似性系数看，鹞落坪自然保护区与庐山、黄山的关系均很密切，与武夷山的关系较远。

鹞落坪自然保护区的植物区系属中国—日本森林亚区，在地理位置上与日本九州岛几乎在同一纬度上，因此两地植物区系关系较密切，如鸡麻、荷青花、白辛树、连香树、东亚囊瓣芹（*Pternopetalum tanakae*）、天人草（*Comanthosphace japonica*）等连接两地植物区系。需要特别提出的是，在该区发现的两个中国的新分布树种：刻鳞薹草（*Carex incisa*）、美丽薹草（*Carex sadoensis*），在国外均分布于日本。在该区还有不少与日本对应的种，如大叶火焰草（*Sedum drymarioides* var. *drymarioides*）等，但日本岛屿由于受海洋性气候影响，并且地形复杂，所以植物种类的分化较强烈，这是该区所远不及的。

### 4.4.2 动物资源概况

保护区的动物资源非常丰富，因前人从未做过系统深入的调查而成为空白，成立保护区后，吸引了大批专家学者，取得了不少科研成果。该区在动物地理区划上处于东洋界的北缘，与古北界直接接壤，是一些古北界成分种的分布南限，同时又是不少东洋界成分分布的北限，呈明显的区系渗透过渡特点。

#### 1. 两栖爬行动物区系组成和资源分布

该区有两栖动物 2 目 8 科 16 种，其中有尾目 3 科 4 种，无尾目 5 科 12 种。东洋界成分 11 种，占该区总数的 70%。广布种仅有大鲵、中华大蟾蜍、无斑雨蛙、黑斑蛙、湖北金线蛙 5 种，缺典型古北界种类，而分布于南方各省的阔褶蛙和小弧斑姬蛙侵入该区且为其分布北限。一些华中区西部山地高原亚区的种类，如细痣疣螈、秦岭雨蛙、湖北金线蛙、黑点树蛙和隆肛蛙 5 种向东延伸侵入该区，成为安徽省仅见于该区的特有种。商城肥鲵、湖北金线蛙为 20 世纪 80 年代初发现的新种，为大别山区特有种。保护区有爬行类 3 目 7 科 24 种，其中蛇亚目有 2

科 18 种，属东洋界的有 14 种，占 58%，其余 10 种为广布种，该区没有典型的古北区种类。主要分布于南方的紫灰锦蛇黑线亚种、小头蛇、水赤链游蛇、烙铁头等侵入该区，且为其分布的北限。2000 年 6 月，由安徽大学生命科学学院实习师生在鹞落坪采集的 4 条蛇标本中已发现 2 种为省内仅分布于皖南山区的丽纹蛇，属眼镜蛇科毒蛇，及棕色腹链蛇，属游蛇科无毒蛇，是大别山地理新分布，另一种翠青蛇很有可能是一个新亚种。

环境条件对两栖爬行类的种群数量有密切关系，该区呈现了明显的垂直分布。海拔 1200 m 以上的森林地带种类较少。这一地带的山溪中生活有商城肥鲵、隆肛蛙、泽蛙和少量大鲵，林下有中华大蟾蜍。爬行类有蓝尾石龙子、乌梢蛇、玉斑锦蛇、棕黑腹链蛇、烙铁头等。海拔 700 m 以下的低山地带的水田中有东方蝾螈、黑斑蛙、湖北金线蛙、小弧斑姬蛙，在山坡宅旁有中华大蟾蜍和泽蛙。爬行类有龟鳖、赤链蛇、红点锦蛇、虎斑颈槽蛇、乌梢蛇等。海拔 700~1200 m 的地带生态环境复杂多样，是两栖爬行动物最为丰富区域。溪河中有大鲵、隆肛蛙，是大鲵的主要分布带，水沟、稻田和沙滩洼地中有细痣疣螈、秦岭雨蛙、阔褶蛙、黑点树蛙、合征姬蛙等，广布种泽蛙、黑斑蛙、日本林蛙、中华大蟾蜍也分布于此。爬行类有北草蜥、王锦蛇、紫灰锦蛇、翠青蛇、花尾斜鳞蛇、锈链腹链蛇、蝮蛇等。

该区独特的水环境中孕育着属国家二级保护的两栖动物大鲵和细痣疣螈。还有以下 7 种属安徽省二级保护的两栖动物，即中华大蟾蜍、黑斑蛙、乌龟、王锦蛇、黑眉锦蛇、棕黑锦蛇和乌梢蛇。

### 2. 鸟类资源

保护区的繁殖鸟类共有 11 目 30 科 108 种（含亚种），约占全国鸟类总数的 10%。区内鸟类中雀形目有 17 科 98 种，占全部鸟类的 90%。由于缺少大的水域、沼泽地，故非雀形目种类很少。雀形目中鹟科种类最多，有 35 种。其中留鸟 54 种，夏候鸟 38 种，冬候鸟 9 种，旅鸟 7 种。按《中国鸟类分类与分布名录（第二版）》等文献记载，在安徽省有冬候鸟和旅鸟，如灰鹡鸰、田鹨、北红尾鸲等，在该区则为繁殖鸟。在这些繁殖鸟中，古北种 36 种，占总数的 33.6%，东洋种 62 种，占总数的 57%，其余 10 种为广布种，东洋界成分所占比例较大。一些在此繁殖的古北界鸟类的亚种，多为长江流域的南方类型，如红隼南方亚种、黑枕绿啄木鸟华南亚种、大斑啄木鸟东南亚种、松鸦普通亚种等。在数量统计时其优势种和普通种中东洋成分占绝大多数，两者的比例数（62∶36）和长江以南的九华山鸟类区系类似，说明该地鸟类区系的南方色彩较明显，故属东洋界。

随着海拔的变化，气候条件、植被情况有明显区别，影响了鸟类的分布。海拔 1200 m 以上的高山地带，鸟的种类不多，数量亦少，代表性鸟有中杜鹃、噪鹃、蓝翅八色鸫、勺鸡、黑鹇、松鸦、黄腹柳莺、金眶鹟莺、紫啸鸫、蓝鹀、赤胸鸫和灰林鹡鸰等。广布鸟类如环颈雉、大山雀、山树莺、短翅树莺、白头鹎等在此也有分布，在多枝尖、将军岩等山的山顶有山树莺、黄腹山雀和大山雀，附近还有冠纹柳莺、暗绿绣眼鸟和小杜鹃分布，隼形目的猛禽如红隼、鸢等也分布于此。

海拔 700 m 以下的低山地带，鸟的种类不少，数量较多的有池鹭、黄鹂、环颈雉、红尾伯劳、灰卷尾、小灰山椒鸟、八哥、乌鸦及短翅树莺、白头鹎、白胸秧鸡、白鹡鸰、画眉、棕头鸦雀、绿鹦嘴鹎、金翅、麻雀、三道眉草鹀等，前者多栖息在高大乔木上，后者则喜居灌丛中。

在海拔 700~1200 m 的中山区阔叶林和次生阔丛混杂，生境多样，动物种类多，数量亦较多。常见鸟类有冠纹柳莺、山树莺、暗绿绣眼鸟、小杜鹃、噪鹃、红翅凤头鹃、白冠长尾雉、赤腹鹰、大嘴乌鸦、白颈鸦、发冠卷尾、橙头地鸫、灰翅噪鹛、北红尾鸲等，溪河中有褐河乌、黑背燕尾、小燕尾、灰鹡鸰、蓝翡翠、翠鸟等。

该区列为国家重点保护的鸟类有二级保护的鸢、赤腹鹰、雀鹰、红隼、勺鸡、白冠长尾雉、领角鸮、红角鸮、斑头鸺鹠、草鸮、蓝翅八色鸫 11 种，该区还常有迷途的过境鸟小天鹅（二级保护）落在水田中栖息数日（秋季）。列为安徽省地方重点保护的鸟类有一级保护的红翅凤头鹃、四声杜鹃、大杜鹃、中杜鹃、小杜鹃、黑枕绿啄木鸟、大斑啄木鸟、星头啄木鸟、家燕、金腰燕、黑枕黄鹂、红嘴蓝鹊、寿带 13 种，二级保护的有环颈雉、虎纹伯劳、牛头伯劳、红尾伯劳、画眉、暗绿绣眼 6 种。在《中华人民共和国政府和日本国政府保护候鸟及其栖息环境协定》文件所列的 227 种候鸟中，有 29 种见于鹞落坪自然保护区，主要是雀形目、鹃形目和佛法僧目小鸟。

3. 兽类资源

该区采到或见到标本的野生兽类，已知共有 7 目 18 科 43 种及亚种，其中啮齿目、食肉目、翼手目及偶蹄目为优势类群。安徽翼手目已知有近 30 种，该区目前尚未系统研究过，报道的仅有 5 种。动物区系组成中古北区兽类 21 种，东洋区兽类 22 种，这里是安徽省古北界种和东洋界种的主要交接地带，其兽类区系成分呈明显的过渡特征，但从兽类的优势种和常见种来看，古北界种占一定优势。

该区海拔 1200 m 以上主要为森林带，多为针叶林和针叶落叶阔叶混交林，缺少农田和居民点景观，兽类以中华姬鼠、苛岚绒鼠、岩松鼠和原麝为主，也是豹、野猪、豺、狼等大型兽类的栖息地。海拔 700 m 以下的低山地带，人类活动频繁，缺少森林，兽类是以粮食为生的啮齿类和以啮齿动物为食的小型兽类为主，如褐家鼠、大足鼠、红腹松鼠、草兔、黄鼬、小灵猫、豹猫、水獭等。在海拔 700~

1200 m 的中山区则为过渡带,高处有森林,低处有溪沟水田,中间多灌丛和开荒旱地,居民点小而分散。这一地带环境复杂多样,为兽类躲藏、觅食提供方便,兽类种类多,数量亦较多。主要有豪猪、社鼠、狗獾、猪獾、花面狸和野猪等,对农业生产造成一定的危害,冬季也可见到原麝、豹等高山兽类活动。中华竹鼠在安徽省仅分布于该区,是竹林的特有种类。

该区列为国家重点保护野生动物名录中的有一级保护动物金钱豹,二级保护动物豺、水獭、小灵猫、原麝 4 种。被列为安徽省地方重点保护野生动物名录的有一级保护动物红狐、貉、花面狸、豹猫 4 种;二级保护动物黄鼬、狗獾、猪獾、黄麂 4 种。

# 4.5　生物多样性特点

鹞落坪自然保护区拥有大别山区保存较完好的代表性森林生态系统,是同纬度地区不可多得的天然物种基因库。概括来说,鹞落坪自然保护区生物多样性有以下几个明显的特点。

### 1. 生态环境的典型性

保护区内海拔在千米以上的山峰 60 余个,构成了大别山区的主要分界线,保护区行政区域界限与区内河流的流域界线重合,其周边皆为河流的发源地,由于面积适中、地形复杂、地貌多样,从海拔 500 m 的河流到 1721 m 的山峰,其原有的纬度地带性植被保留得较完整,在华东各省中是不易见到的,因此,鹞落坪已被公认为拥有大别山区不可取代的最有代表性的亚高山森林生态系统。在麒麟沟核心区、川石核心区还有成片的原始森林分布。另外,近年来在该区还陆续发现一些较特殊的林型,尤其是一些呈小片状野生分布的国家保护珍稀植物及地方特有植物种群,如多枝尖东南坡的领春木林(*Euptelea pleiosperma*),多枝尖、牛背脊骨、蜡烛尖等处的天女花林(*Magnolia sieboldii*),鹞落坪瓦屋基的鹅掌楸林(*Liriodendron chinense*),美丽小石屋冲的香果树林(*Emmenopterys henryi*),红山小石屋冲的天目木姜子树林,鹞落坪东冲湾的凹叶厚朴林(*Magnolia biloba*),东冲湾、道士冲、麒麟沟等处的金钱松林(*Pseudolarix amabilis*),鹞落坪门坎岭及附近茅山大王沟的大别山五针松林(*Pinus dabeshanensis*)及分布于多枝尖及川岭、牛脊背骨、黄茅尖、鸡笼尖的原生性多枝杜鹃灌丛(*Rhododendron shanii*),该区川岭村黄杨木岭与石佛寺附近的小叶黄杨(*Buxus sinica* var.*parvifolia*)天然群落等,显示了该区在生物多样性保护方面的重要意义。

## 2. 野生动植物的稀有性与濒危性

保护区自三叠纪末期以来，基本上保持着温暖湿润的气候，第四纪冰川影响不大，因此成为许多古老植物的避难所之一，保存下来了一大批古老的珍稀孑遗植物，如鹅掌楸、银杏、领春木、连香树等有名的"活化石"，还有裸子植物中的金钱松、三尖杉、杉木及被子植物中的米心水青冈、旌节花、大血藤、截菜、青皮木和杜仲等。此外还分布有系统演化上原始或孤立的科属共计 107 属，占该区种子植物总属数的 18.7%。该区还分布有国务院环境保护委员会于 1984 年公布的第一批《珍稀濒危保护植物名录》中所公布的珍稀濒危保护植物 23 种，如大别山五针松、连香树、领春木、鹅掌楸、天竺桂、天麻、杜仲、厚朴、独花兰、香果树等。有国务院于 1999 年批准发布的国家重点保护野生植物 16 种，如巴山榧树、黄檗、榉树等。该区列入《国家重点保护野生药材物种名录》的野生中药材植物有 16 种，如短萼黄连、厚朴、石斛等。从依据所受威胁程度和状况的不同而划分的保护类别看，被列为稀有、渐危、濒危的种类分别为 9 种、12 种、2 种。

在保护区内被列为《国家重点保护野生动物名录》中的有一级保护动物金钱豹，二级保护动物穿山甲、豺、水獭、小灵猫、原麝、大鲵、细痣疣螈、鸢、赤腹鹰、雀鹰、红隼、勺鸡、白冠长尾雉、仙八色鸫等 20 种。列为《安徽省地方重点保护野生动物名录》的有一级保护的红狐、花面狸、豹猫、杜鹃、啄木鸟、燕子、黑枕黄鹂、红嘴蓝鹊、寿带等 17 种；根据国家林业局于 2000 年发布的《国家保护的有益的或者有重要经济、科学研究价值的陆生野生动物名录》统计，该区共有（除昆虫纲外）126 种，约占该区总种数的 10%。在《中华人民共和国政府和日本国政府保护候鸟及其栖息环境协定》文件所列的 227 种候鸟中，有 29 种见于鹞落坪自然保护区。

## 3. 动植物物种的特有性

保护区具有复杂多样的生境，形成了一些地方特有植物。该区有大别山五针松、多枝杜鹃、白马鼠尾草、美丽鼠尾草、大别山石楠、大别山冬青、大别薹草、突喙薹草、鹞落坪半夏、长梗胡颓子、凸脉猕猴桃，白花岩生香薷等十几种大别山特有植物。其中多枝杜鹃、大别山五针松、美丽鼠尾草的模式标本就采于此。该区还分布着一定数量的安徽特有植物及中国特有植物。安徽特有植物有小叶蜡瓣花、安徽槭、安徽碎米荠、安徽贝母等。中国植物特有属有 14 个，如金钱松属、青钱柳属、车前紫草属、独花兰属、银鹊树属等，占该区总属数的 2.5%，占整个中国特有成分 196 属的 7.1%，它们绝大部分是单种属和少种属，且多数为原始或古老的孑遗属。这 14 属的保护填补了生物地理中东方落叶阔叶林地理省的空白。

保护区古老的地质历史、特殊的地理位置和复杂的生态环境也使这里成为原麝（大别山亚种）、勺鸡（安徽亚种）等地方特有动物发展和衍生的场所，一些华中区西部山地高原亚区的两栖类动物如细痣疣螈、秦岭雨蛙、湖北金线蛙、黑点树蛙、隆肛蛙 5 种向东延伸侵入该区，成为安徽省该区的特有种。商城肥鲵、湖北金线蛙为 20 世纪 80 年代初发现的新种，是大别山区特有种。

### 4. 生物物种多样性

保护区是交通不便、人烟稀少的深山林区，1957 年通公路前还保存有大片的原始森林。虽历经战乱、几次大的砍伐，原生植被遭到不同程度的破坏，但经过三十多年的封山育林、四十年无火灾事故、再加上得天独厚的自然条件，这里成为目前大别山中次生植被保存最好的代表性地区之一，保存着大别山区极为丰富的野生动植物资源。但因为该区较偏僻，难以抵达，因此生物资源的调查研究很不深入，系统的野生动物资源情况，尤其是对翼手目和低等无脊椎动物（昆虫资源、鱼类等）的调查仍是空白，植物也仅局限于高等种子植物的调查鉴定，有关低等植物（蕨类、苔藓、地衣、菌类）的资源情况还不明了，这必将吸引大批的专家学者前来进行科学考察及研究。

经初步调查鉴定，保护区计有野生种子植物 1428 种（含种下等级），隶属134 科，590 属。有 2 种为中国地理分布新记录，有 3 属、31 种、3 变种为安徽省植物地理分布新记录。上述科、属和种数分别占安徽省总数的 80.8%、61.2% 及45.9%，也就是说该区占不足安徽省 1‰ 的面积上却分布有种数约占全省 2/3 的高等维管束植物，与纬度相近的安徽天堂寨自然保护区（1037 种）、安徽马宗岭自然保护区（1192 种）、湖北大别山（1109 种）、河南大别山（鸡公山、董寨、金岗台自然保护区，1288 种）相比，该区植物种类更为丰富。足见该区是大别山植物最集中分布地之一。该区已经采集鉴定的野生脊椎动物包括 16 种两栖类、25种爬行类、109 种鸟类和 40 种兽类，占安徽省种数的 34.1%。

### 5. 动植物分布的过渡性

保护区植物区系具有热带—亚热带和温带—暖温带的双重性质，其植被的种类组成及外貌，明显地反映了我国从暖温带落叶阔叶林向亚热带常绿阔叶林过渡的趋势。另外，皖西大别山区是秦岭褶皱带的延伸部分，鹞落坪的植物区系属泛北极植物区、中国—日本森林亚区、华东地区，同时该区与西南、华中、华北植物区系有极为密切的联系，这表明它正是这些区系发生联系的交汇和过渡区域，对它们间的过渡和渗透有重要作用。

保护区在动物地理区划上处于东洋界的北缘，与古北界直接接壤，是一些古北界成分种的分布南限，同时又是不少东洋界成分分布的北限，呈明显的区系渗透过渡特点。

### 6. 生态系统的脆弱性

大别山是我国华北平原和长江中下游平原之间唯一较封闭的中低山区，人口压力较大、自然开发较早，同时又是中国 18 个集中连片的贫困地区之一，在我国南方集体林区也有举足轻重的位置，是国际公认的生态敏感地区和生态相对脆弱地区。脱贫致富、经济建设都对保护区的自然环境和自然资源有较大的依赖性，生物多样性保护的难度很大。

## 4.6　本章小结

本章介绍了鹞落坪自然保护区的地理位置与范围、地质地貌、气候、土壤、水文等自然地理概况、保护区的类型及功能区划、生态系统组成与结构、生物资源及其分布特点以及生物多样性特点。

# 第5章 鹞落坪自然保护区生物多样性价值评估

按照生物多样性价值类型，采用前文的评估方法，本章分别对鹞落坪自然保护区 2001 年和 2012 年的生物多样性价值进行评估。

## 5.1 直接使用价值

### 5.1.1 直接实物使用价值

1. 木材产品价值

2001 年鹞落坪自然保护区每年提供一定量的木材用于销售以及当地居民就地消费。保护区木材消耗主要包括以下几方面：①供出售的商品材，其中又包括通过正规渠道进入流通的和私下运输出境的，后者可以避免交纳林业两金税费和当地木材公司做买卖而从中收取的销售利润，数量较多且难以统计；②当地农民能源性耗材、农民或一些小作坊式的森工企业（如采育场、林场、中药材和食用菌生产大户等）培育用材、农民建房及打家具用材（一般没有统计）；③其他随机因素（如基建

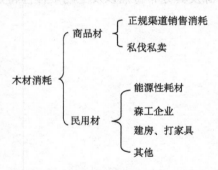

图 5-1 鹞落坪自然保护区木材消耗分类

工程、修路、开辟防火道、森林火灾、泥石流、冻害、病虫害等）造成的木材消耗（图 5-1）。

据抽样调查，2001 年鹞落坪自然保护区民用材基本在 400~500 m³。据随机调查的 29 户资料统计表明，能源性木材消耗主要是以阔叶林壳斗科为主的硬杂木，按当地小炭窑生产技术，50 kg 鲜材可以烧出 19 kg 木炭，同时要烧柴火 10 kg，消耗干木柴（含水量在 8%~12%）11.68×10⁴ kg、干木炭 2275 kg，培育用鲜树材 2.23×10⁴ kg，松树较少。山毛榉、桦树、榆树等树木的平均比重（含水量为 12%）为 0.6，平均重量（含水量为 12%）为 668kg/m³，平均体积收缩率（新伐木的含水量为 6%）为 12.5%，密度几乎相同，约为 1.44~1.57g/cm³，平均值为 1.54g/cm³。经估算干木柴、干木炭、培育用材约折合新伐木材 402m³，人均为 2.6m³，因此全区合计为 1.55×10⁴ g/m³。按当地价格 180 元/m³ 计算，价值为 279 万元，此价值

包括能源性木材和培育用材,是民用木材的一部分。另据包家乡林业工作站估计,当地居民自用的盖房子、打家具的木材约为 400~500 m³/a。商品材的价值松树为 240 元/m³,杉树为 650 元/m³。因此,民用材的价值约为 304.56 万元。

有关木材采伐与销售的资料由保护区所在乡政府提供,具体情况见表 5-1。商品材的价值取 10 年的平均值为 373.46 万元/a。由此得到 2001 年鹞落坪自然保护区木材的价值为 678 万元。

**表 5-1　2001 年鹞落坪自然保护区木材销售情况**

| 年份 | 采伐量（民用材和销售材）/m³ | 销售商品材/m³ | 单位成本/（元/m³） | 销售单价/（元/m³） | 销售成本/（元/m³） | 销售收入/万元 |
|---|---|---|---|---|---|---|
| 1991 | 21 000 | 12 000 | 410 | 780 | 610 | 936 |
| 1992 | 21 000 | 12 000 | 405 | 760 | 610 | 912 |
| 1993 | 15 000 | 8000 | 390 | 750 | 590 | 600 |
| 1994 | 15 000 | 8000 | 380 | 750 | 580 | 600 |
| 1995 | 11 000 | 5678 | 360 | 750 | 560 | 425.85 |
| 1996 | 8000 | 3582 | 360 | 640 | 560 | 265.068 |
| 1997 | 7000 | 2020 | 340 | 660 | 540 | 133.32 |
| 1998 | 6500 | 880 | 340 | 660 | 540 | 58.08 |
| 1999 | 5400 | 800 | 330 | 660 | 530 | 52.8 |
| 2000 | 5000 | 450 | 330 | 610 | 530 | 27.45 |
| 2001 | 2000 | 1500 | 350 | 650 | 530 | 97.5 |
| 平均 | 10 627 | 4992 | 363 | 697 | 561 | 373.46 |

2005 年以来,鹞落坪自然保护区的木材没有用于销售,少部分用于当地居民消费,即当地农民能源性耗材、农民或一些小作坊式的森工企业(如采育场、林场、中药材和食用菌生产大户等)培育用材、农民建房及打家具用材(一般没有统计)、其他随机因素(如基建工程、修路、开辟防火道、森林火灾、泥石流、冻害、病虫害等)造成的木材消耗。

2012 年,全区消耗木材 5349.27m³。按市场价格约 1000 元/m³ 计算,价值为 535 万元,此价值包括能源性木材、民用木材和培育用材。因此,2012 年鹞落坪自然保护区木材的总价值约为 535 万元。

### 2. 药材产品价值

根据实际调查,鹞落坪自然保护区 2001 年野生及部分人工种植中草药材的产量和销售价格见表 5-2。其他还有许多品种如参术、丹皮、杜仲、厚朴、黄柏等,但产量不高,因此没有计算。据此得到 2001 年鹞落坪自然保护区药材产品的价值约为 233.7 万元。

**表 5-2　2001 年鹞落坪自然保护区野生及部分人工种植中草药材产量及价格**

| 品名 | 单价/（元/kg） | 产量/kg | 价值/元 |
|---|---|---|---|
| 黄精 | 4.5~5.5 | 3000~4000 | 17 500 |
| 草乌 | 4~5.3 | 2000~3000 | 11 630 |
| 石菖蒲 | 3~6 | 4000~5000 | 20 250 |
| 茯苓（鲜） | 1~1.5 | 500~50000 | 31 562 |
| 天麻（干） | 80~130 | 9000~9500 | 971 250 |
| 三桠 | 0.8 | 100 000~1 125 000 | 850 000 |
| 杜仲皮 | 2~6 | 1000~3000 | 8000 |
| 厚朴皮 | 7~8 | 2000~3000 | 18 750 |
| 枣皮 | 20~30 | 1000~1500 | 31 250 |
| 八月炸 | 2~3.5 | 5000~6000 | 15 125 |
| 山楂 | 0.6 | 2000~3000 | 1500 |
| 玉竹 | 6~8 | 1100 | 7700 |
| 青木香（马兜铃） | 8~9 | 100~200 | 1275 |
| 蚤休（七叶一枝花） | 8~12 | 400 | 4000 |
| 芫花 | 2~3 | 800~1500 | 2875 |
| 断血流 | 0.6~1 | 1000~15 000 | 6400 |
| 鱼腥草 | 1.6~2.0 | 1000~1500 | 2250 |
| 过路黄 | 1.0 | 200 | 200 |
| 虎杖 | 3 | 20 000~30 000 | 75 000 |
| 二花 | 10 | 4000~5000 | 45 000 |
| 前胡 | 3~4 | 4000~5000 | 15 750 |
| 红藤 | 2~24 | 10 000 | 130 000 |
| 天南星 | 5~6 | 4000~5000 | 24 750 |
| 桔梗 | 1.0 | 20 000 | 20 000 |
| 款冬花 | 20~30 | 1000 | 25 000 |
| 合计 | — | — | 2 337 017 |

2012 年，鹞落坪自然保护区主要中草药材的产量和销售价格见表 5-3。据此估算得到 2012 年鹞落坪自然保护区药材产品的价值为 34.8 万元。

表 5-3 2012 年鹞落坪自然保护区主要中草药材产量及价格

| 品名 | 面积 /hm² | 单产 /（kg/hm²） | 总产 /kg | 单价 /（元/kg） | 总产值 /元 |
|---|---|---|---|---|---|
| 茯苓 | 2.5 | 2400 | 6000 | 10 | 60 000 |
| 天麻 | 15 | 800 | 12 000 | 24 | 288 000 |

### 3. 农副产品价值

农副产品主要包括粮食、蔬菜果品、茶叶、蚕茧、油料、食用菌和畜禽蛋奶肉类。

（1）粮食作物：保护区 2001 年粮食作物生产情况见表 5-4。粮食作物的单价为 1.2 元/kg，产量为 1 030 500 kg，则 2001 年粮食作物的价值为 123.66 万元。保护区 2012 年粮食作物播种面积为 247 hm²，产量为 1 358 500kg。根据安徽价格监测网数据（http://www.ahpi.gov.cn/uniscms/），2012 年芜湖市米面均价为 4.24 元/kg，则粮食作物的价值为 576 万元。

表 5-4 2001 年鹞落坪自然保护区粮食作物生产情况

| 粮食作物种类 | 播种面积 /hm² | 产量 /kg |
|---|---|---|
| 稻谷 | 195 | 831 000 |
| 小麦 | 20 | 28 000 |
| 玉米 | 20 | 132 000 |
| 其他作物 | 3 | 8000 |
| 小计 | 238 | 999 000 |
| 豆类作物 | 7 | 6500 |
| 薯类（折粮） | 9 | 25 000 |
| 合计 | 254 | 1 030 500 |

（2）蔬菜果品：2001 年保护区蔬菜、瓜果类的生产销售情况见表 5-5，从中可计算出该类产品的价值为 157 万元。

**表 5-5  2001 年鹞落坪自然保护区蔬菜果品的产量及价格**

| 蔬菜种类 | 面积/hm² | 产量/kg | 单价/（元/kg） | 价值/元 |
|---|---|---|---|---|
| 叶菜 | 196 | 982 000 | 0.5 | 491 000 |
| 瓜菜 | 41 | 300 000 | 0.6 | 180 000 |
| 块根、块茎类 | 140 | 525 000 | 0.4 | 210 000 |
| 茄果类 | 8 | 150 000 | 0.9 | 135 000 |
| 葱蒜类 | 3 | 8000 | 1.0 | 8000 |
| 菜用豆类 | 14 | 35 000 | 1.2 | 42 000 |
| 其他蔬菜 | 170 | 630 000 | 0.8 | 504 000 |
| 合计 | 402 | 2 630 000 | — | 1 570 000 |

2012 年蔬菜、瓜果类的生产销售情况见表 5-6，其中，蔬果单价参考安徽价格监测网（http://www.ahpi.gov.cn/uniscms/），由此计算得到该类产品的价值为 3680 万元。

**表 5-6  鹞落坪自然保护区 2012 年蔬菜果品的产量及价格**

| 蔬菜种类 | | 面积/hm² | 产量/t | 单价/（元/kg） | 价值/元 |
|---|---|---|---|---|---|
| 叶菜类 | 小计 | 15 | 22 | — | 118 900 |
| | 芹菜 | 5 | 15 | 6.66 | 99 900 |
| | 油菜 | 5 | 5 | 2.60 | 13 000 |
| | 菠菜 | 5 | 2 | 3.00 | 6000 |
| 白菜类 | 小计 | 56 | 255 | — | 615 000 |
| | 大白菜 | 40 | 205 | 3.00 | 615 000 |
| 甘蓝类 | 小计 | 30 | 43 | 2.14 | 92 020 |
| | 卷心菜 | 30 | 43 | 2.14 | 92 020 |
| 根茎类 | 小计 | 150 | 4300 | 3.20 | 13 760 000 |
| | 白萝卜 | 150 | 4300 | 3.20 | 13 760 000 |
| 瓜菜类 | 小计 | 12 | 15 | — | 54 660 |
| | 黄瓜 | 11 | 13 | 3.96 | 51 480 |
| | 南瓜 | 1 | 2 | 1.59 | 3180 |
| 豆类 | 小计 | 265 | 3930 | — | 20 619 900 |
| | 豇豆 | 45 | 180 | 7.68 | 1 382 400 |
| | 四季豆 | 220 | 3750 | 5.13 | 19 237 500 |

| 蔬菜种类 | | 面积 /hm² | 产量 /t | 单价 /（元/kg） | 价值 /元 |
|---|---|---|---|---|---|
| 茄果类 | 小计 | 80 | 220 | — | 1 520 000 |
| | 茄子 | 10 | 35 | 4.00 | 140 000 |
| | 辣椒 | 10 | 50 | 13.20 | 660 000 |
| | 西红柿 | 60 | 120 | 6.00 | 720 000 |
| 葱蒜类 | 小计 | 2 | 18 | | 23 000 |
| | 大葱 | 1 | 4 | 2.60 | 10 400 |
| | 蒜头 | 1 | 3 | 4.20 | 12 600 |

（3）茶叶：2001 年年末，保护区实有茶园面积 193 hm²，其中当年采摘面积 116 hm²，生产茶叶约 48 000 kg。普通茶叶的价格为 30.5 元/kg，有机茶的价格为 60 元/kg。若普通茶叶与有机茶叶的比例按 6：4 分配，则茶叶的总价值为 203 万元。2012 年年末，保护区实有茶园面积 400 hm²，采摘面积为 350 hm²，生产茶叶约 50 000 kg。干茶单价为 800 元/kg，按 2.5 kg 鲜茶加工成 0.5 kg 干茶计算，则鲜茶单价为 160 元/kg，若全部作为鲜茶出售，则茶叶的总价值为 800 万元。

（4）特种作物：主要指黑木耳和香菇。2001 年保护区生产黑木耳 800kg、香菇 411kg，当年木耳的价格 40 元/kg、香菇的价格为 28 元/kg。两项合计价值为 4.35 万元。2012 年保护区生产黑木耳 3000kg、香菇 2000kg，木耳的价格 71 元/kg、香菇的价格为 51 元/kg，两项合计价值为 31.5 万元。

（5）畜禽蛋肉产品：从表 5-7 中可看出，2001 年保护区肉类总产量 133 010 kg，禽蛋产量 17 600 kg。肉类的价格为 10 元/kg，禽蛋类的价格为 4 元/kg。由此得出这两项的价值为 240.14 万元。

表 5-7　2001 年鹞落坪自然保护区畜牧业饲养及产量

| 牲畜种类 | 期初存栏数 | 当年出栏数 | 期末存栏数 | 肉产量/kg |
|---|---|---|---|---|
| 牛/头 | 761 | 109 | 652 | 0（农事劳役） |
| 猪/头 | 3590 | 1414 | 2176 | 106 050 |
| 羊/只 | 4568 | 1414 | 3154 | 16 990 |
| 家禽/万只 | 12 900 | 6700 | 6200 | 6700 |
| 兔/万只 | 2180 | 2180 | 0 | 3270 |

2012 年保护区肉类总产量 152 700 kg，禽蛋产量 2100 kg。根据其各自的单价，得出这两项的价值为 473.72 万元（表 5-8）。

**表 5-8　2012 年鹞落坪自然保护区畜禽蛋肉产量及价值估算表**

| 品种 | | 当年出栏数/头 | 年末存栏数/头 | 能繁衍的母蓄/头 | 当年生仔量/头 | 肉/蛋产量/kg | 单价/（元/kg） | 价值/元 |
|---|---|---|---|---|---|---|---|---|
| 猪 | — | 1350 | 1100 | 85 | 850 | 110 700 | 27.92 | 3 090 744 |
| 牛 | 肉牛 | 50 | 110 | 20 | 20 | 7000 | 63.06 | 441 420 |
| | 役用牛 | — | 100 | 10 | 10 | | | |
| 羊 | 山羊 | 800 | 580 | 250 | | 20 000 | 58.38 | 1 167 600 |
| 活家禽(万只) | — | 1 | 1.3 | | | 15 000 | 9.00 | 13 500 |
| 其他家禽蛋产量 | — | — | — | — | | 2100 | 11.38 | 23 898 |
| 合计 | | — | — | — | — | — | — | 4 737 162 |

（6）蚕茧：2012 年保护区蚕茧总产量 31 000kg，根据质量优劣，蚕茧价格为 40~45 元/kg，取 42.5 元/kg，则保护区蚕茧价值为 131.75 万元。

（7）油料：2012 年保护区油料产量及单价见表 5-9，从中可计算出油料价值为 7.72 万元。

**表 5-9　2012 年鹞落坪自然保护区油料生产情况及价值**

| 油料 | 播种面积/hm² | 产量/kg | 单价/（元/kg） | 价值/元 |
|---|---|---|---|---|
| 花生 | 6 | 6000 | 9.5 | 57 000 |
| 油菜籽 | 4 | 4000 | 5.06 | 20 240 |
| 合计 | 10 | 10 000 | — | 77 240 |

农副产品的总价值为上述七类产品价值总和（表 5-10），2001 年、2012 年分别为 728.15 万元和 5700.69 万元。

**表 5-10　鹞落坪自然保护区农副产品直接使用价值汇总（万元）**

| 年份 | 粮食 | 蔬菜果品 | 茶叶 | 特种作物 | 畜禽蛋肉 | 蚕茧 | 油料 | 合计 |
|---|---|---|---|---|---|---|---|---|
| 2001 | 123.66 | 157 | 203 | 4.35 | 240.14 | — | | 728.15 |
| 2012 | 576 | 3680 | 800 | 31.5 | 473.72 | 131.75 | 7.72 | 5700.69 |

　　鹞落坪自然保护区直接实物产品价值为木材产品价值、药材产品价值、农副产品价值和畜禽蛋肉产品价值之和，2001 年计 1639.84 万元，2012 年计 6270.49 万元。

### 5.1.2　直接非实物使用价值

　　自然保护区直接非实物价值包括旅游价值和科研、教育和文化价值。

#### 1. 旅游价值

　　经过多年的探索和研究论证，鹞落坪自然保护区基本明确了旅游的发展方向，即针对该区丰富的生物资源、优越的自然条件、光荣的革命传统开展以科普宣传教育、科研教学实习、观光避暑疗养等为特色的生态旅游，主要服务对象是大专院校及科研院所的高级知识分子、中小学的在校师生、各级领导、热爱大自然和环保事业的各国公民。大力发展生态农业、中药材种植业、花卉盆景业、山野菜、保健食品等有地方特色的旅游产品。就保护区而言，不应大力提倡旅游活动，应根据实验区的承载力估算旅游容量，使之控制在一定的限度内。

　　由于鹞落坪自然保护区 2001 年前还未正式开展旅游活动，因此已实现的旅游价值很小。但该保护区潜在的旅游价值较高，因此属于非使用价值的一部分，在非使用价值的研究中通过增加问卷调查中的有关内容，可以评估出其潜在的价值。

　　采用费用支出法估算旅游价值。2001 年，到鹞落坪自然保护区参观考察和实习的人次约为 800，他们主要分别来自北京、南京、合肥以及安庆。旅行费用主要计算了交通费和食宿费（表 5-11）。根据费用支出法，鹞落坪 2001 年实现的旅游价值约为 31.8 万元。

表 5-11　2001 年鹞落坪自然保护区旅游情况统计

| 出发地 | 人次<br>/人 | 天数<br>/天 | 交通费<br>/（元/人） | 食宿费<br>/（元/天） | 总价值<br>/元 |
|---|---|---|---|---|---|
| 北京 | 8 | 5 | 900 | 60 | 9600 |
| 南京 | 32 | 5 | 220 | 60 | 16 640 |
| 合肥 | 460 | 5 | 100 | 60 | 184 000 |
| 安庆 | 300 | 5 | 60 | 60 | 108 000 |
| 合计 | 800 | — | — | — | 318 240 |

　　根据包家乡旅游规划，按照外来人口中游客与服务人员的比例（3∶1）计算，则包家乡日均外来游客容量为 2947 人次。如果一年按 100 天（3 个月加 10 天）旅游时间计算，则年游客容量为 294 700 人次。据估计，2012 年，鹞落坪的游客

人数为年游客容量的 10%左右，即 29 470 人次。鹞落坪的游客大多来自安徽及周边省市，交通费约为 280 元/人，食宿费约为 150 元/人，且大多数游客选择周末两天去游玩，取平均滞留天数 2 天，则 2012 年该保护区旅游价值为 1709.26 万元。

本次评估的旅游价值仅仅是指到保护区参观、考察、实习、休闲观光而实现的价值，不包括旅游的潜在价值。

### 2. 科研、教育和文化价值

费用支出法是通过计算利用保护区的资源进行科研、教育文化等活动而支付的全部费用来表示其价值，它是指已实现的价值。采用费用支出法就保护区已实现的科研、教育和文化价值进行评估。受成立时间较短、知名度不高、景观多样性较低、科研经费不足等客观因素的影响，鹞落坪自然保护区 2001 年科研价值与旅游价值一样还未得到充分发挥，已实现的价值与其潜在价值相比，相差很大。

到 2001 年为止，在鹞落坪自然保护区开展的科研、教育、文化活动主要有以下几种：①据安徽省地质科学研究所徐树桐教授在 20 世纪 80 年代末研究发现，在大别山南部露出的超高压变质岩，曾从地表俯冲到大于 100 km 的地球深部后快速返回地表，这使人们重新认识到地球深部的物理化学过程，使国际地质界公认的板块构造模式受到严峻的挑战。这项成果于 1992 年在美国《科学》杂志上报道，使近年来已成为国际地学界研究热点的大别山迅速成为世界上超高压变质作用研究的最著名的造山带之一。②早在 1959 年安徽大学的植物学老师就来到鹞落坪采集植物标本。③1986 年，安徽省皖西南风景区旅游资源考察组到实地考察，并肯定了建立"鹞落坪自然保护区"对安徽省经济建设、科研教学和促进环保事业发展所起的作用。④1990 年，十几位专家学者深入鹞落坪自然保护区进行实地科学考察。⑤1993 年，一大批科研人员对该区的森林植被、植物资源、动物资源、土壤、水环境、地质地貌、气候、中草药资源、社会经济状况及保护开发规划等进行了较为深入的考察研究，并于当年编印了《安徽省鹞落坪自然保护区综合科学考察报告（1986—1993 年）》。⑥1993 年，中国科学院动物研究所鸟类组的研究人员在该区进行白冠长尾雉的生态观测点的初步考察选址工作；此外，该所其他有关人员还进行了鹞落坪自然保护区鸡类资源的考察研究。⑦1993 年，由《人民日报》《中国环境报》《中国林业报》等组织的"中国长江绿色万里行考察团"来该区考察。⑧1994 年，安徽大学生物学系教师进行了细痣疣螈、大鲵、商城肥鲵等两栖类动物繁殖习性初步研究。⑨1994 年，南京农业大学有关师生进行了半夏、鸢尾属植物及其他珍稀、观赏植物的保护与开发等合作研究意向的考察。⑩1995 年，中国科学院植物研究所的有关研究人员在鹞落坪进行了为期半个月的考察研究活动。⑪1996 年，荷兰国家森林与自然研究所水生生态研究室的 B.Higler 到鹞落坪实地考察，并认为"该区界线与包家河流域正好一致，支流都发源于保护区核心区内，再向外流出，作为亚高山水生生态系统，具有很高的研究价值，也便于保护和管理，这样的保护区和水生生态系统，在西欧是没有的，可以作为世界级的典范加以保护"。⑫1999 年保护区与安徽大学生命科学院联合建立科研教学实验基地；2001 年，在鹞落坪建立"安徽大学'人与自然'教育基地"。⑬2000年，安徽大学学生在多枝尖核心区内捕获一条丽纹蛇（*Calliophis macclellandi*），属眼镜蛇科，有毒；一条棕色腹链蛇（*Amphiesma sauter*），属游蛇科，无毒，两条蛇均属大别山区地理新分布，原来只分布于皖南山区，这次发现于大别山区蛇类分布新记录。⑭自 2000 年起，安徽省科学技术协会组织的全省中学生生态夏令营活动将鹞落坪选为活动基地，当年举行的"安徽省 2000 年中学生环保生态夏令营"活动在鹞落坪顺利进行（表 5-12）。

**表 5-12　2002 年前鹞落坪自然保护区科研、教学相关费用统计**

| 序号 | 时间及内容 | 费用估计/万元 |
|---|---|---|
| 1 | 建区前（筹建、零星考察等） | 10.0 |
| 2 | 1993 年 7 月保护区综合科学考察及《报告》 | 8.0 |
| 3 | 1993 年 8 月中国科学院动物研究所鹞落坪鸡类资源考察 | 0.2 |
| 4 | 1993 年 11 月"中国长江绿色万里行考察团" | 0.3 |
| 5 | 1994 年 4 月安徽省环境科学研究所大鲵科研项目 | 3.0 |
| 6 | 1994 年 4 月动物研究所考察白冠长尾雉 | 0.2 |
| 7 | 1995 年 6 月南京农业大学、中山植物园实习考察 | 0.5 |
| 8 | 1995 年 6 月环境保护部中药材生产示范项目 | 5.0 |
| 9 | 1996 年 10 月安徽环境科学研究所高山流水养鱼项目 | 3.0 |
| 10 | 1996 年 11 月荷兰专家考察水生生态 | 0.5 |
| 11 | 1997 年 4 月安徽省林业厅专家考察 | 0.3 |
| 12 | 1997 年 5 月安徽师范大学植物考察 | 0.2 |
| 13 | 1997 年 7 月文汇报记者采访 | 0.2 |
| 14 | 1998 年 7 月安徽农业大学实习考察 | 0.6 |
| 15 | 1999 年 3 月安徽省规划设计院考察 | 0.5 |
| 16 | 1999 年 4 月安徽农业大学采集标本 | 0.3 |
| 17 | 1999 年 5 月安庆市卫生学校中草药实习 | 1.2 |
| 18 | 1999 年 5 月安徽大学实习 | 0.6 |
| 19 | 1999 年 6 月安徽省中学生环保夏令营 | 1.0 |
| 20 | 1999 年 7 月国家计划委员会专家考察旅游资源 | 0.3 |
| 21 | 1999 年 8 月中国科学院植物研究所采集标本 | 0.5 |

续表

| 序号 | 时间及内容 | 费用估计/万元 |
|---|---|---|
| 22 | 1999 年 11 月国家环境保护总局项目考察 | 0.5 |
| 23 | 2000 年 3 月中国环境报记者采访 | 0.2 |
| 24 | 2000 年 4 月安徽电视台采编专题节目 | 2.0 |
| 25 | 2000 年 5 月安徽农业大学虫草研究 | 0.2 |
| 26 | 2000 年 6 月安徽大学课题合作及教学实习 | 5.5 |
| 27 | 2000 年 7 月安徽省科学技术协会中学生夏令营 | 2.0 |
| 28 | 2000 年 10 月安徽省农委虹鳟鱼试验项目 | 10.0 |
| 29 | 2001 年 4 月中国科学技术大学培训班 | 3.5 |
| 30 | 2001 年 6 月安徽大学教学实习 | 1.5 |
| 31 | 2001 年 7 月安徽省科学技术协会中学生夏令营 | 2.5 |
| 32 | 2001 年 11 月安徽省林学院考察 | 0.5 |
| 33 | 2002 年 5 月凤阳农业技术师范学院实习 | 1.5 |
| 34 | 2002 年 6 月安徽大学教学实习 | 2.5 |
| 35 | 2002 年 7 月安徽科学技术协会夏令营 | 3.0 |
| 36 | 有机农业项目（1997~2002 年） | 25.0 |
| 37 | 环境保护部南京环境科学研究所研究项目（2000~2002 年） | 10.0 |
| 38 | 安徽省环境保护厅扶贫开发研究项目（1997~2002 年） | 12.0 |
| 39 | 零星考察、研究项目（1998~2002 年） | 10.0 |
| 合计 | | 128.8 |

　　此外，有关研究单位和人员在该保护区还进行了虫生真菌研究，并发表了相关论文；研制保健药品"虫草胶囊"，并发表论文《绞股蓝有效成分的化学分析研究》；开展有机农业项目、药用地衣植物研究等。科研、教育文化价值可通过费用支出法或者专家咨询法评估。费用支出法是通过计算利用保护区的资源进行科研、教育文化等活动而支付的全部费用来表示该价值，它是指已实现的价值。采用费用支出法就是对保护区已实现的科研、教育和文化价值进行评估。从表 5-12 中可看出，鹞落坪自然保护区自成立以来到 2002 年在科研教育方面的总花费为 128.8 万元，平均每年 12.9 万元。

　　2002~2014 年，在鹞落坪自然保护区开展的主要科研、教育、文化活动见表 5-13。从表 5-13 中可看出，鹞落坪自然保护区 2002~2014 年在科研教育方面的总花费为 530 万元，平均每年约 37.9 万元。

**表 5-13　2002~2014 年鹞落坪自然保护区科研、教学相关费用统计**

| 序号 | 时间及内容 | 费用估计<br>/万元 |
|---|---|---|
| 1 | 2002 年度安徽大学及安徽科技学院 167 人来区实习实践 | 1.2 |
| 2 | 2002 年古树名木挂牌保护 | 1 |
| 3 | 2002 年环境保护部南京环境科学研究所与保护区共同承担《大别山水源涵养林区生态承载<br>力与区域经济协调发展》课题研究 | 10 |
| 4 | 2003 年安徽大学 27 人来区调研 | 0.4 |
| 5 | 2004 年岳西高职 40 人来区实习 | 0.6 |
| 6 | 2004 年法国专家安德雷来区生态旅游考察 | 1 |
| 7 | 2004 年与中国科学院进行"大别山五针松资源状况及保护措施调查研究"课题研究 | 1 |
| 8 | 2004~2009 年安徽科技学院鹞落坪保护区地衣调查 | 5 |
| 9 | 2005 年安徽大学、安徽科技学院等院校 173 人来区实习实践 | 1.5 |
| 10 | 2006 年安徽大学、安徽科技学院及滁州学院 250 人来区实习实践 | 2.1 |
| 11 | 2006 年 10 月南京林业大学珍珠黄杨、芫花种质资源调查 | 2 |
| 12 | 2006~2008 年安徽大学进行安徽省物种资源调查（鹞落坪部分） | 14 |
| 13 | 2006 年安徽省环境监测中心站鹞落坪生态环境质量评价 | 5 |
| 14 | 2006~2013 年安徽大学进行大别山两栖类区系调查 | 5 |
| 15 | 2007~2008 年、2010 年河北大学进行昆虫资源普查 | 5 |
| 16 | 2007 年鹞落坪保护区社区进行经济状况调查 | 1 |
| 17 | 2007~2008 年安徽大学鹞落坪土壤理化性质微生物量与酶活性分布特征研究 | 5 |
| 18 | 2008 年安徽大学等院校实习 | 3 |
| 19 | 2008 年中国科学院动物研究所进行蜘蛛目、蚜虫调查 | 2 |
| 20 | 2008 年安徽大学鹞落坪保护区植物花粉形态研究 | 5 |
| 21 | 2008 年安徽大学多枝杜鹃资源调查 | 5 |
| 22 | 2009 年鹞落坪 GIS 管理系统一期工程建设 | 38 |
| 23 | 2009 年安徽大学、安徽科技学院等 6 所院校 274 人来区实习实践 | 2.5 |
| 24 | 2010 年鹞落坪 GIS 系统二期工程建设 | 120 |
| 25 | 2010 年安徽大学、安徽农业大学等 7 所院校 321 人来区实习实践 | 3.2 |
| 26 | 2010 年南京林业大学进行江南桤木种质资源调查 | 1 |
| 27 | 2010 年鹞落坪生态旅游规划 | 20 |
| 28 | 2010 年与中国科学技术大学共建实验室 | 50 |
| 29 | 2011 年安徽科技学院商城肥鲵 DNA 初步分析 | 2 |
| 30 | 2011 年中国科学技术大学 24 人来区实习 | 2 |
| 31 | 2011 年 7 月中国科学院植物研究所碳汇监测项目（固定样地） | 5 |

续表

| 序号 | 时间及内容 | 费用估计/万元 |
|---|---|---|
| 32 | 2011 年 9 月环境保护部南京环境科学研究所碳汇监测项目（土壤） | 2 |
| 33 | 2011 年安徽大学两栖类调查（环境保护部南京环境科学研究所生物监测项目） | 5 |
| 34 | 2011 年安徽省观鸟协会鸟类调查（环境保护部南京环境科学研究所生物监测项目） | 5 |
| 35 | 2011~2012 年华东师范大学"安徽常绿阔叶林-落叶阔叶林交错带的森林植被特征及其成因"课题研究 | 5 |
| 36 | 2011~2013 年鹞落坪保护区本底调查（安庆师范学院） | 50 |
| 37 | 2012 年中国科学技术大学、安徽大学、南开大学等 9 所院校 364 人来区实习实践 | 4.5 |
| 38 | 2012~2013 年华东师范大学"鹞落坪 4 种典型植被类型土壤活性碳、氮特征比较"课题研究 | 2 |
| 39 | 2013 年中国科学技术大学、亳州医药学校等 18 所院校 971 人来区实习实践 | 15 |
| 40 | 2013~2014 年环境保护部环境规划院"从鹞落坪看国家级自然保护区生态补偿机制建设的研究"课题研究 | 2 |
| 41 | 2013 年保护区建区以来公开发表论文收集、整理、编印 | 2 |
| 42 | 2014 年与安徽师范大学、环境保护部南京环境科学研究所进行"全国生态监测示范点样地建设" | 102 |
| 43 | 2014 年中国科学技术大学、南京林业大学、亳州医药学校等 17 所院校 897 人来区实习实践 | 16 |
| 合计 | | 530 |

### 5.1.3 直接使用价值

鹞落坪自然保护区直接使用价值评估结果见表 5-14。直接使用价值为直接实物价值和直接非实物使用价值之和，2001 年为 1684.54 万元，2012 年为 8017.65万元，2012 年约为 2001 年的 4.76 倍，这是按照评价年的实际价格计算的结果。根据国家统计局数据，我国 2000~2010 年的平均通货膨胀率是 2.47%，据此平均通货膨胀率将 2001 年的直接使用价值进行调整，调整后则为 2202.45 万元，表明2012 年鹞落坪自然保护区的直接使用价值约是 2001 年的约 3.6 倍。

表 5-14 鹞落坪自然保护区使用价值评估结果（万元）

| 年份 | 直接使用价值 | | | | 间接使用价值 | | | 合计 |
|---|---|---|---|---|---|---|---|---|
| | 木材 | 药材 | 农副产品 | 合计 | 旅游价值 | 科研文化 | 合计 | |
| 2001 | 678.00 | 233.70 | 728.15 | 1639.85 | 31.80 | 12.90 | 44.70 | 1684.55 |
| 2001（1） | 886.45 | 305.55 | 952.02 | 2144.02 | 41.58 | 16.87 | 58.44 | 2202.47 |
| 2012 | 535.00 | 34.80 | 5700.69 | 6270.49 | 1709.26 | 37.90 | 1747.16 | 8017.65 |

注：2001（1）按 2012 年不变价格计算的 2001 年价值。

# 5.2　间接使用价值

运用前文建立的评估指标和评估模型,本节对鹞落坪自然保护区在保持土壤、涵养水源、固定 $CO_2$、营养物质循环、防治病虫害和降解污染物等方面提供的生态系统服务功能价值进行评估。为了便于比较,采用 2001 年的价格参数对 2001 年、2012 年两个典型年的间接使用价值进行评估。

## 5.2.1　保持土壤的价值

根据县水土保持站定点实测的结果,鹞落坪自然保护区 2001 年土壤侵蚀量为 $2.31 \times 10^5 t$,其中林地土壤的年侵蚀量为 190 100t,荒地、采伐迹地、坡耕地的土壤侵蚀量为 40 820t(表 5-15);荒地的侵蚀模数为 148t/($hm^2 \cdot a$),则保护区潜在土壤侵蚀量为 $1.82 \times 10^6 t$。根据土壤侵蚀量估算模型,估算出 2001 年鹞落坪自然保护区减少土壤侵蚀的量为 $1.59 \times 10^6 t$。

表 5-15　2001 年鹞落坪自然保护区水土流失状况

| 植被类型 | 植被覆盖率/% | 面积/hm² | 侵蚀模数/[t/(hm² · a)] | 年侵蚀量/t |
|---|---|---|---|---|
| 常绿落叶阔叶混交林 | 90 | 418 | 14.0 | 5852 |
| 针阔混交林 | 90 | 3220 | 15.0 | 43 800 |
| 针叶林 | 88 | 2812 | 21.0 | 59 052 |
| 落叶阔叶林 | 88 | 4284 | 19.0 | 81 396 |
| 其他 | — | — | — | 40 820 |
| 合计 | — | 10 734 | — | 230 920 |

2001 年鹞落坪生态系统保持土壤的价值主要包括以下三个方面。

### 1. 减少土壤侵蚀的土地面积的价值

首先根据土壤侵蚀量和土壤耕作层的厚度来推算因减少土壤侵蚀而减少的土地废弃面积的量,然后根据影子价格估算其价值。如果以土壤表土平均厚度 0.6m 作为土层厚度,则鹞落坪自然保护区每年减少的土地废弃面积为 442hm²。根据国家统计局的资料,我国林业生产的平均收益为 282.17 元/($hm^2 \cdot a$)(1990 年不变价),由此可得鹞落坪森林减少土壤侵蚀的价值为 12.47 万元。

## 2. 减少土壤肥力损失的价值

土壤侵蚀带走了大量的土壤营养元素，主要估算土壤有机质、氮、磷、钾。根据保护区土壤的有机质、全氮、全磷、全钾的含量，以及减少的土壤侵蚀量，计算出减少有机质、氮、磷、钾的损失量分别为 38 955t、1908t、715t、46 110t。以我国化肥平均价格 2549 元/t 为标准，估计减少氮、磷、钾损失的价值，每年减少的土壤氮磷钾损失的经济价值为 12 400 万元。关于有机质价值是否应该评价尚存争议，有的认为应该计算，也有的认为不需要，否则会产生因重复计算而高估结果的可能（薛达元，1997）。考虑到有机质价值评估的影子价格难以确定，暂且忽略这项价值的估算。

## 3. 减少泥沙淤积的经济价值

按照我国主要流域的泥沙运动规律，全国土壤侵蚀流失的泥沙一般有 24%淤积于水库、江河、湖泊，另有 33%滞留，37%入海（《中国水利年鉴 1992》编辑委员会，1992）。淤积于水库、江河、湖泊的泥沙直接造成了蓄水量下降，在一定程度上增加了干旱、洪涝灾害发生的机会。根据蓄水成本计算损失的价值，鹞落坪每年减少 $3.82×10^5$t 的泥沙淤积，相当于 $6.37×10^5m^3$ 的库容。按我国 $1m^3$ 库容的水库工程费用为 0.67 元的标准（陈应发，1994），鹞落坪森林生态系统减少泥沙淤积的经济价值为 42.7 万元。

综上所述，2001 年鹞落坪自然保护区减少土壤侵蚀的总经济价值为 12 500 万元。

根据 2012 年的各类植被的面积，采用 2001 年的侵蚀模数，计算得到鹞落坪自然保护区的现实土壤侵蚀量约为 $2.44×10^5$t，其中林地土壤的年侵蚀量约为 209 112t，荒地、采伐迹地、坡耕地的土壤侵蚀量约为 34 848t（表 5-16）；荒地的侵蚀模数为 148t/（$hm^2·a$），则保护区潜在土壤侵蚀量为 $1.82×10^6$t。根据土壤侵蚀量估算模型，估算出 2012 年鹞落坪自然保护区减少土壤侵蚀的量为 $1.576×10^6$t。

**表 5-16　2012 年鹞落坪自然保护区水土流失状况**

| 植被类型 | 植被覆盖率 /% | 面积 /hm² | 侵蚀模数 /[t/（hm²·a）] | 年侵蚀量 /t |
|---|---|---|---|---|
| 针阔混交林 | 90 | 1296.1 | 15 | 19 442 |
| 针叶林 | 88 | 3031.2 | 21 | 63 655 |
| 落叶阔叶林 | 88 | 6632.4 | 19 | 126 016 |
| 其他 | — | 1340.3 | 26 | 34 848 |
| 合计 | — | 12 300 | | 243 961 |

2012 年鹞落坪生态系统保持土壤的价值可分为以下三个方面。

### 1. 减少土壤侵蚀的土地面积的价值

首先根据土壤侵蚀量和土壤耕作层的厚度来推算因减少土壤侵蚀而减少的土地废弃面积的量，然后根据影子价格估算其价值。如果以土壤表土平均厚度 0.6m 作为土层厚度，取林地土壤容重 600 $kg/m^3$，则鹞落坪自然保护区每年减少的土地废弃面积为 438$hm^2$。根据国家统计局的资料，我国林业生产的平均收益为 282.17 元/（$hm^2$·a）（1990 年不变价），由此可得 2001 年鹞落坪森林减少土壤侵蚀的价值为 12.35 万元。

取林地土壤容重 1160 $kg/m^3$，则鹞落坪自然保护区每年减少的土地废弃面积为 226.43$hm^2$。根据国家统计局的资料，我国林业生产的平均收益为 282.17 元/（$hm^2$·a）（1990 年不变价），由此可得 2012 年鹞落坪森林减少土壤侵蚀的价值为 6.39 万元。

### 2. 减少土壤肥力损失的价值

根据保护区土壤的有机质、全氮、全磷、全钾的含量，减少的土壤侵蚀量，以及《鹞落坪国家级自然保护区森林土壤理化性质、微生物量与酶活性分布特征研究》（徐康，2012），可知鹞落坪自然保护区中土壤总碳含量呈现出枯枝落叶层（32.56%）>腐殖质层（5.82%）>淀积层（4.32%）的分布趋势，土壤总氮含量呈现出枯枝落叶层（1.30%）>腐殖质层（0.43%）>淀积层（0.31%）的分布趋势，土壤总磷含量呈现出枯枝落叶层（2067.16 mg/kg）>腐殖质层（861.79 mg/kg）>淀积层（734.54 mg/kg）的分布趋势，土壤速效钾含量呈现出枯枝落叶层（196.71 mg/kg）>腐殖质层（119.87 mg/kg）>淀积层（90.74 mg/kg）的分布趋势，取速效钾（土壤全钾含量一般为 1%～2%，其中结构钾（土壤矿物晶格或深受结构束缚的钾）约占 90%～98%，迟效钾约占 2%～8%，速效钾约占 0.1%～2%。参考《北京八达岭地区森林土壤理化特征及健康指数的研究》（耿玉清，2006），一般林地枯枝落叶层厚度为 2.57cm，土壤腐殖质层厚度为 4.44cm，剩余厚度为淀积层，由此可以计算出减少有机质、氮、磷、钾的损失量分别约为 88 896.07t、5693.85t、1262.53t、15 355.7t，折合成化肥尿素约为 16 268.15t，过磷酸钙约 4765.69t，氯化钾约 29 333.33t，以我国市场尿素 1800 元/t，过磷酸钙 550 元/t，氯化钾 2200 元/t 价格计算出每年减少的土壤氮磷钾损失的经济价值为 9643.7 万元，根据薪材转换成土壤有机质的比例 2∶1 和薪材的机会成本价格约 51.30 元/t，计算出减少有机质流失价值约为 228 万元，2012 年鹞落坪森林生态系统减少土壤肥力损失的价值约为 9871.7 万元。

### 3. 减少泥沙淤积的经济价值

按照我国主要流域的泥沙运动规律，全国土壤侵蚀流失的泥沙一般有 24%淤积于水库、江河、湖泊，另有 33%滞留，37%入海（中国水利部，1992）。淤积于水库、江河、湖泊的泥沙直接造成了水库、江河、湖泊蓄水量的下降，在一定程度上增加了干旱、洪涝灾害发生的机会。根据蓄水成本计算损失的价值，则鹞落坪每年减少 $3.78 \times 10^8$kg 的泥沙淤积，相当于 $6.3 \times 10^5$m$^3$ 的库容。按我国库容的水库工程费用为 0.67 元/m$^3$ 的标准（陈应发，1994），根据《中国生物多样性国情研究报告》，按我国库容的拦沙工程费为 0.73 元/m$^3$ 的标准，鹞落坪森林生态系统减少泥沙淤积的经济价值为 42.2 万元。

综上所述，2012 年鹞落坪自然保护区减少土壤侵蚀的总经济价值为 12 319.55 万元。

### 5.2.2　固定 $CO_2$ 的价值

根据保护区科研处的测定结果，鹞落坪自然保护区各森林类型单位面积年平均蓄积生长量见表 5-17。人工固碳造林的成本取 273.3 元/t（周冰冰等，2000），根据植物光合作用方程式估算出鹞落坪每年固定的 $CO_2$ 量为 $2.80 \times 10^4$t。按照生态系统固定二氧化碳价值的评估模型，估算得到鹞落坪自然保护区 2001 年固定$CO_2$的价值为 764 万元。

表 5-17　2001 年鹞落坪自然保护区各树种面积和单位面积年平均蓄积生长量

| 林型 | 年平均生长量/[ m³/（hm²·a）] | 面积/hm² |
| --- | --- | --- |
| 常绿阔叶林 | 1.9 | 83 |
| 常绿落叶阔叶混交林 | 1.7 | 335 |
| 落叶阔叶林 | 1.8 | 4284 |
| 针阔混交林 | 2.5 | 3220 |
| 针叶林 | 2.7 | 2812 |

2012 年鹞落坪自然保护区各森林类型单位面积年平均生长量见表 5-18。根据保护区科研处的测定结果，落叶阔叶林、针叶林面积由 2013 年二类清查数据所得。针阔混交林面积结合 2003 年二类清查数据森林面积比例计算得出。人工固碳造林的成本取 273.3 元/t（周冰冰等，2000），取鹞落坪自然保护区树木平均密度为 0.71 g/cm$^3$，鹞落坪自然保护区由落叶阔叶林、针叶林、针阔混交林组成，其优势树种分别是江南桤木（密度为 0.55g/cm$^3$）、黄山松（密度为 0.5g/cm$^3$）、青冈栎（密度为 0.9g/cm$^3$）。根据植物光合作用方程式估算出鹞落坪每年固定的 $CO_2$

量为 $2.70 \times 10^4$t。按照生态系统固定二氧化碳价值的评估模型，估算得到鹨落坪自然保护区 2012 年固定 $CO_2$ 的价值为 737.91 万元。

**表 5-18　2012 年鹨落坪自然保护区森林年平均生长量**

| 林型 | 年平均生长量/[ $m^3/(hm^2 \cdot a)$ ] | 面积/ $hm^2$ |
|---|---|---|
| 落叶阔叶林 | 1.8 | 6632.4 |
| 针阔混交林 | 2.5 | 1296.1 |
| 针叶林 | 2.7 | 3031.2 |

### 5.2.3　营养物质循环的价值

2001 年，鉴于鹨落坪自然保护区建区时间较短，缺乏关于生态系统营养物质循环研究的基础数据，因此，对于该区营养物质循环价值的评估拟根据已有的研究成果，运用类比的方法进行评估。

据蒋延龄等对我国森林生态系统的研究（蒋延龄和周广胜，1999），马尾松林和阔叶林的营养物质循环的价值分别为 77 元/（ $hm^2 \cdot a$ ）和 43 元/（ $hm^2 \cdot a$ ），此结果对保护区生态系统来说偏低。另据陈步峰等（1998）的研究，海南省尖峰岭地区热带森林氮、磷、钾、钙、镁的年均降雨输入量为 78.4kg/（ $hm^2 \cdot a$ ），更新林总径流输出量为 56.7 kg/（ $hm^2 \cdot a$ ），原始林总径流输出量为 28.8 kg/（ $hm^2 \cdot a$ ），得出该区域更新林养分持流量为 21.6 kg/（ $hm^2 \cdot a$ ），原始林养分持流量为 49.6 kg/（ $hm^2 \cdot a$ ）。许广山等（1995a，1995b）在长白山的研究表明，红松阔叶混交林下的氮、磷、钾养分持流量为 51.01 kg/（ $hm^2 \cdot a$ ），红松云冷杉林下的氮、磷、钾养分持流量为 155.47 kg/（ $hm^2 \cdot a$ ）（表 5-19 和表 5-20）。长白山红松阔叶混交林下的氮、磷、钾养分持流量 51.01 kg/（ $hm^2 \cdot a$ ）与尖峰岭地区原始林养分持流量 49.6 kg/（ $hm^2 \cdot a$ ）接近。因此，鹨落坪阔叶林养分持流量可以用二者的平均养分持流量代替，即 50.3 kg/（ $hm^2 \cdot a$ ），针叶林的养分持流量以红松云冷杉林代替，即 155.47 kg/（ $hm^2 \cdot a$ ）。由此估算出 2001 年鹨落坪自然保护区阔叶林和针叶林的养分持流量分别为 317.5t 和 687.5t，合计为 1005t。以我国化肥平均价格为 2549 元/t 的标准，鹨落坪自然保护区的针叶林、阔叶林的营养物质循环的单价分别为 396 元/（ $hm^2 \cdot a$ ）和 128 元/（ $hm^2 \cdot a$ ）。薛达元（1997）对长白山的研究结果为：针叶林、阔叶林的营养循环单价分别为 400 元/（ $hm^2 \cdot a$ ）和 130 元/（ $hm^2 \cdot a$ ），二者得出的结果比较接近，说明以条件比较相似的已有的研究成果来代替未作研究的系统的功能具有一定的可行性。由营养物质循环的单价和生态系统的面积计算出该区 2001 年营养物质循环的价值为 256 万元。

**表 5-19　长白山红松阔叶混交林养分持流量[kg/（hm² · a）]（许广山，1995a）**

| 养分类别 | 氮 | 磷 | 钾 | 合计 |
|---|---|---|---|---|
| 林分从土壤中吸收养分 | 94.90 | 11.63 | 61.19 | 167.72 |
| 林分凋落物归还养分 | 58.60 | 7.18 | 35.57 | 101.35 |
| 雨水淋洗归还养分 | 3.11 | 1.15 | 11.10 | 15.36 |
| 林分净持留养分 | 33.19 | 3.30 | 14.52 | 51.01 |

**表 5-20　长白山红松云冷杉林养分持流量[kg/（hm² · a）]（许广山，1995b）**

| 养分类别 | 氮 | 磷 | 钾 | 合计 |
|---|---|---|---|---|
| 林分从土壤中吸收养分 | 125.69 | 16.03 | 55.64 | 197.36 |
| 林分凋落物归还养分 | 27.70 | 3.70 | 10.49 | 41.89 |
| 林分净持留养分 | 97.99 | 12.33 | 45.15 | 155.47 |

沿用 2002 年的计算参数，其中针阔混交林取两者平均值 102.89 kg/（hm² · a）。由此估算出 2012 年鹞落坪自然保护区阔叶林、针叶林、针阔混交林的养分持流量分别为 333.6t、471.3t 和 133.4t，合计为 938.2t。以我国化肥平均价格为 2549 元/t 的标准，鹞落坪自然保护区的针叶林、阔叶林、针阔混交林的营养物质循环的单价分别为 396 元/（hm² · a）、128 元/（hm² · a）和 262 元/（hm² · a）。由营养物质循环的单价和生态系统系统的面积计算出该区营养物质循环的价值为 239.15 万元/a。

本书尝试采用另外一种方法估算营养物质循环值。森林中绿色植被体内除了存储（碳）、（氢）、（氧）等元素外，还存储有大量的氮、磷、钾等营养元素，绿色植被还能够通过生态过程与外界环境进行元素交换，从而实现氮、磷、钾营养元素的循环。森林营养物质循环功能使得森林具有营养物质循环价值，森林营养物质循环价值通过影子价格法来计算。根据 Kimmins（1990）的研究可得，森林中绿色植被每固定 1g 碳，则可积累 0.038g 氮、0.0048g 磷、0.028g 钾。按 1990年不变价格，化肥的平均价格为 2549 元/t，则森林营养物质循环价值计算如式（5-1）所示：

$$V_{\text{nutrl}} = (0.03 + 0.004 + 0.02) \times \text{NPP} \times 2549 = 137.646\,\text{NPP} \tag{5-1}$$

式中，$V_{\text{nutrl}}$ 为营养物质循环价值（元）；NPP 表示森林固碳量（t）。

由前文计算可知鹞落坪每年固定的 $CO_2$ 量即 NPP 为 $2.21 \times 10^4$ t/a，则 $V_{\text{nutrl}}$ 为 304.20 万元，则鹞落坪营养物质循环价值为 304.20 万元。可见，该方法估算的营养物质循环的价值高于类比的方法。

### 5.2.4　涵养水源的价值

根据鹞落坪自然保护区 1991~2000 年的降水量和年径流量资料（表 5-21），采用水量平衡法估算得到鹞落坪的年平均涵养水源量为 $1.24 \times 10^8 \text{m}^3/\text{a}$。以 0.67 元/$\text{m}^3$（1990 年不变价格）作为水的影子价格（陈应发，1994），由涵养水源的经济价值评估模型估算得到该保护区 2001 年涵养水源的价值为 8300 万元。

表 5-21　鹞落坪自然保护区年降水状况（1991~2000 年）

| 年份 | 降水量/mm | 径流量/（亿 $\text{m}^3$） | 径流深/mm |
|---|---|---|---|
| 1991 | 1820 | 1.48 | 1203 |
| 1992 | 1610 | 1.22 | 992 |
| 1993 | 1580 | 1.21 | 984 |
| 1994 | 1590 | 1.21 | 984 |
| 1995 | 1620 | 1.22 | 992 |
| 1996 | 1640 | 1.23 | 1000 |
| 1997 | 1620 | 1.22 | 992 |
| 1998 | 1610 | 1.20 | 976 |
| 1999 | 1590 | 1.19 | 967 |
| 2000 | 1540 | 1.17 | 951 |
| 平均 | 1622 | 1.24 | 1004 |

根据鹞落坪自然保护区 2011~2012 年的降水量和年径流量资料（表 5-22），采用水量平衡法估算得到鹞落坪 2012 年平均涵养水源量为 $1.28 \times 10^8 \text{m}^3$。以 0.67 元/$\text{m}^3$（1990 年不变价格）作为水的影子价格（陈应发，1994），由涵养水源的经济价值评估模型估算得到该保护区涵养水源的价值为 8600 万元。

表 5-22　岳西、黄尾河水文站 2011~2012 年部分水文数据

| 站名 | 年份 | 年降水量/mm | 最高水位/m | 最大流量/（$\text{m}^3$/s） | 最大日平均输沙量/（kg/s） | 年径流量/（亿 $\text{m}^3$） | 径流深度/mm |
|---|---|---|---|---|---|---|---|
| 岳西水文站 | 2011 | 1188.0 | 368.05 | 244 | 198.0 | 0.680 | 496.1 |
|  | 2012 | 1553.7 | 368.63 | 476 | 235.0 | 1.279 | 933.6 |
| 黄尾河水文站 | 2011 | 1182.3 | 226.26 | 299 | 53.6 | 1.580 | 613.3 |
|  | 2012 | 1607.9 | 226.97 | 650 | 131.0 | 2.658 | 1012.5 |

注：黄尾河水文站是与保护区相邻乡镇的一个水文站，海拔 200 m，汇水面积 210 km²，植被覆盖率比鹞落坪自然保护区要低 7%。

### 5.2.5  吸收污染物的价值

$SO_2$ 在有害气体中数量最多、分布最广、危害较大。一般生长在 $SO_2$ 污染地区的植物叶中 $SO_2$ 的含量比周围正常叶子的含量高 5～10 倍。因此，在计算生态系统对污染物的吸收时，主要考虑对 $SO_2$ 的净化作用。根据单位面积森林吸收 $SO_2$ 的平均值乘以原始森林或天然次生林的面积，得到森林吸收 $SO_2$ 的总量。森林吸收 $SO_2$ 的影子价格根据近年防治污染工程中为削减单位重量 $SO_2$ 的投资额度来表示。根据《中国生物多样性国情研究报告》（中国生物多样性国情研究报告编写组，1997），阔叶林对 $SO_2$ 的吸收能力值为 88.65kg/（$hm^2 \cdot a$），针叶林对 $SO_2$ 的吸收能力值为 215.60kg/（$hm^2 \cdot a$），针阔混交林对 $SO_2$ 的吸收能力取二者的平均值为 152.13kg/（$hm^2 \cdot a$），削减 $SO_2$ 的投资成本为 600 元/t，据此估算鹞落坪自然保护区 2001 年吸收 $SO_2$ 的经济价值。即

总价值=｛阔叶林面积×[88.65 kg/（$hm^2 \cdot a$）]+针阔混交林面积×[215.60 kg/（$hm^2 \cdot a$）]+针叶林面积×[215.60 kg/（$hm^2 \cdot a$）]｝×600 元/t=90.1 万元/a。

鹞落坪自然保护区 2012 年吸收 $SO_2$ 的经济价值为

总价值=｛阔叶林面积×[88.65 kg/（$hm^2 \cdot a$）]+针叶林面积×[215.60 kg/（$hm^2 \cdot a$）]+针阔混交林面积×[152.13 kg/（$hm^2 \cdot a$）]｝×600 元/t=86.3 万元/a。

### 5.2.6  防治病虫害的价值

鹞落坪自然保护区的森林占 90%以上均为天然次生林，终年无需防治病虫害。以 1995 年全国用于防治森林病害、虫害和鼠害的总费用计算，防治费为 3.57 元/$hm^2$（周冰冰和李忠魁，2000）。与人工林相比，用防治费表示天然林与天然次生林减少病虫害和鼠害防治的价值，估算鹞落坪自然保护区 2001 年免于病虫害、鼠害防治的价值为 41 100 万元。

根据包家乡 2013 年林业二类清查数据，鹞落坪自然保护区天然林面积为 10 234.4$hm^2$，人工林面积为 725.3$hm^2$，与人工林相比，用防治费表示天然林与天然次生林减少病虫害和鼠害防治的价值，估算鹞落坪自然保护区免于病虫害、鼠害防治的价值为 3.652 万元。

### 5.2.7  削减粉尘的价值

根据《中国生物多样性国情研究报告》，我国针叶林的滞尘能力为 33.2 t/（$hm^2 \cdot a$），阔叶林的滞尘能力为 10.11 t/（$hm^2 \cdot a$），削减粉尘的成本为 170 元/t，由此估算鹞落坪自然保护区 2001 年森林的总滞尘量为 210 624.7t，削减粉尘的经济价值为 3580.6 万元。

针阔叶混交林的滞尘能力采用上述两种林分类型的平均值为 21.66

t/（hm$^2$·a），削减粉尘的成本为 170 元/t，由此估算鹞落坪自然保护区 2012 年森林的总滞尘量为 195 762.9t，削减粉尘的经济价值为 3330 万元。

### 5.2.8　间接使用价值总和

　　2001 年鹞落坪自然保护区在保持土壤、涵养水源、固定 $CO_2$、营养物质循环、降解污染物和防治病虫害、鼠害方面所产生的经济价值为 25 495 万元（表 5-23）。按 2001 年不变价格计算，得到 2012 年鹞落坪自然保护区的间接使用价值为 25 361 万元，与 2001 年基本持平，表明 10 年间鹞落坪自然保护区维持了比较稳定的生态服务功能的水平。按照 2000~2010 年的平均通货膨胀率 2.47%进行调整，得到按 2012 年不变价格计算的 2001 年和 2012 年鹞落坪自然保护区的间接使用价值分别为 33 333 万元和 33 158 万元。

　　从使用价值的构成来看，直接使用价值远远低于当前可实现的间接使用价值，表明鹞落坪自然保护区生态系统服务的价值远远超过其直接实物产品和非实物产品的价值。

表 5-23　鹞落坪自然保护区森林生态系统间接使用价值评估结果（万元）

| 年份 | 保持土壤 | 涵养水源 | 固定 $CO_2$ | 营养物质循环 | 吸收污染物 | 防治病虫害 | 削减粉尘 | 合计① | 合计② |
|---|---|---|---|---|---|---|---|---|---|
| 2001 | 12 500 | 8300 | 764 | 256 | 91 | 4.11 | 3580 | 25 495 | 33 333 |
| 2012 | 12 300 | 8600 | 738 | 304 | 86 | 3.65 | 3330 | 25 361 | 33 158 |

①按 2001 年不变价格计算；②按 2012 年不变价格计算。

### 5.2.9　间接使用价值的调整

　　间接使用价值的评估实际上评估的是生态系统的生态功能价值，生态价值是个发展的、动态的概念，它随着经济社会发展水平和人们生活水平的提高逐渐显现并增加，具有从发生、发展到成熟的过程特征。处在不同发展阶段的人们对生态价值的认识不同。为了比较准确地描述生态价值的这一特征，李金昌等（1999）引入了表征支付意愿相对发展水平的生态价值发展阶段系数 $\ell$ 的概念，并据此对评估的总价值进行调整。

　　生态价值发展阶段系数是利用 Pearl 生长曲线计算所得。其计算公式为 $\ell=L/(1+ae^{-bt})$，式中取 $L=a=b=1$，则有：$\ell=1/(1+e^{-t})$。在计算中，以恩格尔系数的倒数替代时间坐标，并进行 $1/En=t+3$ 的变换，从而确立恩格尔系数和发展阶段系数的对应关系（表 5-24）。$\ell$ 代表表征支付意愿相对水平的发展阶段系数，其值为 0~1。$\ell$ 值越小，发展水平越低；$\ell$ 值越大，发展水平越高；$\ell$ 值等于 1 时，

Pearl 生长曲线达到饱和状态，发展阶段系数取得最大值 1。假定用替代市场法计算出来的生态价值是最大值（用 $V_m$ 表示），考虑发展阶段系数因子，则不同时点的环境生态价值就可由关系式 $V = \ell V_m$ 确定，从而可以解决生态价值估价普遍偏高的矛盾。

**表 5-24　恩格尔系数与发展阶段的对应关系表**（李金昌等，1999）

| 发展阶段 | 贫困 | 温饱 | 小康 | 富裕 | 极富 |
|---|---|---|---|---|---|
| 恩格尔系数 En | >60% | 60%~50% | 50%~30% | 30%~20% | <20% |
| 1/En | <1.67 | 1.67~2 | 2~3.33 | 3.33~5 | >5 |
| T | <−1.33 | −1.33~−1 | −1~0.3 | 0.3~2 | >2 |

根据中国统计年鉴（国家统计局，2000），安徽省城镇居民和农村居民的恩格尔系数分别为 45.7%和 54%，城镇人口和农村人口的比例分别为 27.81%和72.19%，加权平均后得到全省的恩格尔系数为 48%。若以安徽省农村居民的恩格尔系数 54%作为鹞落坪的恩格尔系数，可计算出其发展系数为 0.24，则调整后的间接经济价值为 6129 万元/a。若以安徽省城乡平均值 48%作为鹞落坪的恩格尔系数，则可计算出其发展系数为 0.28，则调整后的间接经济价值为 7264 万元（表5-25）（徐慧等，2003b）。2012 年安徽省恩格尔系数为 39%，调整后的经济价值为 9946 万元。按 2012 年不变价格计算得到调整后的 2001 年和 2012 年间接使用价值分别为 9497 万元和 13 003 万元。

**表 5-25　鹞落坪自然保护区的发展阶段系数**

| 年份 | | 恩格尔系数 En | T=1/En | t=T−3 | $e^{-t}$ | $\ell = 1/(1+e^{-t})$ | 调整后的价值[①]/（万元/a） | 调整后的价值[②]/（万元/a） |
|---|---|---|---|---|---|---|---|---|
| 2000 | 农村 | 0.54 | 1.85 | −1.15 | 3.16 | 0.24 | 6129 | 8013 |
| | 全省 | 0.48 | 2.08 | −0.92 | 2.51 | 0.28 | 7264 | 9497 |
| 2012 | 全省 | 0.39 | 2.56 | −0.44 | 1.55 | 0.39 | 9946 | 13003 |

①按 2001 年不变价格计；②按 2012 年不变价格计。

## 5.3　非使用价值

采用区域分层随机抽样条件价值法作为非使用价值的评估方法，定量估算了鹞落坪自然保护区在安徽、江苏两个省级行政区域的非使用价值。在支付意愿的调查过程中进行了不同抽样方法、不同区域、不同调查方法的分析对比研究。

### 5.3.1　区域分层随机抽样条件价值法研究方案的设计

#### 1. 调查方式的确定

条件价值法的调查方式有三种，即面对面的调查方式、邮寄的调查方式和电话采访方式。在安徽省样本层采用邮寄调查方式、江苏省样本层采用面对面采访与邮寄相结合的调查方式来获取被调查对象的支付意愿及 WTP 值。面对面调查方式的优点是有较高的调查回收率，可以收集到比较有效的信息，但该方法成本较高，不适宜大规模采用。邮寄调查法成本相对较低，但是调查回收率低，可收集到的有效信息相对较少，能够提问和回答的问题受到限制。通过两种调查方式的结合，可以取长补短，发挥各自的优势，减少调查设计误差，提高调查结果的精确度。

#### 2. 调查表的设计

WTP 调查的内容和被调查对象的所有行为倾向应通过问卷调查表得到全面反映，一份好的调查表是决定条件价值法调查成功与否的关键因素之一。在调查表的设计过程中通常应遵循以下三点原则（薛达元，1997）。

（1）调查内容与调查方式相适应的原则。确定采用面对面与邮寄两种调查方式进行调查，由于面对面调查方式灵活性大，调查人与被调查人可直接进行双向交流，便于调查人直接观察、判断被调查对象的态度和反应。面对面调查采访的时间和获得的信息量受被调查人的思想、观点、态度和兴趣以及城市居民生活节奏加快等因素影响，面谈调查方式在问卷的设计上应力求内容简洁、语言通俗、尽量不用或少用专业术语，使被调查对象能一目了然，迅速作出回答。邮寄调查方式具有不受时间因素的限制、答卷人可以从容答卷的优势，问卷回答的质量受回答者的受教育程度、从事的职业、所学的专业、兴趣爱好等多种社会经济因素影响，而调查人又不可能现场做出回答或者解释，因此，邮寄调查问卷的设计要求提供的信息量大，内容尽可能地详实全面，以避免信息量小的不足。

（2）尽量减小偏差的原则。条件价值法存在各种各样的偏差，这些偏差影响了调查的精确度。利用调查表的设计可以在一定程度上减小调查设计偏差的来源。在进行自然保护区的价值评估时，在邮寄调查表的设计过程中，通过增加附页介绍所评价对象的概况、保护的重要意义及其资源的特点，突出其生态环境功能和保护生物多样性的功能，使被调查对象对被评价的自然保护区有一个比较全面深刻的了解，从而减少信息误差。又如，在面对面采访调查过程中，通过给出一个起始标的，并根据应答人的反应作上下调整，从而引导回答者给出一个合理的WTP 值，以减小外行偏差。

（3）力求信息量大、内容简洁的原则。虽然要求邮寄方式的调查表提供丰富而全面的信息，并附页介绍所评价的对象，以及填表说明和致谢等内容，但调查表也应避免冗长，力求简洁，且易于操作。问题项目尽量减少，突出重点信息。在操作上尽量避免文字性的回答，而采用备选性的办法。回答一份调查表的时间一般为 20 分钟以内。面对面采访的调查表在邮寄调查表的基础上进一步简化，使回答时间控制在 10 分钟以内。

邮寄问卷调查表主要包括以下 7 项内容。

（1）答卷人的社会经济情况，包括姓名、性别、年龄、职业、文化程度、技术职称、通信地址以及 2001 年年收入。

（2）对鹉落坪自然保护区的了解程度和偏爱程度。了解程度分为相当熟悉、有一定了解和没有了解 3 个层次。偏爱程度则分为 5 种情况。

（3）调查答卷人的支付意愿及支付意愿值。包括是否愿意为了保护鹉落坪自然保护区而支付一定的费用和愿意支付的年平均数额两个问题。由于支付意愿的概念比接受赔偿意愿的概念易于被接受，确定调查消费者的支付意愿。许多研究表明，通常支付意愿（WTP）小于接受补偿意愿（WTA），而对平均 WTP 值的估计实际上是对自然保护区非使用价值下限的估计。

（4）保护偏爱的调查。这项内容是对被调查对象保护倾向的调查。保护区的保护对象被分为森林生态系统、野生植物和野生动物 3 大类，在问卷中分别询问答卷人在支付意愿数额中用于保护各类保护对象的百分比。

（5）非使用价值分类的调查。通过询问支付人支付目的的动机来区分非使用价值中存在价值、遗产价值与选择价值的百分比，便于定量计算这 3 种价值。

（6）不愿意支付原因的调查。调查表提供了 6 项原因供答卷人选择。

（7）对本调查表的建议与意见。调查表最后一项欢迎答卷人对此项调查和调查表的设计等方面提出指导、建议或批评。

面对面调查方式的调查内容在邮寄调查问卷的基础上作了调整与删减，并将上述的（1）、（2）、（3）、（4）、（6）项设为必答题，（5）、（7）项设为选答题。

### 3. 调查样本的选取

1）抽样的原则

抽样应以随机性为原则。为了体现该原则，应从确定的总体中随机抽样。

2）抽样方法

采取区域分层随机抽样的方法。面对面调查样本主要在公园、商场、车站等人流量较大的公共场所随机抽样。邮寄调查样本主要通过以下两个途径获取：一是委托项目组成员及其同事负责一部分；二是由鹉落坪自然保护区管委会本身以及管委会再委托给相关部门或个人完成一部分。最后,由调查者将全部问卷回收,进行统计分析。无论是面谈还是邮寄均遵循随机抽样的原则。

3) 抽样总体的确定

抽样调查前确定并获取一个高质量的抽样框是正确抽取样本的基础,也是关系到抽样调查成败的关键。抽样总体的确定要从研究对象本身的特点和对研究结果所预期的精确度两方面来确定。抽样总体包括抽样的区域范围和抽样总体的层次两个方面。鹞落坪自然保护区抽样总体区域范围的确定主要从两方面来考虑:一方面,虽然该保护区属于国家级自然保护区,但由于建区时间较短、面积较小、景观相对单一以及宣传力度不够等方面的原因,使该保护区在全国范围内的知名度不是很高,在国际上的知名度就更加难以体现;另一方面,由于人力、财力、物力及时间等现实原因,目前尚不具备对鹞落坪自然保护区非使用价值的评价展开全国性甚至全球性的调查的条件,因此,以行政区域为分层依据,调查的区域单元确定为省级。将本次调查样本的抽样总体的区域范围确定为安徽省省域以及其邻近省域的代表——江苏省省域,按抽样总体中的各个单位所处区域将抽样总体分为互不重叠的两个层次,即安徽省样本层和江苏省样本层,各个层次内样本的支付意愿和 WTP 仍采用单纯随机抽样法调查。

4) 样本容量

组成样本的单位数目称为样本容量。根据样本数对变异系数、精确度的影响及其显著水平的测试分析,权威专家认为对于用作决策的价值评估,最小的反馈样本容量应在 600 以上(Mitchell and Carson,1989)。按照这个标准,假设抽样调查的反馈率为 75%,则调查样本数不应少于 800 人。为了保证一定的样本容量,将抽样人数设定为 1050 人,其中,安徽省 450 人、江苏省 600 人。

4. 实际调查

1) 预调查

利用安徽大学、安徽师范大学等院校相关专业的大学生 2002 年到鹞落坪自然保护区实习的机会,向他们发放了问卷调查表 100 份,并委托保护区管理委员会及时作了回收,以此作为本调查研究的预试验。

2) 正式调查

正式调查于 2002 年 7~12 月在安徽省和江苏省进行。

5. 平均 WTP 的计算

利用绝对中位数和累计频度中位数作为平均 WTP 的估计值。中位数与算术平均值相比不受统计数据中极端值的影响,属于位置平均数。在中位数之前或之后的各项观测值如果有变化,中位数的数值仍不变。许多研究表明,用累计相对频数中位数作为平均 WTP 比用绝对中位数更能反映大多数样本的支付意愿值。累计相对频数中位值的含义是，与采用对数分析和对数回归方法估计的回归参数一起使答案为"是"的概率为 0.5。

采用区域分层随机抽样统计方法计算安徽、江苏两省的平均 WTP 和总 WTP，并与单纯随机抽样方法计算的结果进行比较。

### 6. 对评估结果的检验

对评估结果的检验包括两个方面：一是进行敏感性分析，二是建立估价函数。进行敏感性分析的一类方法是逻辑斯蒂（Logistic）回归分析。在条件价值法研究中，采用一次性分支选择模式，询问被调查者是否愿意支付一定费用，回答为"是"或"否"，获得 WTP，因此，回答结果属于二值化的现象，可用 Logistic 回归来分析因变量（二值变量）与自变量的关系。

Logistic 回归的基本原理：假设因变量 $y$ 为二值变量，如果值为 1，则为出现"真"的结果，如果值为 0，则为出现"假"的结果。设 $P$ 表示出现"真"的概率，则 $1-P$ 表示出现"假"的概率，若

$$odds=P/（1-P）\tag{5-2}$$

式中，$0 \leqslant P \leqslant 1$，当 $P \rightarrow 1$ 时，$odds \rightarrow \infty$；当 $P \rightarrow 0.5$ 时，$odds \rightarrow 0$；当 $P \rightarrow 0$ 时，$odds \rightarrow 0$。可见，$odds$ 是出现"真"与"假"的概率的比值，反映了两者之间的关系。

取 $y = \text{Logit}（odds）= \ln \dfrac{P}{1-P}$，则

当 $P \rightarrow 1$ 时，$y \rightarrow \infty$；当 $P \rightarrow 0.5$ 时，$y \rightarrow 0$；当 $P \rightarrow 0$ 时，$y \rightarrow -\infty$。

由上式推导得

$$P = \frac{e^y}{1+e^y}\tag{5-3}$$

式中，$P$ 在（0，1）区间内，$y$ 值在（$-\infty$，$\infty$）区间内。

令 $y = b_0 + \sum\limits_{i=1}^{k} b_i x_i$，则

$$P = \frac{e^{\left(b_0 + \sum\limits_{i=1}^{k} b_i x_i\right)}}{1+e^{\left(b_0 + \sum\limits_{i=1}^{k} b_i x_i\right)}}\tag{5-4}$$

式中，$b_0$，$\cdots$，$b_k$ 为待估参数；$x_1$，$x_2$，$\cdots$，$x_i$ 为社会经济变量的特征值；$i$ 和 $k$ 为社会经济变量的序号和数目。上式表明了社会经济因素对 $P$ 的影响。采用 Logistic 回归分析，根据被调查对象的"是"或"否"答案以及在 $y$ 中对个人而言的特定变量的取值，估计 $y$ 的参数。

　　另外一类敏感性分析是再做调查。例如，在本次调查后两年再采用相同的调查技术，在相同的区域进行抽样调查，比较两次调查的结果。

　　对评估结果检验的第二个方面是以被调查对象的社会经济特征作为自变量，以 WTP 值作为因变量进行回归分析，从而建立估价函数，然后再用其结果来表明这种解释的可行性。估价函数的估计采用将调查获得的 WTP 作为因变量，将人口、社会经济特征及态度等指标作为解释变量进行回归分析。如果估计的参数与经济理论或以前的经验相吻合，那么可以认为所有的调查结果是可信的，包括所估计的平均 WTP；如果估计的参数与理论或经验不吻合，那么表明调查结果不理想（侯元兆，2000）。

　　此外，还可用专家咨询法对研究结果进行检验。采用逻辑斯蒂回归进行敏感性分析。

### 7. 预试验研究

　　利用对学生样本的调查结果作为预试验研究。学生样本共发放问卷 100 份，回收有效问卷 79 份，反馈率为 79%。在回收的 79 份有效问卷中，63 份为愿意支付的答卷；16 份为不愿意支付的答卷，由此得到学生样本的支付意愿率为 80%。

　　学生样本的社会经济因素存在许多共同点。如样本年龄全部为 30 岁以下，文化程度全部为在校大学生，年收入全部为 5000 元以下，绝大部分样本来自于安徽省。在了解程度方面，样本中对鹞落坪自然保护区有一定了解的比例最高，为 57%，相当熟悉的比例次之，为 21%，以前没有多少了解，通过阅读本调查表的介绍才获得初步了解的比例为 22%。在支付意愿数额的分布方面，用于保护森林、植物、动物的比例各为 46%、26% 和 28%；用于存在、遗产和选择目的的支付数额的比例分别为 55%、25% 和 20%。在支付方式方面，选择直接以现金形式捐献到某一自然保护基金组织并委托专用的占 32%；选择直接以现金形式捐献到鹞落坪自然保护区管理机构的占 38%；选择以纳税形式上交给国家统一支配的占 17%；选择其他方式的占 13%。

　　从学生样本的 WTP 频数分布表可知，学生的绝对频数中位值为 10 元，累计频度中位值经计算为 6 元（表 5-26）。

　　预试验研究表明，被调查样本对问卷的目的、每个问题的理解基本正确，发现的无效问卷比较少（2 份），问卷提供的信息能被调查对象顺利理解，没有发现明显的信息误差。学生样本的支付意愿率达到 80%，表明支付意愿率与收入水平的相关性不明显；平均 WTP 较低，WTP 与收入水平的相关性较大（学生基本没有经济收入），这一结果与条件价值法研究认为的"WTP 与收入水平相关性较显著"的一般结论较为符合，说明预调查结果是有效的，这为正式调查奠定了基础。通过预试验研究发现存在样本的代表性差以及较大的战略偏差、假想偏差的问题，因此，在正式调查过程中应通过详细的调查设计、加大样本容量等措施予以避免。

表 5-26　学生样本各投标点上投标人数绝对频数、相对频数分布

| WTP 值 /（元/a） | 绝对频数 /人次 | 相对频数 /% | 有效相对 频度/% | 累计相对 频数/% |
| --- | --- | --- | --- | --- |
| 1 | 6 | 9.5 | 9.5 | 9.5 |
| 2 | 4 | 6.3 | 6.3 | 15.9 |
| 5 | 4 | 6.3 | 6.3 | 22.2 |
| 10 | 22 | 34.9 | 34.9 | 57.1 |
| 20 | 8 | 12.7 | 12.7 | 69.8 |
| 30 | 1 | 1.6 | 1.6 | 71.4 |
| 50 | 6 | 9.6 | 9.6 | 81.0 |
| 60 | 1 | 1.6 | 1.6 | 82.5 |
| 100 | 7 | 11.1 | 11.1 | 93.7 |
| 200 | 1 | 1.6 | 1.6 | 95.2 |
| 300 | 1 | 1.6 | 1.6 | 96.8 |
| 800 | 2 | 3.2 | 3.2 | 100.0 |
| 合计 | 63 | 100 | 100 | — |

## 5.3.2　调查结果的统计与分析

采用 SPSS 10.0 统计分析软件包对调查数据进行处理。面对面调查样本的采访对象从江苏省范围内随机抽样产生，邮寄调查样本的采访对象从江苏省和安徽省（包括岳西县）范围内随机抽样产生。根据区域分层随机抽样的统计原理对结果进行分析。

### 1. 样本的社会经济基本特征的统计与分析

安徽省样本全部采用邮寄方式调查，共发放问卷 450 份，回收总有效问卷 327 份，样本的反馈率为 72.7%；江苏省样本共发放问卷 600 份，回收总有效问卷 462 份，样本的反馈率为 77%，其中，252 份问卷为面对面调查方式获得，210 份问卷为采用邮寄方式获得；总样本由 2 个样本层的所有样本合并在一起构成。据统计，总样本（预试验的样本除外）共发放问卷 1050 份，回收有效问卷 789 份，样本的反馈率为 75%。可见，所有样本的反馈率均在 70% 以上，这与本次调查范围较小、反馈较容易有关。江苏省样本的反馈率稍高于安徽省，这主要是由于面对面采访的反馈率较高的缘故。

　　将789份回收样本分成安徽省样本、江苏省样本层、以及总样本三个层次进行分析。不同层次样本的社会经济特征的统计分析结果见表5-27～表5-34所示。

　　从表中可以看出，安徽省样本具有以下特点：男性比例远高于女性；年龄以30岁以下以及31~50岁占绝大多数；收入水平处在二档及其以下的调查样本的比例为47%，即有近半数的样本的收入水平为10 000元以下；了解程度中相当熟悉和有一定了解的比例（较高于江苏样本组），但即使是安徽省内，没有多少了解的比例也很大，表明鹞落坪自然保护区的知名度有待提高。

　　江苏样本有以下特点：年龄和性别的分布与安徽省样本较为一致；受过高等教育的样本数占半数以上；职业以其他企事业单位为主；职称以中、高级居多；收入水平多位于三、四、五档；了解程度为大多数都没有多少了解。在调查中发现，关于支付方式，尚有人提出以一次性支付方式、旅游形式支付等。许多被调查者提出希望建立筹集自然保护区经费的合法组织，如自然保护基金组织，确保所筹集的资金用于自然保护区的保护；能否在保持自然保护区现状的基础上适当地加以利用，在利用的过程中为自身筹集一部分资金。2000年，南京市在岗职工平均工资为12 624元；合肥市则为8876元，是南京的70%（国家统计局，2000），调查样本的收入分布状况也体现了这一特点，与客观情况较为相符。

　　总样本层的分布特点为安徽、江苏样本层的综合。

表 5-27　调查样本的性别分布

| 性别 | 安徽省样本 | | 江苏省样本 | | 总样本 | |
|---|---|---|---|---|---|---|
| | 人数/人 | 百分比/% | 人数/人 | 百分比/% | 人数/人 | 百分比/% |
| 男 | 213 | 65.1 | 288 | 62.3 | 501 | 63.5 |
| 女 | 114 | 34.9 | 174 | 37.7 | 288 | 36.5 |
| 合计 | 327 | 100 | 462 | 100 | 789 | 100 |

表 5-28　调查样本的年龄分布

| 年龄/岁 | 安徽省样本 | | 江苏省样本 | | 总样本 | |
|---|---|---|---|---|---|---|
| | 人数/人 | 百分比/% | 人数/人 | 百分比/% | 人数/人 | 百分比/% |
| <30 | 111 | 34 | 189 | 40.9 | 300 | 38.0 |
| 31~50 | 180 | 55 | 216 | 46.8 | 396 | 50.2 |
| 51~60 | 30 | 9 | 30 | 6.5 | 60 | 7.6 |
| >60 | 6 | 2 | 27 | 5.8 | 33 | 4.2 |
| 合计 | 327 | 100 | 462 | 100 | 789 | 100 |

**表 5-29　调查样本的文化程度分布**

| 文化程度 | 安徽省样本 | | 江苏省样本 | | 总样本 | |
|---|---|---|---|---|---|---|
| | 人数/人 | 百分比/% | 人数/人 | 百分比/% | 人数/人 | 百分比/% |
| 研究生以上 | 87 | 26.6 | 96 | 20.8 | 183 | 23.2 |
| 高等教育 | 156 | 47.7 | 249 | 53.9 | 405 | 51.3 |
| 中等教育 | 60 | 18.3 | 108 | 23.4 | 168 | 21.3 |
| 初等教育 | 24 | 7.4 | 9 | 1.9 | 33 | 4.2 |
| 合计 | 327 | 100 | 462 | 100 | 789 | 100 |

**表 5-30　调查样本的职业分布**

| 职业 | 安徽省样本 | | 江苏省样本 | | 总样本 | |
|---|---|---|---|---|---|---|
| | 人数/人 | 百分比/% | 人数/人 | 百分比/% | 人数/人 | 百分比/% |
| 行政管理人员 | 60 | 18.3 | 54 | 11.7 | 114 | 14.4 |
| 高校教师及研究所 | 84 | 25.7 | 93 | 20.1 | 177 | 22.4 |
| 学生 | 24 | 7.3 | 24 | 5.2 | 48 | 6.1 |
| 基层保护设施单位 | 12 | 3.7 | 3 | 0.6 | 15 | 1.9 |
| 其他企事业单位 | 111 | 33.9 | 231 | 50.0 | 342 | 43.4 |
| 其他 | 36 | 11.1 | 57 | 12.4 | 93 | 11.8 |
| 合计 | 327 | 100 | 462 | 100 | 789 | 100 |

**表 5-31　调查样本的职称分布**

| 职称 | 安徽省样本 | | 江苏省样本 | | 总样本 | |
|---|---|---|---|---|---|---|
| | 人数/人 | 百分比/% | 人数/人 | 百分比/% | 人数/人 | 百分比/% |
| 高级 | 66 | 20.2 | 126 | 27.1 | 180 | 22.8 |
| 中级 | 93 | 28.4 | 171 | 37.2 | 252 | 31.9 |
| 初级 | 57 | 17.4 | 78 | 17.1 | 138 | 17.5 |
| 本人不适用 | 102 | 31.2 | 72 | 15.7 | 198 | 25.1 |
| 其他 | 9 | 2.8 | 15 | 2.9 | 21 | 2.7 |
| 合计 | 327 | 100 | 462 | 100 | 789 | 100 |

表 5-32  调查样本的收入分布

| 年收入/元 | 安徽省样本 | | 江苏省样本 | | 总样本 | |
|---|---|---|---|---|---|---|
| | 人数/人 | 百分比/% | 人数/人 | 百分比/% | 人数/人 | 百分比/% |
| ≤5 000 | 63 | 19.3 | 48 | 10.4 | 111 | 14.1 |
| 5 001~10 000 | 90 | 27.5 | 42 | 9.1 | 132 | 16.7 |
| 10 001~15 000 | 33 | 10.1 | 60 | 13.0 | 93 | 11.8 |
| 15 001~20 000 | 48 | 14.7 | 108 | 23.4 | 156 | 19.8 |
| 20 001~30 000 | 48 | 14.7 | 117 | 25.3 | 165 | 20.9 |
| 30 001~50 000 | 39 | 11.9 | 63 | 13.6 | 102 | 12.9 |
| 50 001~100 000 | 6 | 1.8 | 24 | 5.2 | 30 | 3.8 |
| 合计 | 327 | 100 | 462 | 100 | 789 | 100 |

表 5-33  调查样本的了解程度分布

| 了解程度 | 安徽省样本 | | 江苏省样本 | | 总样本 | |
|---|---|---|---|---|---|---|
| | 人数/人 | 百分比/% | 人数/人 | 百分比/% | 人数/人 | 百分比/% |
| 相当熟悉 | 81 | 24.8 | 0 | 0.0 | 81 | 10.3 |
| 一定了解 | 63 | 19.3 | 39 | 8.4 | 102 | 12.9 |
| 没有了解 | 183 | 55.9 | 423 | 92.6 | 606 | 76.8 |
| 合计 | 327 | 100 | 462 | 100 | 789 | 100 |

表 5-34  调查样本的支付形式分布

| 支付形式 | 安徽省样本 | | 江苏省样本 | | 总样本 | |
|---|---|---|---|---|---|---|
| | 人数/人 | 百分比/% | 人数/人 | 百分比/% | 人数/人 | 百分比/% |
| 捐献到基金组织 | 75 | 29.1 | 162 | 44.6 | 237 | 38.2 |
| 捐献到保护区 | 75 | 29.1 | 99 | 27.3 | 174 | 28.0 |
| 税收形式 | 63 | 24.4 | 75 | 20.7 | 138 | 22.2 |
| 其他 | 45 | 17.4 | 27 | 7.4 | 72 | 11.6 |
| 合计 | 258 | 100 | 363 | 100 | 621 | 100 |

### 2. 支付意愿率与 WTP 分布频数的统计

#### 1）安徽省样本层

对安徽省 327 名调查对象的支付意愿和 WTP 值的统计表明，愿意为鹞落坪自然保护区的保护和永续存在而支付费用的人数为 258 人，因此安徽省样本的支付意愿率为 78.9%。

表 5-35 是安徽省调查样本的 WTP 的绝对频数、相对频数的分布。从表中可看出，样本的绝对中位数为 20 元/a；最接近累计频度中位值的是 39.5% 和 53.5%，其对应的 WTP 值分别为 10 元/a 和 20 元/a，经计算得到累计频度中位数为 14.4 元/a。以累计频度中位数代表抽样群体（安徽省）的人均 WTP，为 14.4 元/人。

#### 2）江苏省样本层

**表 5-35　安徽省样本各投标点上投标人数绝对频数、相对频数分布表**

| WTP 值<br>/（元/a） | 绝对频数<br>/人次 | 相对频数<br>/% | 有效相对频数<br>/% | 累计相对频数<br>/% |
|---|---|---|---|---|
| 0.01 | 6 | 1.8 | 2.3 | 2.3 |
| 1.00 | 27 | 8.3 | 10.4 | 12.8 |
| 3.00 | 3 | 0.9 | 1.2 | 14.0 |
| 5.00 | 9 | 2.8 | 3.5 | 17.4 |
| 10.00 | 57 | 17.4 | 22.1 | 39.5 |
| 20.00 | 36 | 11.0 | 14.0 | 53.5 |
| 30.00 | 3 | 0.9 | 1.2 | 54.7 |
| 50.00 | 30 | 9.2 | 11.6 | 66.3 |
| 60.00 | 3 | 0.9 | 1.2 | 67.4 |
| 80.00 | 6 | 1.8 | 2.3 | 69.8 |
| 100.00 | 42 | 12.8 | 16.2 | 86.0 |
| 200.00 | 18 | 5.5 | 7.0 | 93.0 |
| 300.00 | 6 | 1.8 | 2.3 | 95.3 |
| 500.00 | 9 | 2.8 | 3.5 | 98.8 |
| 600.00 | 3 | 0.9 | 1.2 | 100 |
| 合计 | 258 | 78.9 | 100 | — |

对江苏省 462 位调查样本的支付意愿和 WTP 值的统计表明,愿意为鹞落坪自然保护区的保护和永续存在而支付费用的样本有 363 人,因此江苏省样本的支付意愿率为 78.6%。

表 5-36 是调查样本的支付意愿值的绝对频数、相对频数的分布。从表中可以看出,样本的绝对中位数为 50 元/a,最接近累计频度中位数的是 42.1% 和 62.8%,其对应的 WTP 值分别为 30 元/a 和 50 元/a,通过计算得到累计频度 WTP 中位数为 42 元,据此确定调查样本的 WTP 平均值为 42 元/a。已累计频度中位数代表抽样群体(江苏省)的人均 WTP,为 42 元/人。

**表 5-36　江苏省样本各投标点上投标人数绝对频数、相对频数分布表**

| WTP 支付值 /(元/a) | 绝对频数 /人次 | 相对频数 /% | 有效相对 频数/% | 累计相对 频数/% |
|---|---|---|---|---|
| 1 | 7 | 4.5 | 5.8 | 5.8 |
| 3 | 2 | 1.3 | 1.7 | 7.4 |
| 5 | 2 | 1.3 | 1.7 | 9.1 |
| 10 | 23 | 14.9 | 19.0 | 28.1 |
| 20 | 16 | 10.4 | 13.2 | 41.3 |
| 30 | 1 | 0.6 | 0.8 | 42.1 |
| 50 | 25 | 16.2 | 20.7 | 62.8 |
| 60 | 1 | 0.6 | 0.8 | 63.6 |
| 100 | 29 | 18.8 | 24.0 | 87.6 |
| 200 | 6 | 3.9 | 5.0 | 92.6 |
| 300 | 1 | 0.6 | 0.8 | 93.4 |
| 400 | 1 | 0.6 | 0.8 | 94.2 |
| 500 | 6 | 3.2 | 4.1 | 98.3 |
| 600 | 9 | 0.6 | 0.8 | 99.2 |
| 800 | 3 | 0.6 | 0.8 | 100 |
| 合计 | 132 | 78.1 | 100 | — |

**3)总样本**

对全部调查样本的支付意愿和 WTP 值的统计表明,愿意为鹞落坪自然保护区的保护和永续存在而支付费用的样本有 621 人,因此总样本的支付意愿率为 78.7%。

从表 5-37 中可看出,总样本的绝对中位数为 50 元/a,最接近累计频度中位数的是 47.3% 和 64.3%,其对应的 WTP 值分别为 30 元/a 和 50 元/a,通过计算得到累计频度中位数为 47.8 元/a。若以累计频度中位数表示抽样群体的人均 WTP,

则为 47.8 元/人。这实际上是单纯随机抽样的统计方法与原理。

表 5-37　总样本各投标点上投标人数频数、相对频数分布表

| WTP 支付值 /（元/a） | 绝对频数 /人次 | 相对频数 /% | 有效相对 频数/% | 累计相对 频数/% |
|---|---|---|---|---|
| 0.01 | 2 | 0.8 | 1.0 | 1.0 |
| 1.00 | 16 | 6.1 | 7.7 | 8.7 |
| 3.00 | 3 | 1.1 | 1.4 | 10.1 |
| 5.00 | 5 | 1.9 | 2.4 | 12.6 |
| 10.00 | 42 | 16.0 | 20.3 | 32.9 |
| 20.00 | 28 | 10.6 | 13.4 | 46.4 |
| 30.00 | 2 | 0.8 | 1.0 | 47.3 |
| 50.00 | 35 | 13.3 | 16.9 | 64.3 |
| 60.00 | 2 | 0.8 | 1.0 | 65.2 |
| 80.00 | 2 | 0.8 | 1.0 | 66.2 |
| 100.00 | 43 | 16.3 | 20.8 | 87.0 |
| 200.00 | 12 | 4.6 | 5.8 | 92.8 |
| 300.00 | 3 | 1.1 | 1.4 | 94.2 |
| 400.00 | 1 | 0.4 | 0.5 | 94.7 |
| 500.00 | 8 | 3.0 | 3.9 | 98.6 |
| 600.00 | 2 | 0.8 | 1.0 | 99.5 |
| 800.00 | 1 | 0.4 | 0.5 | 100 |
| 合计 | 207 | 78.8 | 100 | — |

**3. 被调查样本对保护对象的偏爱特征及其支付目的、动机和不愿意支付原因的统计**

1）对保护对象的偏爱特征

从调查样本对保护对象偏爱特征的百分比分布表中可以看出，调查样本对森林生态系统的保护最为偏爱，对野生动物和野生植物的保护次之（表 5-38）。两个样本层之间的分布较为接近，表明大家对保护对象偏爱的分布较为一致，不存在区域差异。大家普遍认为保护森林生态系统最为重要，而对野生动植物保护的偏爱则是出于个人的喜好。完整的、自然的森林生态系统是保护野生动植物种的前提，调查结果符合生态保护的这一规律，说明关于偏爱程度的调查与客观事实相符合。

表 5-38　调查样本对保护对象偏爱特征的百分比分布

| 样本层 | 森林/% | 植物/% | 动物/% |
|---|---|---|---|
| 安徽 | 49 | 24 | 27 |
| 江苏 | 47 | 23 | 30 |
| 总体 | 48 | 23 | 29 |

2）支付目的、动机

从表 5-39 可看出，调查总体样本的 WTP 用于存在、遗产和选择利用动机的比例分别为 54%、30% 和 16%。可见，存在价值是该保护区非使用价值的主要形式，其次为遗产价值，最后为选择价值，两个样本层之间的分布非常接近，表明全部样本在支付动机没有区域差异。只有保证自然保护区的完整存在才谈得上遗赠给子孙后代和将来的选择利用，公众普遍认为保证自然保护区的存在是首要的。

表 5-39　调查样本的支付目的、动机的百分比分布

| 样本层 | 永续存在/% | 自然遗产/% | 选择利用/% |
|---|---|---|---|
| 安徽 | 52 | 31 | 17 |
| 江苏 | 54 | 29 | 17 |
| 总体 | 53 | 30 | 17 |

3）不愿意支付原因的统计分析

关于不愿意支付原因的统计分析表明，26% 的样本认为此种支付应全部由国家出资，而不应该由个人支付，本人拒绝支付；25% 的样本因为本人经济收入较低，维护生活尚难，无能力支付其他；31% 的样本因为对自然保护及生物多样性保护不感兴趣；9% 的样本因为担心支付的钱不能被使用好；2% 的样本认为本人不想享用该保护区的资源，也不想为别人或子孙享用其资源而出资保护；5% 的样本因为目前需要支付项太多，还顾不上该项目；另外 2% 的样本为其他原因，如有两人提出要根据每年的不同情况而确定支付数额，反映了消费者对自然保护区保护的心态不一（表 5-40）。

从中还可看出，安徽省与江苏省两个样本层的不愿意支付原因的百分比分布存在区域差异。如对自然保护不感兴趣这一原因，前者的百分比高达 42%，这与调查区域样本的生态环境保护意识有关；对不想享用该保护区的资源原因，前者为 0，说明安徽省的样本由于距离较近的关系，都希望能够享用该保护区的资源。

表 5-40　各样本层不愿意支付原因的百分比分布

| 不愿意支付原因 | 安徽样本层/% | 江苏样本层/% | 总样本/% |
|---|---|---|---|
| 由国家出资 | 21 | 31 | 26 |
| 经济收入较低 | 22 | 29 | 25 |
| 对生物多样性保护不感兴趣 | 42 | 18 | 31 |
| 担心资金不能被使用好 | 9 | 10 | 9 |
| 不想享用该保护区资源 | 0 | 4 | 2 |
| 需要支付项太多 | 6 | 4 | 5 |
| 其他原因 | 0 | 4 | 2 |

　　对于不愿意支付样本,如果消除了不愿意支付的原因,他们还是愿意支付的。虽然对不愿意支付样本来说没有支付动机,但仍享受到保护区的存在而带来的福利。因为自然保护区的存在价值具有公共物品的性质,即非竞争性和非排他性,因此,自然保护区的存在价值的受益对象在理论上为整个人类。在计算总 WTP时,也是以相关总体的人口数作为基数,而不能以愿意支付样本所对应的人口数来估算。

### 5.3.3　区域分层随机抽样法的评估结果

　　按照区域分层随机抽样法的估算模型估算总体的总 WTP。可有两种途径获得总 WTP:一是用各分层的平均 WTP 乘以安徽、江苏的相关总体的人口数得到,二是分别以安徽、江苏两省作为相互独立的抽样总体,首先估算各层的人均 WTP和各层的总 WTP,然后将各层的总 WTP 相加得到总 WTP。

　　在分层随机抽样中,总体总值实际上是各个分层总值之和,总体均值是各分层总体均值的加权平均数。关于相关群体类型的选择,理论上应为全部人口,但考虑到采访对象是公共场所的消费人群,有一定的经济收入来源,因此将抽样人群范围分为三种类型:城乡从业人员、城镇从业人员和非农从业人员。

　　将总体的范围分为三个层次,因此总体的数目、各区域层的总体数目有 3 种情况,且各层数目的比例不一,需要对不同的总体范围分别进行统计分析。

　　1. 以城乡从业人员为抽样样本总体的评估结果

　　据 2002 年中国统计年鉴(国家统计局,2002),安徽省 2001 年年底城乡从业人员为 3372.9 万人;江苏省 2001 年年底城乡从业人员为 3558.8 万人。城乡从业人员数为城镇从业人员和乡村从业人员数之和。城乡从业人员区域分层随机抽样法得到的人均 WTP 和总 WTP 的统计结果见表 5-41。

**表 5-41　城乡从业人员区域分层随机抽样的人均 WTP 和总 WTP 估计**

| 区域分层 | 城乡从业人员总数/万人 | 抽样样本数/人 | 人均 WTP /（元/a） | 样本层内方差 | 总 WTP /（万元/a） |
|---|---|---|---|---|---|
| 安徽省 | 3372.9 | 450 | 14.4 | 14 432.38 | 48 569.76 |
| 江苏省 | 3558.8 | 600 | 42.0 | 18 124.17 | 149 469.60 |
| 合计 | 6931.7 | 1 050 | 28.57 | 32 556.55 | 198 039.36 |

### 2. 以非农从业人员为抽样样本总体的评估结果

非农从业人员为城乡从业人员中扣除农业生产者后的人数。乡村从业人员包括乡镇企业、私营企业、个体以及从事农业生产者。据 2002 年中国统计年鉴，安徽省 2001 年底城乡从业人员中扣除农业生产者后的人数为 1284.1 万人。江苏省 2001 年底城乡从业人员中扣除农业生产者后的人数为 2064.9 万人。非农从业人员区域分层随机抽样法得到的人均 WTP 和总 WTP 的统计结果见表 5-42。

**表 5-42　非农从业人员区域分层随机抽样的人均 WTP 和总 WTP 估计**

| 区域分层 | 非农从业人员总数/万人 | 抽样样本数/人 | 人均 WTP /（元/a） | 样本层内方差 | 总 WTP /（万元/a） |
|---|---|---|---|---|---|
| 安徽省 | 1 284.1 | 450 | 14.4 | 14 432.38 | 18 491.04 |
| 江苏省 | 2 064.9 | 600 | 42.0 | 18 124.17 | 86 725.80 |
| 合计 | 3 349 | 1 050 | 31.42 | 32 556.55 | 105 216.8 |

### 3. 以城镇从业人员为抽样样本总体的评估结果

城镇从业人员包括国有单位、城镇集体单位、股份合作单位、联营单位、有限责任公司、股份有限公司、私营企业、港澳台投资单位、外商投资单位和个体。据 2002 年中国统计年鉴，安徽省 2001 年底城镇从业人员为 575.1 万人。江苏省 2001 年底城镇从业人员为 870.8 万人。城镇从业人员区域分层随机抽样法得到的人均 WTP 和总 WTP 的统计结果见表 5-43。

采用参数估计法估算 WTP 累计频度中位数和总 WTP 的 95% 的置信区间，估算结果见表 5-44。按照分层随机抽样法的调查统计，鹞落坪自然保护区的非使用价值按城乡从业人员计，为 198 039.4 万元，95% 的置信区间为[144 457.3，251 621.4] 万元；按非农从业人员计，为 105 216.8 万元，95% 的置信区间为

**表 5-43　城镇从业人员区域分层随机抽样的人均 WTP 和总 WTP 估计**

| 区域<br>分层 | 城镇从业人员<br>总数/万人 | 抽样样本<br>数/人 | 人均 WTP<br>/（元/a） | 样本层<br>内方差 | 总 WTP<br>/（万元/a） |
|---|---|---|---|---|---|
| 安徽省 | 575.1 | 450 | 14.4 | 14 432.38 | 8 281.44 |
| 江苏省 | 870.8 | 600 | 42.0 | 18 124.17 | 36 573.60 |
| 合计 | 1445.9 | 1050 | 31.02 | 32 556.55 | 44 855.04 |

[78 826.72，131 606.96] 万元；按城镇从业人员计，为 44 851.8 万元，95%的置信区间为[33 516.0，56 187.7] 万元。从上述估计值中可知，最大估计值为 251 621 万元/a，最小估计值为 56 188 万元/a，这就是鹞落坪自然保护区在安徽和江苏两省非使用价值的估计区间。

**表 5-44　区域分层调查法的人均 WTP 和总 WTP 的 95%的置信区间**

| 总体范围 | 人均 WTP<br>/（元/a） | 均值上限<br>/（元/a） | 均值下限<br>/（元/a） | 总 WTP<br>/万元 | 总值上限<br>/（万元/a） | 总值下限<br>/（万元/a） |
|---|---|---|---|---|---|---|
| 城乡从业人员 | 28.57 | 36.30 | 20.84 | 198 039.4 | 251 621.4 | 144 457.3 |
| 非农从业人员 | 31.42 | 39.30 | 23.54 | 105 216.8 | 131 606.96 | 78 826.72 |
| 城镇从业人员 | 31.02 | 38.86 | 23.18 | 44 851.8 | 56 187.7 | 33 516.0 |

若以位置中位数作为平均 WTP 的估计值，则城乡从业人员的人均 WTP 为 35.4 元，非农从业人员总体的人均估计值为 38.5 元，城镇职工的人均估计值为 38.1 元。可见，绝对中位数的估计值高于累计频度中位数的估计值，若用前者作为平均 WTP，则可能使估计的结果偏高。

### 4. 非使用价值各价值类型的估算

根据调查结果，样本总支付数额中对存在价值、遗产价值和选择价值的比例分别为 54%、30%和 16%，根据该比例和总 WTP 估算出三者的数值，具体结果见表 5-45。

**表 5-45　区域分层随机抽样法的非使用价值各价值类型的估算结果**

| 总样本总体类型 | 总 WTP<br>/（万元/a） | 存在价值<br>/（万元/a） | 遗产价值<br>/（万元/a） | 选择价值<br>/（万元/a） |
|---|---|---|---|---|
| 城乡从业人员 | 198 039.4 | 106 941.3 | 59 411.8 | 31 686.3 |
| 城镇从业人员 | 44 851.8 | 24 219.9 | 13 455.5 | 7 176.3 |
| 非农从业人员 | 105 216.8 | 56 817.1 | 31 565.0 | 16 834.7 |

### 5.3.4 调查结果的有效性评价

#### 1. 社会经济各因素对支付意愿及 WTP 值影响的相关分析

##### 1) 样本的社会经济各因素对支付意愿率影响的相关分析

安徽省样本的支付意愿率与社会经济各因素均无显著相关性，仅与文化程度具有较显著相关性，即文化程度越高，支付意愿率越高。

江苏省样本的社会经济各因素与支付意愿率的相关分析结果为：支付意愿率与文化程度在 0.01 水平上呈极显著相关，相关系数为 0.217；与年龄和收入水平呈较显著相关，即年龄越大，支付意愿率越高；收入水平越高，支付意愿率越高；支付意愿率与其他因素，如性别、职业、职称、了解程度等无显著相关性。

总样本的社会经济各因素与支付意愿率的相关分析结果为：支付意愿率与文化程度呈极显著相关，相关系数为 0.171，即文化程度越高，其支付意愿率越高；支付意愿率与年龄和收入水平呈较显著相关，年龄按照 51~60 岁、30 岁及以下、31~50 岁、60 岁以上的顺序，样本的支付意愿率逐渐降低。收入以最高档收入的样本支付意愿率最高，达 90%；其次除了收入处在二档的样本为 59.1%外，其余的均在 80%左右。保护区附近的居民的收入虽然大多数位于最低档，但其支付意愿率仍较高，达 84%。支付意愿率与其他因素，如性别、职业、职称、了解程度等无显著相关性，但可看出一定的趋势，如女性的支付意愿率稍高于男性，职业以其他企事业单位样本的支付意愿率为最高，其次为高校教师及研究所；职称以本人不适用样本的支付意愿率最高，其次为高级、初级、中级和其他；了解程度高的样本的支付意愿率也较高（表 5-46）。

**表 5-46　各样本层社会经济各因素与支付意愿率的相关分析**

| 因素 | 安徽省样本层 | | 江苏省样本层 | | 总样本 | |
| --- | --- | --- | --- | --- | --- | --- |
| | 相关系数① | 显著水平 | 相关系数 | 显著水平 | 相关系数 | 显著水平 |
| 性别 | 0.046 | 0.632 | −0.047 | 0.566 | −0.009 | 0.891 |
| 年龄 | 0.028 | 0.770 | 0.147 | 0.070 | 0.102 | 0.098 |
| 职业 | −0.084 | 0.383 | −0.010 | 0.902 | −0.041 | 0.513 |
| 文化程度 | 0.118 | 0.221 | 0.217** | 0.007 | 0.171** | 0.005 |
| 职称 | −0.012 | 0.904 | −0.071 | 0.561 | −0.031 | 0.680 |
| 年收入 | −0.075 | 0.440 | 0.134 | 0.097 | −0.105 | 0.091 |
| 了解程度 | 0.049 | 0.615 | −0.012 | 0.881 | 0.025 | 0.690 |

①相关系数指皮尔森相关系数；*相关系数在 0.05 水平上显著；**相关系数在 0.01 水平上显著。

2）各样本层社会经济各因素对支付意愿率影响的比较及区域差异分析

表 5-47 为各样本层在社会经济因素影响下的支付意愿率。从中可以看出，不同样本的支付意愿率受社会经济因素影响的分布特征不完全一致。除了文化程度对支付意愿率影响的区域差异不明显外，其他因素均存在较为明显的区域差异。从性别看，岳西县和安徽省样本男性的支付意愿率较高，均为 80%，江苏省样本男性的支付意愿率较低，女性的支付意愿率以江苏省样本的最高，且高于男性，其次为安徽省样本，岳西县样本的最低。年龄在 30 岁及以下和 51~60 岁样本的支付意愿率江苏省最高，安徽省次之，岳西县最低；年龄为 31~50 岁样本的支付意愿率以岳西县最高，安徽省次之，江苏省最低；60 岁以上样本的支付意愿率为各年龄层最低。总体上，江苏省样本的年轻人更愿意参与自然保护区的保护。从职业来看，行政管理人员的支付意愿率以岳西县最高，其次为安徽省，江苏省最低；企事业单位职工样本的支付意愿率岳西县最低，安徽省和江苏省差不多。高级、中级职称样本的支付意愿率安徽省的高于江苏省，初级职称和其他情况的样本则反之。收入水平处于一至五档的样本的支付意愿率均为安徽省高于江苏省，六至七档样本的支付意愿率则是江苏省高于安徽省。

表 5-47　各样本层社会经济因素影响下的支付意愿率

| | 因素 | 岳西县 /% | 安徽省 /% | 江苏省 /% | 总样本 /% |
|---|---|---|---|---|---|
| 性别 | 男 | 80.0 | 80.3 | 77.1 | 78.0 |
| | 女 | 66.7 | 76.3 | 81.0 | 79.0 |
| 文化程度 | 研究生及以上 | — | 82.8 | 87.5 | 85.2 |
| | 高等教育 | 91.3 | 80.8 | 81.9 | 81.5 |
| | 中等教育 | 68.8 | 75.0 | 66.7 | 69.6 |
| | 初等教育 | 65.2 | 62.5 | 33.3 | 54.5 |
| 年龄/岁 | <30 | 68.8 | 78.4 | 82.5 | 81.0 |
| | 31~50 | 84.2 | 80.0 | 77.8 | 78.8 |
| | 51~60 | 75.0 | 80.0 | 90.0 | 85.0 |
| | >60 | — | 50.0 | 44.4 | 45.0 |
| 职业 | 行政管理人员 | 84.6 | 75.0 | 72.2 | 73.7 |
| | 高校教师及研究所 | 0 | 75.0 | 80.6 | 78.0 |
| | 学生 | — | 75.0 | 75.0 | 75.0 |
| | 基层保护设施单位 | 100.0 | 100.0 | 100.0 | 100.0 |
| | 其他企事业单位 | 61.5 | 81.1 | 81.8 | 81.6 |
| | 其他 | 87.5 | 83.3 | 68.4 | 74.2 |

续表

| | 因素 | 岳西县 /% | 安徽省 /% | 江苏省 /% | 总样本 /% |
|---|---|---|---|---|---|
| 职称 | 高级 | 100.0 | 86.4 | 83.3 | 84.3 |
| | 中级 | 80.0 | 71.0 | 68.4 | 69.0 |
| | 初级 | 57.1 | 73.7 | 80.8 | 80.9 |
| | 本人不适用 | 78.3 | 85.3 | 100.0 | 87.8 |
| | 其他 | 100.0 | 66.7 | 40.0 | 50.0 |
| 年收入 | ≤5000 元 | 91.7 | 85.7 | 81.2 | 83.8 |
| | 5001~10 000 元 | 66.7 | 63.3 | 50.0 | 59.1 |
| | 10 001~15 000 元 | 100.0 | 90.9 | 75.0 | 80.6 |
| | 15 001~20 000 元 | — | 81.3 | 80.6 | 80.8 |
| | 20 001~30 000 元 | — | 87.5 | 82.1 | 83.6 |
| | 30 001~50 000 元 | — | 76.9 | 85.7 | 82.4 |
| | 50 001~100 000 元 | — | 100.0 | 87.5 | 90.0 |
| 了解程度 | 相当熟悉 | 81.5 | 81.5 | — | 81.5 |
| | 一定了解 | 72.7 | 81.0 | 76.9 | 79.4 |
| | 没有了解 | 0 | 77.0 | 78.7 | 78.2 |
| 合计 | | 76.9 | 78.9 | 78.6 | 78.7 |

尽管社会经济各因素对支付意愿率的影响存在区域差异，但各样本层最终的支付意愿率比较接近，基本无区域差异。

3）样本的社会经济各因素对 WTP 值影响的相关分析

对不同样本层的社会经济各因素与 WTP 相关性的分析结果表明有如下特征（表 5-48）。

表 5-48　各样本层的社会经济各因素与 WTP 的相关性分析

| 因素 | 安徽省样本层 | | 江苏省样本层 | | 总样本 | |
|---|---|---|---|---|---|---|
| | 相关系数[①] | 显著水平 | 相关系数 | 显著水平 | 相关系数 | 显著水平 |
| 性别 | −0.118 | 0.280 | −0.133 | 0.146 | −0.124 | 0.074 |
| 年龄 | −0.019 | 0.859 | 0.044 | 0.630 | 0.019 | 0.783 |
| 职业 | −0.213* | 0.049 | 0.062 | 0.500 | −0.042 | 0.546 |
| 文化程度 | −0.031 | 0.778 | 0.029 | 0.754 | 0.002 | 0.978 |
| 职称 | −0.134 | 0.217 | −0.184 | 0.174 | −0.142 | 0.092 |

| 因素 | 安徽省样本层 | | 江苏省样本层 | | 总样本 | |
|---|---|---|---|---|---|---|
| | 相关系数① | 显著水平 | 相关系数 | 显著水平 | 相关系数 | 显著水平 |
| 年收入 | 0.089 | 0.418 | 0.371** | 0.000 | 0.258** | 0.000 |
| 了解程度 | −0.184 | 0.090 | 0.122 | 0.182 | −0.039 | 0.582 |
| 一次性支付 | 0.571** | 0.000 | 0.745** | 0.000 | 0.553** | 0.000 |
| 支付方式 | −0.274** | 0.011 | −0.176 | 0.054 | −0.220** | 0.001 |

①相关系数均指皮尔森相关系数；*相关系数在 0.05 水平上显著；**相关系数在 0.01 水平上显著。

（1）安徽省样本层

① WTP 与职业呈显著性相关，即职业按照行政管理人员、高校教师及研究所、学生、基层保护设施单位、其他企事业单位和其他的顺序，样本的 WTP 逐渐下降。

② WTP 与一次性支付值在 0.01 水平上为极显著相关，相关系数为 0.571，表明样本的一次性支付值越高，WTP 越高。

③ WTP 与支付方式在 0.01 水平上呈极显著相关，相关系数为–0.274，表明选择调查表中前两项为支付方式的样本的 WTP 较后两种的高。

④ WTP 与了解程度的相关系数为负值，即了解程度越高，WTP 越高，但不明显。

⑤ WTP 与性别、年龄、文化程度、职称和年收入水平无显著相关性。

（2）江苏省样本层

① WTP 与年收入在 0.01 水平上呈极显著相关，相关系数为 0.371，表明调查样本的收入越高，WTP 值越高。

② WTP 与一次性支付值在 0.01 水平上呈极显著相关，相关系数为 0.745，表明样本的一次性支付值越高，WTP 值越高。

③ WTP 与支付方式呈较显著相关，即选择问卷调查表中前两项为支付方式的样本的 WTP 较高。

④ WTP 与性别、职称呈负相关，即女性的 WTP 较男性的低，说明支付意愿率高，样本的 WTP 不一定高。

⑤ WTP 与了解程度呈正相关，即了解程度越高，WTP 越小，但不明显。

⑥ WTP 与其他因素，包括年龄、职业、文化程度无明显相关性。

（3）总样本

① WTP 与性别呈较显著负相关，即女性的 WTP 比男性的 WTP 低。

② WTP 与职称呈较显著负相关，样本的职称按照、高级、中级、初级、其

他的顺序排列，WTP 逐渐下降，没有职称的样本比有职称样本的 WTP 要低。

③ WTP 与年收入在 0.01 水平上为极显著相关，相关系数为 0.258，表明收入越高，WTP 值也越高。

④ WTP 与一次性支付意愿值在 0.01 水平上为极显著相关，相关系数为 0.553，表明 WTP 值越高，一次性支付值也越高。

⑤ WTP 与支付方式呈极显著相关，即选择以调查表中前两项为支付方式的 WTP 值较高。

⑥ WTP 与年龄、职业、文化程度、了解程度无明显相关性。

从上述可以看出，较为异常的现象是安徽省样本的职业、支付方式与 WTP 的相关性较显著，而与收入水平的相关性却不显著。除了抽样误差外，这一结果可能与保护区所在的位置有关。保护区附近的居民虽然收入较低，但却有较高的 WTP。可见，以保护区为中心，在一定范围内，收入对 WTP 的影响不如其他因素大。年龄、职业、文化程度、了解程度与 WTP 的相关系数的符号在两个区域正好相反，分别呈正、负相关。这些因素对 WTP 的影响存在明显的区域差异。

### 2. 支付意愿的敏感性分析

据逻辑斯蒂回归分析模型，将支付意愿为"是"的答案赋值为 1，将支付意愿为"否"的答案赋值为 0。变量选定为调查样本的收入 $I$、年龄 $A$ 和受教育程度 $E$，$b_0$，$\cdots$，$b_k$ 为待估参数得

$$\text{Logit}(odds) = b_0 + b_1 A + b_2 E + b_3 I$$

经 Logistic 回归分析的结果见表 5-49、表 5-50、表 5-51。从中可得

安徽省样本的回归方程

$$\text{Logit}(odds) = 1.892 - 0.081A - 0.274E + 0.05I; \tag{5-5}$$

江苏省样本的回归方程

$$\text{Logit}(odds) = 2.701 - 0.475A - 0.631E + 0.216I; \tag{5-6}$$

总样本的回归方程

$$\text{Logit}(odds) = 2.355 - 0.325A - 0.413E + 0.122I; \tag{5-7}$$

安徽省样本愿意支付的概率

$$P = \frac{e^{(1.892 - 0.081A - 0.274E + 0.05I)}}{1 + e^{(1.892 - 0.081A - 0.274E + 0.05I)}}; \tag{5-8}$$

江苏省样本愿意支付的概率

$$P = \frac{e^{(2.701 - 0.475A - 0.631E + 0.216I)}}{1 + e^{(2.701 - 0.475A - 0.631E + 0.216I)}}; \tag{5-9}$$

总样本愿意支付的概率

$$P = \frac{e^{(2.355-0.325A-0.413E+0.122I)}}{1+e^{(2.355-0.325A-0.413E+0.122I)}} \text{。}$$ （5-10）

**表 5-49  安徽省样本回归方程中的变量统计表**

| 项目 | 系数 | 标准误差 | Wald | 自由度 | 显著 | 指数 |
|------|------|----------|------|--------|------|------|
|      | $B$  | $SE$     |      | $df$   | 水平 | exp（$B$） |
| $A$  | -0.081 | 0.353 | 0.053 | 1 | 0.818 | 0.922 |
| $E$  | -0.274 | 0.309 | 0.786 | 1 | 0.375 | 0.761 |
| $I$  | 0.050 | 0.161 | 0.097 | 1 | 0.755 | 1.052 |
| 常量 | 1.892 | 1.051 | 3.243 | 1 | 0.072 | 6.632 |

**表 5-50  江苏省样本回归方程中的变量统计表**

| 项目 | 系数 | 标准误差 | Wald | 自由度 | 显著 | 指数 |
|------|------|----------|------|--------|------|------|
|      | $B$  | $SE$     |      | $df$   | 水平 | exp（$B$） |
| $A$  | -0.475 | 0.245 | 3.767 | 1 | 0.052 | 0.622 |
| $E$  | -0.631 | 0.294 | 4.594 | 1 | 0.032 | 0.532 |
| $I$  | 0.216 | 0.133 | 2.624 | 1 | 0.105 | 1.241 |
| 常量 | 2.701 | 0.935 | 8.346 | 1 | 0.004 | 14.896 |

**表 5-51  总样本回归方程中的变量统计表**

| 项目 | 系数 | 标准误差 | Wald | 自由度 | 显著 | 指数 |
|------|------|----------|------|--------|------|------|
|      | $B$  | $SE$     |      | $df$   | 水平 | exp（$B$） |
| $A$  | -0.325 | 0.198 | 2.699 | 1 | 0.100 | 0.723 |
| $E$  | -0.413 | 0.205 | 4.059 | 1 | 0.044 | 0.661 |
| $I$  | 0.122 | 0.097 | 1.564 | 1 | 0.211 | 1.129 |
| 常量 | 2.355 | 0.680 | 12.006 | 1 | 0.001 | 10.535 |

理论和经验表明，$b_1$ 为负值，$b_2$、$b_3$ 为正值。高收入者应该有较高的 WTP，如果利用调查结果估计的关于收入的回归系数为负并且统计分析结果为显著，那么对其平均 WTP 结果的有效性表示怀疑。从表 5-52 可以看出，年龄和受教育程度的估计系数均为负值，收入的估计系数为正值，表明本次调查存在年龄和收入敏感性，存在教育程度不敏感性。例如，总样本年龄的估计系数为-0.325，表明年龄增加一个数量级，Logit（$odds$）减少 0.325，也即回答为"是"与"否"的

概率的比值的对数将减少 0.325；收入的估计系数为 0.122，表明收入增加一个数量级，Logit（*odds*）增加 0.122，也即回答为"是"与"否"的概率的比值的对数将增加 0.122。受教育程度的估计系数为−0.413，表明受教育程度增加一个数量级，Logit（*odds*）减少 0.413，也即回答为"是"与"否"的概率的比值的对数将减少 0.413。与江苏省样本相比，安徽省样本的估计系数偏小。

**表 5-52　支付意愿的逻辑斯蒂回归参数结果表**

| 系数 | 安徽省样本 | 江苏省样本 | 总样本 |
|---|---|---|---|
| $b_1$ | −0.081 | −0.475 | −0.325 |
| $b_2$ | −0.274 | −0.631 | −0.413 |
| $b_3$ | 0.050 | 0.216 | 0.122 |
| 常数项 | 1.892 | 2.701 | 2.355 |

### 5.3.5　有关比较研究

#### 1. 区域分层随机抽样法与单纯随机抽样法统计结果的比较

将所有样本合并为一个样本单位进行统计分析，计算相关总体的总 WTP，这实际上就是单纯随机抽样法的统计学分析方法，即以总样本的平均 WTP 与总人口数的乘积表示。

按照单纯随机抽样法的统计原理估算得到，全部样本的平均 WTP 为 47.8 元/a，总体均值 95%的置信区间为[55.58，47.02]，由此计算得到鹞落坪自然保护区的非使用价值，若以城乡从业人员计，为 331 335.3 万元；若以城镇从业人员计，为 69 114 万元；若以非农从业人员计，为 160 082.2 万元。非使用价值的最大估计值为 385 000 万元/a，最低估计值为 134 000 万元/a（表 5-53）。由单纯随机抽样法估算得到的存在价值、遗产价值和选择价值的结果见表 5-54。

**表 5-53　按照单纯随机抽样法估算的不同总体范围的总 WTP 及其 95%置信区间**

| 总样本总体类型 | 人口数 /万人 | 人均 WTP /（元/a） | 总 WTP /（万元/a） | 总值上限 /（万元/a） | 总值下限 /（万元/a） |
|---|---|---|---|---|---|
| 城乡从业人员 | 6931.7 | 47.8 | 331 335.3 | 385 263.93 | 277 406.67 |
| 城镇从业人员 | 1445.9 | 47.8 | 69 114.0 | 80 363.10 | 57 864.9 |
| 非农从业人员 | 3349.0 | 47.8 | 160 082.2 | 186 143.87 | 134 020.53 |

　　评估结果表明，无论是采用绝对位置中位数还是相对频数中位数作为人均WTP 的估计值，单纯随机抽样法调查所得到的结果均比区域分层随机抽样法所估算的结果高（表 5-55）。若采用单纯随机抽样条件价值法则有高估或低估平均 WTP的可能。区域分层随机抽样法比单纯随机抽样法更接近于真实值，有较高的精确度。

**表 5-54　单纯随机抽样法的非使用价值各价值类型的估算结果**

| 总样本总体类型 | 总 WTP /（万元/a） | 存在价值 /（万元/a） | 遗产价值 /（万元/a） | 选择价值 /（万元/a） |
|---|---|---|---|---|
| 城乡从业人员 | 331 335.3 | 178 921.0 | 99 400.6 | 53 013.6 |
| 城镇从业人员 | 69 114.0 | 37 321.6 | 20 734.2 | 11 058.2 |
| 非农从业人员 | 160 082.2 | 86 444.4 | 48 024.7 | 25 613.1 |

**表 5-55　区域分层抽样法和单纯随机抽样法的评估结果**

| 总体范围 | 区域分层抽样法 | | | 单纯随机抽样法 | | |
|---|---|---|---|---|---|---|
| | 人均 WTP /（元/a） | 总 WTP /（万元/a） | 区间 /（元/a） | 人均 WTP /（元/a） | 总 WTP /（万元/a） | 区间 /（万元/a） |
| 城乡从业人员 | 28.57 | 198 039.4 | 144 457~ 251 621 | 47.8 | 331 335.3 | 277 407~ 385 264 |
| 非农从业人员 | 31.42 | 105 216.8 | 78 827~ 131 607 | 47.8 | 69 114.0 | 57 865~ 80 363 |
| 城镇从业人员 | 31.02 | 44 851.8 | 33 516~ 56 188 | 47.8 | 160 082.2 | 134 021~ 186 144 |

　　区域分层随机抽样方法的总体均值的估计值实际上是各层总体样本中位数的加权平均数，权数由各层总体数目与总体数目决定。而单纯随机抽样法的样本总体均值的估计值为全部样本的中位数，该值是唯一的。两种方法估算总体的平均 WTP的途径不同，其结果也不一样。分层随机抽样的精确度明显高于单纯随机抽样。

## 2. 不同调查方式统计结果的分析与比较

　　为了便于比较研究，在江苏省样本层内同时采用面谈和邮寄两种调查方式。将收集来的调查表按照调查方式分为面对面调查样本和邮寄调查样本两个基本类型。从表 5-56 和表 5-57 可以看出，面谈方式的投标点集中在 50~100 元/a 和 10~20元/a，而邮寄方式的投标点则集中在 10 元/a。面谈样本的 WTP 绝对中位数为 50元/人；邮寄样本的 WTP 绝对中位数为 20 元/人。经计算，面谈样本的累计频度中位数为 41.5 元/人，邮寄样本的累计频度中位数为 15 元/人。无论是采用中位数还是累计频度中位数，面谈样本的人均 WTP 都远远高于邮寄样本，因此调查方式不同所得到的统计结果的差异较大。由于采用面对面方式调查人与被调查人可以进行直接的交流，被调查人对所调查内容有更直观深入的了解，他们的 WTP 应该更接近于真实值，这种方式更可取。经统计得到，面谈方式的反馈率明显高于邮寄方式，支付意愿率则低于邮寄方式（表 5-58）。

表 5-56  面谈样本各投标点上投标人数绝对频数、相对频数分布

| WTP 值 /（元/a） | 绝对频数 /人次 | 相对频数 /% | 有效相对 频数/% | 累计相对 频数/% |
|---|---|---|---|---|
| 3 | 3 | 0.6 | 1.5 | 1.5 |
| 5 | 3 | 0.6 | 1.5 | 3.1 |
| 10 | 24 | 5.2 | 12.4 | 15.4 |
| 20 | 24 | 5.2 | 12.4 | 27.7 |
| 50 | 51 | 11.0 | 26.2 | 53.8 |
| 100 | 63 | 13.6 | 32.3 | 86.2 |
| 200 | 9 | 1.9 | 4.6 | 90.8 |
| 400 | 3 | 0.6 | 1.5 | 92.3 |
| 500 | 9 | 1.9 | 4.6 | 96.9 |
| 600 | 3 | 0.6 | 1.5 | 98.5 |
| 800 | 3 | 0.6 | 1.5 | 100.0 |
| 合计 | 195 | 41.8 | 100 | — |

表 5-57  邮寄样本各投标点上投标人数绝对频数、相对频数分布

| WTP 值 /（元/a） | 绝对频数 /人次 | 相对频数 /% | 有效相对 频数/% | 累计相对 频数/% |
|---|---|---|---|---|
| 1 | 21 | 10.0 | 12.5 | 12.5 |
| 3 | 3 | 1.4 | 1.8 | 14.3 |
| 5 | 3 | 1.4 | 1.8 | 16.1 |
| 10 | 45 | 21.4 | 26.7 | 42.9 |
| 20 | 24 | 11.4 | 14.3 | 57.1 |
| 30 | 3 | 1.4 | 1.8 | 58.9 |
| 50 | 24 | 11.4 | 14.3 | 73.2 |
| 60 | 3 | 1.4 | 1.7 | 75.0 |

续表

| WTP 值<br>/（元/a） | 绝对频数<br>/人次 | 相对频数<br>/% | 有效相对<br>频数/% | 累计相对<br>频数/% |
|---|---|---|---|---|
| 100 | 24 | 11.4 | 14.3 | 89.3 |
| 200 | 9 | 4.3 | 5.4 | 94.6 |
| 300 | 3 | 1.4 | 1.8 | 96.4 |
| 500 | 6 | 2.9 | 3.6 | 100.0 |
| 合计 | 168 | 79.8 | 100 | — |

**表 5-58　邮寄与面对面调查方式统计分析结果的比较**

| 调查方式 | 反馈率<br>/% | 支付意愿率<br>/% | WTP 绝对中位<br>数/（元/人） | WTP 累计频度中<br>位值/（元/人） | 方差 |
|---|---|---|---|---|---|
| 邮寄方式 | 70.0 | 80.0 | 20 | 15 | 23 616.13 |
| 面谈方式 | 84.0 | 77.4 | 50 | 41.5 | 10 883.85 |

# 5.4　本章小结

## 5.4.1　直接使用价值评估结果

（1）以 2001 年为基准年，采用市场价值法对鹞落坪自然保护区的直接使用价值的评估结果：直接使用价值 1684.54 万元，其中，直接实物产品价值 1639.84万元，直接非实物经济价值 44.7 万元。从直接使用价值的构成来看，鹞落坪自然保护区直接实物产品的价值为直接非实物产品价值的 36 倍多，说明在保证自然保护区可持续发展的前提下，该保护区的直接非实物产品的价值，即旅游价值和科研、文化教育价值有待进一步提高。

2012 年的直接使用价值评估结果为 8017.65 万元，其中，直接实物产品价值6270.49 万元，直接非实物经济价值 1747.16 万元，直接非实物经济价值的比重有了很大的提高。

按照评价年的实际价格计算，2012 年直接使用价值是 2001 年的 4.76 倍。若按照评价年间的年平均通货膨胀率将 2001 年的直接使用价值进行调整，调整后为2202.45 万元，则 2012 年鹞落坪自然保护区的直接使用价值是 2001 年的 3.6 倍。

（2）直接实物价值评估的主要难点在于自然保护区实物产出数量的统计。按照有无在市场上销售区分，在市场销售的那部分的量比较容易获得，当地就地消费的部分较难获取。采取随机抽样调查的方法来确定，有一定的科学性，但存在调查样本主观估计的误差，对最终结果的准确性造成影响。

（3）直接非实物产品无市场价格，属于准公共产品，理论上只能采取间接评价技术来评估。间接评价技术要求对消费者行为的信息资料了解较全面，如果缺乏评估所需信息，间接评价技术就无法应用；如果所需信息容易获取，则采用间接评价技术是优先选用的方法，如薛达元（1997）对长白山自然保护区旅游价值的评估。对其非实物使用价值的评估采用其他方法代替，如费用支出法、专家咨询法等。

## 5.4.2　间接使用价值评估结果

（1）按 2001 年不变价格计算，2001 年鹞落坪自然保护区在保持土壤、涵养水源、固定 $CO_2$、营养物质循环、降解污染物和防治病虫害、鼠害方面所产生的经济价值为 25 495 万元；2012 年鹞落坪自然保护区的间接使用价值为 25 361 万元，与 2001 年基本持平，表明 10 年间鹞落坪自然保护区维持了比较稳定的生态服务功能的水平。如果以自然保护区提供的生态系统产品和服务作为衡量其自然资本存量的大小，则随着时间的变化生态系统产品和服务应保持在稳定水平或有所提高，表明保护区的保护与发展是协调的。

（2）根据的当地的恩格尔系数计算得到该保护区的发展系数调整得到，按照 2001 年不变价格，2001 年和 2012 年的间接使用价值分别为 7264 万元和 9946 万元；按照 2012 年不变价格，2001 年和 2012 年的间接使用价值分别为 9497 万元和 13 003 万元。通过引入发展阶段系数，避免了价值评估所得结果太大，无法实现真正支付，更不便于实际利用的矛盾。

（3）对鹞落坪自然保护区间接使用价值评估结果表明，自然保护区生物多样性的间接使用价值非常大，是自然保护区贡献于人类福利的一个重要组成部分，人类必须保护好这些森林生态系统，维持它的可持续性，使之能够长期为人类提供福利。

（4）从使用价值的构成来看，直接使用价值远远低于当前可实现的间接使用价值，表明鹞落坪自然保护区生态系统服务的价值在经过当地发展阶段系数调整后，仍超过其直接实物产品和非实物产品的价值。

（5）虽然选取了统一的评价指标、定价参数和计量模型，但自然保护区间接使用价值的评估仍存在一定的误差，主要来源于评价项目的遗漏方面。计算的六类生态系统服务功能的价值，是基于保护区发展水平上的不完全的估计。随着社会的发展和人类需求的变化，必定还有一些功能将会起着越来越重要的作用。这受当前的认识水平、研究手段和基础数据的限制，将使总计算结果偏低，因而通过该指标体系计算所得的间接价值是最小值。自然保护区生态系统提供的服务表现在许多方面，其中有些是人类已经认识到的，有些是还没有被人类所认识到的。

在人类已认识到的服务中，由于试验资料的可获得性和定量化难易程度的不同，有些功能还无法定量，因此，本次就可以定量的几类服务功能的经济价值进行了评估，是自然保护区生物多样性间接经济价值评估的一个未尽的清单，其计算的结果也是间接经济价值真实值的下限（徐慧等，2003b）。

### 5.4.3　非使用价值评估结果

（1）2001 年区域分层随机抽样法的调查统计分析结果表明，若以城镇从业人员作为样本总体人口的统计依据，鹞落坪自然保护区的非使用价值为 44 851.8 万元，其中存在价值 24 219.9 万元，遗产价值 13 455.5 万元，选择价值 7 176.3 万元。这一结果比单纯随机抽样法的统计结果低，说明若采用单纯随机抽样法，则有高估结果的可能。而按照单纯随机抽样法进行统计分析的结果：非使用价值 69 114.0 万元，其中存在价值 37 321.6 万元，遗产价值 20 734.2 万元，选择价值 11 058.2 万元。区域分层随机抽样的结果比单纯随机抽样的结果低，表明采用单纯随机抽样的条件价值法有高估非使用价值的可能性。

（2）区域分层的调查统计结果显示，江苏省和安徽省样本层的人均 WTP 分别为 42 元/a 和 14.4 元/a，总样本层的平均 WTP 为 31 元/a。这一结果对有固定收入的居民来说，每年支付一定金额的费用（江苏和安徽不同）用作保护区的管理是有可能的，表明调查的结果具有一定的现实意义。而按照单纯随机抽样法，样本总体的平均 WTP 只有一个值，即 47.8 元/人，此数值对收入水平较低的安徽省居民来说明显偏高，降低了调查结果的现实意义。可见，区域分层研究方法较单纯抽样法有较高的现实性。

（3）江苏样本层的平均 WTP 较高，主要有两个方面的原因：一是江苏省样本的经济收入水平明显高于安徽省样本，这为调查样本愿意支付较高的金额奠定了基础；二是江苏省的部分样本采用了面谈的调查方式，而对不同调查方式的对比分析表明，面谈方式的平均 WTP 高于邮寄方式，这也使得江苏样本的调查结果较高。假设上述两个原因对平均结果的影响各占 50%，那么江苏省和安徽省的区域间的平均 WTP 的差异的 50%仍是由区域差异造成的。

（4）在区域分层时，分区越细调查对象的社会经济特征区域差异就越小，反映样本特征参数的差异也越小，WTP 与各因素的相关性就越好，结果的可靠性提高。相反，分区级别越高，调查对象社会经济特征的区域差异越大，结果出现极值的可能性增大。但分区也存在一个合适的层次问题，并不是越细越好。这是因为样本间的固有差异是人与人之间存在的根本区别，包括社会、经济、文化、意识等多方面，这种差异是无法消除的，分区层次太高影响结果的可靠性，层次太低增加工作的复杂程度，且无理论意义。

（5）关于研究的偏差问题。在问卷设计时就试图通过采用区域分层随机抽样法和不同的调查方式来减少调查设计引起的偏差，这些偏差包括信息偏差、部分—整体偏差和支付方式偏差。此外还存在一些其他偏差，如战略偏差、奉承偏差、假想偏差等。假想偏差是由于 CVM 研究是在假想的情况下进行的，虽然可通过增加样本容量减少假想偏差，但样本容量的增加受到资金、人员等许多条件的限制，不能无限度地增加，因此假想偏差总是存在的。另外还存在部分—整体偏差。在调查中发现，样本对其他类似的保护需要考虑不够。如果考虑还有其他保护的需要时，所有样本的 WTP 都可能略微偏高，在今后的调查过程中，要强调这种支付的非唯一性。定势偏差表现为样本比较注重首先所提的问题或建议，对次序排列较后的问题关注率降低，如对支付方式的选择就存在这一现象。

（6）对调查统计结果的有效性评价表明，调查所得到的支付意愿率、平均 WTP 与样本的其他指标有预期的联系，发现 WTP 与年收入之间、WTP 与一次性支付值之间呈极显著相关，与年龄呈较显著相关。对支付意愿率影响较大的因素是年龄、教育程度，对 WTP 影响较大的因素是年收入、支付方式，表明研究结果有较高的有效性和可靠性，可为政府部门做出合理的决策和预算提供参考标准。

### 5.4.4　生物多样性总价值评估结果

理论上，鹞落坪自然保护区总经济价值为各类经济价值之和，即使用价值的估计值和安徽、江苏城镇从业人员的非使用价值估计值之和。鹞落坪自然保护区总使用价值为直接使用价值与间接使用价值之和，按照 2012 年不变价格，2001 年使用价值合计 35 535 万元；2012 年为 41 175 万元。按照各典型年发展阶段系数对间接使用价值进行调整后，2001 年使用价值合计 11 699 万元；2012 年为 21 020 万元（表 5-59）。

表 5-59　鹞落坪自然保护区 2012 年不变价格计算的总使用价值（万元）

| 年份 | 直接使用价值 | 间接使用价值 | 合计 | 间接使用价值调整[①] | 合计[①] |
|---|---|---|---|---|---|
| 2001 | 2202 | 33 333 | 35 535 | 9497 | 11 699 |
| 2012 | 8017 | 33 158 | 41 175 | 13 003 | 21 020 |

①按照发展阶段系数对间接使用价值的调整。

非使用价值若按照 2002 年评估的总样本的平均值 198 039 万元计算，则 2001 年的总价值评估结果为 233 574 万元，若考虑发展阶段系数的调整，则为 209 738 万元。

需要注意的是，使用价值与非使用价值是性质不同的两类价值，非使用价值的大小随调查区域的范围和该区域的人均 WTP 的变化而变化。对于一定的区域来说，非使用价值的大小是确定的。因此，非使用价值和总经济价值总是和一定的区域范围相联系的，鹞落坪自然保护区主要是就安徽、江苏而言。从构成来看，即使是对两个省份的调查，非使用价值的数量已远远超过使用价值，如果扩大调查的区域范围，则非使用价值的数量将会更大。对评价的结果应该根据价值类型的不同分别加以分析和应用，而不能同等对待。

　　在自然保护区经济价值的实证研究时，必须要考虑时间因素。经济价值的大小是由许多因素共同决定的，把这些因素作为自变量，总经济价值作为因变量，则总经济价值可看作是这些自变量的函数，在这些自变量中包括时间（t）这一因素。理论上时间的选取可以是一段时间（有限），也可以自然保护区存在的时间为准（无限）。在鹞落坪自然保护区的案例研究中，选择了 2001 年作为价值评估的时间参数，得出的结果也仅仅是该保护区在这一年产生的总经济价值，而不是其存在期间的全部经济价值。

### 5.4.5　结果讨论

　　鹞落坪自然保护区生物多样性价值评估取得的主要结果有：①对鹞落坪国家级自然保护区的经济价值评估开展了实证研究。首次对鹞落坪自然保护区的经济价值进行了比较全面、准确的评估；评估结果可为有关政府部门决策以及对保护区的管理提供依据，对客观评价该保护区在大别山区域经济发展中的作用和同纬度同类生态系统的经济价值评估具有重要的参考、借鉴价值。②采用区域分层随机抽样条件价值法的研究框架和模型对鹞落坪自然保护区的非使用价值进行了评估。实证研究表明，该方法优于以往所采用的单纯随机抽样的条件价值法，主要表现在：一方面，在获得了区域样本容量数据后，总体单位数量可以确定；另一方面，从统计学上来看，该方法得到的平均 WTP 的估计值更准确更有代表性。③同时采用邮寄方式和面谈方式两种问卷调查方式在同一个区域进行评估，分别以支付卡法和投标博弈法作为引出调查样本 WTP 的方法，对不同调查方式进行了比较研究。在不同区域采用了不完全相同的调查方式，对不同调查方式的比较研究表明，由不同调查方式得到的平均 WTP 不同。④按照自然保护区生态系统服务和产品的可持续评判标准，鹞落坪自然保护区 2001 年到 2012 年的 $\partial E/\partial t$ 为 1108 万元/a，远远大于 0，表明该保护区处于可持续发展的状态。

　　自然保护区经济价值的评估是一项非常繁杂的工作，涉及的方面很多，具体范围广，难度大，许多问题有待于今后进一步研究，主要有：①对鹞落坪自然保护区经济价值的评估仅仅是在 2001 年、2012 年的基础上，至于该保护区在存在期间内的总经济价值及其总经济价值和不同价值类型的货币量是如何随着时间的变化而变化的等问题还有待于进一步研究。②CVM 研究调查本身对自然资源保护起到一定作用,随着鹞落坪自然保护区的保护效果越来越好,其影响力越来越大,可扩大调查范围和层次,全面评价被评估对象的非使用价值。③建立了区域分层随机抽样条件价值法的评估模型,并进行了鹞落坪自然保护区的实证研究,有一些问题值得进一步探讨,如分层抽样各层内样本容量的确定;不同分层中的调查方式不同是否会产生增大或减小区域差异的效果。④尽管可采用旅行费用法评估自然保护区的科研、文化教育价值,但由于所需资料、信息的限制,在实证研究中未采用该方法,今后可进行这方面的尝试。

# 第6章 鹞落坪自然保护区生态承载力研究

鹞落坪自然保护区生态承载力计算分别使用 1991 年（开始建区时）、2000 年、2012 年的数据，以反映其历史的动态变化。

## 6.1 2000 年生态足迹和生态承载力分析

### 6.1.1 耕地的生态消费用地

某类生态消费用地的计算模式为

$$A_i = \sum_j A_{ij} \quad (i=1,2,\cdots,6; \ j=1,2,\cdots,n) \tag{6-1}$$

耕地的生态消费用地 $A$ 耕地＝$A$ 粮食＋$A$ 蔬菜＋$A$ 油料＋$A$ 其他＋$A$ 药材＋…。用消费量或生产量除以土地生产能力，就得到该类型的生态消费用地，所有类型耕地的生态消费用地相加，即得耕地的生态消费用地。同样，耕地的人均生态消费用地 $a$ 耕地＝$a$ 粮食＋$a$ 蔬菜＋$a$ 油料＋$a$ 其他＋$a$ 药材＋…。用人均消费量或人均生产量除以土地生产能力，就得到该类型的人均生态消费用地，所有类型耕地的人均生态消费用地相加，即得耕地的人均生态消费用地（林地、草地等的生态消费用地计算类似，下面不再重复）。以下从消费和生产两个角度分别计算人均耕地的生态消费用地。从消费的角度计算，如表 6-1 所示，尽可能地将主要消费项列出，鹞落坪自然保护区人均耕地的消费型生态用地为 0.1689 hm²/人。从生产的角度计算，尽可能地将农产品和畜禽养殖生产项列出，人均耕地的全部生产型生态用地则为 0.5617 hm²/人（表 6-2）。考虑到猪肉、蛋类、禽肉、耕牛生产用粮主要为外购或（极少部分）已计入人均消费粮食中，将这四类不在保护区内的生产型生态用地扣除，而生产用地已包含于住宅用地中，保护区内的实际人均耕地生产型生态用地则为 0.4038 hm²/人（表 6-3）。

表 6-1 2000 年鹞落坪自然保护区耕地人均消费量和生态消费用地

| 类型 | 分项 | 全球平均产量 | 人均消费量 | 人均生态消费用地 |
|---|---|---|---|---|
| $i$ | $ij$ | $p_{ij}$/（kg/hm²） | $c_{ij}$/（kg/人） | $a_{ij}$/（hm²/人） |
| 耕地 | 粮食 | 2744[①] | 310.1[②] | 0.1130 |
| | 蔬菜 | 18000[①] | 78.76[③] | 0.0044 |
| | 油料 | 1856[①] | 6.75[③] | 0.0036 |

续表

| 类型 | 分项 | 全球平均产量 | 人均消费量 | 人均生态消费用地 |
|---|---|---|---|---|
| $i$ | $ij$ | $p_{ij}/$（kg/hm$^2$） | $c_{ij}/$（kg/人） | $a_{ij}/$（hm$^2$/人） |
| 耕地 | 猪肉 | 376[④] | 8.5[②] | 0.0226 |
| | 蛋类 | 534[④] | 4.24[③] | 0.0079 |
| | 禽肉 | 376[④] | 3.69[⑤] | 0.0098 |
| | 棉花与棉织品 | 1000[④] | 5.088[⑥] | 0.0051 |
| | 水果类 | 18 000[④] | 14.94[⑤] | 0.0008 |
| | 酒类 | 7164[④] | 6.66[⑤] | 0.0009 |
| | 卷烟 | 1496[④] | 1.25[⑦] | 0.0008 |
| 合计 | | — | — | 0.1689 |

① 粮食、蔬菜、油料为全球平均产量，来自《生态足迹方法：可持续定量研究的新方法——以张掖地区 1995 年的生态足迹计算为例》（徐中民等，2001），根据保护区管委会提供的统计资料，粮食包括谷物、豆类、薯类，主要为谷物，此处以谷物平均产量作为粮食的平均产量。

② 粮食、猪肉人均消费量来自《包家乡 1994~2001 年农村抽样调查人均指标资料（10 户）》，两数据分别是 1994、1996 年的，参考江苏省统计局 2003 年发布的《农民家庭平均每人主要消费品消费量》数据（www.jssb.gov.cn）做了调整。

③ 蔬菜、油料、蛋类的人均消费量缺乏调查资料，故用 1999 年统计年鉴上的安徽省农村消费量平均值替代。

④ 根据实际情况将猪肉、蛋类、禽肉调至耕地消费类，以及棉花与棉织品、水果类、酒类、卷烟的平均产量均依据《大城市居民生活消费的生态占用初探》（成升魁等，2001）。

⑤ 禽肉、水果类、酒类消费量参考江苏省统计局 2003 年发布的《农民家庭平均每人主要消费品消费量》数据（研究区按江苏农民的 90% 计算）。

⑥ 棉花与棉织品的人均消费量依据《大城市居民生活消费的生态占用初探》，按大城市人均消费量的 80% 计算。

⑦ 卷烟人均消费量依据《包家乡 1994~2001 年农村抽样调查人均指标资料（10 户）》，1996 年人均消费量为 84.47 盒，按江苏省统计局 2003 年发布的《农民家庭平均每人主要消费品消费量》表中卷烟消费下降趋势调整为 75.29 盒，并按 60 盒/kg 折算。

**表 6-2　2000 年鹞落坪自然保护区耕地生产型生态消费用地（全部）**

| 类型 | 分项 | 全球平均产量 | 总产量 | 总生态消费用地 | 人均生态消费用地 |
|---|---|---|---|---|---|
| $i$ | $ij$ | $p_{ij}/$（kg/hm$^2$） | $C_{ij}/$kg | $A_{ij}/$hm$^2$ | $a_{ij}/$（hm$^2$/人） |
| 耕地 | 粮食 | 2744 | 1 471 000 | 536.0787 | 0.0907 |
| | 蔬菜 | 18 000 | 11 250 000 | 625.000 | 0.1058 |
| | 其他 | 888.3[①] | 180 000 | 202.6342 | 0.0343 |

续表

| 类型 | 分项 | 全球平均产量 | 总产量 | 总生态消费用地 | 人均生态消费用地 |
|---|---|---|---|---|---|
| $i$ | $ij$ | $p_{ij}$/（kg/hm²） | $C_{ij}$/kg | $A_{ij}$/hm² | $a_{ij}$/（hm²/人） |
| 耕地 | 药材 | 215.7[①] | 220 500 | 1022.2531 | 0.1730 |
| | 猪肉 | 376 | 210 000[②] | 558.5106 | 0.0945 |
| | 禽肉 | 376 | 30 547.8[③] | 81.2441 | 0.0138 |
| | 耕牛 | 376 | 95 760 | 254.6809 | 0.0431 |
| | 蛋类 | 534 | 20 378[④] | 38.1616 | 0.0065 |
| 合计 | | — | | 3318.5632 | 0.5617 |

① 药材、其他作物为安徽省平均产量。

② 猪肉总产量为 2000 年统计数据，60 kg/头×3500 头＝210 000 kg。

③ 禽肉总产量为 2000 年统计数据，加上自食部分（按 80%计算），1.5 kg/只×9000 只＋3.69 kg/人×5775 人×80%＝13 500 kg。

④ 蛋类总产量用 2000 年统计数据，主要为鸡蛋，另外加上农民自食部分（按 80%计算），15000 个／19 个/kg＋4.24 kg/人×5775 人×80%≈25 275 kg。

**表 6-3　2000 年鹞落坪自然保护区耕地生产型生态消费用地（区内）**

| 类型 | 分项 | 全球平均产量 | 总产量 | 总生态消费用地 | 人均生态消费用地 |
|---|---|---|---|---|---|
| $i$ | $ij$ | $p_{ij}$/（kg/hm²） | $C_{ij}$/kg | $A_{ij}$/hm² | $a_{ij}$/（hm²/人） |
| 耕地 | 粮食 | 2744 | 1 471 000 | 536.0787 | 0.0907 |
| | 蔬菜 | 18 000 | 11 250 000 | 625.000 | 0.1058 |
| | 其他 | 888.3 | 180 000 | 202.6342 | 0.0343 |
| | 药材 | 215.7 | 220 500 | 1022.2531 | 0.1730 |
| 合计 | | — | | 2385.966 | 0.4038 |

## 6.1.2　草地的生态消费用地

从消费的角度，草地的消费型生态用地为 0.0654 hm²/人（表 6-4）。从生产的角度，通常生态足迹分析是将畜禽养殖业划入草地畜牧业。但是，现实中畜禽饲料主要为粮食及粮食加工副产品以及外购的饲料，而且多为圈养，因此，将主要消耗粮食的畜禽养殖业在耕地的生态足迹中计算（表 6-2），外购的粮食和饲料，则对鹞落坪保护区生态系统没有影响，不计入区内的生态足迹（表 6-3）。主要消耗饲草的牲畜养殖则在草地的生态足迹中计算，因此，保护区内草地的生产型生态用地应为 0.1761 hm²/人（表 6-5）。

**表 6-4　2000 年鹞落坪自然保护区草地人均消费量和生态消费用地**

| 类型 | 分项 | 全球平均产量 | 人均消费量 | 人均生态消费用地 |
|------|------|------|------|------|
| $i$ | $ij$ | $p_{ij}$/（kg/hm²） | $c_{ij}$/（kg/人） | $a_{ij}$/（hm²/人） |
| | 牛肉 | 33[①] | 0.6[③] | 0.0182 |
| | 羊肉 | 33[①] | 0.6[③] | 0.0182 |
| 草地 | 奶 | 489[②] | 2.25[④] | 0.0046 |
| | 皮革 | 32[②] | 0.60[⑤] | 0.0188 |
| | 毛类 | 16[②] | 0.09[⑤] | 0.0056 |
| | 合计 | — | | 0.0654 |

① 牛肉、羊肉的全球平均产量均引自"河北张家口坝上地区生态承载力研究"。
② 奶、皮革、毛类的平均产量依据《大城市居民生活消费的生态占用初探》。
③ 牛羊肉的人均消费量参考江苏省统计局 2003 年发布的《农民家庭平均每人主要消费品消费量》数据确定。
④ 奶的人均消费量依据《大城市居民生活消费的生态占用初探》，按大城市人均消费量的 10%确定。
⑤ 皮革、毛类的人均消费量依据《大城市居民生活消费的生态占用初探》一文，按大城市人均消费量的 25%确定。

**表 6-5　2000 年鹞落坪自然保护区草地生产型生态消费用地**

| 类型 | 分项 | 全球平均产量 | 总产量 | 总生态消费用地 | 人均生态消费用地 |
|------|------|------|------|------|------|
| $i$ | $ij$ | $p_{ij}$/（kg/hm²） | $C_{ij}$/kg | $A_{ij}$/hm² | $a_{ij}$/（hm²/人） |
| | 羊肉 | 33 | 16 500[①] | 500 | 0.0846 |
| 草地 | 兔肉 | 15 | 3 270[②] | 218 | 0.0369 |
| | 耕牛 | 33 | 10 640[③] | 322.4242 | 0.0546 |
| | 合计 | — | — | 1040.4242 | 0.1761 |

① 羊肉总产量为 2000 年统计数据，1500 只×11 kg/只＝16 500 kg。
② 兔肉总产量为 2002 年统计数据。
③ 研究区内的黄牛、水牛均为役用牛，部分出售，年出栏率按 35%计，饲料中的 10%用草，归入草地计算，即按耕牛 35%总重量的 10%（190 kg×1600×35%×10%）计算草地生态足迹；另外 90%用粮食（190 kg×1600×35%×90%），归入耕地计算（表 6-2）。

## 6.1.3　林地的生态消费用地

林地的生态消费用地包括薪材、民用材（含少量商品材）、生产用材和茶园等方面的用地。人均林地消费型生态用地为 0.5621 hm²/人（表 6-6）。从生产的角度，增加商品材、生产用材、三桠和其他林副产品生产项，人均林地生产型生态用地为 0.6913 hm²/人（表 6-7）。

**表 6-6　2000 年鹞落坪自然保护区林地消费型生态消费用地**

| 类型 i | 分类 ij | 平均产量 $p_{ij}$ | 人均消费量 $c_{ij}$ | 人均生态消费用地 $a_{ij}$/（hm²/人） |
|---|---|---|---|---|
| 林地 | 薪材 | 1.8 m³/hm²[①] | 0.938 m³/人[③] | 0.5212 |
| | 民用材 | 1.8 m³/hm²[①] | 0.071 m³/人[④] | 0.0395 |
| | 茶叶 | 423.64 kg/hm²[②] | 0.6 kg/人[⑤] | 0.0014 |
| 合计 | | — | — | 0.5621 |

① 薪材、民用材的平均产量来自"大中华经贸服务网"（http://www. gctsn.com/gctsn/economyarea/ch_env/anhui.htm#zrtj）。

② 茶叶平均产量来自《安徽省统计年鉴 1999 年》。

③ 薪材人均消费量根据实际调查数据按木材比重 0.7t/m³ 换算得，总消费量为 5542.12 m³，人均消费量是 0.938 m³。

④ 民用材的人均消费量根据调查表数据计算得到。

⑤ 茶叶人均消费量来自《包家乡 1994~2001 年农村抽样调查人均指标资料（10 户）》。

**表 6-7　2000 年鹞落坪自然保护区林地生产型生态消费用地**

| 类型 i | 分项 ij | 平均产量 $p_{ij}$ | 总产量 $C_{ij}$ | 总生态消费用地 $A_{ij}$/hm² | 人均生态消费用地 $a_{ij}$/（hm²/人） |
|---|---|---|---|---|---|
| 林地 | 薪材 | 1.8 m³/hm² | 5542.12 m³ | 3078.956 | 0.5212 |
| | 民用、商品材 | 1.8 m³/hm² | 870 m³ | 483.333 | 0.0818 |
| | 生产用材 | 1.8 m³/hm² | 459.14 m³ | 255.078 | 0.0432 |
| | 茶叶 | 423.64 kg/hm² | 39 000 kg | 92.0593 | 0.0156 |
| | 三桠 | 7500 kg/hm²[①] | 1 125 000 kg | 150 | 0.0254 |
| | 其他林副产品[②] | | | 24 | 0.0041 |
| 合计 | | — | — | 4083.4263 | 0.6913 |

① 三桠为本地平均产量。

② 其他林副产品包括香菇、茯苓、天麻、木耳等生产，合计占用林地（林间坡耕地、次生林砍伐迹地）24 hm²。

### 6.1.4　建筑用地的生态消费用地

建筑用地包括居住用地和机关单位房屋、公用设施、道路等占地。从消费角度计算，建筑用地的人均消费型生态用地为 0.0146 hm²/人（表 6-8）；从生产的角度计算,加上水电站建设占地,建筑用地的人均生产型生态用地为 0.0228 hm²/人(表 6-9)。

**表 6-8　2000 年鹞落坪自然保护区建筑用地人均消费量和生态消费用地**

| 类型 | 分项 | 全球平均产量 | 人均消费量 | 人均生态消费用地 |
|---|---|---|---|---|
| $i$ | $ij$ | $p_{ij}$ | $c_{ij}$ | $a_{ij}$ / (hm²/人) |
| 建筑用地 | 水电[①] | 1000 GJ/hm² | 3.4123 GJ/人[②] | 0.0034 |
|  | 居住用地 | — | 37.18 m²/人[③] | 0.0037 |
|  | 道路 | — | 0.0075 hm²/人[④] | 0.0075 |
|  | 合计 |  |  | 0.0146 |

① 水电仅消耗可持续利用的水能资源,且并不影响水资源的其他生态功能,因此只按占用建筑用地计算,水电全球平均产量参见文献(徐中民等,2001)。

② 2000 年实际人均用电量(煤电)为 192.0 度,但未含乡、区用电和水电 560 万度(2000 年)。若区、乡用电按农民总用电的 10% 计,则人均用电为 211.2 度,即 0.7604 GJ,这一部分将在化石能源用地消费型生态足迹中计算(表 6-11)。计算水电建筑用地时,消费型生态足迹可用发电量来计算,即水电总用量 560 万度(20 160 GJ),人均用电 947.8 度(3.4123 GJ);生产型生态足迹则应按装机年利用小时计算的发电量作为总产量,因地处东部林区,降水的年际和年内变差较小,年利用小时比较大,可按 5000 h 计算,则年平均最大发电量可达 705 万度,即总产量为 25 380 GJ。

③ 居住用地包括居民住宅用地、保护区和乡公用建筑用地两部分。1998 年末,当地人均住房面积为 25.34 m²,加上 20%附属建筑及场地占地,以此作为人均住宅用地,区、乡公用建筑占地按 4 hm² 计,两者合计总居住用地 21.9650 hm²,人均 37.18 m²。

④ 道路占地依据《全国自然保护区数据库系统》(www.neis.org),该保护区道路占地为 668 亩,即 44.53 hm²,人均 0.0075 hm²。

**表 6-9　2000 年鹞落坪自然保护区建筑用地生产型生态消费用地**

| 类型 | 分项 | 全球平均产量 $p_{ij}$ | 总产量 $C_{ij}$ | 总生态消费用地 $A_{ij}$ /hm² | 人均生态消费用地 $a_{ij}$ / (hm²/人) |
|---|---|---|---|---|---|
| $i$ | $ij$ |  |  |  |  |
| 建筑用地 | 水电 | 1000GJ/hm² | 25 380GJ | 25.38 | 0.0043 |
|  | 居住用地 | — | — | 65[①] | 0.0110 |
|  | 道路 |  |  | 44.53 | 0.0075 |
|  | 合计 | — | — | 134.91 | 0.0228 |

① 按保护区提供的土地利用结构表,2000 年居住用地共计 61 hm²,这里包括住宅实际占地及附属建筑与场地占地,以及居住地周边的园地。再加上区、乡公用建筑用地 4 hm²,合计 65 hm²。从生产的角度,已全部被占用。

## 6.1.5　水域的生态消费用地

根据 2000 年保护区内人均水产品消费量,计算出水域的消费型人均生态用地为 0.1328 hm²/人（表 6-10）。

**表 6-10　2000 年鹞落坪自然保护区水域人均消费量和生态消费用地**

| 类型 | 分项 | 全球平均产量 | 人均消费量 | 人均生态消费用地 |
|---|---|---|---|---|
| i | ij | $p_{ij}$ /（kg/hm²） | $c_{ij}$ /（kg/人） | $a_{ij}$ /（hm²/人） |
| 水域 | 水产品 | 29 | 3.85[①] | 0.1328 |
| 合计 | — | — | — | 0.1328 |

①水产品人均消费量按江苏省统计局 2003 年发布的《农民家庭平均每人主要消费品消费量》数据折半计算。

### 6.1.6　化石能源用地的生态消费用地

2000 年保护区内消费的化石能源折算的生态消费用地：消费型生态用地包括液化石油气、汽油和煤电三项，为 0.0383 hm²/人（表 6-11）；生产型生态用地则扣除与保护区无关的煤电生产，为 0.0106 hm²/人（表 6-12）。

**表 6-11　2000 年鹞落坪自然保护区化石能源用地的人均消费量和消费用地**

| 类型 | 分类 | 平均产量 | 人均消费量 | 人均生态消费用地 |
|---|---|---|---|---|
| i | ij | $p_{ij}$/（GJ/hm²） | $c_{ij}$/（GJ/人） | $a_{ij}$/（hm²/人） |
| 化石能源用地 | 液化石油气 | 71[①] | 0.1387[②] | 0.0020 |
| | 汽油 | 80 | 0.6850[③] | 0.0086 |
| | 煤电 | 27.5[④] | 0.7604 | 0.0277 |
| | 合计 | — | — | 0.0383 |

① 液化石油气全球平均产量依据《大城市居民生活消费的生态占用初探》。

② 液化石油气人均消费量系由保护区提供的抽样调查数据，2001 年全乡农户总消费量为 15 000 kg，加入区、乡机构的人均年消费量 30 kg，则全保护区总消费量为 18 990 kg，人均消费量为 3.22 kg，燃值折算系数是 43.12 GJ/t，折燃值为 818.85 GJ，人均为 0.1387 GJ。

③ 汽油人均消费量系由保护区提供的 2001 年数据计算：总消费量 35.4 万元/2.95 元＋8500 L＝128 500 L，人均为（128 500 L/5905 人）＝21.76 L/人，即 93.805 kg（128 500 L×0.73 kg/L），人均 0.0159 t/人，折燃值为 4044.8716 GJ，人均 0.6850 GJ。

④ 煤电生产是需要消耗化石能源煤炭的，所以煤电按煤的 50%热电转换效率计算煤的消费。

**表 6-12　2000 年鹞落坪自然保护区化石能源用地的生产型生态用地**

| 类型 | 分类 | 平均产量 | 总消费量 | 总生态消费用地 | 人均生态消费用地 |
|---|---|---|---|---|---|
| i | ij | $p_{ij}$/（GJ/hm²） | $C_{ij}$/GJ | $A_{ij}$/hm² | $a_{ij}$/（hm²/人） |
| 化石能源用地 | 液化石油气 | 71 | 818.85 | 11.5331 | 0.0020 |
| | 汽油 | 80 | 4044.87 | 50.5609 | 0.0086 |
| | 合计 | — | — | 62.094 | 0.0106 |

### 6.1.7　2000 年生态足迹汇总

综合上述数据，结合均衡因子，得出鹞落坪自然保护区 2000 年生态足迹最终结果，鹞落坪自然保护区消费型人均生态足迹是 1.2335 $hm^2$/人（表 6-13）。生产型人均生态足迹则是 2.4967 $hm^2$/人（表 6-14）。考虑到畜牧业的大部分并非草地畜牧业，而是用粮食饲养的养殖业，这一部分生态足迹多不在保护区范围内，所以 2000 年保护区内实际的生产型人均生态足迹则是 2.0545 $hm^2$/人（表 6-15）。

表 6-13　2000 年鹞落坪自然保护区生态足迹（消费型生态足迹）

| 类型 $i$ | 人均生态消费用地 $a_i$ /（$hm^2$/人） | 均衡因子 $r_i$ | 人均生态足迹 $ef$/（$hm^2$/人） |
|---|---|---|---|
| 耕地 | 0.1689 | 2.8 | 0.4729 |
| 草地 | 0.0654 | 0.5 | 0.0327 |
| 林地 | 0.5621 | 1.1 | 0.6183 |
| 建筑用地 | 0.0146 | 2.8 | 0.0409 |
| 水域 | 0.1328 | 0.2 | 0.0266 |
| 化石能源用地 | 0.0383 | 1.1 | 0.0421 |
| 合计 | 0.9821 | — | 1.2335 |

表 6-14　2000 年鹞落坪自然保护区生态足迹（生产型生态足迹）

| 类型 $i$ | 人均生态消费用地 $a_i$ /（$hm^2$/人） | 均衡因子 $r_i$ | 人均生态足迹 $ef$/（$hm^2$/人） |
|---|---|---|---|
| 耕地 | 0.5617 | 2.8 | 1.5728 |
| 草地 | 0.1761 | 0.5 | 0.0880 |
| 林地 | 0.6913 | 1.1 | 0.7604 |
| 建筑用地 | 0.0228 | 2.8 | 0.0638 |
| 化石能源用地 | 0.0106 | 1.1 | 0.0117 |
| 合计 | 1.4625 | — | 2.4967 |

表 6-15　2000 年鹞落坪自然保护区生态足迹（区内实际的生产型生态足迹）

| 类型 $i$ | 人均生态消费用地 $a_i$ /（$hm^2$/人） | 均衡因子 $r_i$ | 人均生态足迹 $ef$/（$hm^2$/人） |
|---|---|---|---|
| 耕地 | 0.4038 | 2.8 | 1.1306 |
| 草地 | 0.1761 | 0.5 | 0.0880 |
| 林地 | 0.6913 | 1.1 | 0.7604 |
| 建筑用地 | 0.0228 | 2.8 | 0.0638 |
| 化石能源用地 | 0.0106 | 1.1 | 0.0117 |
| 合计 | 1.3046 | — | 2.0545 |

将以上计算结果进行比较（表 6-16，图 6-1），鹞落坪自然保护区 2000 年形成的生态足迹主要包括以下内容。

表 6-16　2000 年人均生态足迹计算结果比较

| 类型 | 消费型生态足迹 | | 生产型生态足迹 | | 两者比较 |
| --- | --- | --- | --- | --- | --- |
| | （hm²/人） | 占比/% | （hm²/人） | 占比/% | （生产型－消费型） |
| 耕地 | 0.4729 | 38.34 | 1.1306 | 55.03 | 0.6577 |
| 草地 | 0.0327 | 2.65 | 0.0880 | 4.28 | 0.0553 |
| 林地 | 0.6183 | 50.12 | 0.7604 | 37.01 | 0.1421 |
| 建筑用地 | 0.0409 | 3.32 | 0.0638 | 3.11 | 0.0229 |
| 水域 | 0.0266 | 2.16 | — | — | −0.0266 |
| 化石能源用地 | 0.0421 | 3.41 | 0.0117 | 0.57 | −0.0304 |
| 合计 | 1.2335 | 100 | 2.0545 | 100 | 0.8210 |

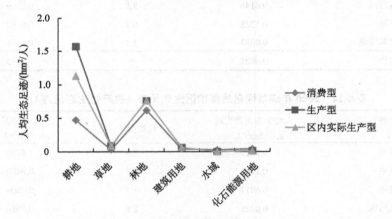

图 6-1　2000 年鹞落坪自然保护区六类土地各种人均生态足迹

（1）鹞落坪自然保护区的生产型生态足迹远大于消费型生态足迹。之所以如此，有两个方面原因：一是从该区域产业结构看，多为低附加值的第一产业（农副产品）初级产品的生产，其中一部分用于贸易换回高附加值产品，对当地和外地自然资源的依赖性强，占用的自然资源较多，这是根本原因；二是还有少部分消费如农用机械、农用化学品、家用电器以及文化等消费因缺乏原始资料和（或）评价资料未能列出。

（2）无论从消费角度，还是从生产角度看，耕地和林地的生态足迹所占的比重都很大，两项合计约占 90%左右。从消费的角度看，林地的生态足迹占总生态足迹的 50%以上；从生产的角度看，耕地的生态足迹占总生态足迹的 55%

以上。另外，在生产型生态足迹中，草地的生态足迹也有一定比重。该区草地资源本身就很少，而林地又是该区主要保护的对象，林地的生态足迹较大尤其值得关注。

（3）2000 年鹞落坪乡（不包括保护区管理人员）人均国内生产总值为 1817 元/人，人均生产型生态足迹按 2.4967 hm$^2$/人计，则万元 GDP 的生态足迹高达 13.741 hm$^2$/人，是全国（1999 年）平均 2.037 hm$^2$/人的 6.7 倍，是安徽省（1999 年）平均 2.963 hm$^2$/人的 4.6 倍。这充分说明了鹞落坪自然保护区资源利用的效益极其低下，这也是贫困山区比较普遍存在的现象，其原因在第（1）条第二方面已有说明，需要尽快加以改善。

### 6.1.8　生态承载力

#### 1. 土地可供承载的面积（可供使用的生物生产性土地面积）

##### 1）耕地可承载面积

根据保护区调查与统计的数据，2000 年区内实际耕地面积为 525 hm$^2$，水田 376 hm$^2$、旱地 149 hm$^2$。其中绝大部分分布在实验区内，但还有 41 hm$^2$（占 7.81%）分布在缓冲区内（水田 30 hm$^2$、旱地 11 hm$^2$）。种植面积合计为 835 hm$^2$（表 6-17），按此计算得复种指数高达 1.59，但是实际上全乡山地蔬菜 250 hm$^2$ 的栽培面积中，大部分为坡耕地或林间荒地，小部分为农户庭院栽培，即山地蔬菜基本上不占用统计上报的耕地。据此，统计耕地的复种指数仅为 1.11[（835–250）/525]。若山地蔬菜栽培所用的土地也计入耕地（1 年按两茬计），则实际上的耕地面积可能达 650hm$^2$，耕地的复种指数则为 1.28（835 / 650）。若将分布在缓冲区内的种植面积按 7.81% 的同样比例扣除，则 2000 年实验区内实际种植面积大约是 770 hm$^2$。

**表 6-17　2000 年鹞落坪自然保护区耕地可承载面积**

| 分类 | 生产面积/hm$^2$ | 总面积/hm$^2$ |
| --- | --- | --- |
| 粮食 | 315 | |
| 蔬菜 | 250 | 835（其中分布在实验区的是 770） |
| 其他 | 60 | |
| 药材 | 210 | |

##### 2）草地可承载面积

鹞落坪自然保护区主要为森林植被类型，草地类型很少，仅在山顶的山脊和阳坡处由于森林植被遭受严重破坏而形成的山地草甸，以及海拔 1200 m 以上地势较平坦处有零星草地分布，此外，在田间地头、河滩上有些草丛，森林的林下多有草被层分布。2000 年保护区内草地可承载面积 1040.42 hm²。

3）林地可承载面积

2000 年保护区实验区内乔木林面积为 5894 hm²，灌木林 650 hm²，合计森林总面积为 6544 hm²。茶叶、三桠、其他林副产品种植面积分别为 173 hm²、150 hm²、20 hm²，加上乔木林合计为 6237 hm²。另外，据土地部门统计，该保护区实验区共有林业用地 6153 hm²，其中包括 6113 hm² 林地、40 hm² 宜林荒地。因此，确定鹞落坪自然保护区实验区林地承载面积为 6237 hm²（表 6-18）。另外，核心区、缓冲区内林地面积分别为 2090 hm²、2750 hm²，从更大的区域范围看，也是可供承载的土地。

**表 6-18　2000 年鹞落坪自然保护区林地承载面积**

| 分类 | 生产面积/hm² | 总面积/hm² |
| --- | --- | --- |
| 木材 | 5894 | |
| 茶叶 | 173 | |
| 三桠 | 150 | 6237 |
| 其他林副产品 | 20 | |

4）建筑用地可承载面积

该区已经使用的建筑用地包括水电建设占地 25.38 hm²、居住用地 65 hm² 和道路占地 44.53 hm²，合计为 134.91 hm²（表 6-19）。居住用地中有 60 hm² 在实验区内，另有 5 hm² 在缓冲区范围内。因此建筑用地在实验区内的可承载面积应不大于 129.91 hm²（表 6-19）。

**表 6-19　2000 年鹞落坪自然保护区建筑用地承载面积**

| 分类 | 生产面积/hm² | 总面积/hm² |
| --- | --- | --- |
| 水电厂占地 | 25.38 | |
| 居住用地 | 60 | 129.91 |
| 道路占地 | 44.53 | |

5）水域可承载面积

区内共有水域面积 262 hm²，其中实验区 212 hm²，缓冲区 50 hm²。山区河流水情变化大，水流湍急，水产资源较少，多不能用于水产养殖，但几个水电站水库有利用价值。

6）化石能源用地可承载面积

鹞落坪自然保护区实验区森林里一部分作为林地消费的土地利用方式进行计算，另一部分核心区和缓冲区的森林既可以作为林地消费的土地使用方式计算，

也可以作为 $CO_2$ 吸收用地或化石能源替代用地列入生态承载力中加以计算（表6-20）。将核心区和缓冲区的林地作为化石能源 $CO_2$ 吸收用地可承载面积来加以计算。该利用方式并不影响该区最主要的生态功能，即林地的生物多样性保护和水源涵养的功能。

表 6-20　2000 年鹞落坪自然保护区化石能源用地可承载面积

| 分类 | 生产面积/hm² | 总面积/hm² |
|---|---|---|
| 缓冲区 | 2750 | 4840 |
| 核心区 | 2090 | |

综合上述六部分的计算，得到了六类土地可供承载的总的生产面积，然后除以 2000 年人口，就得到了人均可承载面积（表 6-21）。按三种情况分别在表中列出：第一种是实际已利用的土地的承载面积，四类已利用土地承载面积合计略大于实验区的总面积，其中耕地为种植面积，要大于实际的耕地面积，而且其中有一小部分在缓冲区内，蔬菜地中有一部分占用林间空地，实际上也在林地范围内；建筑用地中的水电站厂址有一部分不在实验区内；此外，草地面积中可能也有一部分在缓冲区内。据此，扣除了缓冲区已利用的土地（草地按1/3 扣除）和被利用的水域而构成了第二种，即按有关规定真正可利用的土地面积。第三种是整个保护区范围可供土地的可承载面积，其中的缓冲区和核心区的土地虽然按有关规定不可利用，但在维护更大区域的生态系统平衡中则是可供承载的土地（整个保护区可承载的土地面积类同第一种情况相应地也略超过保护区总面积）。

表 6-21　2000 年鹞落坪自然保护区内三种不同情况的各类土地可承载面积
及人均可承载面积

| 项目 | 耕地 | 草地 | 林地 | 建筑用地 | 化石能源用地 | 水域 | 合计 |
|---|---|---|---|---|---|---|---|
| 已利用总面积/hm² | 835.00 | 1040.42 | 6237.00 | 134.91 | 0 | 0 | 8247.33 |
| 人均面积/(hm²/人) | 0.14 | 0.18 | 1.06 | 0.02 | 0 | 0 | 1.40 |
| 可利用总面积/hm² | 770.00 | 693.33 | 6237.00 | 129.91 | 0 | 212.00 | 8042.24 |
| 人均面积/(hm²/人) | 0.13 | 0.12 | 1.06 | 0.02 | 0 | 0.04 | 1.37 |
| 总面积/hm² | 835.00 | 1040.42 | 6237.00 | 134.91 | 4840.00 | 262.00 | 13 349.33 |
| 人均面积/(hm²/人) | 0.14 | 0.18 | 1.06 | 0.02 | 0.82 | 0.04 | 2.26 |

### 2. 产量调整因子

鹞落坪自然保护区位于安徽省，建立该保护区的目的是为了保护生态系统多样性及涵养水源，具有一定的特殊性。计算产量调整因子的目的是为了便于与相关方面与内容进行比较，评价其生态价值。在计算产量调整因子时，必须把各类土地的各种利用方式都加以考虑。且某一类土地利用方式面积越大，对产量调整因子的影响也越大，所以对于某一类用地产量因子的计算应该是各项用地方式的加权求和，公式如下：

$$y_i = \sum_{j=1}^{n} w_{ij} y_{ij} \quad (i=1,2,\cdots,6; \ j=1,2,\cdots,n) \tag{6-2}$$

式中，$y_{ij}$ 是 $i$ 类型用地中 $j$ 项用地方式产量调整因子，$w_{ij}$ 是 $j$ 项用地方式在 $i$ 类型用地中的面积权重，即

$$w_{ij}=A_{ij}/A_i, \ A_i=\sum A_{ij} \quad (j=1,2,\cdots,n) \tag{6-3}$$

$y_{ij}$ 产量因子按下式求取，

$$y_{ij} = y_{ij}/p_{ij} \quad (i=1,2,\cdots,6; \ j=1,2,\cdots,n) \tag{6-4}$$

式中，$y_{ij}$ 是研究区域 $i$ 类型用地 $j$ 项用地方式的平均产量，$p_{ij}$ 为全球平均产量（或较大区域范围的平均产量）

式（6-4）还可改变成如下形式：

$$y_i = \sum_{j=1}^{n} \frac{A_{ij}}{A_i} y_{ij} = \sum_{j=1}^{n} A_{ij} y_{ij} \Big/ A_i \quad (i=1,2,\cdots,6; \ j=1,2,\cdots,n) \tag{6-5}$$

根据式（6-4）的计算方法，对生态承载力设计了另外一种计算模式，计算步骤如下：对各类土地的各种利用方式分别计算产量调整因子；将此产量调整因子分别乘以各类土地的各种利用方式的生产面积，即得调整后的生产面积；将每类土地的各种利用方式调整后的生产面积相加，即得各类土地调整后的生产面积；将各类土地调整后的生产面积乘以均衡因子再相加，即得总承载面积；除以人口数，即得人均承载面积。这种计算模式便于调整（增加或扣除）某类土地的某种利用方式的生产面积，而不必改变产量调整因子，其实质和计算结果都是相同的，更适合于鹞落坪自然保护区的分析过程。

经计算，得出不同用地类型不同利用方式的产量调整因子（表6-22~表6-27），其中草地无本地平均产量资料，所以产量调整因子均按 1 计。

表 6-22　2000 年鹞落坪自然保护区耕地产量调整因子计算

| 分类 | 单位面积产量 /（kg/hm²） | 全球平均产量 /（kg/hm²） | 产量调整因子 | 生产面积 /hm² | 调整后生产面积 /hm² |
|---|---|---|---|---|---|
| 粮食 | 4500 | 2744 | 1.6399 | 315 | 516.6 |
| 蔬菜 | 45 000 | 18 000 | 2.5000 | 250 | 625.0 |
| 其他 | 3000 | 888 | 3.3772 | 60 | 202.6 |
| 药材 | 1050 | 2156 | 4.8679 | 210 | 1022.3 |
| 合计 | — | — | 2.8341 | 835 | 2366.5 |

表 6-23　2000 年鹞落坪自然保护区草地产量调整因子计算

| 分类 | 全球平均产量 /（kg/hm²） | 产量调整因子 | 生产面积 /hm² | 调整后生产面积 /hm² |
|---|---|---|---|---|
| 羊肉 | 33 | 1.000 | 500 | 500 |
| 兔肉 | 15 | 1.000 | 218 | 218 |
| 耕牛 | 33 | 1.000 | 322 | 322 |
| 合计 | — | 1.000 | 1040 | 1040 |

表 6-24　2000 年鹞落坪自然保护区林地产量调整因子计算

| 分类 | 单位面积产量 | 全球平均产量 | 产量调整因子 | 生产面积 /hm² | 调整后生产面积/hm² |
|---|---|---|---|---|---|
| 木材 | 2 m³/hm² | 1.8 m³/hm² | 1.2000 | 5894 | 7073 |
| 茶叶 | 225 kg/hm² | 423.6 kg/hm² | 0.5311 | 173 | 912 |
| 三桠 | 7500 kg/hm² | 7500.0 kg/hm² | 1.0000 | 150 | 150 |
| 其他 | — | — | 1.0000 | 20 | 20 |
| 合计 | — | — | 1.1760 | 6237 | 7335 |

表 6-25　2000 年鹞落坪自然保护区化石能源用地产量调整因子计算

| 分类 | 单位面积产量 /（m³/hm²） | 全球平均产量 /（m³/hm²） | 产量调整因子 | 生产面积 /hm² | 调整后生产面积/hm² |
|---|---|---|---|---|---|
| 缓冲区 | 2.22 | 1.8 | 1.2333 | 2750 | 3392 |
| 核心区 | 2.33 | 1.8 | 1.2944 | 2090 | 2705 |
| 合计 | — | — | 1.2597 | 4840 | 6097 |

表 6-26　2000 年鹞落坪自然保护区建筑用地产量调整因子计算

| 分类 | 可能年产量 /万度 | 实际年产量 /万度 | 产量调整 因子 | 生产面积 /hm² | 调整后生产 面积/hm² |
|---|---|---|---|---|---|
| 水电厂占地 | 705 | 560 | 0.7943 | 25 | 20 |
| 居住用地 | — | — | 1.0000 | 60 | 60 |
| 道路占地 | — | — | 1.0000 | 45 | 45 |
| 小计 | | | 0.9598 | 130 | 125 |
| 缓冲区居住用地 | — | — | 1.0000 | 5 | 5 |
| 合计 | — | — | 0.9613 | 135 | 130 |

表 6-27　2000 年鹞落坪自然保护区水域产量调整因子计算

| 分类 | 产量调整 因子 | 生产面积 /hm² | 调整后生产面积 /hm² |
|---|---|---|---|
| 实验区水域 | 0.2000 | 212 | 42 |
| 缓冲区水域 | 0.2000 | 50 | 10 |
| 合计 | — | 262 | 52 |

保护区水域无水产品产量数据，山区河塘水产的生产力水平低，未来开发后按全球平均产量的 20%计算，即产量调整因子按 0.2000 计。

3. 生态承载力

在"我们共同的未来"报告中，提出应该在生态承载力中留出 12％的土地空间以保护生物多样性。但由于研究对象本身就是自然保护区，而且在计算中已经充分考虑了自然保护区的有关规定，有足够的空间用以生物多样性的保护，因此这一项指标未予考虑。

表 6-28~表 6-30 和图 6-2 分别计算得到 2000 年三种状态的鹞落坪地区的生态承载力。表 6-28 和图 6-3 是 2000 年保护区内实际已经存在的土地利用方式的生态承载力。表 6-29 和图 6-4 是按照自然保护区管理的有关规定实际可以采用的土地利用方式的生态承载力，与表 6-28 相比，扣除了在缓冲区的耕地、居住用地以及面积偏大的草地（也有一部分在缓冲区内），增加一部分可利用的水域。表 6-30 和图 6-5 是 2000 年整个保护区内全部土地的生态承载力，该保护区全部生态承载力比已利用的生态承载力高 43.1%，比可利用的生态承载力高49.8%。

表 6-28　2000 年鹞落坪自然保护区已利用的生态承载力

| 类型 | 生产面积 /hm² | 均衡因子 | 产量因子 | 已利用生态承载力 /hm² | 人均承载力 / (hm²/人) |
|---|---|---|---|---|---|
| 耕地 | 835 | 2.8 | 2.8341 | 6626 | 1.1216 |
| 草地 | 1040 | 0.5 | 1.0000 | 520 | 0.0880 |
| 林地 | 6237 | 1.1 | 1.1760 | 8068 | 1.3656 |
| 建筑用地 | 135 | 2.8 | 0.9613 | 363 | 0.0615 |
| 合计 | — | — | — | 15 577 | 2.6367 |

表 6-29　2000 年鹞落坪自然保护区可利用的生态承载力

| 类型 | 生产面积 /hm² | 均衡因子 | 产量因子 | 可利用承载力 /hm² | 人均承载力 / (hm²/人) |
|---|---|---|---|---|---|
| 耕地 | 770 | 2.8 | 2.8341 | 6110 | 1.0342 |
| 草地 | 693 | 0.5 | 1.0000 | 347 | 0.0587 |
| 林地 | 6237 | 1.1 | 1.1760 | 8068 | 1.3656 |
| 建筑用地 | 130 | 2.8 | 0.9598 | 349 | 0.0591 |
| 水域 | 212 | 0.2 | 0.2000 | 8 | 0.0014 |
| 合计 | — | — | — | 14 882 | 2.5190 |

表 6-30　2000 年鹞落坪自然保护区全区的生态承载力

| 类型 | 生产面积 /hm² | 均衡因子 | 产量因子 | 生态承载力 /hm² | 人均承载力 / (hm²/人) |
|---|---|---|---|---|---|
| 耕地 | 835 | 2.8 | 2.8341 | 6626 | 1.1216 |
| 草地 | 1040 | 0.5 | 1.0000 | 520 | 0.0880 |
| 林地 | 6237 | 1.1 | 1.1760 | 8068 | 1.3656 |
| 建筑用地 | 135 | 2.8 | 0.9613 | 363 | 0.0615 |
| 水域 | 262 | 0.2 | 0.2000 | 10 | 0.0018 |
| 化石能源用地 | 4840 | 1.1 | 1.2597 | 6707 | 1.1352 |
| 合计 | — | — | — | 22 294 | 3.7737 |

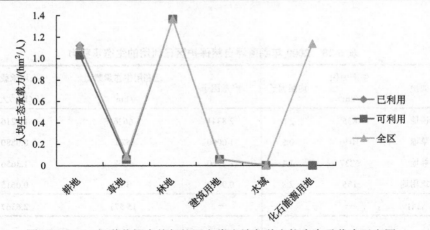

图 6-2　2000 年鹞落坪自然保护区六类土地各种人均生态承载力示意图

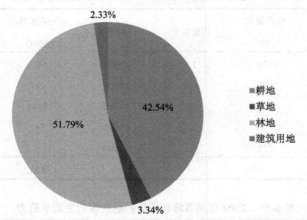

图 6-3　2000 年鹞落坪自然保护区已利用生态承载力结构图

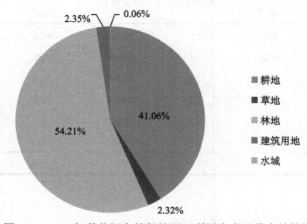

图 6-4　2000 年鹞落坪自然保护区可利用生态承载力结构图

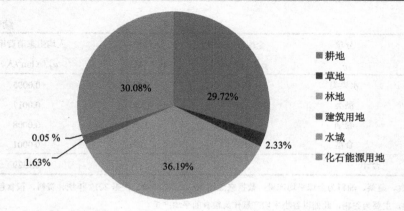

图 6-5　2000 年鹞落坪自然保护区全区的生态承载力结构图

## 6.2　2012 年生态足迹及生态承载力分析

### 6.2.1　耕地的生态消费用地

从消费和生产两个角度分别计算 2012 年的人均耕地的生态用地。从消费的角度的计算结果如表 6-31 所示，尽可能地将主要消费项列出，鹞落坪自然保护区人均耕地的消费型生态用地为 0.1329hm²/人。从生产的角度计算，如表 6-32 所示，尽可能地将农产品和畜禽养殖生产项列出，人均耕地的全部生产型生态用地为 0.3099hm²/人。考虑到猪肉、蛋类、禽肉、耕牛生产用粮主要为外购或（极少部分）已计入人均消费粮食中，将这四类不在保护区内的生产型生态用地扣除，而生产用地已包含于住宅用地中，保护区内的实际人均耕地生产型生态用地则为 0.2281 hm²/人（表 6-33）。

表 6-31　2012 年鹞落坪自然保护区耕地消费型生态用地

| 类型 | 分项 | 全球平均产量 | 人均消费量 | 人均生态消费用地 |
|---|---|---|---|---|
| $i$ | $ij$ | $p_{ij}$/（kg/hm²） | $c_{ij}$/（kg/人） | $a_{ij}$/（hm²/人） |
| 耕地 | 粮食 | 2744[①] | 164.89[②] | 0.0601 |
| | 蔬菜 | 18 000[①] | 73.43[②] | 0.0041 |
| | 油料 | 1856[①] | 8.25[②] | 0.0044 |
| | 猪肉 | 376[⑧] | 9.75[⑧] | 0.0259 |
| | 蛋及蛋制品 | 534[⑧] | 6.08[②] | 0.0114 |
| | 禽肉 | 376[⑧] | 5.43[②] | 0.0144 |
| | 棉花与棉织品 | 1000[⑧] | 9.54[⑧] | 0.0095 |

续表

| 类型<br>$i$ | 分项<br>$ij$ | 全球平均产量<br>$p_{ij}$ / (kg/hm²) | 人均消费量<br>$c_{ij}$ / (kg/人) | 人均生态消费用地<br>$a_{ij}$ / (hm²/人) |
|---|---|---|---|---|
| 耕地 | 水果类 | 18 000[⑥] | 9.18[⑦] | 0.0005 |
|  | 酒类 | 7164[③] | 11.85[②] | 0.0017 |
|  | 卷烟 | 1496[⑧] | 1.25[⑧] | 0.0008 |
|  | 食糖 | 18 000[④] | 0.91 | 0.0001 |
| 合计 |  | — | — | 0.1329 |

① 粮食、蔬菜、油料为全球平均产量，数据来源同 2000 年的参数。根据 2012 年统计资料，粮食包括谷物、豆类、薯类，主要为谷物，此处以谷物平均产量作为粮食的平均产量。

② 粮食、蔬菜、油料、蛋及蛋制品、禽肉、酒类和食糖的人均消费量采用 2012 年统计年鉴《安徽省农村消费量》平均值替代。

③ 根据实际情况将猪肉、蛋及蛋制品、禽肉调整至耕地消费类，棉花与棉织品、水果类、酒类、卷烟的平均产量同 2000 年参数。

④ 研究区内糖料包括甜菜、甘蔗，其中主要为甜菜，因此，以甜菜平均产量作为糖料的平均产量。甜菜的全球平均产量参考《生态足迹方法：可持续定量研究的新方法——以张掖地区 1995 年的生态足迹计算为例》（徐中民等，2000）。

⑤ 猪肉的人均消费量参考安徽省统计局 2012 年发布的《农民家庭平均每人主要消费品消费量》数据（猪肉消费占猪牛羊肉的 85%）。

⑥ 棉花与棉织品人均消费量参考《大城市居民生活消费的生态占用初探》（成庆魁等，2001），而且近几年消费量有增长趋势，2012 年美国人均消费量为 16kg，取《大城市居民生活消费的生态占用初探》一文的 150% 计。

⑦ 水果类人均消费量参考江苏省 2012 年统计年鉴资料农村消费量平均值，按江苏省的 90% 计。

⑧ 卷烟人均消费量同 2000 年。

表 6-32　2012 年鹞落坪自然保护区耕地生产型生态用地（全部）

| 类型<br>$i$ | 分项<br>$ij$ | 全球平均产量<br>$p_{ij}$ / (kg/hm²) | 总产量<br>$C_{ij}$/kg | 总生态消费用地<br>$A_{ij}$/hm² | 人均生态消费用地<br>$a_{ij}$ / (hm²/人) |
|---|---|---|---|---|---|
| 耕地 | 粮食 | 2744 | 1 358 500 | 495.0802 | 0.0894 |
|  | 蔬菜 | 18 000 | 8 826 000 | 490.3333 | 0.0885 |
|  | 药材 | 215.7[①] | 57 923.63 | 268.5379 | 0.0485 |
|  | 猪肉 | 376 | 110 700 | 294.4149 | 0.0532 |
|  | 禽肉 | 376 | 1 5000 | 39.8936 | 0.0072 |
|  | 肉牛 | 376[②] | 20 900[③] | 55.585 | 0.0100 |

续表

| 类型 | 分项 | 全球平均产量 | 总产量 | 总生态消费用地 | 人均生态消费用地 |
|---|---|---|---|---|---|
| $i$ | $ij$ | $p_{ij}$ / (kg/hm$^2$) | $C_{ij}$/kg | $A_{ij}$/hm$^2$ | $a_{ij}$ / (hm$^2$/人) |
| 耕地 | 蛋类 | 534 | 33 677.12 | 63.0658 | 0.0114 |
| | 油料 | 1856 | 10 000 | 5.3879 | 0.0010 |
| | 蚕茧 | 8250[④] | 31 000 | 3.7576 | 0.0007 |
| 合计 | | — | — | 1716.056 | 0.3099 |

① 药材为安徽省 2000 年平均产量。

② 肉牛的平均产量同 2000 年。

③ 研究区内的牛为肉牛和役用牛。肉牛饲料为粮食归入耕地。研究区现有役用牛 110 头，肉牛的总重量按 190kg/头×110 头计算。

④ 蚕茧产量采用当地平均产量，当地一亩桑树一次养的蚕产约 50~60 kg 蚕茧，一年可以养 10 次，则蚕茧的产量为（110×10×15÷2）kg（一次按 55 kg 算，1 公顷等于 15 亩）。

**表 6-33　2012 年鹞落坪自然保护区耕地生产型生态用地（区内）**

| 类型 | 分项 | 全球平均产量 | 总产量 | 总生态消费用地 | 人均生态消费用地 |
|---|---|---|---|---|---|
| $i$ | $ij$ | $p_{ij}$ / (kg/hm$^2$) | $C_{ij}$/kg | $A_{ij}$/hm$^2$ | $a_{ij}$ / (hm$^2$/人) |
| 耕地 | 粮食 | 2744 | 1 358 500 | 495.0802 | 0.0894 |
| | 蔬菜 | 18 000 | 8 826 000 | 490.3333 | 0.0885 |
| | 药材 | 215.7 | 57 923.63 | 268.5379 | 0.0485 |
| | 油料 | 1856 | 10 000 | 5.3879 | 0.0010 |
| | 蚕茧 | 8250 | 31 000 | 3.7576 | 0.0007 |
| 合计 | | — | — | 1263.097 | 0.2281 |

## 6.2.2　草地的生态消费用地

从消费的角度，2012 年草地的消费型生态用地为 0.1420 hm$^2$/人，比 2000 年的 0.0654 增加了 0.0766，增幅达到 117%（表 6-34）。从生产的角度，通常生态足迹分析是将畜禽养殖业划入草地畜牧业，但是，现实中畜禽饲料主要为粮食及粮食加工副产品以及外购的饲料，而且多为圈养，因此，将主要消耗粮食的畜禽养殖业在耕地的生态足迹中计算，外购的粮食和饲料对鹞落坪保护区生态系统没有影响，不计入区内的生态足迹。主要消耗饲草的牲畜养殖则在草地的生态足迹中计算，因此，保护区内草地的生产型生态用地为 0.1592 hm$^2$/人（表 6-35）。

**表 6-34　2012 年鹞落坪自然保护区草地消费型生态用地**

| 类型 | 分项 | 全球平均产量 $p_{ij}$ | 人均消费量 | 人均生态消费用地 |
|---|---|---|---|---|
| $i$ | $ij$ | / (kg/hm²) | $c_{ij}$ / (kg/人) | $a_{ij}$ / (hm²/人) |
| 草地 | 牛羊肉 | 33[①] | 1.72[③] | 0.0521 |
| | 奶及奶制品 | 489[②] | 4.85[④] | 0.0099 |
| | 皮革 | 32[②] | 1.72[⑤] | 0.0538 |
| | 毛类 | 16[②] | 0.42[⑤] | 0.0263 |
| | 合计 | — | — | 0.1421 |

① 牛羊肉的全球平均产量均引自《生态足迹方法：可持续定量研究的新方法——以张掖地区 1995 年的生态足迹计算为例》（徐中民等，2001）。

② 奶及奶制品、皮革、毛类的平均产量依据《大城市居民生活消费的生态占用初探》（苏筠等，2001）。

③ 牛羊肉的人均消费量参考安徽省统计局 2012 年发布的《农民家庭平均每人主要消费品消费量》数据，适当做了调整（牛羊肉占猪牛羊肉的 15%）。

④ 奶及奶制品的人均消费量参考上海市统计局发布的《农民家庭平均每人主要消费品消费量》数据（按上海农民的 60%计）。

⑤ 皮革、毛类的人均消费量依据《大城市居民生活消费的生态占用初探》（成庆魁等，2001），按大城市人均消费量的 80%确定。

**表 6-35　2012 年鹞落坪自然保护区草地生产型生态用地**

| 类型 | 分项 | 全球平均产量 | 总产量 | 总生态消费用地 | 人均生态消费用地 |
|---|---|---|---|---|---|
| $i$ | $ij$ | $p_{ij}$ / (kg/hm²) | $C_{ij}$/kg | $A_{ij}$/hm² | $a_{ij}$ / (hm²/人) |
| 草地 | 羊肉 | 33[①] | 20 000 | 606.0606 | 0.1094 |
| | 兔肉 | 15 | 3270[②] | 218 | 0.0394 |
| | 役用牛 | 33 | 1900[③] | 57.576 | 0.0104 |
| | 合计 | — | — | 881.6366 | 0.1592 |

① 羊肉、马驴兔等肉的全球平均产量同 2000 年。

② 研究区内兔肉产量按照 2000 年的数据计算。

③ 研究区现有役用牛 100 头，一般为散养吃草生长。役用牛每年有部分被使用，役用牛的总重量按 190kg/头×100 头×10%计算。

### 6.2.3　林地的生态消费用地

林地的生态消费用地包括薪材、民用材（含少量商品材），生产用材和茶园等方面的用地。2012 年人均林地消费型生态用地为 0.5147 hm²/人（表 6-36）。从生产的角度，增加茶叶、茯苓、天麻等林副产品生产项，人均林地生产型生态用地为 0.5614 hm²/人（表 6-37）。

表 6-36　2012 年鹞落坪自然保护区林地消费型生态用地

| 类型 | 分类 | 平均产量 | 人均消费量 | 人均生态消费用地 |
|---|---|---|---|---|
| $i$ | $ij$ | $p_{ij}$ | $c_{ij}$ | $a_{ij}$ / (hm²/人) |
| 林地 | 薪材 | 1.8 m³/hm²[①] | 0.888 m³[②] | 0.4933 |
| | 民用材 | 1.8 m³/hm²[①] | 0.036 m³[③] | 0.02 |
| | 茶叶 | 423.64 kg/hm²[①] | 0.6 kg[④] | 0.0014 |
| 合计 | | — | — | 0.5147 |

① 平均产量沿用 2000 年的数据。

② 薪材的消费量据马娜等的报道,2012 年农村生活用能中 70%~80%的燃料来源于薪材。薪材是自然保护区周边农户最为主要的能源,当地薪材以自家采集为主,主要用途是做饭与取暖。随着我国农村地区经济的发展和流通渠道的完善,薪材占农村能源消费总量的比例逐渐降低,从 1991 年的 29.0%下降到 2005 年的 21.2%。根据这一比例,15 年间下降了 8%,则 10 年大约下降 5.3%(马娜和祁黄雄,2014)。

③ 民用材的消费量按照 10 年前的 50%计算。

④ 茶叶的人均消费量参考安徽省 2011 年统计年鉴。

表 6-37　2012 年鹞落坪自然保护区林地生产型生态用地

| 类型 | 分项 | 平均产量 | 总产量 | 总生态消费用地 | 人均生态消费用地 |
|---|---|---|---|---|---|
| $i$ | $ij$ | $p_{ij}$ | $C_{ij}$ | $A_{ij}$/hm² | $a_{ij}$ / (hm²/人) |
| 林地 | 薪材 | 1.8 m³/hm² | 4920.30 m³ | 2733.497 | 0.4935 |
| | 民用材 | 1.8 m³/hm² | 199.40 m³ | 110.78 | 0.02 |
| | 生产用材 | 1.8 m³/hm² | 229.57 m³[①] | 127.54 | 0.023 |
| | 茶叶 | 423.64 kg/hm² | 50 000 kg | 118.0247 | 0.0213 |
| | 其他林副产品[②] | — | — | 20.133 | 0.0036 |
| 合计 | | — | — | 3109.98 | 0.5614 |

① 生产用材取 2000 年的 50%。

② 其他林副产品包括香菇、茯苓、天麻、木耳等,合计占用林地(林间坡耕地、次生林砍伐迹地)20.133 hm²。

### 6.2.4　建筑用地的生态消费用地

建筑用地包括居住用地和机关单位房屋、公用设施、道路等占地。从消费角度计算,2012 年建筑用地人均消费型生态用地为 0.0231 hm²/人(表 6-38);从生产的角度计算,加上水电站建设占地,建筑用地人均生产型生态用地为 0.0241 hm²/人(表 6-39)。

表 6-38　2012 年鹞落坪自然保护区建筑用地消费型生态用地

| 类型 i | 分项 ij | 全球平均产量 $p_{ij}$ | 人均消费量 $c_{ij}$ | 人均生态消费用地 $a_{ij}$ /（hm²/人） |
|---|---|---|---|---|
| 建筑用地 | 水电[①] | 1000 GJ/hm² | 3.640 GJ/人[②] | 0.0036 |
| | 居住用地 | — | 63.656hm²/人[③] | 0.0115 |
| | 道路 | — | 0.0080 hm²/人[④] | 0.0080 |
| 合计 | | — | — | 0.0231 |

① 水电全球平均产量同 2000 年。

② 计算水电建筑用地时，消费型生态足迹用发电量来计算，即水电总用电量 560 万度（20160 GJ），人均用电 1011 度（3.640 GJ）；生产型生态足迹则应按装机年利用小时计算的发电量作为总产量，因地处东部林区，降水的年际和年内变差较小，年利用小时比较大，可按 5000 h 计算，则年平均最大发电量可达 705 万度（1410 万 kW× 5000 h），即总产量为 25 380 GJ。

③ 按保护区提供的土地利用结构表，2012 年居住用地共计 62.41 hm²，再加上田坎和特殊用地 12.48 hm²，合计 63.656 hm²。从生产的角度，已全部被占用。

④ 道路面积只有少量的宅前屋后的小路的修建，公路基本没有增加，因此，仍沿用 2000 年的数据，即 44.53 hm²。

表 6-39　鹞落坪自然保护区建筑用地生产型生态用地

| 类型 i | 分项 ij | 全球平均产量 $p_{ij}$ | 总产量 $C_{ij}$ | 总生态消费用地 $A_{ij}$ /hm² | 人均生态消费用地 $a_{ij}$ /（hm²/人） |
|---|---|---|---|---|---|
| 建筑用地 | 水电 | 1000GJ/hm² | 25 380GJ | 25.38 | 0.0046 |
| | 居住用地 | — | | 63.656 | 0.0115 |
| | 道路 | — | | 44.53 | 0.0080 |
| 合计 | | | | 133.566 | 0.0241 |

### 6.2.5　水域的生态消费用地

根据 2012 年保护区内人均水产品消费量，计算出水域的消费型人均生态用地为 0.2103 hm²/人（表 6-40）。

表 6-40　2012 年鹞落坪自然保护区水域消费型生态用地

| 类型 i | 分项 ij | 全球平均产量 $p_{ij}$ /（kg/hm²） | 人均消费量 $c_{ij}$ /（kg/人） | 人均生态消费用地 $a_{ij}$ /（hm²/人） |
|---|---|---|---|---|
| 水域 | 水产品 | 29 | 6.1[①] | 0.2103 |
| 合计 | | | | 0.2103 |

①水产品人均消费量参考安徽省 2011 年统计年鉴《农民家庭平均每人主要消费品消费量》。

### 6.2.6　化石能源用地的生态消费用地

2012 年保护区内消费的化石能源折算的生态消费用地：消费型生态用地包括液化石油气、汽油和煤电三项，为 0.0452 hm²/人（表 6-41）；生产型生态用地则扣除与保护区无关的煤电生产，为 0.0131 hm²/人（表 6-42）。

**表 6-41　2012 年鹞落坪自然保护区化石能源用地的消费型生态足迹**

| 类型 | 分类 | 平均产量 | 人均消费量 | 人均生态消费用地 |
|---|---|---|---|---|
| $i$ | $ij$ | $p_{ij}$ /（GJ/hm²） | $c_{ij}$ /（GJ/人） | $a_{ij}$ /（hm²/人） |
| 化石能源用地 | 液化石油气 | 71[①] | 0.1824[②] | 0.0026 |
| | 汽油 | 80 | 0.8408[③] | 0.0105 |
| | 煤电 | 27.5[④] | 0.8836 | 0.0321 |
| | 合计 | — | — | 0.0452 |

① 液化石油气全球平均产量同 2000 年参数。

② 根据前瞻网（http://d.qianzhan.com/xdata/detail?d=xCxlBxCxV&di）数据，我国液化石油气人均消费量从 2002 年的 9.13kg 增加到 2012 年的 12kg，年均增长率为 3.14%，按照此增长速度，保护区液化石油气 2012 年的人均消费量为 4.23 kg，燃值折算系数是 43.12 GJ/t，折燃值人均为 0.1824 GJ，合计为 1010GJ。

③ 2011 年安徽省汽油人均消费量为 26kg，鹞落坪保护区按照安徽省平均水平的 75%计算，则人均汽油消费量为 0.0195T，燃值折算系数是 43.12 GJ/T，折燃值人均 0.8408GJ。

④ 2000 年保护区实际人均用电量（煤电）为 192.0 度（含线路损耗率 11.84%），但未含乡、区用电和水电 560 万度（2000 年）。若区、乡用电按农民总用电的 10%计，则人均用电为 211.2 度，即 0.7604 GJ。根据前瞻网（http://d.qianzhan.com/xdata/detail?d=xCxlBxCxV&di）数据，我国煤炭人均消费量从 2002 年的 59.38kg 增加到 2011 年的 69kg，年均增长率为 1.62%，按照此增长速度，保护区 2002 年煤电人均消费量为 0.7604 GJ，则 2012 的人均消费量为 0.8836 GJ。煤电平均产量同 2000 年。

**表 6-42　2012 年鹞落坪自然保护区化石能源用地的生产型生态用地**

| 类型 | 分类 | 平均产量 | 总消费量 | 总生态消费用地 | 人均生态消费用地 |
|---|---|---|---|---|---|
| $i$ | $ij$ | $p_{ij}$ /（GJ/hm²） | $C_{ij}$ /GJ | $A_{ij}$ /hm² | 地 $a_{ij}$ /（hm²/人） |
| 化石能源用地 | 液化石油气 | 71 | 1010.3 | 14.2230 | 0.0026 |
| | 汽油 | 80 | 4657.41 | 58.2177 | 0.0105 |
| | 合计 | — | — | 72.4407 | 0.0131 |

### 6.2.7　2012 年生态足迹汇总

综合上述数据，结合均衡因子，得出 2012 年鹞落坪自然保护区生态足迹最终结果，鹞落坪自然保护区消费型人均生态足迹是 1.1658 hm²/人（表 6-43）。生产型人均生态足迹是 1.6468 hm²/人（表 6-44）。考虑到畜牧业的大部分并非草地畜牧业，而是用粮食饲养的养殖业，这一部分生态足迹多不在保护区范围内，所以保护区内实际的生产型人均生态足迹是 1.4177hm²/人（表 6-45）。

表 6-43 2012 年鹞落坪自然保护区生态足迹（消费型生态足迹）

| 类型 | 人均生态消费用地 | 均衡因子 $r_i$ | 人均生态足迹 |
| --- | --- | --- | --- |
| $i$ | $a_i$ / (hm²/人) | | $ef$ / (hm²/人) |
| 耕地 | 0.1329 | 2.8 | 0.3721 |
| 草地 | 0.1420 | 0.5 | 0.0710 |
| 林地 | 0.5147 | 1.1 | 0.5662 |
| 建筑用地 | 0.0231 | 2.8 | 0.0647 |
| 水域 | 0.2103 | 0.2 | 0.0421 |
| 化石能源用地 | 0.0452 | 1.1 | 0.0497 |
| 合计 | 1.0682 | — | 1.1658 |

表 6-44 2012 年鹞落坪自然保护区生态足迹（生产型生态足迹）

| 类型 | 人均生态消费用地 | 均衡因子 $r_i$ | 人均生态足迹 |
| --- | --- | --- | --- |
| $i$ | $a_i$ / (hm²/人) | | $ef$ / (hm²/人) |
| 耕地 | 0.3099 | 2.8 | 0.8677 |
| 草地 | 0.1592 | 0.5 | 0.0796 |
| 林地 | 0.5614 | 1.1 | 0.6175 |
| 建筑用地 | 0.0241 | 2.8 | 0.0675 |
| 化石能源用地 | 0.0131 | 1.1 | 0.0144 |
| 合计 | 1.0677 | — | 1.6467 |

表 6-45 2012 年 鹞落坪自然保护区生态足迹（区内实际的生产型生态足迹）

| 类型 | 人均生态消费用地 | 均衡因子 $r_i$ | 人均生态足迹 |
| --- | --- | --- | --- |
| $i$ | $a_i$ (hm²/人) | | $ef$ (hm²/人) |
| 耕地 | 0.2281 | 2.8 | 0.6387 |
| 草地 | 0.1592 | 0.5 | 0.0796 |
| 林地 | 0.5614 | 1.1 | 0.6175 |
| 建筑用地 | 0.0241 | 2.8 | 0.0675 |
| 化石能源用地 | 0.0131 | 1.1 | 0.0144 |
| 合计 | 0.9859 | — | 1.4177 |

　　将以上计算结果进行比较（表 6-46、图 6-6），得到 2012 年鹞落坪自然保护区的生态足迹基本情况如下：

　　（1）鹞落坪自然保护区的生产型生态足迹大于消费型生态足迹，但二者的差距较 2000 年缩小。表明经过 10 多年的发展，保护区第一产业（农副产品）初级产品的生产规模在缩小，占用的自然资源在减少。

　　（2）无论是从消费角度，还是从生产角度看，耕地和林地的生态足迹所占的比重都很大。两项合计占消费型总生态足迹的 80%，占生产型总生态足迹的 90%。从消费的角度看，林地的生态足迹占总生态足迹的 48%以上，以林地为主；从生产的角度看，耕地的生态足迹占总生态足迹的 52%以上，林地占 37%以上，林地是该区主要保护的对象，林地的生态足迹较大仍需要加以关注。

表 6-46　2012 年鹞落坪自然保护区人均生态足迹计算结果比较

| 类型 | 消费型生态足迹 | | 生产型生态足迹 | | 两者比较 |
| --- | --- | --- | --- | --- | --- |
|  | /（hm²/人） | 占比/% | /（hm²/人） | 占比/% | （生产型－消费型） |
| 耕地 | 0.3721 | 31.92 | 0.8677 | 52.69 | 0.4956 |
| 草地 | 0.0710 | 6.09 | 0.0796 | 4.84 | 0.0086 |
| 林地 | 0.5662 | 48.57 | 0.6175 | 37.50 | 0.0513 |
| 建筑用地 | 0.0647 | 5.55 | 0.0675 | 4.10 | 0.0028 |
| 水域 | 0.0421 | 3.61 | 0 | 0 | −0.0421 |
| 化石能源用地 | 0.0497 | 4.26 | 0.0144 | 0.87 | −0.0353 |
| 合计 | 1.1658 | 100 | 1.6467 | 100 | 0.4809 |

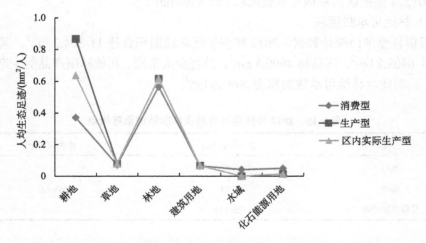

图 6-6　2012 年鹞落坪自然保护区六类土地各种生态足迹示意图

（3）与 2000 年比较，2012 年消费型人均生态足迹下降的是耕地和林地，而草地、建筑用地、水域和化石能源用地上升；2012 年人均生产型生态足迹下降的是耕地、林地和草地，建筑用地和化石能源用地的人均生产型生态足迹上升。

### 6.2.8　生态承载力

1. 土地可供承载的面积（可供使用的生物生产性土地面积）

1）耕地可承载面积

根据保护区调查与统计的数据，2012 年区内实际耕地面积为 616 hm²，水田 495 hm²、旱地 121 hm²，均分布在实验区内。种植面积合计为 691 hm²（表 6-47）。

表 6-47　2012 年鹞落坪自然保护区耕地可承载面积

| 分类 | 生产面积/hm² | 总面积/hm² |
| --- | --- | --- |
| 粮食 | 616.4 | |
| 蔬菜 | 25.2 | 691 |
| 其他（果园、桑园等） | 49.4 | |

2）草地可承载面积

根据土地面积统计数据，保护区内草地面积为 32.56 hm²。这是由于鹞落坪自然保护区主要为森林植被类型，草地类型很少，仅在山顶的山脊和阳坡处由于森林植被遭受严重破坏而形成的山地草甸，以及海拔在 1200 m 以上地势较平坦处有零星草地分布，此外，在田间地头、河滩上有些草丛，森林的林下多有草被层分布。2012 年保护区内草地可承载面积 881.6366 hm²。

3）林地可承载面积

根据林业部门统计数据，2012 年保护区林地面积合计 11 304.2 hm²，其中，公益林 6403.7 hm²，商品林 4900.5 hm²，另有少量茶园、其他林副产品的生产（表 6-48）。因此，林地可承载面积为 5097.6 hm²。

表 6-48　2012 年鹞落坪自然保护区林地承载面积

| 分类 | 生产面积/hm² | 总面积/hm² |
| --- | --- | --- |
| 木材 | 4900.5 | |
| 茶叶 | 177 | 5097.6 |
| 其他林副产品 | 20.133 | |

4）建筑用地可承载面积

本区已经使用的建筑用地包括水电建设占地 25.38 hm²、居住用地 65 hm² 和道路占地 44.53 hm²，合计为 134.91 hm²。因此建筑用地在实验区内的可承载面积应不大于 134.91 hm²（表 6-49）。

表 6-49　2012 年鹞落坪自然保护区建筑用地承载面积

| 分类 | 生产面积/hm² | 总面积/hm² |
|---|---|---|
| 水电厂占地 | 25.38 | |
| 居住用地 | 65 | 134.91 |
| 道路占地 | 44.53 | |

5）水域可承载面积

区内共有水面 262 hm²，其中实验区 212 hm²，缓冲区 50 hm²。山区河流水情变化大，水流湍急，水产资源较少，多不能用于水产养殖，但几个水电站水库有利用价值。由于水域面积变化不大，仍沿用 2000 年的数据。

6）化石能源用地可承载面积

化石能源用地可承载面积与 2000 年计算思路一致，取公益林面积，为 6403.7hm²。

综上六部分计算，得到了六类土地可供承载的总的生产面积，然后除以 2012 年人口，就得到了人均可承载面积（表 6-50）。按三种情况分别在表中列出：第一种是实际已利用的土地的承载面积，四类已利用土地承载面积合计略大于实验区的总面积，其中耕地为种植面积，要大于实际的耕地面积，而且其中有一小部分在缓冲区内，蔬菜地中有一部分占用林间空地，实际上也在林地范围内；建筑用地中的水电站厂址有一部分不在实验区内；此外，草地面积中可能也有一部

表 6-50　2012 年鹞落坪自然保护区内三种不同情况的各类土地可承载面积
及人均可承载面积

| 项目 | 耕地 | 草地 | 林地 | 建筑用地 | 化石能源用地 | 水域 | 合计 |
|---|---|---|---|---|---|---|---|
| 已利用总面积/hm² | 691 | 881.6366 | 5097.6 | 134.91 | — | — | 6505.15 |
| 人均面积/（hm²/人） | 0.1248 | 0.1592 | 0.9203 | 0.024 | — | — | 1.228 |
| 可利用总面积/hm² | 691 | 587.7577 | 5097.6 | 134.91 | — | 212 | 6723.27 |
| 人均面积/（hm²/人） | 0.1248 | 0.1061 | 0.9203 | 0.024 | — | 0.0383 | 1.214 |
| 总面积/hm² | 691 | 881.6366 | 5097.6 | 134.91 | 6403.7 | 262 | 13 470.85 |
| 人均面积/（hm²/人） | 0.1248 | 0.1592 | 0.9203 | 0.024 | 1.156 | 0.0473 | 2.4312 |

分在缓冲区内。据此，扣除了缓冲区已利用的土地（草地按 1/3 扣除）和被利用的水域而构成了第二种，即按有关规定真正可利用的土地面积。第三种是整个保护区范围可供土地的可承载面积，其中的缓冲区和核心区的土地虽然按有关规定不可利用，但在维护更大区域的生态系统平衡中则是可供承载的土地（整个保护区可承载的土地面积类同第一种情况相应地也略微超过保护区总面积）。

### 2. 产量调整因子

经计算，得出 2012 年不同用地类型不同利用方式的产量调整因子（表 6-51~表 6-54），其中草地无本地平均产量资料，所以产量调整因子均按 1 计；化石能源用地和水域产量调整因子同 2000 年（表 6-25、表 6-27）。

表 6-51　2012 年鹞落坪自然保护区耕地产量调整因子计算

| 分类 | 单位面积产量 / (kg/hm²) | 全球平均产量 / (kg/hm²) | 产量调整因子 | 生产面积 /hm² | 调整后生产面积/hm² |
|---|---|---|---|---|---|
| 粮食 | 4500 | 2744 | 1.6399 | 616.4 | 1010.8 |
| 蔬菜 | 45 000 | 18 000 | 2.5000 | 25.2 | 63.0 |
| 蚕茧 | 9400 | 8250 | 1.1390 | 49.4 | 56.3 |
| 合计 | — | — | 1.6302 | 691.0 | 1131.1 |

表 6-52　2012 年鹞落坪自然保护区草地产量调整因子计算

| 分类 | 全球平均产量 / (kg/hm²) | 产量调整因子 | 生产面积 /hm² | 调整后生产面积 /hm² |
|---|---|---|---|---|
| 羊肉 | 33 | 1.000 | 606.1 | 606.1 |
| 兔肉 | 15 | 1.000 | 218.0 | 218.0 |
| 耕牛 | 33 | 1.000 | 57.6 | 57.6 |
| 合计 | — | 1.000 | 881.7 | 881.7 |

表 6-53　2012 年鹞落坪自然保护区林地产量调整因子计算

| 分类 | 单位面积产量 | 平均产量 | 产量调整因子 | 生产面积 /hm² | 调整后生产面积/hm² |
|---|---|---|---|---|---|
| 木材 | 2.16 m³/hm² | 1.8 m³/hm² | 1.2000 | 7450.0 | 8940.0 |
| 茶叶 | 225 kg/hm² | 423.64 kg/hm² | 0.5311 | 177.0 | 94.0 |
| 合计 | — | — | 1.1845 | 7627.0 | 9034.0 |

**表 6-54　2012 年鹞落坪自然保护区建筑用地产量调整因子计算**

| 分类 | 可能年产量/万度 | 实际年产量/万度 | 产量调整因子 | 生产面积/hm² | 调整后生产面积/hm² |
|---|---|---|---|---|---|
| 水电厂占地 | 705 | 560 | 0.7943 | 25.4 | 20.2 |
| 居住用地 | — | | 1.0000 | 65.0 | 65.0 |
| 道路占地 | — | | 1.0000 | 44.5 | 44.5 |
| 合计 | — | — | 0.9613 | 134.9 | 129.7 |

### 3. 生态承载力计算

考虑到研究对象本身即为保护区，因此，生态承载力的计算未考虑留出 12% 的土地空间以保护生物多样性。

表 6-55~表 6-57 和图 6-7 分别计算得到三种状态的鹞落坪自然保护区的生态承载力。表 6-55 是 2012 年保护区内实际已经存在的土地利用方式的生态承载力。表 6-56 是按照自然保护区管理的有关规定 2012 年实际可以采用的土地利用方式的生态承载力，与表 6-55 相比，扣除了草地在缓冲区内的用地，增加一部分可利用的水域。表 6-57 是 2012 年整个保护区内全部土地的生态承载力，该保护区全部生态承载力比已利用的生态承载力高 43.1%，比可利用的生态承载力高 49.8%。从图 6-8~图 6-10 可以看出，2012 年鹞落坪自然保护区已利用生态承载力和可利用生态承载力已耕地和林地的比重最大，全区的生态承载力以化石能源用地的比例最大。

**表 6-55　2012 年鹞落坪自然保护区已利用的生态承载力**

| 类型 | 生产面积/hm² | 均衡因子 | 产量因子 | 生态承载力/hm² | 人均生态承载力/（hm²/人） |
|---|---|---|---|---|---|
| 耕地 | 691 | 2.8 | 1.6302 | 3154.111 | 0.5694 |
| 草地 | 881.6366 | 0.5 | 1.0000 | 440.8183 | 0.0796 |
| 林地 | 5097.633 | 1.1 | 1.1845 | 6038.15 | 1.090 |
| 建筑用地 | 134.91 | 2.8 | 0.9613 | 363.1292 | 0.066 |
| 合计 | — | | | 9996.2085 | 1.805 |

**表 6-56　2012 年鹞落坪自然保护区可利用的生态承载力**

| 类型 | 生产面积/hm² | 均衡因子 | 产量因子 | 生态承载力/hm² | 人均生态承载力/（hm²/人） |
|---|---|---|---|---|---|
| 耕地 | 691 | 2.8 | 1.6302 | 3154.111 | 0.5694 |
| 草地 | 587.7577 | 0.5 | 1.000 | 293.8789 | 0.0531 |

续表

| 类型 | 生产面积 /hm² | 均衡因子 | 产量因子 | 生态承载力 /hm² | 人均生态承载力/（hm²/人） |
|------|------|------|------|------|------|
| 林地 | 5097.633 | 1.1 | 1.1845 | 6038.15 | 1.09 |
| 建筑用地 | 134.91 | 2.8 | 0.9613 | 363.1292 | 0.066 |
| 水域 | 212 | 0.2 | 0.2 | 8.48 | 0.0015 |
| 合计 | — | — | — | 9857.75 | 1.78 |

表 6-57　　2012 年鹞落坪自然保护区全区的生态承载力

| 类型 | 生产面积 /hm² | 均衡因子 | 产量因子 | 生态承载力 /hm² | 人均生态承载力 /（hm²/人） |
|------|------|------|------|------|------|
| 耕地 | 691 | 2.8 | 1.6302 | 3154.111 | 0.5694 |
| 草地 | 881.6366 | 0.5 | 1 | 440.8183 | 0.0796 |
| 林地 | 5097.633 | 1.1 | 1.1845 | 6038.15 | 1.09 |
| 建筑用地 | 134.91 | 2.8 | 0.9613 | 363.1292 | 0.0656 |
| 水域 | 262 | 0.2 | 0.2 | 10.48 | 0.0019 |
| 化石能源用地 | 6403.7 | 1.1 | 1.2597 | 8873.415 | 1.6020 |
| 合计 | — | — | — | 18 880.1 | 3.4085 |

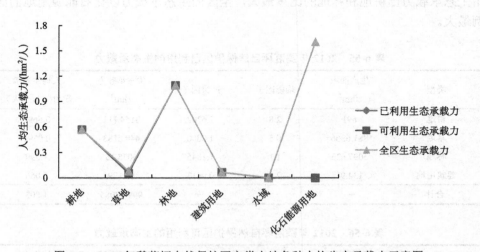

图 6-7　　2012 年鹞落坪自然保护区六类土地各种人均生态承载力示意图

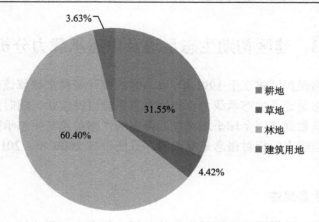

图 6-8　2012 年鹞落坪自然保护区已利用生态承载力结构图

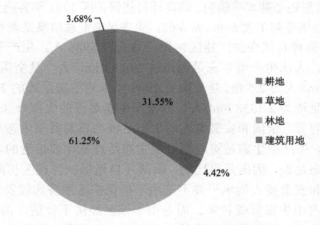

图 6-9　2012 年鹞落坪自然保护区可利用生态承载力结构图

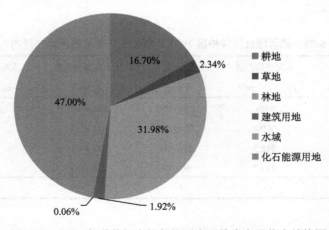

图 6-10　2000 年鹞落坪自然保护区全区的生态承载力结构图

# 6.3 建区初期生态足迹及生态承载力分析

鹞落坪自然保护区建立于 1991 年,以当时的统计资料来计算该保护区初建时期的生产型生态足迹及生态承载力,分析生态系统可持续状况随时间的变化。为便于计算,产量数据使用全球平均产量,得出的生态足迹与生态承载力都可能同步略微偏小,但建立的相对概念是准确的,且便于与 2000 年、2012 年数据进行对比。

## 6.3.1 生产型生态足迹

虽然个别历史数据因缺失而采用估计数据,但占生态足迹较大比重的数据完整,所以总的结果还是基本准确的。鹞落坪自然保护区 1991 年各类土地的生产型生态用地计算结果分列于表 6-58~表 6-62,生态足迹汇总结果见表 6-63。

1991 年鹞落坪自然保护区建区初期,总人口 5986 人,生产型生态足迹为 18 133.39 hm$^2$,人均生产型生态足迹高达 3.0293 hm$^2$/人,是全国 1996 年人均生态足迹 1.2 hm$^2$/人的 2.5 倍,是安徽省 1999 年人均生态足迹的 2.2 倍。其中,林地人均生态足迹为 2.1558 hm$^2$/人,占整个生态足迹的大部分(71.2%)。从引用的文献内容看,全国和安徽省人均生态足迹当属消费型生态足迹,但在较大区域范围内,生产型生态足迹与消费型生态足迹是比较接近的,上述数据接近于生产型生态足迹,因而是可比的。鹞落坪自然保护区建区初期的人均生态足迹大于全国和安徽省人均水平并不是由于该保护区经济比较发达,生产和消费水平较高,占用生态资源较多。而是由于该区经济不发达,消费水平较低,社区人口经济收入过分依赖于当地的自然资源,大规模砍伐林木,而导致人均生态足迹较大。

**表 6-58　鹞落坪自然保护区 1991 年耕地生产型生态用地(区内)**

| 类型<br>$i$ | 分项<br>$ij$ | 全球平均产量<br>$p_{ij}$ /(kg/hm$^2$) | 总产量<br>$C_{ij}$/kg | 总生态消费用地<br>$A_{ij}$/hm$^2$ | 人均生态消费用地<br>$a_{ij}$ /(hm$^2$/人) |
|---|---|---|---|---|---|
| 耕地 | 粮食 | 2744 | 1 800 000 | 655.9767 | 0.1096 |
|  | 蔬菜 | 18 000 | 2 000 000 | 111.1111 | 0.0186 |
|  | 其他 | 888.3 | 570 000 | 641.6751 | 0.1072 |
|  | 药材 | 215.7 | 60 000 | 278.1641 | 0.0465 |
| 合计 |  | — | — | 1686.927 | 0.2819 |

表 6-59　鹞落坪自然保护区 1991 年草地生产型生态用地

| 类型 | 分项 | 全球平均产量 | 总产量 | 总生态消费用地 | 人均生态消费用地 |
|---|---|---|---|---|---|
| $i$ | $ij$ | $p_{ij}$ /（kg/hm²） | $C_{ij}$ /kg | $A_{ij}$ /hm² | $a_{ij}$ /（hm²/人） |
| 草地 | 羊肉 | 33 | 7000[①] | 212.1212 | 0.0354 |
| | 耕牛 | 33 | 7315[②] | 221.6667 | 0.0370 |
| 合计 | | — | | 433.7879 | 0.0724 |

① 羊肉总产量为 1991 年统计数据，700 只×10 kg/只＝7000 kg。

② 研究区内的黄牛、水牛均为役用牛，部分出售，年出栏率按 35%计，饲料中的 10%用草，归入草地计算，即按耕牛 35%总重量×10%（190 kg×1100×35%×10%）计算草地生态足迹。

表 6-60　鹞落坪自然保护区 1991 年林地生产型生态用地

| 类型 | 分项 | 平均产量 | 总产量 | 总生态消费用地 | 人均生态消费用地 |
|---|---|---|---|---|---|
| $i$ | $ij$ | $p_{ij}$ | $C_{ij}$ | $A_{ij}$ /hm² | $a_{ij}$ /（hm²/人） |
| 林地 | 薪材 | 1.8 m³/hm² | 4200 m³ | 2333.3333 | 0.3898 |
| | 民用、商品材 | 1.8 m³/hm² | 16400 m³ | 9111.1111 | 1.5221 |
| | 生产用材 | 1.8 m³/hm² | 400 m³ | 222.2222 | 0.0371 |
| | 茶叶 | 423.64 kg/hm² | 14 700 kg | 34.6993 | 0.0058 |
| | 三桠 | 7500 kg/hm² | 70 000 kg | 9.3333 | 0.0016 |
| | 其他林副产品 | — | — | 20.1 | 0.0034 |
| 合计 | | — | — | 11 730.7992 | 1.9598 |

表 6-61　鹞落坪自然保护区 1991 年建筑用地生产型生态用地

| 类型 | 分项 | 总生态消费用地 | 人均生态消费用地 |
|---|---|---|---|
| $i$ | $ij$ | $A_{ij}$ /hm² | $a_{ij}$ /（hm²/人） |
| 建筑用地 | 居住用地 | 57 | 0.0095 |
| | 道路 | 35.624 | 0.0060 |
| 合计 | | 92.624 | 0.0155 |

注：道路按 2000 年用地的 80%计。

表 6-62　鹞落坪自然保护区 1991 年化石能源用地生产型生态用地

| 类型 | 分项 | 平均产量 $p_{ij}$ | 总消费量 | 总生态消费用地 | 人均生态消费用地 |
|---|---|---|---|---|---|
| $i$ | $ij$ | /（GJ/hm²） | $C_{ij}$ /GJ | $A_{ij}$ /hm² | $a_{ij}$ /（hm²/人） |
| 化石能源用地 | 汽油 | 80 | 2022 | 25.275 | 0.0042 |
| 合计 | | — | — | 25.275 | 0.0042 |

注：汽油消费按 2000 年折半计。

表 6-63　鹞落坪自然保护区 1991 年生态足迹（区内实际的生产型生态足迹）

| 类型 $i$ | 人均生态消费用地 $a_i$ /（hm²/人） | 均衡因子 $r_i$ | 人均生态足迹 $ef$/（hm²/人） | 总生态足迹 $ef$/hm² |
|---|---|---|---|---|
| 耕地 | 0.2819 | 2.8 | 0.7893 | 4724.75 |
| 草地 | 0.0724 | 0.5 | 0.0362 | 216.69 |
| 林地 | 1.9598 | 1.1 | 2.1558 | 12 904.62 |
| 建筑用地 | 0.0155 | 2.8 | 0.0434 | 259.79 |
| 化石能源用地 | 0.0042 | 1.1 | 0.0046 | 27.54 |
| 合计 | 2.3338 | — | 3.0293 | 18 133.39 |

### 6.3.2　生态承载力

#### 1. 各类土地可承载面积

鹞落坪自然保护区 1991 年各类土地可供使用的承载面积见表 6-64。其中，在实验区的耕地数按比例确定为 655.78 hm²；草地依据理论计算结果，取实验区内可利用面积；林地与居住用地仅计实验区部分；缓冲区和核心区林地可作为化石能源用地；水域未被利用，不计。1991 年鹞落坪自然保护区全部可承载土地面积为 12 578.83 hm²，人均 2.1014 hm²；若剔除缓冲区与核心区化石能源用地，则可承载土地面积为 7703.83 hm²，人均 1.2870 hm²。

表 6-64　鹞落坪自然保护区 1991 年各类土地可承载面积

| 分类 | 分项 | 生产面积/hm² | 分类合计面积/hm² | 人均可承载面积/（hm²/人） |
|---|---|---|---|---|
| 耕地 | 粮食 | 400 | 700<br>（其中分布在实验区的是 655.78） | 0.1096 |
| | 蔬菜 | 50 | | |
| | 其他 | 190 | | |
| | 药材 | 60 | | |
| 草地 | — | — | 693.33 | 0.1158 |
| 林地 | 木材 | 6168 | 6268.1 | 1.0471 |
| | 茶叶 | 70 | | |
| | 三桠 | 10 | | |
| | 其他林副产品 | 20.1 | | |
| 建筑用地 | 居住用地 | 51 | 86.624 | 0.0145 |
| | 道路占地 | 35.624 | | |
| 小计 | — | — | 7703.834 | 1.2870 |
| 化石能源用地 | 缓冲区 | 2780 | 4875 | 0.8144 |
| | 核心区 | 2095 | | |
| 合计 | — | — | 12 578.834 | 2.1014 |

## 2. 各类土地产量调整因子

耕地、林地的产量调整因子计算见表 6-65 与表 6-66；草地、建筑用地产量因子均取 1；缓冲区、核心区林地面积与单位面积产量变化不大，因此仍采用 2000 年数据，即为 1.2597。

表 6-65　鹞落坪自然保护区 1991 年耕地产量调整因子计算

| 分类 | 单位面积产量 /（kg/hm²) | 全球平均产量 /（kg/hm²) | 产量调整因子 | 生产面积 /hm² | 调整后生产面积/hm² |
|---|---|---|---|---|---|
| 粮食 | 4500 | 2744 | 1.6399 | 400 | 656 |
| 蔬菜 | 40 000 | 18 000 | 2.2222 | 50 | 111 |
| 其他 | 3000 | 888.3 | 3.3772 | 190 | 642 |
| 药材 | 1000 | 215.7 | 4.6361 | 60 | 278 |
| 合计 | — | — | 2.4097 | 700 | 1687 |

表 6-66　鹞落坪自然保护区 1991 年林地产量调整因子计算

| 分类 | 单位面积产量 | 全球平均产量 | 产量调整因子 | 生产面积 /hm² | 调整后生产面积/hm² |
|---|---|---|---|---|---|
| 木材 | 2 m³/hm² | 2 m³/hm² | 1.200 | 6168 | 7402 |
| 茶叶 | 210 kg/hm² | 424 kg/hm² | 0.4957 | 70 | 35 |
| 三桠 | 2000 kg/hm² | 2000 kg/hm² | 1.000 | 10 | 10 |
| 其他 | — | — | 1.000 | 20 | 20 |
| 合计 | — | — | 1.1912 | 6268 | 7467 |

## 3. 生态承载力计算

鹞落坪自然保护区 1991 年生态承载力计算结果见表 6-67，当时该区全部可供的生态承载力为 19 982.35 hm²，人均 3.3382 hm²；扣除公用的化石能源用地，实际可利用的生态承载力为 13 227.21 hm²，人均 2.2097 hm²。

表 6-67　鹞落坪自然保护区 1991 年生态承载力

| 类型 | 生产面积 /hm² | 均衡因子 | 产量因子 | 承载力 /hm² | 人均承载力 /（hm²/人) |
|---|---|---|---|---|---|
| 耕地 | 655.78 | 2.8 | 2.4097 | 4424.6526 | 0.7392 |
| 草地 | 693.33 | 0.5 | 1.000 | 346.665 | 0.0579 |

续表

| 类型 | 生产面积 /hm² | 均衡因子 | 产量因子 | 承载力 /hm² | 人均承载力 /（hm²/人） |
|------|------|------|------|------|------|
| 林地 | 6268.1 | 1.1 | 1.1912 | 8213.3478 | 1.3721 |
| 建筑用地 | 86.624 | 2.8 | 1.000 | 242.5472 | 0.0405 |
| 小计 | — | — | — | 13 227.2126 | 2.2097 |
| 化石能源用地 | 4875 | 1.1 | 1.2597 | 6755.1412 | 1.1285 |
| 合计 | — | — | — | 19 982.354 | 3.3382 |

# 6.4 生态盈亏平衡与分析

## 6.4.1 2000 年生态盈亏平衡与分析

### 1. 2000 年生态盈亏平衡表

鹞落坪自然保护区 2000 年三种不同情况的生态足迹与三种不同情况的生态承载力的总平衡矩阵列于表 6-68，按照九种情况对六类土地生态承载力与生态足迹的盈亏平衡的计算结果分别列于表 6-69~表 6-77。从中可以发现，无论哪一种情况的生态盈亏平衡结果均有生态盈余，表明该保护区在 2000 年已经处于可持续发展状态。

表 6-68　2000 年鹞落坪自然保护区人均生态承载力与人均生态足迹总平衡表（hm²/人）

| 生态盈亏 ＼ 生态足迹 | 生态足迹 | 消费型生态足迹 | 区内实际生产型生态足迹 | 全部生产型生态足迹 |
|------|------|------|------|------|
| 生态承载力 | | 1.2335 | 2.0545 | 2.4967 |
| 已利用生态承载力 | 2.6367 | 1.4032 | 0.5822 | 0.1400 |
| 可利用生态承载力 | 2.5190 | 1.2855 | 0.4645 | 0.0223 |
| 全部生态承载力 | 3.7737 | 2.5402 | 1.7192 | 1.2770 |

表 6-69　2000 年鹞落坪自然保护区已利用生态承载力与消费型生态足迹平衡表

| 类型 | 人均生态承载力 /（hm²/人） | 人均生态足迹 /（hm²/人） | 生态盈亏 /（hm²/人） |
|------|------|------|------|
| 耕地 | 1.1216 | 0.4729 | +0.6487 |
| 草地 | 0.0880 | 0.0327 | +0.0553 |

续表

| 类型 | 人均生态承载力 /（hm²/人） | 人均生态足迹 /（hm²/人） | 生态盈亏 /（hm²/人） |
|---|---|---|---|
| 林地 | 1.3656 | 0.6183 | +0.7473 |
| 建筑用地 | 0.0615 | 0.0409 | +0.0206 |
| 水域 | 0 | 0.0266 | −0.0266 |
| 化石能源用地 | 0 | 0.0421 | −0.0421 |
| 合计 | 2.6367 | 1.2335 | +1.4032 |

**表 6-70　2000 年鹞落坪自然保护区已利用生态承载力与区内实际生产型生态足迹平衡表**

| 类型 | 人均生态承载力 /（hm²/人） | 人均生态足迹 /（hm²/人） | 生态盈亏 /（hm²/人） |
|---|---|---|---|
| 耕地 | 1.1216 | 1.1306 | −0.0090 |
| 草地 | 0.0880 | 0.0880 | 0 |
| 林地 | 1.3656 | 0.7604 | +0.6052 |
| 建筑用地 | 0.0615 | 0.0638 | −0.0023 |
| 水域 | 0 | 0 | 0 |
| 化石能源用地 | 0 | 0.0117 | −0.0117 |
| 合计 | 2.6367 | 2.0545 | +0.5822 |

**表 6-71　2000 年鹞落坪自然保护区已利用生态承载力与全部生产型生态足迹平衡表**

| 类型 | 人均生态承载力 /（hm²/人） | 人均生态足迹 /（hm²/人） | 生态盈亏 (hm²/人） |
|---|---|---|---|
| 耕地 | 1.1216 | 1.5728 | −0.4512 |
| 草地 | 0.0880 | 0.0880 | 0 |
| 林地 | 1.3656 | 0.7604 | +0.6052 |
| 建筑用地 | 0.0615 | 0.0638 | −0.0023 |
| 水域 | 0 | 0 | 0 |
| 化石能源用地 | 0 | 0.0117 | −0.0117 |
| 合计 | 2.6367 | 2.4967 | +0.1400 |

表 6-72　2000 年鹞落坪自然保护区可利用生态承载力与消费型生态足迹平衡

| 类型 | 人均生态承载力 /（hm²/人） | 人均生态足迹 /（hm²/人） | 生态盈亏 /（hm²/人） |
|---|---|---|---|
| 耕地 | 1.0342 | 0.4729 | +0.5613 |
| 草地 | 0.0587 | 0.0327 | +0.0260 |
| 林地 | 1.3656 | 0.6183 | +0.7473 |
| 建筑用地 | 0.0591 | 0.0409 | +0.0182 |
| 水域 | 0.0014 | 0.0266 | −0.0252 |
| 化石能源用地 | 0 | 0.0421 | −0.0421 |
| 合计 | 2.5190 | 1.2335 | +1.2855 |

表 6-73　2000 年鹞落坪自然保护区可利用生态承载力与区内实际生产型生态足迹平衡表

| 类型 | 人均生态承载力 /（hm²/人） | 人均生态足迹 /（hm²/人） | 生态盈亏 /（hm²/人） |
|---|---|---|---|
| 耕地 | 1.0342 | 1.1306 | −0.0964 |
| 草地 | 0.0587 | 0.0880 | −0.0293 |
| 林地 | 1.3656 | 0.7604 | +0.6052 |
| 建筑用地 | 0.0591 | 0.0638 | −0.0047 |
| 水域 | 0.0014 | 0 | +0.0014 |
| 化石能源用地 | 0 | 0.0117 | −0.0117 |
| 合计 | 2.5190 | 2.0545 | +0.4645 |

表 6-74　2000 年鹞落坪自然保护区可利用生态承载力与全部生产型生态足迹平衡表

| 类型 | 人均生态承载力 /（hm²/人） | 人均生态足迹 /（hm²/人） | 生态盈亏 /（hm²/人） |
|---|---|---|---|
| 耕地 | 1.0342 | 1.5728 | −0.5386 |
| 草地 | 0.0587 | 0.0880 | −0.0293 |
| 林地 | 1.3656 | 0.7604 | +0.6052 |
| 建筑用地 | 0.0591 | 0.0638 | −0.0047 |
| 水域 | 0.0014 | 0 | +0.0014 |
| 化石能源用地 | 0 | 0.0117 | −0.0117 |
| 合计 | 2.5190 | 2.4967 | +0.0223 |

表 6-75　2000 年鹞落坪自然保护区全区生态承载力与消费型生态足迹平衡表

| 类型 | 人均生态承载力 /（hm²/人） | 人均生态足迹 /（hm²/人） | 生态盈亏 /（hm²/人） |
|---|---|---|---|
| 耕地 | 1.1216 | 0.4729 | +0.6487 |
| 草地 | 0.0880 | 0.0327 | +0.0553 |
| 林地 | 1.3656 | 0.6183 | -0.7473 |
| 建筑用地 | 0.0615 | 0.0409 | +0.0206 |
| 水域 | 0.0018 | 0.0266 | -0.0248 |
| 化石能源用地 | 1.1352 | 0.0421 | +1.0931 |
| 合计 | 3.7737 | 1.2335 | +1.0456 |

表 6-76　2000 年鹞落坪自然保护区全区生态承载力与区内实际生产型生态足迹平衡表

| 类型 | 人均生态承载力 /（hm²/人） | 人均生态足迹 /（hm²/人） | 生态盈亏 /（hm²/人） |
|---|---|---|---|
| 耕地 | 1.1216 | 1.1306 | -0.0090 |
| 草地 | 0.0880 | 0.0880 | 0 |
| 林地 | 1.3656 | 0.7604 | +0.6052 |
| 建筑用地 | 0.0615 | 0.0638 | -0.0023 |
| 水域 | 0.0018 | 0 | +0.0018 |
| 化石能源用地 | 1.1352 | 0.0117 | +1.1235 |
| 合计 | 3.7737 | 2.0545 | +1.7192 |

表 6-77　2000 年鹞落坪自然保护区全区生态承载力与全部生产型生态足迹平衡表

| 类型 | 人均生态承载力 /（hm²/人） | 人均生态足迹 /（hm²/人） | 生态盈亏 /（hm²/人） |
|---|---|---|---|
| 耕地 | 1.1216 | 1.5728 | -0.4512 |
| 草地 | 0.0880 | 0.0880 | 0 |
| 林地 | 1.3656 | 0.7604 | +0.6052 |
| 建筑用地 | 0.0615 | 0.0638 | -0.0023 |
| 水域 | 0.0018 | 0 | +0.0018 |
| 化石能源用地 | 1.1352 | 0.0117 | +1.1235 |
| 合计 | 3.7737 | 2.4967 | +1.2770 |

## 2. 水资源生态盈亏平衡

### 1）水量

当地河流多年平均（1991~2000 年）径流量是 $1.24\times10^8$ m³/a，2000 年径流量是 $1.17\times10^8$ m³，汇水面积为 36 590 hm²，保护区内实有土地面积为 12 300 hm²，按土地面积比例折算，鹞落坪自然保护区多年平均径流量则是 $0.4168\times10^8$ m³/a，2000 年径流量是 $0.3933\times10^8$ m³，2000 年人均占有量是 6657 m³/人。安徽省 1998 年水资源总量为 $8.1\times10^{10}$ m³（引自《安徽省统计年鉴 1999》），总人口 6152 万人，人均占有量 1316.64 m³/人，鹞落坪自然保护区人均水资源占有量是安徽全省人均占有量的 5 倍。

鹞落坪自然保护区 2000 年用水量估算见表 6-78。2000 年鹞落坪自然保护区总用水量为 5 006 446 m³，仅相当于利用了 1566 hm² 汇水面积，人均用水量为 847 m³，仅占水资源总量的 12.73%。鹞落坪自然保护区内的生态用水已经在大气降水转化为径流的过程中实现，径流中无须再扣除 12% 的生态用水。因此，2000 年该区水资源量的生态盈余占总量的 87.27%，为 $0.3432\times10^8$ m³，相当于 10 734 hm² 汇水面积的生态土地（表 6-79）。但是随着社区居民生活水平的提高和经济的发展，用水条件的改善，人均用水量将可能有较大幅度的增加。在总用水量中，农业灌溉用水占绝大多数比重，为 97.4%。

表 6-78　2000 年鹞落坪自然保护区年平均用水量

| 用水分类 | 用水定额 | 需水单位数量 | 总用水量/m³ | 占比/% |
|---|---|---|---|---|
| 居民用水 | 12[m³/（人·a）][①] | 5908 人 | 70 896 | 1.4 |
| 农业用水 | 4950（m³/hm²）[②] | 985 hm² | 4 875 750 | 97.4 |
| 牛用水 | 18[m³/（头·a）][①] | 1600 头 | 28 800 | |
| 猪用水 | 8[m³/（头·a）][①] | 3500 头 | 28 000 | 1.2 |
| 羊用水 | 2[m³/（头·a）][①] | 1500 头 | 3 000 | |
| 合计 | | | 5 006 446 | 100 |

① 依据《乡镇供水》（浙江水利网站：www.zjwater.com）定额标准取较小值，另外，淮河流域居民年平均用水量是 31 m³/人，该数值包括大中城市在内，该区为山区农村，供水条件较差，人均用水量远小于流域平均水平。

② 农业用水是 4950 m³/hm²（《中国水利发展战略研究》），灌溉面积为耕地种植面积 835 hm²，加林地三桠种植面积 150 hm²，合计是 985 hm²。

**表 6-79　2000 年鹞落坪自然保护区水资源平衡表**

| 大气降水/m³ | 径流量/m³ | 居民总用水量/m³ | 盈亏平衡/m³ | 相当于汇水面积/hm² |
|---|---|---|---|---|
| 1.8942×10⁸ | 0.3933×10⁸ | 0.0501×10⁸ | 0.3432×10⁸ | 10 734 |

### 2）水能平衡

2000 年鹞落坪自然保护区已建成合力、鹞落坪、道中、包家等 4 个小水电站，总装机容量为 1410 kW，占该区水能总蕴藏量 4310 kW 的 32.7%。如果此时水能总蕴藏量中有 80% 可以开发，年利用小时按 5000 h 计，则总装机容量可达 3448 kW，年发电总量可达 1724 万度。这一年发电量为 560 万度，仅占可发电量的 32.5%，水能的生态盈余占可利用量的 67.5%（表 6-80）。

**表 6-80　鹞落坪自然保护区河流状况及水能资源开发利用状况**

| 河流名称 | 境内长度 /km | 汇水面积 /km² | 年径流 /万 m³ | 水能蕴藏 /kW | 已建 水电站 | 装机容量 /kW | 投资 /万元 | 年发电 /万 kW |
|---|---|---|---|---|---|---|---|---|
| 道士坪河 | 21.2 | 83 | 3200 | 3150 | 鹞落坪 | 160 | 70 | 50 |
|  |  |  |  |  | 合力 | 800 | 320 | 340 |
|  |  |  |  |  | 道中 | 200 | 80 | 60 |
| 黄栗园河 | 9.2 | 38 | 980 | 200 | — | — | — | — |
| 西冲河 | 11.2 | 58 | 1620 | 200 | — | — | — | — |
| 茶园河 | 10.4 | 61 | 1700 | 250 | — | — | — | — |
| 包家河 | 23.2 | 125.9 | 5500 | 510 | 包家 | 250 | 105 | 110 |
| 合计 | — | — |  | 4310 |  | 1410 | 575 | 560 |

### 3. 林地资源生态盈亏平衡

根据鹞落坪自然保护区管委会提供的数据，2000 年保护区茶叶种植面积为 173 hm²，这一部分是作为经济林计入林地面积的；三桠种植面积为 150 hm²，多半是在人工杉木林下种植，这一部分实际是在占用林地；香菇、茯苓、天麻、木耳等生产，共占用林地（林间坡耕地、次生林砍伐迹地）24 hm²，以上合计占用林地 347 hm²。2000 年民用材、商品材、生产用材合计消耗 1329.14 m³，薪材按照保守的估计消耗量为 5542.12 m³。假定这两项均按可持续方式采伐，实验区木材产量按 2.16 m³/hm² 计，则分别需要占用 615.34 hm²、2565.80 hm² 实验区林地。以上总计占用林地 3528.14 hm²，已占实验区全部林地面积 6113 hm² 的 57.7%，其中薪材占 42.0%（表 6-81），薪材的生态足迹占全部林地占用的 72.7%。而且实验区林地总占用的比例还有增大的趋势，如 2002 年茶园面积为 193 hm²，2001 年商品材计划为 2000 m³（2000 年为 450 m³），都比 2000 年有较大幅度增加。需要说明的是：香菇、茯苓、天麻、木耳等生产，既要占用林地，还要用生产用材，因此，该项生产的生态足迹实际上应为其他种植面积和生产用材之和，为 236.56 hm²。

表 6-81　鹞落坪自然保护区实验区林地资源利用情况

| 类型 | 分项 | 2000 年资源面积/hm² | 占总面积/% | 占合计占用/% | 2001 年资源面积/hm² | 2002 年资源面积/hm² |
|---|---|---|---|---|---|---|
| 种植面积 | 茶叶 | 173 | | | | |
| | 三桠 | 150 | 5.7 | 9.8 | 180 | 193 |
| | 其他 | 24 | | | | |
| （可持续）采伐面积 | 民用材 | 194.44 | | | | |
| | 商品材 | 208.33 | 10.0 | 17.5 | 925.93 | 62.5 |
| | 生产用材 | 212.56 | | | | |
| | 薪材 | 2565.80 | 42.0 | 72.7 | | |
| 合计占用 | | 3528.13 | 57.7 | 100 | — | — |
| 林地总面积 | | 6113 | 100 | | | |

2000 年林地利用几乎遍及整个实验区内，少部分缓冲区林地也被利用。按照实验区进一步划分二级功能区的原则，实验区内并非所有地方都可以进行开发利用。如果实验区内的次生林仅可供科学试验而不得被采伐利用，则实验区内只有 935 hm² 林地（包括 660 hm² 人工林、235 hm² 经济林及 40 hm² 宜林荒地）可以用于生产示范，这部分林地资源远远不足以适应当时的生产生活需求，将出现严重的生态赤字。为满足保护区内居民的生产生活需要，2000 年以后的近期内仍需占用一部分将要划到科学实验区范围以内的林地，如按 2000 年约需占用 2593 hm² 计，则至少需要占用科学实验区内的次生林 1658 hm²。

### 4. 耕地资源生态盈亏平衡

1991 年、2000 年、2002 年上报的耕地面积和种植面积的比较见表 6-82，表中列出的数据反映了一些基本事实：耕地面积在逐年减少，粮食种植面积也在逐年减少，蔬菜种植面积在逐年扩大，药材种植面积波动较大。

依照表 6-82 所列的 2002 年种植面积，并根据表 6-22 计算的产量调整因子，计算得鹞落坪自然保护区 2002 年耕地的人均生态承载力是 0.8693 hm²/人（表6-83），比 2000 年的 1.1216 hm²/人减少了 22.5%。

表 6-82　1991~2002 年鹞落坪自然保护区耕地面积与种植面积变化（hm²）

| 类型 | 1991 年（土地） | 2000 年（土地） | 2001 年（统计） | 2002 年（统计） |
|---|---|---|---|---|
| 耕地面积 | 649 | 525 | 255.95（年末） | 255.65（年末） |
| 水田 | 360 | 376 | 202.8 | 202.5 |
| 旱地 | 289 | 149 | 53.15 | 53.15 |
| 种植面积 | 700 | 835 | — | 742 |
| 粮食 | 400 | 315 | — | 254 |
| 蔬菜 | 50 | 250 | — | 402 |
| 其他 | 190 | 60 | — | 5 |
| 药材 | 60 | 210 | — | 81 |

表 6-83　2002 年鹞落坪自然保护区耕地的生态承载力

| 种植种类 | 种植面积 /hm² | 产量调整因子 | 均衡因子 | 承载力 /hm² | 人均承载力 /（hm²/人） |
|---|---|---|---|---|---|
| 粮食 | 254 | 1.6399 | 2.8 | 1166.2969 | |
| 蔬菜 | 402 | 2.5 | — | 2814 | |
| 其他 | 5 | 3.3772 | — | 47.2808 | |
| 药材 | 81 | 4.8679 | — | 1104.0397 | |
| 合计 | 742 | — | — | 5131.6174 | 0.8693 |

5. 生态盈亏分析评价

经上述的计算分析，对 2000 年鹞落坪自然保护区生态盈亏状况可以得出如下结论。

（1）鹞落坪自然保护区在安徽省属于欠发达地区，农业、牧业、居民居住条件等均处于较低水平。作为自然保护区，已建立多年时间，对其管护逐步加强，受到人类活动的干扰相对较小。2000 年人均消费型生态足迹约为 1.2335 hm²/人，占可利用生态承载力 2.5190 hm²/人的 49.0%，仅占全部生态承载力的 3.7737 hm²/人的 32.7%；区内人均生产型生态足迹约为 2.0545 hm²/人，占可利用生态承载力的 81.6%，占全部生态承载力的 54.4%；全部生产型生态足迹约为 2.4967 hm²/人，仍低于可利用生态承载力。该区人均消费型生态足迹低于全国和安徽省人均水平，表明该区消费水平比较低下。因此，此时鹞落坪自然保护区总体上处于生态盈余状态，该保护区自然生态系统总体上处于可持续发展状态；同时，该保护区社区的社会经济发展具备一定的生态可持续条件。

　　（2）鹞落坪自然保护区作为大别山水源涵养林区，径流和水电资源丰富，利用率还不算高，丰富的水资源为社区经济发展和居民生活水平提高创造了一定的条件。区内有丰沛的大气降水，除了大量被森林生态系统所利用外，还产生了大量的径流，人均用水量为 847 m³/人，仅占水资源总量的 12.73%，甚至还低于安徽省人均水资源占有量 1316.64 m³/人的水平，还有相当一部分富余水资源可以利用。但是考虑到该区应充分发挥涵养水源的生态功能，尽可能多地为下游提供水资源，继续为下游做出较大的贡献，仍需要节约用水，其中最具节约潜力的是占用水量 97.4% 的农业灌溉用水。已开发水电的装机容量为 1410 kW，仅占水能总蕴藏量的 32.7%；年发电量为 560 万度，仅占可发电量的 32.5%，水电资源开发利用的潜力较大，而且水能资源是只适合于就地利用并可永续利用的资源，应当尽可能地加以利用。

　　（3）从鹞落坪自然保护区生态承载力与生态足迹的结构看，在可利用的生态承载力中，林地与耕地合计占 95.2%；在区内生产型生态足迹中，耕地与林地合计占 92.0%（表 6-84），表明该保护区社区经济发展与居民生活对林、农等自然资源的依赖性很强，产业层次较低。长期如此将可能影响社区经济可持续发展，进而影响保护区自然生态系统的保护与良性发展。

表 6-84　2000 年鹞落坪自然保护区可利用生态承载力与区内生产型生态足迹的结构

| 类型 | 可利用的生态承载力 | | 区内生产型生态足迹 | |
| --- | --- | --- | --- | --- |
| | 人均/（hm²/人） | 占比/% | 人均/（hm²/人） | 占比/% |
| 耕地 | 1.0342 | 41.0 | 1.1306 | 55.0 |
| 草地 | 0.0587 | 2.3 | 0.0880 | 4.3 |
| 林地 | 1.3656 | 54.2 | 0.7604 | 37.0 |
| 建筑用地 | 0.0591 | 2.4 | 0.0638 | 3.1 |
| 水域 | 0.0014 | 0.1 | 0 | 0 |
| 化石能源用地 | 0 | 0 | 0.0117 | 0.6 |
| 合计 | 2.5190 | 100 | 2.0545 | 100 |

　　（4）该保护区的主要保护对象是北亚热带常绿落叶阔叶混交林生态系统及珍稀物种，同时也是大别山地区重要的水源涵养林区之一，今后还应加强对森林的保护。在进一步将实验区划分为科学实验区、生产示范区、居民生活区三个二级功能区以后，实验区内的次生林不得被用于生产生活，只有 935 hm² 的经济林和人工林可以利用，则可利用的林地生态承载力将大幅度下降，这将可能出现严重的林地生态赤字。另外，此阶段对林地的利用也并非全都是可持续的方式，仍然有毁林和过度利用的现象。

（5）1991~2002 年，由于退耕还林政策的实施，农业产业结构调整以及市场变化等因素，出现如下情况：耕地面积、总的种植面积、粮食种植面积都在减少，而蔬菜种植面积在增加。如 2002 年的总的种植面积为 742 hm²，比 2000 年减少了 11.1%。耕地的生态承载力相应地也在下降，按照相同的产量调整因子计算，耕地的人均生态承载力由 2000 年的 1.1216 hm²/人下降到 2002 年的 0.8693 hm²/人，下降了 22.5%。

因此，对于此阶段的生态盈余不可盲目乐观，生态承载力将可能出现下降趋势，需要认真对待，主要出路应当是调整产业结构、减少对土地资源的依赖程度、提高单位面积土地的生物生产力。

### 6.4.2 2012 年生态盈亏平衡与分析

#### 1. 2012 年生态盈亏平衡表

鹞落坪自然保护区 2012 年三种不同情况的生态足迹与三种不同情况的生态承载力的总平衡矩阵见表 6-85，按照九种情况对六类土地分别平衡的计算结果分列于表 6-86~表 6-94。从表中可以看出，2012 年鹞落坪自然保护区的生态平衡的总结果均为生态盈余。

表 6-85　2012 年鹞落坪自然保护区人均生态承载力与人均生态足迹总平衡表（hm²/人）

| 生态盈亏　　生态足迹 | | 消费型生态足迹 | 区内实际生产型生态足迹 | 全部生产型生态足迹 |
|---|---|---|---|---|
| 生态承载力 | | 1.1658 | 1.4177 | 1.6468 |
| 已利用生态承载力 | 1.805 | 0.6392 | 0.3873 | 0.1582 |
| 可利用生态承载力 | 1.78 | 0.6142 | 0.3623 | 0.1332 |
| 全部生态承载力 | 3.4085 | 2.2427 | 1.9908 | 1.7617 |

表 6-86　2012 年鹞落坪自然保护区已利用生态承载力与消费型生态足迹平衡表

| 类型 | 人均生态承载力 /（hm²/人） | 人均生态足迹 /（hm²/人） | 生态盈亏 /（hm²/人） |
|---|---|---|---|
| 耕地 | 0.5694 | 0.3721 | +0.1973 |
| 草地 | 0.0796 | 0.0710 | +0.0086 |
| 林地 | 1.09 | 0.5662 | +0.5238 |
| 建筑用地 | 0.066 | 0.0647 | +0.0013 |
| 水域 | 0 | 0.0421 | −0.0421 |
| 化石能源用地 | 0 | 0.0497 | −0.0497 |
| 合计 | 1.805 | 1.1658 | +0.6392 |

表 6-87　2012 年鹞落坪自然保护区已利用生态承载力与区内实际生产型生态足迹平衡表

| 类型 | 人均生态承载力 /（hm²/人） | 人均生态足迹 /（hm²/人） | 生态盈亏 /（hm²/人） |
|---|---|---|---|
| 耕地 | 0.5694 | 0.6387 | −0.0693 |
| 草地 | 0.0796 | 0.0796 | 0 |
| 林地 | 1.09 | 0.6175 | +0.4725 |
| 建筑用地 | 0.066 | 0.0675 | −0.0015 |
| 水域 | 0 | 0 | 0 |
| 化石能源用地 | 0 | 0.0144 | −0.0144 |
| 合计 | 1.805 | 1.4177 | +0.3873 |

表 6-88　2012 年鹞落坪自然保护区已利用生态承载力与全部生产型生态足迹平衡表

| 类型 | 人均生态承载力 /（hm²/人） | 人均生态足迹 /（hm²/人） | 生态盈亏 /（hm²/人） |
|---|---|---|---|
| 耕地 | 0.5694 | 0.8677 | −0.2983 |
| 草地 | 0.0796 | 0.0796 | 0 |
| 林地 | 1.09 | 0.6175 | +0.4725 |
| 建筑用地 | 0.066 | 0.0675 | −0.0015 |
| 水域 | 0 | 0 | 0 |
| 化石能源用地 | 0 | 0.0144 | −0.0144 |
| 合计 | 1.805 | 1.6467 | +0.1583 |

表 6-89　2012 年鹞落坪自然保护区可利用生态承载力与消费型生态足迹平衡表

| 类型 | 人均生态承载力 /（hm²/人） | 人均生态足迹 /（hm²/人） | 生态盈亏 /（hm²/人） |
|---|---|---|---|
| 耕地 | 0.5694 | 0.3721 | +0.1973 |
| 草地 | 0.0531 | 0.0710 | −0.0179 |
| 林地 | 1.09 | 0.5662 | +0.5238 |
| 建筑用地 | 0.066 | 0.0647 | +0.0013 |
| 水域 | 0.0015 | 0.0421 | −0.0406 |
| 化石能源用地 | 0 | 0.0497 | −0.0497 |
| 合计 | 1.78 | 1.1658 | +0.6142 |

**表 6-90　2012 年鹞落坪自然保护区可利用生态承载力与区内实际生产型生态足迹平衡表**

| 类型 | 人均生态承载力 /（hm²/人） | 人均生态足迹 /（hm²/人） | 生态盈亏 /（hm²/人） |
|---|---|---|---|
| 耕地 | 0.5694 | 0.6387 | −0.0693 |
| 草地 | 0.0531 | 0.0796 | −0.0265 |
| 林地 | 1.09 | 0.6175 | +0.4725 |
| 建筑用地 | 0.066 | 0.0675 | −0.0015 |
| 水域 | 0.0015 | 0 | +0.0015 |
| 化石能源用地 | 0 | 0.0144 | −0.0144 |
| 合计 | 1.78 | 1.4177 | +0.3623 |

**表 6-91　2012 年鹞落坪自然保护区可利用生态承载力与全部生产型生态足迹平衡表**

| 类型 | 人均生态承载力 /（hm²/人） | 人均生态足迹 /（hm²/人） | 生态盈亏 /（hm²/人） |
|---|---|---|---|
| 耕地 | 0.5694 | 0.8677 | −0.2983 |
| 草地 | 0.0531 | 0.0796 | −0.0265 |
| 林地 | 1.09 | 0.6175 | +0.4725 |
| 建筑用地 | 0.066 | 0.0675 | −0.0015 |
| 水域 | 0.0015 | 0 | +0.0015 |
| 化石能源用地 | 0 | 0.0144 | −0.0144 |
| 合计 | 1.78 | 1.6467 | +0.1333 |

**表 6-92　2012 年鹞落坪自然保护区全区生态承载力与消费型生态足迹平衡表**

| 类型 | 人均生态承载力 /（hm²/人） | 人均生态足迹 /（hm²/人） | 生态盈亏 /（hm²/人） |
|---|---|---|---|
| 耕地 | 0.5694 | 0.3721 | +0.1973 |
| 草地 | 0.0796 | 0.0710 | +0.0086 |
| 林地 | 1.09 | 0.5662 | +0.5238 |
| 建筑用地 | 0.0656 | 0.0647 | +0.0009 |
| 水域 | 0.0019 | 0.0421 | −0.0402 |
| 化石能源用地 | 1.6020 | 0.0497 | +1.5523 |
| 合计 | 3.4085 | 1.1658 | +2.2427 |

**表 6-93　2012 年鹞落坪自然保护区全区生态承载力与区内实际生产型生态足迹平衡表**

| 类型 | 人均生态承载力 / （hm²/人） | 人均生态足迹 / （hm²/人） | 生态盈亏 / （hm²/人） |
|---|---|---|---|
| 耕地 | 0.5694 | 0.6387 | −0.0693 |
| 草地 | 0.0796 | 0.0796 | 0 |
| 林地 | 1.09 | 0.6175 | +0.4725 |
| 建筑用地 | 0.0656 | 0.0675 | −0.0019 |
| 水域 | 0.0019 | 0 | +0.0019 |
| 化石能源用地 | 1.6020 | 0.0144 | +1.5876 |
| 合计 | 3.4085 | 1.4177 | +1.9908 |

**表 6-94　2012 年鹞落坪自然保护区全区生态承载力与全部生产型生态足迹平衡表**

| 类型 | 人均生态承载力 / （hm²/人） | 人均生态足迹 / （hm²/人） | 生态盈亏 / （hm²/人） |
|---|---|---|---|
| 耕地 | 0.5694 | 0.8677 | −0.2983 |
| 草地 | 0.0796 | 0.0796 | 0 |
| 林地 | 1.09 | 0.6175 | +0.4725 |
| 建筑用地 | 0.0656 | 0.0675 | −0.0019 |
| 水域 | 0.0019 | 0 | +0.0019 |
| 化石能源用地 | 1.6020 | 0.0144 | +1.5876 |
| 合计 | 3.4085 | 1.6467 | +1.7618 |

经上述的计算分析，对 2012 年鹞落坪自然保护区生态盈亏状况可以得出如下结论。

（1）人均消费型生态足迹约为 1.1658 hm²/人，占可利用人均生态承载力 1.78 hm²/人的 65.5%，仅占全部生态承载力 3.4085 hm²/人的 34.2%；区内人均生产型生态足迹约为 1.4177 hm²/人，占可利用生态承载力的 79.6%，占全部生态承载力的 41.6%；全部生产型生态足迹约为 1.6468 hm²/人，仍低于可利用生态承载力。因此，2012 年鹞落坪自然保护区总体上处于生态盈余状态，该保护区自然生态系统总体上处于可持续发展状态；同时，该保护区社区的社会经济发展具备一定的生态可持续条件。表明近 10 多年对保护区的管护逐步加强，受到人类活动的干扰相对较小，效果明显。

（2）从鹞落坪自然保护区生态承载力与生态足迹的结构看，在 2012 年可利用的生态承载力中，林地与耕地合计占 93.2%；在区内生产型生态足迹中，耕地与林地合计占 88.7%（表 6-95），表明该保护区社区经济发展与居民生活对林、农等自然资源的依赖性仍很强，产业层次较低。

**表 6-95　2012 年鹞落坪自然保护区可利用生态承载力与区内生产型生态足迹的结构**

| 类型 | 可利用的生态承载力 | | 区内生产型生态足迹 | |
|---|---|---|---|---|
| | 人均/（hm²/人） | 占比/% | 人均/（hm²/人） | 占比/% |
| 耕地 | 0.5694 | 32.0 | 0.6387 | 45.1 |
| 草地 | 0.0531 | 3.0 | 0.0796 | 5.6 |
| 林地 | 1.09 | 61.2 | 0.6175 | 43.5 |
| 建筑用地 | 0.066 | 3.7 | 0.0675 | 4.8 |
| 水域 | 0.0015 | 0.1 | 0 | 0 |
| 化石能源用地 | 0 | 0 | 0.0144 | 1.0 |
| 合计 | 1.78 | 100 | 1.4177 | 100 |

**2. 林地资源生态盈亏平衡**

根据鹞落坪自然保护区所在地包家乡的统计数据，2012 年保护区林地利用主要分布在实验区内。在占用的生态消费用地中，以薪材使用为主。薪材、民用材、生产用材、茶叶和其他林副产品的生态消费用地分别为 2733.5 hm²、110.8 hm²、127.5 hm²、118.0 hm²、20.1 hm²，因此，该保护区 2012 年林地资源的总生态足迹为 3110.0hm²，而林地可承载面积为 4900.5 hm²（表 6-96），因此，2012 年该保护区的林地资源处于生态盈余状态。

**表 6-96　鹞落坪自然保护区 2012 年林地资源利用情况**

| 类型 | 分项 | 资料面积/ hm² | 占总面积/% | 占合计占用/% |
|---|---|---|---|---|
| 种植面积 | 茶叶 | 118.0 | 2.8 | 4.4 |
| | 其他林副产品 | 20.1 | | |
| （可持续）采伐面积 | 民用材 | 110.8 | 4.9 | 7.7 |
| | 生产用材 | 127.5 | | |
| | 薪材 | 2733.5 | 55.8 | 87.9 |
| 合计占用 | | 3110.0 | 63.5 | 100 |
| 林地总面积 | | 4900.5 | 100 | — |

### 3. 耕地资源生态盈亏平衡

1991 年、2000 年、2002 年、2012 年的耕地面积和种植面积比较列于表 6-97。从表中可以看出，2012 年耕地面积较建区之初的 1991 年下降了 33 $hm^2$；蔬菜种植面积在前 10 年逐年扩大，后 10 年果园面积逐年增加，药材种植面积大幅度下降。

**表 6-97　1991~2012 年鹞落坪自然保护区耕地面积与种植面积变化（$hm^2$）**

|  | 1991 年（土地） | 2000 年（土地） | 2002 年（统计） | 2012 年（统计） |
|---|---|---|---|---|
| 耕地面积 | 649 | 525 | 255.65（年末） | 616 |
| 水田 | 360 | 376 | 202.5 | 495 |
| 旱地 | 289 | 149 | 53.15 | 121 |
| 水浇地 | — | — | — | 0.24 |
| 种植面积 | 700 | 835 | 742 | — |
| 粮食 | 400 | 315 | 254 | — |
| 蔬菜 | 50 | 250 | 402 | 25.2 |
| 其他（果、桑、茶园） | 190 | 60 | 5 | 226 |
| 药材 | 60 | 210 | 81 | 20 |

### 4. 生态盈亏分析评价

经上述的计算分析，对 2012 年鹞落坪自然保护区生态盈亏状况可以得出如下结论。

（1）鹞落坪自然保护区已建立 20 余年时间，对其管护逐步加强，受到人类活动的干扰相对较小。2012 年人均消费型生态足迹约为 1.1658 $hm^2$/人，占可利用生态承载力 1.805 $hm^2$/人的 65%，仅占全部生态承载力的 3.4058$hm^2$/人的 34%；区内人均生产型生态足迹约为 1.4177$hm^2$/人，占可利用生态承载力的 79%，占全部生态承载力的 42%；全部生产型生态足迹约为 1.6468$hm^2$/人，仍低于可利用生态承载力。因此，此时鹞落坪自然保护区总体上处于生态盈余状态，该保护区自然生态系统总体上处于可持续发展状态。

（2）从鹞落坪自然保护区生态承载力与生态足迹的结构看，在可利用的生态承载力中，林地与耕地合计占 93.2%；在区内生产型生态足迹中，耕地与林地合计占 90.2%，表明该保护区社区经济发展与居民生活对林、农等自然资源的依赖性很强，产业层次仍处于较低水平，需要制定相关措施促进产业结构的调整与升级。

（3）该保护区的主要保护对象是北亚热带常绿落叶阔叶混交林生态系统及珍稀物种，同时也是大别山地区重要的水源涵养林区之一，与 2000 年相比看，2012 年该保护区林地的生态承载力、已利用生态承载力、可利用生态承载力均呈现减少趋势，表明今后还应加强对森林的保护，杜绝毁林和过度利用的现象。

（4）2000~2012 年，由于退耕还林政策的实施，农业产业结构调整以及市场变化等因素，耕地面积、总的种植面积、粮食种植面积大幅度下降，而蔬菜种植面积、果园面积有所增加。耕地的生态承载力相应地也在下降，按照相同的产量调整因子计算，耕地的人均生态承载力由 2000 年的 1.1216 hm²/人下降到 2012 年的 0.5694 hm²/人，下降了 46.6%。

因此，对于此阶段的生态盈余不可盲目乐观，生态承载力将可能出现下降趋势，需要认真对待，主要出路应当是调整产业结构，减少对土地资源的依赖程度，提高单位面积土地的生物生产力。

### 6.4.3　建区初期生态盈亏平衡

表 6-98 表明，按实验区可利用的生态承载力计算，1991 年鹞落自然保护区的人均生态亏损高达 0.8196 hm²/人，占可利用的人均生态承载力的 37.1%；除草地略有盈余外，耕地、林地、建筑用地、化石能源用地均为亏损项；主要亏损项为林地，高达 0.8196 hm²/人，占所有亏损合计的 93.2%。若按整个保护区的生态承载力计算，则该保护区生态土地处于略有盈余状态，人均生态盈余为 0.3089 hm²/人，占生态承载力的 9.2%。

表 6-98　鹞落坪自然保护区 1991 年可利用生态承载力与区内生产型生态足迹的结构与生态盈亏（hm²/人）

| 类型 | 生态承载力 ec | | 区内生产型生态足迹 ef | | 生态盈亏 ec-ef |
|---|---|---|---|---|---|
| | 人均/（hm²/人） | 占比/% | 人均/（hm²/人） | 占比/% | /（hm²/人） |
| 耕地 | 0.7392 | 33.5 | 0.7893 | 26.1 | −0.0501 |
| 草地 | 0.0579 | 2.6 | 0.0362 | 1.2 | +0.0217 |
| 林地 | 1.3721 | 62.1 | 2.1558 | 71.2 | −0.7837 |
| 建筑用地 | 0.0405 | 1.8 | 0.0434 | 1.4 | −0.0029 |
| 化石能源用地 | 0 | 0 | 0.0046 | 0.1 | −0.0046 |
| 合计 | 2.2097 | 100 | 3.0293 | 100 | −0.8196 |

# 6.5　变化趋势分析

## 6.5.1　人均生态足迹变化趋势

　　鹞落坪自然保护区 1991 年、2000 年与 2012 年生态足迹变化见表 6-99 和图 6-11，3 种人均生态足迹均呈现下降趋势，对于相同年份而言，消费型生态足迹均比生产型生态足迹小，说明该保护区的生产活动产出已经不仅满足自身消费需求，还有结余，保护区的资源利用程度高于消费。无论是消费型还是生产型生态足迹都有逐渐减少的趋势。林地的生态足迹的下降是因为消耗的林产品减少。耕地生态足迹的下降的主要原因在于：2000 年的粮食、猪肉人均消费量来自《包家乡 1994~2001 年农村抽样调查人均指标资料（10 户）》，两数据分别是 1994 年、1996 年的，参考江苏省统计局 2003 年发布的《农民家庭平均每人主要消费品消费量》数据（www.jssb.gov.cn）做了调整。最终得到的人均粮食消费量 310kg/a，而 2012 年根据 2012 年安徽省统计年鉴，安徽省农村人口的粮食消费量为 165kg/a，由此计算得到的人均消费用地和耕地的生态足迹相应比 2000 年有所下降。

表 6-99　鹞落坪自然保护区典型年人均生态足迹变化（hm²/人）

| 年份 | 消费型生态足迹 | 区内实际生产型生态足迹 | 全部生产型生态足迹 |
| --- | --- | --- | --- |
| 1991 | — | 3.0293 | — |
| 2000 | 1.2335 | 2.0545 | 2.4967 |
| 2012 | 1.1658 | 1.4177 | 1.6468 |

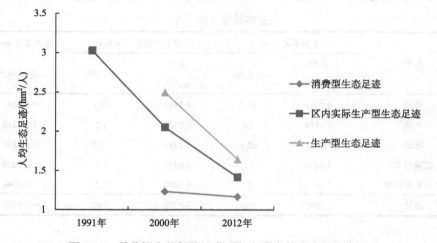

图 6-11　鹞落坪自然保护区典型年各类人均生态足迹变化

　　鹞落坪自然保护区 1991 年、2000 年与 2012 年区内实际生产型生态足迹对比见表 6-100。就区内实际的人均生产型生态足迹而言，从 1991 年到 2000 年，人均生态足迹下降了 0.9748 hm²/人，下降幅度 32%。其中，林地人均生态足迹大幅度下降，这是导致人均生态足迹大幅度下降的根本原因。除林地外，耕地、草地、建筑用地、化石能源用地等的人均生态足迹都有一定幅度的提高，而水域一直未被利用。2000 年到 2012 年，人均生态足迹下降了 0.6368 hm²/人，下降幅度 31%，此期间耕地人均生态足迹大幅度下降是导致人均生态足迹大幅度下降的根本原因，而耕地生态足迹下降的主要原因是药材生产的大幅度减少。除耕地外，林地、草地的人均生态足迹都有一定幅度的下降，建筑用地、化石能源用地的人均生态足迹略有提高，而水域一直未被利用。

表 6-100　鹞落坪自然保护区典型年区内实际的人均生产型生态足迹比较（hm²/人）

| 类型 | 1991 年 | 2000 年 | 前 10 年变化 | 2012 年 | 后 10 年变化 |
| --- | --- | --- | --- | --- | --- |
| 耕地 | 0.7893 | 1.1306 | +0.3413 | 0.6387 | −0.4919 |
| 草地 | 0.0362 | 0.0880 | +0.0518 | 0.0796 | −0.0084 |
| 林地 | 2.1558 | 0.7604 | −1.3954 | 0.6175 | −0.1429 |
| 建筑用地 | 0.0434 | 0.0638 | +0.0204 | 0.0675 | 0.0037 |
| 水域 | 0 | 0 | 0 | 0 | 0 |
| 化石能源用地 | 0.0046 | 0.0117 | +0.0071 | 0.0144 | 0.0027 |
| 合计 | 3.0293 | 2.0545 | −0.9748 | 1.4177 | −0.6368 |

　　10 年间，人均消费型生态足迹下降了约 5%，其中，耕地、林地下降，其他用地上升（表 6-101）。人均生产型生态足迹下降了约 34%，其中，耕地、林地、草地下降，其他用地上升（表 6-102）。

表 6-101　鹞落坪自然保护区典型年人均消费型生态足迹比较（hm²/人）

| 类型 | 2000 年 | 2012 年 | 变化 |
| --- | --- | --- | --- |
| 耕地 | 0.4729 | 0.3721 | −0.1008 |
| 草地 | 0.0327 | 0.0710 | 0.0383 |
| 林地 | 0.6183 | 0.5662 | −0.0521 |
| 建筑用地 | 0.0409 | 0.0647 | 0.0238 |
| 水域 | 0.0266 | 0.0421 | 0.0155 |
| 化石能源用地 | 0.0421 | 0.0497 | 0.0076 |
| 合计 | 1.2335 | 1.1658 | −0.0677 |

表 6-102　鹞落坪自然保护区典型年人均生产型生态足迹比较（hm²/人）

| 类型 | 2000 年 | 2012 年 | 变化 |
| --- | --- | --- | --- |
| 耕地 | 1.5728 | 0.8677 | −0.7051 |
| 草地 | 0.0880 | 0.0796 | −0.0084 |
| 林地 | 0.7604 | 0.6175 | −0.1429 |
| 建筑用地 | 0.0638 | 0.0675 | 0.0037 |
| 化石能源用地 | 0.0117 | 0.0144 | 0.0027 |
| 合计 | 2.4967 | 1.6468 | −0.8499 |

## 6.5.2　人均生态承载力变化趋势

根据前文计算结果，鹞落坪自然保护区各年份各生态承载力变化见表 6-103~表 6-105。与 2000 年相比，除人均已利用生态承载力中的建筑用地外，2012 年各用地类型的各种状态的人均生态承载力均有所下降，其中，耕地、林地下降幅度最大。1991~2000 年，人均可利用生态承载力提高了 0.3093 hm²/人，增幅为 14%；除林地因实验区内森林面积减少而致生态承载力下降外，耕地、草地、建筑用地和水域的承载力都有不同程度的提高，提高的原因主要是土地利用结构的变化，耕地由于种植面积扩大（主要是复种指数提高）和生产力水平提高，其承载力增幅最大，根据目前的技术水平，水域已可以开发利用。2000~2012 年，人均可利用生态承载力下降，降幅达 29%，这是由于耕地、林地由于可利用面积的下降，人均生态承载力分别下降了 45%和 20%，草地人均生态承载力略有下降。全区人均生态承载力变化趋势与人均可利用生态承载力一致（表 6-106）。由此可见，各种人均生态承载力处于下降趋势，这是由于耕地面积不断缩小、禁止使用林地造成的，是对保护区的可持续发展有利的变化趋势。

表 6-103　鹞落坪自然保护区典型年人均已利用生态承载力变化（hm²/人）

| 类型 | 2000 年 | 2002 年 | 2012 年 | 变化 |
| --- | --- | --- | --- | --- |
| 耕地 | 1.1216 | 0.8693 | 0.5694 | −0.5522 |
| 草地 | 0.0880 | — | 0.0796 | −0.0084 |
| 林地 | 1.3656 | — | 1.09 | −0.2756 |
| 建筑用地 | 0.0615 | — | 0.066 | 0.0045 |
| 合计 | 2.6367 | — | 1.805 | −0.8317 |

表 6-104　鹞落坪自然保护区典型年人均可利用生态承载力变化（hm²/人）

| 类型 | 1991 年 | 2000 年 | 前 10 年变化 | 2012 年 | 后 10 年变化 |
|---|---|---|---|---|---|
| 耕地 | 0.7392 | 1.0342 | ＋0.2950 | 0.5694 | －0.4648 |
| 草地 | 0.0579 | 0.0587 | ＋0.0008 | 0.0531 | －0.0056 |
| 林地 | 1.3721 | 1.3656 | －0.0065 | 1.0900 | －0.2756 |
| 建筑用地 | 0.0405 | 0.0591 | ＋0.0186 | 0.0660 | ＋0.0069 |
| 水域 | 0 | 0.0014 | ＋0.0014 | 0.0015 | ＋0.0001 |
| 化石能源用地 | 0 | 0 | 0 | 0 | 0 |
| 合计 | 2.2097 | 2.5190 | ＋0.3093 | 1.78 | －0.739 |

表 6-105　鹞落坪自然保护区全区人均生态承载力变化（hm²/人）

| 类型 | 1991 年 | 2000 年 | 前 10 年变化 | 2012 年 | 后 10 年变化 |
|---|---|---|---|---|---|
| 耕地 | 0.7392 | 1.1216 | ＋0.3824 | 0.5694 | －0.5522 |
| 草地 | 0.0579 | 0.0880 | ＋0.0301 | 0.0796 | －0.0084 |
| 林地 | 1.3721 | 1.3656 | －0.0065 | 1.0900 | －0.2756 |
| 建筑用地 | 0.0405 | 0.0615 | ＋0.0210 | 0.0656 | ＋0.0041 |
| 水域 | 0 | 0.0018 | ＋0.0018 | 0.0019 | ＋0.0001 |
| 化石能源用地 | 1.1285 | 1.1352 | ＋0.0067 | 1.6020 | ＋0.4668 |
| 合计 | 3.3382 | 3.7737 | ＋0.4355 | 3.4085 | －0.3652 |

　　2012 年各种情形下的人均生态承载力比 2000 年减少的另一方面的原因是耕地的产量因子的下降。国内外学者对产量因子的引用和研究一般采用可变单产法、不变单产法、混合法。采用可变单产法对不同年份产量因子进行计算，得到 2000 年耕地的产量因子为 2.8314，2012 年为 1.6302，能够得到评价年份的实际值，但采用该方法计算的结果的可比性差。为了使计算结果具有更好的可比性，进一步采用不变单产法，即以 2012 年为基准年计算得到的产量因子为基础，对 2000 年的生态承载力进行调整计算，并进行生态盈亏分析。按 2012 年不变单产法计算 2000 年产量因子，各种用地产量因子中主要是耕地的产量因子的变化较为明显。鹞落坪自然保护区 1991 年、2000 年、2000 年调整的各种生态承载力与 2012 年人均已利用生态承载力、人均可利用生态承载力和全区人均生态承载力的对比见表 6-106、图 6-12。从中可以看出，2012 年的已利用的人均生态承载力和可利用人均生态承载力均低于 2000 年调整的人均生态承载力，而 2012 年全部人均生态承载力高于 2000 年调整的人均生态承载力。

　　2000 年人均已利用生态承载力比人均可利用生态承载力高 0.1177 hm²/人，

2012 年前者比后者仅高 0.025，说明二者的差异在逐渐缩小，该保护区的开发趋向更加合理。区内全部生态承载力各年份相差不大，已利用生态承载力由于木材禁采和药材生产的大幅度减少而下降，可利用生态承载力由于耕地面积不断缩小、禁止使用林地等因素而减少，这些变化有利于保护区向可持续方向发展。

表 6-106　鹞落坪自然保护区各种人均生态承载力变化（hm²/人）

| 年份 | 已利用人均生态承载力 | 可利用人均生态承载力 | 全部人均生态承载力 |
| --- | --- | --- | --- |
| 1991 | — | 2.2097 | 3.3382 |
| 2000 | 2.6367 | 2.5190 | 3.7737 |
| 2000 年调整 | 2.1603 | 2.0798 | 3.2972 |
| 2012 | 1.8050 | 1.7800 | 3.4085 |

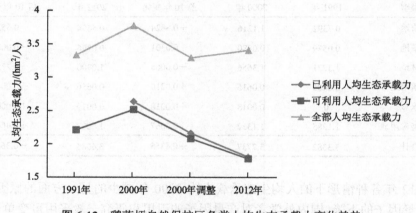

图 6-12　鹞落坪自然保护区各类人均生态承载力变化趋势

### 6.5.3　生态盈亏变化趋势

从生态盈亏变化表可以看出（表 6-107），生态承载力与消费型生态足迹比较得到的生态盈亏均为正值，表明鹞落坪自然保护区的消费水平没有超过该保护区的生态承载力。生态承载力与全部生产型生态足迹比较得到的生态盈亏除了2000 年经过调整后的生态承载力外，其余为正值，表明鹞落坪自然保护区总体上处于生态盈余状态，即保护区的发展是可持续的。其中，以已利用的生态承载力、可利用生态承载力分别与消费型生态足迹相比较得到的生态盈余出现了比较大幅度的下降，这是因为 2012 年已利用生态承载力和可利用生态承载力均下降了约30%，尽管其消费型生态足迹也有小幅下降。

**表 6-107　鹞落坪自然保护区人均生态承载力与人均生态足迹总平衡表（hm²/人）**

| 生态盈亏／生态承载力 | 生态足迹 | | 消费型生态足迹 | 区内实际生产型生态足迹 | 全部生产型生态足迹 |
|---|---|---|---|---|---|
| **1991 年** | 可利用生态承载力 | 2.2097 | — | −0.8196 | — |
| | 全部生态承载力 | 3.3382 | — | 0.3089 | — |
| **2000 年** | 已利用生态承载力 | 2.6367 | 1.4032 | 0.5822 | 0.1400 |
| | 可利用生态承载力 | 2.5190 | 1.2855 | 0.4645 | 0.0223 |
| | 全部生态承载力 | 3.7737 | 2.5402 | 1.7192 | 1.2770 |
| **2000 年调整** | 已利用生态承载力 | 2.1603 | 0.9268 | 0.1058 | −0.3364 |
| | 可利用生态承载力 | 2.0798 | 0.8463 | 0.0253 | −0.4169 |
| | 全部生态承载力 | 3.2972 | 2.0637 | 1.2427 | 0.8005 |
| **2012 年** | 已利用生态承载力 | 1.805 | 0.6392 | 0.3873 | 0.1582 |
| | 可利用生态承载力 | 1.78 | 0.6142 | 0.3623 | 0.1332 |
| | 全部生态承载力 | 3.4085 | 2.2427 | 1.9908 | 1.7617 |

注：各类生态足迹各年份具体数值见表 6-99。

图 6-13~图 6-15 绘制了三种情况下的生态承载力和三种不同的生态足迹的生态盈亏的变化趋势。从考察自然保护区可持续发展的角度，由可利用生态承载力与生产型生态足迹比较得到的生态盈亏指标更具有意义（表 6-108、图 6-13）。从中可知：①可利用生态承载力与消费型生态足迹相比仍有盈余，但呈减少趋势，表明保护区居民的消费水平在不断提高。②可利用生态承载力与区内实际生产型生态足迹相比仍有盈余，且略呈增加趋势。③从可利用的生态承载力与生产型生态足迹比较的生态盈亏来看，2000 年几乎没有盈余，调整产量因子后，生态盈亏变为负值；2012 年生态盈余为 0.1332，虽然该生态盈余占可利用生态承载力的比重仅为 7.5%，但也表明保护区已经向可持续方向转变。④可利用生态承载力与全部生产型生态足迹相比的结果如果按照可变单产法计算，仍有盈余，且呈

**表 6-108　鹞落坪自然保护区人均可利用生态承载力与生态足迹的生态盈亏变化（hm²/人）**

| 生态足迹 | 1991 年 | 2000 年 | 2000 年调整 | 2012 年 |
|---|---|---|---|---|
| 可利用生态承载力-消费型生态足迹 | — | 1.2855 | 0.8463 | 0.6142 |
| 可利用生态承载力-区内实际生产型生态足迹 | −0.8196 | 0.4645 | 0.0253 | 0.3623 |
| 可利用生态承载力-全部生产型生态足迹 | — | 0.0223 | −0.4169 | 0.1332 |

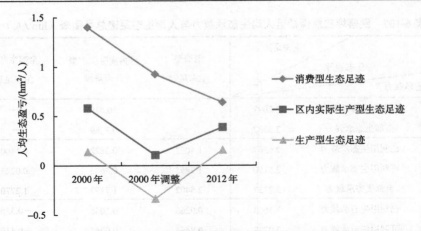

图 6-13　鹞落坪自然保护区人均已利用生态承载力与人均生态足迹的生态盈亏变化趋势

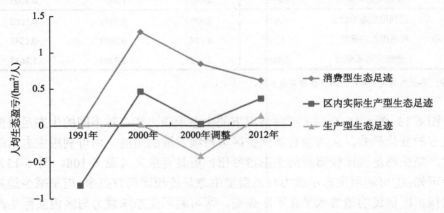

图 6-14　鹞落坪自然保护区人均可利用生态承载力与人均生态足迹的生态盈亏变化趋势

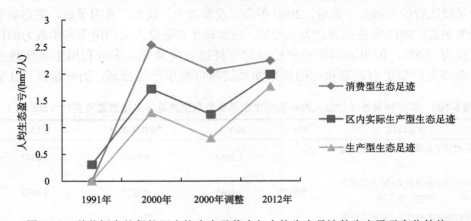

图 6-15　鹞落坪自然保护区人均生态承载力与人均生态足迹的生态盈亏变化趋势

增加趋势；如果按照不变单产法计算，则2000年为生态亏损，亏损值为 0.4169 hm²/人，到 2012 年生态盈余为 0.1332hm²/人，总体上，从可利用生态承载力与生产型生态足迹比较得到的生态盈亏来看，2012 年的生态盈余大于 2000 年，表明鹞落坪自然保护区的发展不仅是可持续的，而且向着越来越有利于保护的方向发展。

从表 6-109、表 6-110 所列出的可利用生态承载力与区内实际生产型生态足迹的生态盈亏结果可以看出，1991 年鹞落坪除了草地有生态盈余外，其余类型均为生态赤字，2000 年和 2012 年林地、水域出现大幅度生态盈余，使得总的生态平衡为盈余状态。从各类用地的生态盈亏的变化来看，1991 年到 2000 年人均生态盈亏的动态变化由生态亏损的 0.8196 hm²/人演变为 0.4645 hm²/人的生态盈余，增幅达 1.2841 hm²/人，主要原因是林地的生态足迹大幅度下降，林地由严重生态亏损转变为较大的生态盈余，森林生态系统得以显著改善。从各类土地的生态盈亏

**表 6-109    鹞落坪自然保护区 1991 年与 2000 年人均生态盈亏（可利用生态承载力与区内实际生产型生态足迹平衡）动态（hm²/人）**

| 类型 | 1991 年 | 2000 年 | 变化幅度（2000~1991 年） |
|---|---|---|---|
| 耕地 | −0.0501 | −0.0964 | −0.0463 |
| 草地 | +0.0217 | −0.0293 | −0.0510 |
| 林地 | −0.7837 | +0.6052 | +1.3889 |
| 建筑用地 | −0.0029 | −0.0047 | −0.0018 |
| 水域 | 0 | +0.0014 | +0.0014 |
| 化石能源用地 | −0.0046 | −0.0117 | −0.0071 |
| 合计 | −0.8196 | +0.4645 | +1.2841 |

**表 6-110    鹞落坪自然保护区 2012 年与 2000 年人均生态盈亏（可利用生态承载力与区内实际生产型生态足迹平衡）动态（hm²/人）**

| 类型 | 2000 年调整 | 2012 年 | 变化幅度（2012~2000 年） |
|---|---|---|---|
| 耕地 | −0.5357 | −0.0693 | +0.4664 |
| 草地 | −0.0293 | −0.0265 | +0.0028 |
| 林地 | +0.6052 | +0.4725 | −0.1327 |
| 建筑用地 | −0.0047 | −0.0015 | +0.0032 |
| 水域 | +0.0014 | +0.0015 | +0.0001 |
| 化石能源用地 | −0.0117 | −0.0144 | −0.0027 |
| 合计 | +0.0252 | 0.3623 | −0.4698 |

动态看，耕地的生态亏损增加，主要是由于非耕地作为耕地利用；草地由生态盈余转变成生态亏损，这是因为草地利用过度；建筑用地的生态亏损增加，是由于非实验区的居住用地增加；水域变为生态盈余，主要原因是有可能被利用的水域尚未被利用。

从 2000 年到 2012 年生态盈亏的变化可以看出：①鹞落坪自然保护区已利用的生态承载力和可利用的生态承载力有大幅度下降，而消费型生态足迹略有下降，约为 5%，消费型生态足迹下降不多说明技术的改进等原因使得保护区居民的消费水平在没有受到影响的情况下其对资源的占用也没有增加，而对保护区资源的占用也越来越少。②鹞落坪自然保护区受到了越来越严格正规的管理，体现在 10 年间，已利用生态承载力和可利用生态承载力均下降了 30%，意味着有更多的资源得到了较好的保护。③保护区全部生态承载力 2012 年比 2000 年下降了近 10%，而生态盈余变化不大或有较大增加，表明随着保护区管理的加强，生态承载力出现下降趋势，而由于采用了整产业结构，减少对土地资源的依赖程度，提高单位面积土地的生物生产力等措施，保护的生态盈余没有出现减少，甚至还有增加，从而更好地保障了保护区的可持续发展能力。④该保护区的主要保护对象是北亚热带常绿落叶阔叶混交林生态系统及珍稀物种，同时也是大别山地区重要的水源涵养林区之一，今后还应加强对森林生态系统的保护。

# 6.6  本 章 小 结

本章采用生态足迹法对鹞落坪自然保护区 2000 年、2012 年和建区初期的生态承载力和生态足迹进行了评估，并进行了生态盈亏平衡分析和变化趋势分析。总体上，该保护区人均生态足迹呈下降趋势，人均生态承载力略呈增加趋势。

2000 年，鹞落坪自然保护区内人均生产型生态足迹约为 2.0545 $hm^2$/人，占可利用生态承载力的 81.6%，有一定的生态盈余，总体上处于可持续发展状态。2012 年，该保护区内人均生产型生态足迹为 1.4177$hm^2$/人，占可利用生态承载力的 79.6%，表明鹞落坪自然保护区处于可持续发展状态，且人均生态足迹占可利用的生态承载力比例有所下降，说明该保护区的可持续发展水平越来越高。这个结果与生态系统结构与功能变化动态的分析结果一致。

鹞落坪自然保护区 2012 年的人均生态承载力高于 2000 年调整后的人均生态承载力，表明该保护区的保护成效越来越明显。

生态盈亏分析表明，鹞落坪自然保护区建区初期为生态亏损，到 2000 年呈现生态盈余状态，一直到 2012 年，该保护区一直为生态盈余状态，表现出了较好的可持续发展水平和能力。

# 第 7 章　鹞落坪自然保护区可持续发展评价

鹞落坪自然保护区是我国第 2 个在集体林区建立的国家级自然保护区。为了探索集体林区自然保护区建设与区域经济的协调发展，促进我国南方集体林区的生物多样性保护和自然保护区建设，该保护区的建立得到了环境保护部、安徽省人民政府、安徽省环保厅以及岳西县人民政府的高度重视，在经费投入、机构建设等方面予以了重点扶持。通过生物多样性价值和生态承载力的评估结果可以看出，鹞落坪自然保护区已经逐步走上可持续发展状态，表明 20 多年来，保护区在可持续发展方面取得了不少成绩，但也存在一定的问题。通过结合生物多样性价值评估与生态承载力的研究结果，本章对该保护区可持续发展状况进行评价和剖析，将对鹞落坪自然保护区今后的发展和建设具有指导性的意义。

## 7.1　森林生态系统可持续性研究

### 7.1.1　建区后森林生态系统总体演变趋势

与国有土地上建立的自然保护区相比，集体土地上建立的保护区管理难度更大。早在保护区建立前的 1984 年，按照国家的林权下放政策，所有的山林均承包给当地的农民，除了土地所有权归集体所有外，林地使用权和林木所有权均为农户所有。山林承包到户后，鹞落坪与全国许多集体林区一样，农民为了快速致富，出现了持续大规模砍伐森林的现象，部分森林遭受破坏。在保护区建立的早期，由于地方政府和社区居民对建立保护区的目的和意义不甚了解，再由于当地农民的经济收入在相当长的时间内比建区前有所下降，相关配套政策未能及时提出，也未能及时采取相应的管理措施，1991~1994 年森林遭到过度砍伐，并出现了严重的生态赤字。随着保护区管理力度的加大和社区居民对保护区认识的提高，加上社区产业结构的调整，木材的采伐量从 1991 年的 2.1 万 $m^3$ 下降到 2000 年的 0.5 万 $m^3$，到 2012 年保护区已经没有商品用材遭到采伐，全面扭转了保护区内森林资源下降的局面。但由于早期森林资源破坏的强度较大，2000 年时保护区内的森林资源尚未恢复到建区时的水平。

表 7-1~表 7-3 为保护区各森林类型面积及蓄积量变化。1991~2000 年，保护区内森林面积共减少了 242 $hm^2$，森林蓄积量共增加了 36 770 $m^3$，平均每年仅增加 0.3 $m^3/hm^2$。2000 年以来，森林面积变化不大，但林木蓄积量大幅度增加。就

乔木林而言，2002~2012 年，保护区内森林面积共增加了 36 hm²，森林蓄积量共增加了 253 182 m³，蓄积量平均每年增加 2.24 m³/hm²。不同功能区、不同森林类型的森林资源变化动态有着比较明显的差异。

表 7-1　1991 年和 2000 年鹞落坪自然保护区森林类型面积及蓄积量变化动态

| 区域 | 变化动态 | 常绿阔叶林 | | 常绿落叶阔叶混交林 | | 落叶阔叶林 | | 针叶林 | | 针阔叶混交林 | | 灌木林 |
|---|---|---|---|---|---|---|---|---|---|---|---|---|
| | | 面积/hm² | 蓄积量/m³ | 面积/hm² | 蓄积量/m³ | 面积/hm² | 蓄积量/m³ | 面积/hm² | 蓄积量/m³ | 面积/hm² | 蓄积量/m³ | 面积/hm² |
| 核心区 | 1991 年 | 10 | 425 | 20 | 915 | 995 | 47 500 | 210 | 10 020 | 860 | 41 040 | 25 |
| | 2000 年 | 10 | 480 | 20 | 985 | 990 | 67 520 | 210 | 14 280 | 860 | 58 280 | 30 |
| | 变化 | 0 | 55 | 0 | 70 | −5 | 20 020 | 0 | 4260 | 0 | 17 240 | 5 |
| 缓冲区 | 1991 年 | 25 | 655 | 35 | 915 | 1340 | 35 900 | 320 | 8371 | 1060 | 28 352 | 60 |
| | 2000 年 | 25 | 675 | 35 | 945 | 1330 | 35 910 | 310 | 8370 | 1050 | 28 350 | 90 |
| | 变化 | 0 | 20 | 0 | 30 | −10 | 10 | −10 | −1 | −10 | −2 | 30 |
| 实验区 | 1991 年 | 55 | 990 | 346 | 6228 | 2035 | 36 630 | 2375 | 42 750 | 1357 | 24 426 | 618 |
| | 2000 年 | 48 | 864 | 280 | 5040 | 1964 | 35 352 | 2292 | 41 256 | 1310 | 23 580 | 650 |
| | 变化 | −7 | −126 | −66 | −1188 | −71 | −1278 | −83 | −1494 | −47 | −846 | 32 |
| 合计 | 1991 年 | 90 | 2070 | 401 | 8058 | 4370 | 120 030 | 2905 | 61 141 | 3277 | 93 818 | 703 |
| | 2000 年 | 83 | 2019 | 335 | 6970 | 4284 | 138 782 | 2812 | 63 906 | 3220 | 110 210 | 770 |
| | 变化 | −7 | −51 | −66 | −1088 | −86 | 18 752 | −93 | 2765 | −57 | 6392 | 67 |

注：1. 茶园面积计入灌木林，灌木林面积增加主要是茶园面积增加，由 70 hm² 增加到 173 hm²。

2. 面积统计中，各森林类型面积中包括了零星分布的水面、农田。

表 7-2　1991~2012 年鹞落坪自然保护区典型年森林面积及蓄积量变化动态

| 年份 | 面积/hm² | 蓄积量/m³ |
|---|---|---|
| 1991 | 11 746（含灌木林） | 285 117 |
| 2000 | 11 504（含灌木林） | 321 887 |
| 2002 | 11 304 | 342 150 |
| 2012 | 11 340 | 595 332 |

表 7-3　鹞落坪自然保护区乔木林面积与蓄积量变化

| 优势树种（组） | 2000 年 | | 2012 年 | |
|---|---|---|---|---|
| | 面积/hm² | 蓄积量/m³ | 面积/hm² | 蓄积量/m³ |
| 杉 | 843.8 | 20 119 | 759.7 | 54 261 |
| 松 | 2639.3 | 87 471 | 2466.7 | 129 578 |
| 硬阔 | 7053.2 | 233 988 | 7729.9 | 410 818 |

续表

| 优势树种（组） | 2000 年 | | 2012 年 | |
|---|---|---|---|---|
| | 面积/hm² | 蓄积量/m³ | 面积/hm² | 蓄积量/m³ |
| 软阔 | 2.7 | — | — | — |
| 杨类 | — | — | 3.4 | 167 |
| 泡桐 | — | — | — | — |
| 合计 | 10 539 | 341 578 | 10 959.7 | 594 824 |

## 7.1.2　各功能区森林生态系统的可持续性

### 1. 核心区

核心区是保护区的精华所在，鹞落坪自然保护区功能区划后，一直采取了非常严格的保护措施。在核心区的 2120 hm² 森林植被中，除了建区初期有 5 hm² 落叶阔叶林因人为砍伐演变为灌木林外，其他各种森林类型的面积均无变化。森林资源的质量有了一些改观，森林蓄积量从 1991 年的 102 900 m³ 增加到 2000 年的 144 545 m³，9 年净增加 41 645 m³，平均单位面积森林蓄积量由 47.7 m³/hm² 上升到 67.7 m³/hm²。说明建区以后核心区内的森林生态系统保存良好，并基本处于正常的演替过程中，具有一定的可持续性。

### 2. 缓冲区

缓冲区面积 2840 hm²，其中森林面积 1991 年为 2724 hm²。根据《自然保护区条例》的有关规定，缓冲区不得从事生产经营活动。保护区成立后，对缓冲区也采取了一些保护措施，但由于缓冲区内分布有居民 120 多人，这些居民的生产和生活对森林资源的影响较大。同时，建区早期的森林砍伐影响较大，破坏后尚未得到恢复，有的则难以恢复。2000 年与 1991 年相比，有 30 hm² 乔木林因遭到砍伐而演变成灌木林；森林蓄积量从 84 123 m³ 增加到 84 180 m³，10 年仅增加 57 m³，单位面积森林蓄积量基本上没有增加，维持在 27 m³/hm² 左右。说明缓冲区的森林生态系统保护成效尚不明显，但 2012 年缓冲区基本没有居民生活及生产活动，正在走向可持续性发展阶段。

### 3. 实验区

实验区总面积 7340 hm²，1991 年实验区的森林面积为 6786 hm²，森林蓄积量为 111 024 m³。由于在保护区实验区内分布有居民近 5800 人，这些居民的生产与生活对森林资源的需求量很大，尤其是居民燃料用材量以及香菇、茯苓、天麻等生产用材量较高，加之建区初期县乡联办建设采育场的决策失误，导致实验区中森林资源遭到比较严重的破坏。2000 年，实验区中的森林面积为 6544 hm²，森林蓄积量为 106 092 m³。与 1991 年相比，各种类型次生林都受到一些破坏，森林面积净减少 242 hm²，另有 32 hm² 乔木林因遭到砍伐而演变成灌木林；森林蓄积量减少了 4932 m³，单位面积森林蓄积量略有下降，平均在 18 m³/hm² 以下，平均林龄较低；林地面积中，次生林面积减少，人工用材林、经济林面积增加，宜林荒地增加。由此说明，实验区的森林面积和森林植被的质量均在不同程度上有所下降，森林生态系统尚未进入可持续的良性发展阶段。

4. 全区森林平均蓄积量与相对生态容量

根据表 7-2，全区森林平均蓄积量由 1991 年的 25.82 m³/hm² 增加到 2000 年的 29.99 m³/hm²，平均每年仅增加 0.46 m³/hm²。2000~2012 年蓄积量平均每年增加 2.24 m³/hm²。2012 年的全区森林平均蓄积量为 52.5 m³/hm²，而我国人工林林分平均蓄积量为 39.7 m³/hm²，原始林蓄积量普遍为 200~300 m³/hm²，最高达 3831 m³/hm²。可见鹞落坪自然保护区近年来的平均蓄积量已经超过全国人工林平均水平，表明其森林质量高于人工林平均水平，但前 10 年平均蓄积量还不及全国人工林平均水平，远低于原始林的水平。

一般而言，成长中的森林，生态容量是与其蓄积量（生物量）成正比的，与全国人工林平均水平相比，2000 年鹞落坪自然保护区森林生态系统的生态容量还处于较低水平，与原始林相比则更低，表明该时期鹞落坪自然保护区的森林保护，特别是提高次生林森林质量，进一步提高各类森林生物量，保证森林生态系统可持续发展的任务还很艰巨。但是到 2012 年，鹞落坪自然保护区森林生态系统的生态容量已经超出全国人工林平均水平，表明该时期鹞落坪自然保护区的森林生态系统已经进入可持续发展状态。

### 7.1.3　各类型森林生态系统变化动态

1. 2000 年以前

1）常绿阔叶林

常绿阔叶林在鹞落坪自然保护区内分布面积较小，1991 年建区时仅为 90 hm²。常绿阔叶林是保护区的主要保护对象，一直受到严格的保护。但在建区早期，实验区内的常绿阔叶林被砍伐了约 7 hm²，2000 年常绿阔叶林保存面积为 83 hm²，减少了 12.7%。从常绿阔叶林蓄积量变化动态来看，近年来除了核心区未被破坏外，缓冲区、实验区的零星砍伐现象仍有存在。

2）常绿落叶阔叶混交林

常绿落叶阔叶混交林在保护区的分布面积也比较小，1991 年时为 401 hm$^2$。与常绿阔叶林一样，常绿落叶阔叶混交林是保护区的重点保护对象之一。保护区成立初期，实验区内的常绿落叶阔叶林曾遭到比较严重的破坏，累计被砍伐面积达 66 hm$^2$。2000 年全区常绿落叶阔叶混交林现存面积为 335 hm$^2$，减少了 19.1%；森林蓄积量也自 1991 年的 8058 m$^3$ 下降到 6970 m$^3$，净减少量达 1088 m$^3$，其中核心区、缓冲区的蓄积量略有增长，实验区则减少 1188 m$^3$。虽然 2000 年以后常绿阔叶混交林面积下降的趋势已被扭转，但建区初期造成的损失很难在短期内得到恢复。

3）落叶阔叶林

落叶阔叶林是保护区森林植被的主体，1991 年全区保存面积为 4370 hm$^2$，森林蓄积量为 120 030 m$^3$。从分布面积来看，核心区、缓冲区、实验区中的落叶阔叶林现存面积均有不同程度的减少，其中核心区减少了 5 hm$^2$，缓冲区减少 10 hm$^2$，实验区减少 71 hm$^2$，总计减少面积为 86 hm$^2$。在森林蓄积量方面，核心区落叶阔叶林虽减少了 5 hm$^2$，但蓄积量则由 47 500 m$^3$ 增加到 67 520 m$^3$，净增加 20 020 m$^3$，这说明早期的破坏得到制止后，基本上未再遭到人为的破坏；缓冲区落叶阔叶林蓄积量 10 年中仅净增加 10 m$^3$，说明砍伐现象未能得到彻底制止；实验区落叶阔叶林蓄积量净减 1278 m$^3$，这其中既有面积减少的原因，但更多的则是现存落中阔叶林中大树被择伐的结果。

4）针叶林

针叶林 1991 年保存面积为 2805 hm$^2$，总蓄积量为 61 141 m$^3$，其中有相当一部分为人工用材林。针叶树是当地的主要用材树种和商品材树种，相对而言，采伐利用较多。到 2000 年，全区针叶林保存面积为 2812 hm$^2$，比 1991 年减少 93 hm$^2$，其中缓冲区减少 10 hm$^2$，实验区减少 83 hm$^2$。在森林蓄积量方面，核心区的针叶林由 1991 年的 10 020 m$^3$ 增加到 14 280 m$^3$，基本未被砍伐；缓冲区由 1991 年的 8371 m$^3$ 减少到 8370 m$^3$，虽净减少量仅为 1 m$^3$，但也说明存在砍伐利用问题；实验区针叶林蓄积量则由 1991 年的 42 750 m$^3$ 减少到 41 256 m$^3$，净减少 1278 m$^3$，虽然其中有面积下降的原因，但过度利用比较明显。

5）针阔叶混交林

保护区内针阔叶混交林的面积仅次于落叶阔叶林，1991 年保存面积为 3277 hm$^2$，蓄积量为 93 818 m$^3$。到 2000 年，全区保存面积为 3220 hm$^2$，减少 57 hm$^2$，蓄积量 110 210 m$^3$，增加 6392 m$^3$。但各功能区变化动态差别较大，核心区针阔叶混交林面积保持不变，蓄积量增加了 17 240 m$^3$；缓冲区针阔叶混交林面积减少 10 hm$^2$，蓄积量减少 2 m$^3$，虽然蓄积量变化不大，但也说明其采伐程度仍然较高；实验区针阔叶混交林面积减少 47 hm$^2$，蓄积量减少 846 m$^3$，一定程度上表明其采伐量已大于生长量。

上述分析表明，在 2000 年以前，鹞落坪自然保护区核心区内的森林植被保持在完好状态，基本未受到人类的破坏；缓冲区内的森林植被已受到一定程度的人为干扰，但森林采伐量尚小于生长量；实验区内的森林植被已经遭到破坏，其采伐量大于生长量，需要引起高度的重视。尤其是作为主要保护对象的常绿阔叶混交林及落叶阔叶混交林破坏比较严重，必须立即停止保护区内所有阔叶林的砍伐，并采取切实可行的保护措施，以促进森林植被的恢复和自然更新。虽然鹞落坪自然保护区的森林生态系统由前期（1991～1994 年）的不可持续状态逐步向基本可持续状态转化，但前期及建区前（1984～1991 年）造成的生态赤字到 2000 年尚未得到完全恢复。从总体上看，核心区有所恢复，缓冲区接近 1991 年水平，实验区有待进一步加强保护。以次生林为主的森林蓄积量低于全国人工林平均水平，表明鹞落坪自然保护区的森林质量还不够高，生态容量较低，抗干扰能力不强，生态系统仍然比较脆弱。

2. 2012 年以来的森林生态系统变化

根据表 7-3，2012 年鹞落坪自然保护区阔叶林的面积为 7733.3hm$^2$，蓄积量为 410 985m$^3$；针叶林的面积为 3226.4hm$^2$，蓄积量为 183 839 m$^3$。与 2000 年相比，2012 年针叶林面积减少了 256.7 hm$^2$，蓄积量增加了 76 249 m$^3$；阔叶林面积和蓄积量分别增加了 677.4 hm$^2$、176 997 m$^3$。鹞落坪自然保护区森林的总面积和蓄积量分别比 2000 年增加了 420.7 hm$^2$、253 246 m$^3$。可见，近 10 多年里，鹞落坪自然保护区的森林生态系统的生态容量在逐渐增加，生态系统进入可持续发展状态。

# 7.2　社区可持续发展状况分析

## 7.2.1　社区人口数量及动态

鹞落坪自然保护区与岳西县包家乡行政范围完全一致。包家乡现辖鹞落、美丽、道中、农茶、红山、包家、川岭、石佛、锁山 9 个行政村，81 个村民组，142 个自然村（含 4 个片村），有 1528 户 5908 人（2000 年）。其中男 3096 人，女 2812 人，农业人口 5875 人，非农业人口 133 人，全属汉族。全乡总人口中，小学毕业 3189 人，初中毕业 1357 人；高中及中专 119 人，大专以上 42 人，高中文化程度以上人口占 2.7%；15~40 岁文盲半文盲 141 人，文盲率 4.9%。平均寿命 60 岁。人口密度每平方公里 48 人。人口文化素质不高，影响可持续发展。

保护区内居民主要分布于实验区（表 7-4）。1999 年核心区内尚有居民 3 户 13 人，2000 年已全部迁出，无居民分布，有利于对核心区的保护；1999 年缓冲

区有居民 40 户 125 人，2000 年末为 35 户 123 人；实验区 2000 年末有居民 1493
户 5785 人；2012 年末有 90 户 354 人居住在实验区，实验区 2012 年末有居民 1392
户 5245 人；2012 年末有居民 1510 户，人口 5539 人，全部居住在实验区。

表 7-4　2000 年和 2012 年鹞落坪自然保护区人口状况

| 年份 | 区域 | 总户数/户 | 总人口/人 | | | 总人口中/人 | |
|---|---|---|---|---|---|---|---|
| | | | 合计 | 男 | 女 | 农业人口 | 非农业人口 |
| 2000 | 核心区 | 0 | 0 | 0 | 0 | 0 | 0 |
| | 缓冲区 | 35 | 123 | 68 | 55 | 123 | 0 |
| | 实验区 | 1493 | 5785 | 3028 | 2757 | 5652 | 133 |
| | 合计 | 1528 | 5908 | 3096 | 2812 | 5775 | 133 |
| 2012 | 核心区 | 0 | 0 | 0 | 0 | 0 | 0 |
| | 缓冲区 | 90 | 354 | 181 | 173 | 354 | 0 |
| | 实验区 | 1392 | 5245 | 2840 | 2405 | 5081 | 164 |
| | 合计 | 1482 | 5599 | 3021 | 2578 | 5435 | 164 |

　　从保护区建区以来的人口变化动态来看（表 7-4、表 7-5），由于人口自然增
长率较低，加之迁出人口大于迁入人口，因而人口数量呈下降的趋势。2000 年与
1991 年相比，总人口净减少了 78 人；2012 年总人口为 5599 人，与 2000 年相比
减少了 309 人，下降了 5.2%；1994 年农业人口 5911 人，2000 年、2001 年、2002
年农业人口分别为 5775 人、5773 人和 5767 人，呈略微下降趋势。人口的减少这
在一定程度上减轻了对资源利用的压力，有利于可持续发展。

表 7-5　1991~2000 年鹞落坪自然保护区人口变动情况

| 年份 | 总户数/户 | 总人口/人 | | | 总人口中 | | 出生 | | 死亡 | | 自然增长 | | 迁入/人 | 迁出/人 |
|---|---|---|---|---|---|---|---|---|---|---|---|---|---|---|
| | | 合计 | 男 | 女 | 农业人口 | 非农业人口 | 小计/人 | 出生率/% | 小计/人 | 死亡率/% | 小计/人 | 增长率/% | | |
| 1991 | 1428 | 5986 | 3198 | 2788 | 5854 | 132 | 83 | 1.5 | 36 | 0.6 | 53 | 0.9 | 15 | 21 |
| 1992 | 1432 | 6004 | 3205 | 2799 | 5869 | 135 | 64 | 1.1 | 43 | 0.7 | 21 | 0.4 | 21 | 24 |
| 1993 | 1485 | 6011 | 3211 | 2800 | 5880 | 131 | 73 | 1.2 | 43 | 0.7 | 30 | 0.5 | 13 | 36 |
| 1994 | 1507 | 6053 | 3354 | 2699 | 5911 | 142 | 77 | 1.3 | 46 | 0.8 | 31 | 0.5 | 26 | 21 |
| 1995 | 1472 | 6041 | 3215 | 2826 | 5911 | 130 | 78 | 1.3 | 71 | 1.2 | 7 | 0.1 | 21 | 30 |
| 1996 | 1454 | 5963 | 3128 | 2835 | 5857 | 106 | 62 | 1.0 | 59 | 0.9 | 3 | 0.1 | 14 | 22 |
| 1997 | 1460 | 5966 | 3130 | 2836 | 5856 | 110 | 61 | 1.0 | 53 | 0.9 | — | | 10 | 15 |
| 1998 | 1467 | 5923 | 3121 | 2802 | 5815 | 108 | 56 | 0.9 | 49 | 0.8 | 7 | 0.1 | 5 | 25 |
| 1999 | 1471 | 5904 | 3088 | 2816 | 5781 | 123 | 50 | 0.8 | 55 | 0.9 | −5 | −0.1 | 26 | 39 |
| 2000 | 1528 | 5908 | 3096 | 2812 | 5775 | 133 | 65 | 1.1 | 27 | 0.5 | 38 | 0.6 | 17 | 31 |

从农村劳动力构成来看（表 7-6），2000 年保护区共有农村劳动力 2945 人，其中农林业劳动力 2410 人，占全部劳动力的 81.8%；第三产业劳动力 77 人，占 2.6%；其余为工业、建筑业劳动力 41 人，仅占 1.4%；外出打工人员 417 人，占 14.2%。表明保护区农村劳动力的大部分仍然从事农业和林业等第一产业生产，从事第三产业和工业、建筑业等第二产业的劳动力很少。2010 年保护区共有农村劳动力 3880 人，其中农林业劳动力 2496 人，占全部劳动力的 64%；第三产业劳动力 80 人，占 2%；其余为工业劳动力 207 人，占 6%；外出打工人员 1097 人，占 28%。表明保护区农村劳动力的大部分仍然从事农业第一产业生产，但比例下降；外出打工人员比例增加；从事第三产业和工业等第二产业的劳动力较少。

**表 7-6　2000 年和 2010 年鹞落坪自然保护区农村劳动力构成情况（人）**

| 年份 | 功能区 | 合计 | 农业 | 林业 | 工业（茶厂工人） | 建筑业 | 外出打工 | 第三产业 |
|---|---|---|---|---|---|---|---|---|
|  | 缓冲区 | 79 | 25 | 9 | 1 | 0 | 24 | 20 |
| 2000 | 实验区 | 2866 | 2371 | 5 | 13 | 27 | 393 | 57 |
|  | 合计 | 2945 | 2396 | 14 | 14 | 27 | 417 | 77 |
|  | 缓冲区 | 316 | 270 | 0 | 4 | 0 | 35 | 7 |
| 2010 | 实验区 | 3564 | 2226 | 0 | 203 | 0 | 1062 | 73 |
|  | 合计 | 3880 | 2496 | 0 | 207 | 0 | 1097 | 80 |

### 7.2.2　社区经济发展

鹞落坪地处贫困山区，长期以来，当地社区经济主要依靠木材和农业生产。20 世纪 80 年代，随着山林承包到户，木材的采伐一度处于失控状态，这种以林木为生的单一经济模式使包家乡成为岳西县的首富乡，1989 年人均收入达到历史最高水平 1581 元/人。但由于林业生产周期长，当地技术落后，靠山吃山、卖树买粮的依赖性产业结构伴随木材可采伐量的下降而失去活力，最终使当地社会经济陷于困境之中。1991 年保护区建立后，由于保护区加强了资源的管护，加之木材可采伐量的减少以及当地社区产业结构未能及时调整，农民的纯收入下降到 410 元，相当一部分农户脱贫后重新返贫，部分农民甚至连温饱问题都难以解决。

2004 年 6 月通过撤村并村，现有四个行政村，人口 5900 人，由于计划生育政策和人口外迁，现区内人口每年均呈负增长，人口密度为 48 人/km²，为安徽省人口密度最低的乡镇。由于受交通不便等因素的影响，这里经济仍然落后。保护区山场都属于农民集体山场，保护区未建立时农民的主要收入都来自于林木。保护区建立后，保护与发展的矛盾十分突出，干部与群众的关系曾一度非常紧张。为此，保护区会同包家乡政府积极引导农民调整产业结构，因地制宜地发展多种经营和外出务工经商，逐步改变了当地居民传统的生产和生活方式，农民经济收入逐年逐步提高。针对保护区建区后社区经济发展中存在的问题，安徽省环境保护局、岳西县人民政府及时采取了相应措施。首先从管理体制方面着手，建立了鹞落坪国家级自然保护区管理委员会，并作为县政府的派出机构统一管理保护区的资源保护和社区经济发展，保护区管委会主任、党委书记分别兼任包家乡乡长、党委书记。十年来的经验证明，这种"区乡合署"的管理体制促进了保护区资源管护和当地社区经济的协调发展。另一方面，各级政府和有关部门加大了保护区的扶贫开发和社区建设的力度，提高了当地社区的自我发展能力。

近年来，通过合理调整社区产业结构，大力发展有机茶叶、山地蔬菜、中药材的种植，以及乡村小水电、生态旅游和农副产品加工，使社区贫困状况明显缓解，农民收入有所增加，木材的采伐量逐年下降（表 7-7、表 7-8）。2000 年与1991 年相比，第一产业比重由80.1%下降到56.0%，第三产业由15.0%上升到33.7%，第二产业由4.9%上升到10.3%，产业结构发展方向趋好。但是，第二、第三产业比重仍然较低，并处于较低层次。农民人均纯收入由 1991 年的 410 元/人提高到2000 年的 1330 元/人；收入的主要来源仍然是大农业，但收入结构向良性方向发展，由主要依赖林业（占全部收入的 70%）到以茶叶、药材、高山蔬菜等特产品种植为主（占 65%）。经济正在向可持续方向发展，但产业层次较低，资源依赖性强，基础尚不稳固。2010 年三产比重为 47∶34∶10；2012 年三产比重为 38∶34∶28，

表 7-7　1991~2010 年鹞落坪自然保护区产业结构变化状况（万元）

| 年份 | 国内生产总值 | 第一产业 | | | | 第二产业 | | 第三产业 | 人均国内生产总值 |
| | | 种植业 | 林业 | 其他 | 小计 | 工业 | 小计 | | |
|---|---|---|---|---|---|---|---|---|---|
| 1991 | 600.4 | 96.1 | 360.5 | 24.1 | 480.7 | 29.7 | 29.7 | 90.0 | 0.1003 |
| 1992 | 670.2 | 105.4 | 368.7 | 52.7 | 526.8 | 31.2 | 31.2 | 112.0 | 0.1116 |
| 1993 | 710.1 | 138.5 | 360.2 | 55.4 | 554.1 | 31.0 | 31.0 | 125.0 | 0.1181 |
| 1994 | 770.4 | 164.4 | 328.6 | 54.8 | 547.8 | 32.8 | 32.8 | 189.8 | 0.1272 |
| 1995 | 820.8 | 178.9 | 281.2 | 51.2 | 511.3 | 45.5 | 45.5 | 264.0 | 0.1358 |
| 1996 | 880.0 | 217.0 | 244.1 | 81.4 | 542.5 | 50.5 | 50.5 | 287.0 | 0.1475 |
| 1997 | 927.4 | 339.4 | 132.0 | 102.0 | 573.4 | 54.0 | 54.0 | 300.0 | 0.1594 |
| 1998 | 1010.8 | 364.7 | 244.1 | 71.9 | 680.7 | 52.9 | 52.9 | 277.2 | 0.1706 |
| 1999 | 1040.2 | 327.0 | 118.0 | 107.0 | 552 | 113.0 | 113.0 | 375.2 | 0.1761 |
| 2000 | 1073.9 | 394.2 | 53.7 | 153.0 | 600.9 | 110.5 | 110.5 | 362.5 | 0.1718 |
| 2010 | 2700 | 1040 | 0 | 233 | 1273 | 950 | 1150 | 277 | 0.45 |

表 7-8　1991~2010 年鹞落坪自然保护区产业结构比重变化状况（%）

| 年份 | 第一产业 | 第二产业 | 第三产业 |
|---|---|---|---|
| 1991 | 80.06 | 4.95 | 14.99 |
| 1992 | 78.61 | 4.67 | 16.72 |
| 1993 | 78.03 | 4.37 | 17.60 |
| 1994 | 71.11 | 4.25 | 24.64 |
| 1995 | 62.29 | 5.54 | 32.17 |
| 1996 | 61.65 | 5.74 | 32.61 |
| 1997 | 60.83 | 5.82 | 32.35 |
| 1998 | 67.34 | 5.23 | 27.43 |
| 1999 | 53.07 | 10.86 | 36.07 |
| 2000 | 55.95 | 10.29 | 33.76 |
| 2010 | 47.15 | 42.60 | 10.25 |

产业结构有了较大变化，第一产业比重下降明显，第二产业、第三产业比重有了明显的增加（图 7-1）。人均纯收入呈逐年上升趋势，特别是 2005 年以后人均纯收入呈快速增长之势（图 7-2）。

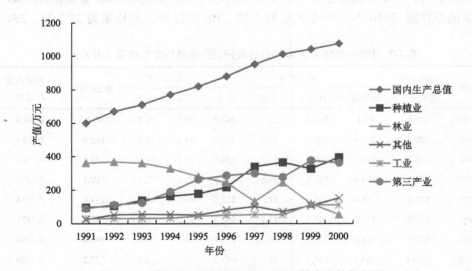

图 7-1　鹞落坪自然保护区 2000 年以前产业结构变化

**表 7-9　1991~2000 年鹞落坪自然保护区农民纯收入变化动态**

| 年份 | 农民纯收入/（元/人） | 粮食 | | 木材 | | 茶叶 | | 药材 | | 高山蔬菜 | | 畜牧 | | 务工 | | 其他 | |
|---|---|---|---|---|---|---|---|---|---|---|---|---|---|---|---|---|---|
| | | 收入/（元/人） | 占比/% | 收入/（元/人） | 占比/% | 收入/（元/人） | 占比/% | 收入/（元/人） | 占比/% | 收入/（元/人） | 占比/% | 收入/（元/人） | 占比/% | 收入/（元/人） | 占比/% | 收入/（元/人） | 占比/% |
| 1991 | 410 | 61.5 | 15 | 287.0 | 70 | 20.5 | 5 | 12.3 | 3 | 0 | 0 | 16.4 | 4 | 8.2 | 2 | 4.1 | 1 |
| 1992 | 440 | 61.6 | 14 | 308.0 | 70 | 22.0 | 5 | 8.8 | 2 | 0 | 0 | 22.0 | 5 | 8.8 | 2 | 4.4 | 2 |
| 1993 | 483 | 62.8 | 13 | 313.0 | 65 | 29.0 | 6 | 19.3 | 4 | 0 | 0 | 28.9 | 6 | 19.3 | 4 | 9.7 | 2 |
| 1994 | 521 | 67.7 | 13 | 323.0 | 62 | 31.3 | 6 | 26.5 | 5 | 0 | 0 | 31.3 | 6 | 26.1 | 5 | 15.6 | 3 |
| 1995 | 640 | 76.8 | 12 | 38.4 | 60 | 44.8 | 7 | 44.8 | 7 | 0 | 0 | 44.8 | 7 | 18.0 | 5 | 12.8 | 2 |
| 1996 | 693 | 76.2 | 11 | 401.9 | 58 | 55.4 | 8 | 48.5 | 7 | 0 | 0 | 55.4 | 8 | 41.5 | 6 | 13.9 | 2 |
| 1997 | 1050 | 105.0 | 10 | 420.0 | 40 | 126.0 | 12 | 105 | 10 | 126.0 | 12 | 73.5 | 7 | 73.5 | 7 | 21.0 | 2 |
| 1998 | 1100 | 99.0 | 9 | 132.0 | 12 | 264.0 | 24 | 220 | 20 | 231.0 | 21 | 55.0 | 5 | 88.0 | 8 | 11.0 | 1 |
| 1999 | 1270 | 114.3 | 9 | 127.0 | 10 | 304.8 | 24 | 254 | 20 | 279.4 | 22 | 63.5 | 5 | 114.3 | 9 | 12.7 | 1 |
| 2000 | 1330 | 106.4 | 8 | 66.5 | 5 | 332.5 | 25 | 266 | 20 | 332.5 | 25 | 66.5 | 5 | 133.0 | 10 | 26.6 | 2 |

**表 7-10　2001~2013 年鹞落坪自然保护区农民总纯收入（元/人）**

| 年份 | 农民纯收入 | 年份 | 农民纯收入 |
|---|---|---|---|
| 2001 | 1386 | 2008 | 2140 |
| 2002 | 1430 | 2009 | 2350 |
| 2003 | 1460 | 2010 | 2630 |
| 2004 | 1520 | 2011 | 3050 |
| 2005 | 1610 | 2012 | 3620 |
| 2006 | 1810 | 2013 | 4248 |
| 2007 | 1990 | | |

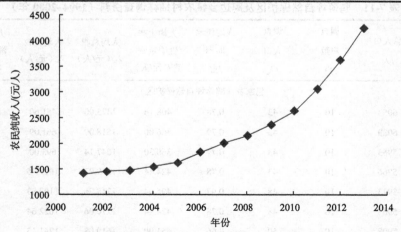

图 7-2　鹞落坪自然保护区农民人均纯收入年际变化状况

　　总体而言，保护区建立以来，社区经济发展速度较快，人均 GDP 由 1991 年的 1003 元上升到 2000 年的 1718 元，再到 2012 年的 4500 元。农民人均纯收入由 410 元上升到 2000 年的 1330 元，再到 2012 年的 2630 元，以及 2013 年的 4248 元（表 7-9、表 7-10）。农民人均纯收入增长幅度远高于人均 GDP 的增长幅度。从保护区及其周边地区 1994~2000 年农村抽样调查结果来看（表 7-10、图 7-3），与周边地区的青天乡、和平乡、来榜镇以及岳西县全县平均相比，保护区内农民的人均纯收入低于全县平均水平，略高于青天、和平、来榜 3 个乡镇。在人均生活消费总支出方面 1994~2000 年 7 年平均为：包家（保护区）1035.24 元，和平乡 939.98 元，来榜乡 813.87 元，青天乡 786.31 元，岳西县 804.26 元。包家乡人均生活消费支出不仅高于周边的乡镇，也高于全县平均水平。由此可见鹞落坪自然保护区的建设并未对当地社区的经济发展造成不良影响。

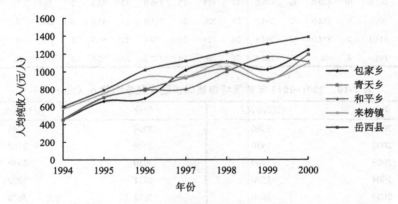

图 7-3　鹞落坪自然保护区及其周边地区农民人均纯收入变化状况

表 7-11　鹞落坪自然保护区及周边乡镇农村抽样调查资料（1994~2000 年）

| 年份 | 总人口/人 | 调查户数/户 | 调查人口/人 | 人均耕地面积/亩 | 人均生产性固定资产/(元/人) | 人均总收入/(元/人) | 人均纯收入/(元/人) | 人均生活消费支出/(元/人) |
|---|---|---|---|---|---|---|---|---|
| 包家乡（鹞落坪自然保护区） | | | | | | | | |
| 1994 | 6053 | 10 | 43 | 0.78 | 408.16 | 1475.00 | 451.60 | 1106.00 |
| 1995 | 6089 | 10 | 43 | 0.79 | 366.00 | 1518.00 | 661.09 | 578.00 |
| 1996 | 5963 | 10 | 43 | 0.77 | 366.30 | 1047.14 | 693.00 | 919.96 |
| 1997 | 5966 | 10 | 43 | 0.78 | 424.44 | 1389.97 | 1017.95 | 736.03 |
| 1998 | 5923 | 10 | 48 | 0.97 | 496.04 | 1318.96 | 1107.83 | 1332.78 |
| 1999 | 5904 | 10 | 48 | 0.78 | 424.44 | 1270.06 | 1022.64 | 1413.84 |
| 2000 | 5908 | 10 | 50 | 0.66 | 451.00 | 1619.08 | 1241.13 | 1160.09 |

续表

| 年份 | 总人口<br>/人 | 调查<br>户数<br>/户 | 调查<br>人口<br>/人 | 人均耕地<br>面积<br>/亩 | 人均生产<br>性固定资<br>产/(元/人) | 人均总收<br>入/(元/人) | 人均纯收<br>入/(元/人) | 人均生活<br>消费支出/<br>(元/人) |
|---|---|---|---|---|---|---|---|---|
| | | | | 青天乡 | | | | |
| 1994 | 11 943 | 10 | 48 | 1.1 | 562.50 | 987 | 450.69 | 882.00 |
| 1995 | 11 981 | 10 | 48 | 1.1 | 324.00 | 1289 | 704.28 | 544.00 |
| 1996 | 12 002 | 10 | 48 | 1.1 | 351.25 | 1074.94 | 801.50 | 782.29 |
| 1997 | 12 022 | 10 | 43 | 1.02 | 418.84 | 1164.42 | 932.34 | 1049.15 |
| 1998 | 11 953 | 10 | 43 | 0.92 | 331.4 | 1282.64 | 1029.84 | 670.18 |
| 1999 | 11 886 | 10 | 49 | 0.88 | 306.00 | 1001.8 | 896.36 | 770.52 |
| 2000 | 11 803 | 10 | 49 | 0.50 | 306.00 | 1405.95 | 1189.03 | 806.06 |
| | | | | 和平乡 | | | | |
| 1994 | 9734 | 10 | 52 | 0.56 | 32.40 | 756.00 | 461.60 | 621.00 |
| 1995 | 9689 | 10 | 51 | 0.61 | 35.00 | 1049.00 | 706.82 | 476.00 |
| 1996 | 9698 | 10 | 50 | 0.62 | 36.00 | 1009.08 | 789.78 | 534.36 |
| 1997 | 9669 | 10 | 49 | 0.63 | 46.94 | 1073.96 | 802.29 | 786.38 |
| 1998 | 9636 | 10 | 49 | 0.61 | 46.94 | 1237.73 | 1000.57 | 990.88 |
| 1999 | 9586 | 10 | 49 | 0.63 | 64.94 | 1382.15 | 1162.98 | 1075.08 |
| 2000 | 9577 | 10 | 48 | 0.63 | 53.13 | 1362.48 | 1107.59 | 1096.18 |
| | | | | 来榜镇 | | | | |
| 1994 | 22 885 | 30 | 143 | 0.68 | 148.95 | 857.00 | 575.29 | 642.00 |
| 1995 | 23 032 | 30 | 140 | 0.61 | 430.00 | 1211.00 | 752.05 | 550.00 |
| 1996 | 23 067 | 30 | 138 | 0.63 | 114.06 | 1145.14 | 938.15 | 757.51 |
| 1997 | 23 068 | 30 | 141 | 0.61 | 178.90 | 1045.01 | 944.09 | 423.10 |
| 1998 | 23 006 | 30 | 141 | 0.68 | 235.04 | 1404.40 | 1100.75 | 959.56 |
| 1999 | 22 926 | 30 | 126 | 0.45 | 276.35 | 1248.54 | 916.52 | 1103.62 |
| 2000 | 22 922 | 30 | 123 | 0.62 | 154.50 | 1423.97 | 1091.97 | 1261.30 |
| | | | | 岳西县 | | | | |
| 1994 | 398 583 | 230 | 2412 | 0.82 | 222.51 | 963.00 | 600.00 | 705.00 |
| 1995 | 400 422 | 230 | 2406 | 0.73 | 239.00 | 1399.00 | 790.35 | 656.00 |
| 1996 | 401 002 | 230 | 2362 | 0.76 | 262.67 | 1282.09 | 1018.58 | 842.31 |
| 1997 | 401 865 | 230 | 2295 | 0.73 | 231.97 | 1420.69 | 1118.79 | 1036.41 |
| 1998 | 402 607 | 230 | 2262 | 0.72 | 202.31 | 1493.43 | 1220.13 | 1131.56 |
| 1999 | 400 870 | 230 | 2277 | 0.73 | 231.97 | 1512.94 | 1307.30 | 1173.06 |
| 2000 | 400 528 | 230 | 972 | 0.74 | 167.58 | 1638.39 | 1387.02 | 1085.47 |

2014 年抽样调查显示, 85%的农户家庭人均收入为 5000~10 000 元, 被调查农户家庭认为保护区比周边地区发展快, 其家庭主要收入来源为种植业。他们支持保护区的建立, 愿意为保护区的建设和管理做出贡献, 协助保护区管委会工作。同时, 他们认为保护区建立后, 政府应当将经济林和人工用材林以外的森林纳入公益林范围, 给予相应的公益林补偿金。

调查显示, 家庭收入组成:茶叶 5000 元, 茯苓 2000~5000 元, 天麻 2000~10000 元, 公益林补助和劳务收入 15 万元/a。

### 7.2.3　区乡关系协调状况

鹞落坪自然保护区与当地社区的关系大致经历了一个从不协调到比较协调的发展过程。保护区建立初期 (1991~1994 年), 由于当地社区居民对自然保护区并不了解, 不少群众认为, 保护区将会收回农民山林的承包权。因此, 这一时间内农民的抵触情绪很大, 对承包的山林不再保护和管理, 而是想方设法争取木材采伐指标, 在采伐指标争取不到时, 则私自砍伐承包的山林, 包括部分核心区的山林也遭到砍伐。当时的乡政府和村民委员会对自然保护区的建设也存在一定的抵触情绪, 虽然未直接支持农民的乱砍滥伐, 但在管理上完全放松。当地社区的不支持, 其结果导致了保护区内森林资源遭到一定程度的破坏, 尤其是 1992~1993 年, 当时的乡政府和部分村的村委会以及一些农户, 借和县林业部门联办采育场的名义, 对部分天然次生林进行了成片采伐。全乡共规划建立 3 个采育场, 总规划面积 800 hm$^2$, 实际采伐约 135 hm$^2$, 采伐后造林保存面积不到 50 hm$^2$, 自然封育恢复面积约 65 hm$^2$, 有近 20 hm$^2$ 亩采伐迹地至今未恢复。保护区成立后出现的森林资源乱砍滥伐问题使保护区管委会清醒地认识到, 单纯地依靠行政命令并未能解决问题, 只有使区内居民的经济来源得到妥善解决, 而不因保护区建立降低生活水平, 当地居民才能够真正支持保护区的建设与管理。针对这种情况, 保护区管委会和包家乡政府一起, 一方面开展广泛的宣传教育, 使社区居民认识到保护区建立的重要性, 另一方面, 通过强调产业结构, 发展多种经营和有机农业, 以提高社区居民的收入水平。经过几年的努力, 社区居民在实践中认识到保护区的建立并未使之收益受到影响, 而且一部分居民通过种植高山蔬菜、有机茶叶、食用菌等收入大幅度增加, 远高于木材销售的收益。1994 年年后, 社区居民对保护区的认识有很大的变化, 社区关系逐步由不协调发展到比较协调。目前, 保护区内的社区居民不仅自觉管理好自己承包的山林, 而且对外地进入保护区偷猎野生动物、采挖中药材和盆景植物的事件及时主动地协助保护区管委会予以查处。从 2014 年抽样调查亦可看出, 保护区居民几乎都认为建区后包家乡经济发展与周边乡镇相比, 比周边发展快;对自然保护区发展前景、家庭收入前景和包家乡经济发展前景看好;有超过 10%的居民表示, 只要保护区需要, 可以无报酬地参与保护区的建设与管理，为保护区做贡献。

# 7.3 可持续发展管理能力建设状况分析

## 7.3.1 管护能力建设现状

### 1. 管理机构建设与人员配置

鹞落坪自然保护区管理处于 1992 年建立，1997 年 3 月建立了保护区与包家乡合署办公新体制，为岳西县人民政府派出行政机关（副县级），与包家乡实行统一领导、分工负责的管理体制。管委会内设 5 个科室（办公室、计划财务科、资源保护管理科、科研监测科、开发经营科）。其主要职责是：依法对保护区实行统一管理，包括制定管理制度、开展自然资源调查和科研宣教、组织环境监测及森林资源的管护、负责维护保护区林区秩序和社会治安、加强护林防火、积极参与地方经济建设等工作。

鹞落坪自然保护区现行管理机构为鹞落坪国家级自然保护区管理委员会，行政上隶属于岳西县人民政府（为副县级单位），业务上接受安徽省环保厅指导。管委会正式编制包括书记、主任、副书记、副主任。下辖科研监测科、资源管理科、开发科、办公室、计划财务科、公安派出所 6 个职能科室以及鹞落坪基地，保护区管理人员全部为公务员编制，这种区乡合署、管理人员为公务员编制的保护区管理机构在全国尚为首例。从几年来的运行情况来看，主要优点是便于协调保护区与地方政府的关系，有利于发挥地方政府在自然保护区建设与管理中的作用，如保护区管委会的书记、主任能正确处理好自然保护区建设管理和地方经济发展之间的关系，可以很好的促进区、乡的协调发展问题。主要缺点是保护区管委会主任兼任乡长，而乡长是由人大选举产生，很多情况下可能更多的考虑地方的利益。比较可行的方案是由保护区管委会的书记或主任兼任乡党委书记，不再兼任乡长，从宏观上对区、乡关系进行协调，从而将管委会的主要精力放在保护区的建设与管理方面。

在人员配置方面，现有管理人员偏少，真正从事资源管护的人员偏少，尤其是作为管护第一线的基地人员仅为 1 人，这说明保护区的管理工作未得到应有的重视。

### 2. 管护设施建设

鹞落坪自然保护区管委会设在岳西县城关镇内，离保护区约 40 km。根据保护区总体规划，在保护区内设立管理、科研基地一处，并在小歧岭、金刚岭、黄栗园、锁口山、火烧岭设立管护站 5 个，在多枝尖、鹞落坪、翻东岭建设瞭望哨

（塔）3座。现除了基地建设初具规模外，管护站一处未建，瞭望塔也仅建立鹞落坪1座，另外，界桩的埋设也尚未全部完成。从管护设施来看，远远不能满足资源管护的需求，造成这种状况固然有经费投入不足的原因，更主要的是对管护工作重视程度不够。

### 3. 边界划定和土地权属

保护区与包家乡的完全重叠，决定了其边界范围非常明确清晰，与周边地区不存在边界纠纷问题，保护区功能区界的划定也得到地方政府和社区群众的认同。但保护区的相关权属问题相当复杂，土地权属为集体所有；山林及农地的使用权属农民，承包期长达50年；保护区管委会对全区仅拥有资源和环境的管理权，基地管护站、瞭望塔等设施建设用地均需征用土地。土地所有权、使用权、管理权的完全分离，给管理工作带来相当大的难度，这个问题在我国已建的森林生态系统类型自然保护区中具有典型性和特殊性，单纯依靠保护区自身无法改变，需要国家从宏观政策法律上予以解决。

### 7.3.2　科研监测与宣传教育能力建设

#### 1. 科研与监测的能力建设

科研和生态监测是国家级自然保护区的重要任务之一，对于资源管理型自然保护区而言，资源的动态监测显得更为重要，它有助于及时掌握保护区内资源的动态变化，有助于保护区管理机构根据资源变化动态采取相应的保护和管理措施。鹞落坪自然保护区自成立以来，一直重视保护区的科研工作，先后和安徽大学、安徽农业大学、环境保护部南京环境科学研究所、中国科学院、南京林业大学等单位联合开展科学研究。20多年来，在保护区内开展的科研项目接近20项。同时，保护区管委会还针对保护区的实际情况，开展一些与资源适度开发利用相关的一些研究项目。但仍存在着科研能力建设滞后的问题，保护区的生态监测工作尚处于空缺状态，不能及时掌握区内资源的变化动态。

#### 2. 宣传教育能力建设

鹞落坪自然保护区是一个区内居民数量较多的自然保护区，社区居民的生产生活对保护区的影响较大，但另一方面，社区居民也是保护区的管理力量之一。关键是要对社区居民采取持续的宣传和教育，使其了解保护区建立的目的意义和重要性，化潜在的或可能的不利因素为积极因素。保护区管委会成立后，一直比较重视对社区的宣传和教育，尤其是将口头的、文字的宣传教育与扶贫等实际工作相结合，起到了很好的效果，这也是值得同类型其他自然保护区借鉴的地方。

为进一步提高保护区的宣传教育能力，保护区正在筹建宣传教育和培训中心，该中心建成后，可以大大提高保护区的宣传教育能力。相对而言，保护区管理人员的培训工作则有待于进一步的加强，以适应不断发展的自然保护区建设与管理的能力需求。

### 3. 经费保障程度

鹞落坪自然保护区是一个全额拨款的行政单位，事业经费由安庆市财政负担，省环保厅给予适当补助（用于业务活动）。根据相关文件精神，鹞落坪国家级自然保护区日常管理经费从 2012 年起由省财政供给，实行定额补助。2016 年补助基数为 170 万元。事业经费的来源比较稳定，但总量相对偏少。

保护区的基本建设经费尚未得到解决，至 2002 年，环境保护部、安徽省环保厅累计投入的基本建设经费不足 200 万元。但近年来，财政部、环境保护部投入的能力建设专项经费已大幅度提高，一定程度上弥补了基本建设经费的不足。由于基本建设经费投入逐渐增加，基本满足了保护区的基础设施建设和管理、科研、宣传教育等工作的要求。

### 7.3.3　资源保护状况

鹞落坪自然保护区是一个以北亚热带常绿落叶阔叶混交林生态系统及珍稀动植物为主要保护对象的自然保护区，保护区的建立对涵养水源、防止水土流失等方面也具有重要意义。区内森林资源的保护是首要任务，目前已经采取了一系列有效措施以加强森林资源的保护工作。

### 1. 实施按功能区分管扩

按照"死保核心区、严管缓冲区、合理开发利用实验区"的管理思路，对保护区实施按功能分区管护。长期以来，木材是当地经济收入的主要来源，保护区的建立限制了当地对木材的采伐利用，已在一定程度上影响到当地农民的经济收入。如果全部禁止对保护区资源的开发利用，势必使当地居民陷入绝对贫困状态。建区初期一段时间内森林的乱砍滥伐现象比较严重。1991~1994 年，核心区森林采伐面积达 183.8 hm$^2$（以择伐为主，下同），累计采伐木材 1020 m$^3$；若按平均蓄积量并全部为择伐计算，则采伐量占该择伐面积内蓄积量的 11.6%，对森林的破坏比较大。缓冲区森林采伐面积达 584 hm$^2$，累计采伐木材 4300 m$^3$；同样依上法计算，采伐量占被择伐森林蓄积量的 27.3%，森林破坏比较严重。实验区森林采伐面积达 1885 hm$^2$，累计采伐木材达 66 680 m$^3$；采伐量将近被采伐森林蓄积量的 2 倍，即约有统计采伐面积 2 倍的森林被砍光，森林破坏十分严重。这 4 年中，保护区内年采伐木材均在 15 000 m$^3$ 以上（各年度木材采伐情况统计报表见表 7-12），超过了木材的年生长量。针对这种情况，通过强化木材采伐的审批和管理，同时将居民生产、生活用材的采伐限制在实验区内，有效遏制了保护区内木材的乱砍滥伐现象，木材的年采伐量从 1991 年的 21 000 m³ 下降到 2000 年的 5000 m³，实现了实验区内木材年采伐量小于年生长量的初期目标。

2010 年的采伐量没有统计数据，推算如下：首先根据 2000 年林地消费量、采伐量计算得到薪材采伐的比例为 66%，按照此比例，再根据 2010 年林地的消费量，计算得到 2010 年的采伐量为 3688 m³（表 7-12）。

**表 7-12　鹞落坪自然保护区森林采伐统计**

| 年份 | 核心区 | | 缓冲区 | | 实验区 | | 合计 | |
|---|---|---|---|---|---|---|---|---|
| | 面积/hm² | 采伐量/m³ | 面积/hm² | 采伐量/m³ | 面积/hm² | 采伐量/m³ | 面积/hm² | 采伐量/m³ |
| 1991 | 76.0 | 400 | 187.0 | 1200 | 538.0 | 19 400 | 801.0 | 21 000 |
| 1992 | 73.8 | 350 | 160.0 | 1100 | 520.0 | 19 550 | 753.8 | 21 000 |
| 1993 | 20.0 | 200 | 147.0 | 1100 | 410.0 | 13 700 | 577.0 | 15 000 |
| 1994 | 14.0 | 70 | 90.0 | 900 | 417.0 | 14 030 | 521.0 | 15 000 |
| 1995 | — | — | 87.0 | 700 | 360.0 | 10 300 | 447.0 | 11 000 |
| 1996 | — | — | 81.0 | 400 | 319.0 | 7600 | 400.0 | 8000 |
| 1997 | — | — | — | — | 203.0 | 7000 | 203.0 | 7000 |
| 1998 | — | — | — | — | 212.0 | 6500 | 212.0 | 6500 |
| 1999 | — | — | — | — | 181.0 | 5400 | 181.0 | 5400 |
| 2000 | — | — | — | — | 150.0 | 5000 | 150.0 | 5000 |
| 2010 | — | — | — | — | — | 3688 | — | 3688 |

采伐量包括商品材、居用材、薪材、原料用材（香菇、木耳等栽培生产用材）。

#### 2. 调整社区的产业结构，杜绝木材销售

鹞落坪自然保护区属于集体林区，长期以来农民靠山吃山，木材销售收入是农民经济收入的重要来源，地方财政的收入也主要来自于木材销售的各种税费。1991 年，保护区内农民纯收入 410 元/人，其中木材销售收入 287 元/人，占 70%。为减少当地农村经济发展对木材的过度依赖，增加农民的经济收入，保护区管委会和包家乡政府及时制定了"包家乡全境产业结构调整方案"，提出了 3 个调整方向：一是由单一林业经济向多种经济调整；二是由传统种植业向有机食品种植调整；三是由农业向第三产业调整，使社区产业结构符合保护区建设管理需求。具体通过下列措施来落实产业结构的调整。

（1）大力发展有机茶叶，保护区内自然条件优越、气候和土壤均适宜茶叶的

生产。历史上区内石佛寺茶叶享誉海内外，岳西翠兰曾被评为"全国新十大名茶"之一。1996 年，在环境保护部有机食品发展中心（OFDC-MEP）的支持下，保护区开展实施德国援助有机农业开发项目，重点发展有机茶叶。保护区内现有有机茶园面积 89 hm²，建立茶厂 4 个（石佛茶厂、包家茶厂、鹞落坪有机茶厂、冯立斌个体茶厂），年产干茶近 50 t（包括普通茶叶）。仅茶叶一项，2000 年，人均茶叶销售收入 332.5 元，占当年农民人均纯收入的 25%。

（2）积极发展山地蔬菜，增加当地农民收入。保护区地处山地区，区内气候垂直差异大，无霜期较短，海拔在 800 m 以上地区年均气温仅 11~12℃，≥10℃有效积温在 3000~3600℃，不利于粮食作物的生长，区内粮食平均单产仅为 4500 kg / hm²，单位面积产值 4500 元 / hm²，扣除农本后所剩无几。但保护区内的气候条件非常适宜发展反季节蔬菜生长。2000 年，全区反季节蔬菜种植面积达 250 hm²，平均单产 6500 kg / hm²，单位面积产值达 18 000 元 / hm²，为单位面积粮食产值的 4 倍。仅此一项，2000 年，全乡人均山地蔬菜种植的纯收益就达 332.5 元，占当年人均纯收入的 25%。2012 年保护区反季节蔬菜种植面积达 1209 hm²，平均单产 14 500 kg / hm²，单位面积产值达 60 000 元 / hm²。

（3）有计划地发展生态旅游。保护区内旅游资源比较丰富，尤其适宜发展度假旅游和科普旅游。为此，保护区管委会除了有组织地开发科普旅游外，还积极引导社区居民发展以家庭为单位的农家乐。但保护区生态旅游发展尚处于起步阶段，有待于制定相应的规划，并将其作为主要产业有序发展。

近几年，保护区农家乐得到了蓬勃发展。根据调查，2009 年十一黄金周期间，来自合肥、南京、上海等大中城市的游客络绎不绝，各户农家乐门庭若市，生意火爆，农家乐经营者不仅取得了可观的经济收入，同时也有效地缓解了保护区的就餐和住宿压力。据不完全统计，仅 2009 年十一黄金周期间，保护区农家乐就接待游客 2000 余人次，收入达 10 万元，户均收入 1.4 万元。2010 年春天进入旅游旺季以后，农家乐经营仍继续保持了强劲的增长势头，经营业绩甚至超过了早先的预期。从半年多时间的营运情况看，大多数农家乐经营户生意兴隆，形势喜人。以"红土情"农家乐为例，2010 年 3 月至五一小黄金周期间的节假日，该户日均游客接待量约 40 人次，最多的时候接近 200 人次，日均营业收入 3000 元以上。

除了上述措施外，保护区管委会还组织当地农民发展食用菌、药用菌、木本药材以及特种纤维植物三桠的栽培，使当地农民的经济收入多元化，不再依赖木材的采伐收益。到 2000 年，木材的采伐收益比例已经下降为 5%，从 2002 年开始，木材收益已降为 0。

### 3. 建立社会共管的管理体制，强化资源的保护

鹞落坪自然保护区建立初期，保护区管委会与包家乡各行其是，木材的采伐及计划的审批由乡政府负责，保护区管委会无法行使相应的管理职权。针对这种情况，安徽省环保厅和岳西县人民政府对保护区的管理体制进行了相应调整，将保护区管委会直接隶属于岳西县人民政府，作为副县级派出机构代县政府行使管理职权。同时，保护区管委会与县公安局联合建立了公安派出所，以强化资源管护的执法，并将木材采伐计划的审批交保护区管委会和乡政府共同负责。此外，保护区管委会与当地社区建立了公众参与的群众保护组织，使资源管护工作落到实处。

上述措施的实施，使保护区成立初期森林资源下降的局面得到有效的控制，2000 年与 1991 年相比，全区森林蓄积量增加了 26 770 $m^3$，使保护区成为同期岳西县森林资源保护最好的地区。但需要指出的是缓冲区与实验区的森林资源未能得到很好的保护，缓冲区 10 年中蓄积量仅仅净增加 57 $m^3$，且森林面积减少了 116 $hm^2$；实验区中 10 年蓄积量净减少 4932 $m^3$，森林面积减少 242 $hm^2$，均为负增长。从 2003 年到 2013 年的 10 年间，森林蓄积量有了很大增长，平均每年增加 2.186$m^3$/ $hm^2$，表明鹞落坪自然保护区森林资源已经实现可持续发展。

### 7.3.4　环境质量状况

鹞落坪自然保护区所在地包家乡是一个典型的农林业乡镇，现有的乡村企业主要为个体加工、小水电、制茶、中药材及山野菜加工等无污染的工业，保护区内主要污染源为化肥、农药使用造成的面源污染。保护区管委会通过推广有机农业和控制农药、化肥使用量等措施，使其逐年下降，从保护区 1991~2000 年的农用化学品使用情况来看（表 7-13），氮肥（纯氮）由 1991 年的 24 t 下降到 2000 年的 18 t，施用面积由 400 $hm^2$ 下降到 260 $hm^2$；磷肥（折 $P_2O_5$）由 2.6 t 下降到 2.0 t，施用面积由 200 $hm^2$ 下降到 160 $hm^2$；钾肥（折 $K_2O$）由 4.0 t 增加到 5.0 t，施用面积仍维持在 50 $hm^2$；农药由 3.5 t 下降到 2.0 t，施用面积由 215 $hm^2$ 下降到 170 $hm^2$，农膜则由 3.0 t 增加到 7.0 t，使用面积由 40 $hm^2$ 增加到 110 $hm^2$。钾肥施用量的增加主要是用于经济植物的栽培，农膜使用量增加的主要原因则是推广地膜覆盖、提高粮食单产的结果，总的农用化学品施用量及施用面积 2000 年比 1991 年有明显的下降。

表 7-13　鹞落坪自然保护区历年农用化学品使用情况

| 年份 | 氮肥 | | | 磷肥 | | | 钾肥 | | | 农药 | | 农膜 | |
|---|---|---|---|---|---|---|---|---|---|---|---|---|---|
| | 施用面积/hm² | 总重量/t | 折纯氮/t | 施用面积/hm² | 总重量/t | 折P₂O₅/t | 施用面积/hm² | 总重量/t | 折K₂O/t | 施用面积/hm² | 总重量/t | 施用面积/hm² | 总重量/t |
| 1991 | 400.0 | 80 | 24.0 | 200.0 | 20 | 2.6 | 50 | 4 | 0.49 | 215.0 | 3.5 | 40.0 | 3.0 |
| 1992 | 410.0 | 81 | 24.3 | 210.0 | 18 | 2.3 | 60 | 6 | 0.66 | 220.0 | 3.5 | 45.0 | 3.0 |
| 1993 | 400.0 | 80 | 24.0 | 200.0 | 18 | 2.3 | 55 | 5 | 0.55 | 220.0 | 3.2 | 45.0 | 3.0 |
| 1994 | 390.0 | 78 | 23.4 | 190.0 | 17 | 2.2 | 55 | 5 | 0.55 | 215.0 | 3.2 | 40.0 | 3.5 |
| 1995 | 390.0 | 75 | 22.5 | 190.0 | 19 | 2.3 | 53 | 5 | 0.44 | 215.0 | 3.0 | 40.0 | 3.6 |
| 1996 | 360.0 | 70 | 21.0 | 190.0 | 18 | 2.3 | 50 | 5 | 0.44 | 200.0 | 3.0 | 46.0 | 4.5 |
| 1997 | 360.0 | 74 | 22.2 | 160.0 | 17 | 2.2 | 55 | 5 | 0.55 | 190.0 | 2.8 | 47.0 | 8.0 |
| 1998 | 350.0 | 70 | 21.0 | 160.0 | 16 | 2.1 | 50 | 5 | 0.55 | 180.0 | 2.5 | 500.0 | 9.0 |
| 1999 | 316.0 | 65 | 19.5 | 160.0 | 15 | 2.0 | 50 | 5 | 0.55 | 170.0 | 2.0 | 110.0 | 9.0 |
| 2000 | 260.0 | 60.0 | 18.0 | 160.0 | 15 | 2.0 | 50 | 5 | 0.55 | 170.0 | 2.0 | 110.0 | 7.0 |

　　根据监测结果,保护区内地表水水质优于水环境质量一级标准,未受到污染。土壤中铜、铅、锌、铬、镉、砷、汞 7 种元素含量水平与安徽土壤背景值相当,土壤未受到污染。由于大面积的天然次生林的调节净化作用,加之保护区及其周边地区无大型工矿企业污染,保护区空气环境质量达到国家一级标准。总体上,保护区内环境质量保持在非常良好的状态,尚未受到人为污染。

　　安徽省环境监测中心站利用 2006 年卫星影像解释结果等相关基础数据,依据生态环境质量评价体系,对鹞落坪自然保护区的生态环境按 5 个等级进行评价,并与鹞落坪自然保护区所在的省、市、县以及各项指标中全省最高的和最低的县市进行比较,结果显示:鹞落坪自然保护区生态环境质量指数(综合指数)为98.25,居首位,高于安徽省 2004 年的生态环境质量评价中该指数值最高的祁门县,也优于其所在的岳西县、安庆市及安徽省整体生态环境质量。在五项单项指标评价结果中:鹞落坪自然保护区的生物丰度指数相对达到 121.38,超过全省评价中该指数值最高的祁门县,也远高于其所在的安徽省、安庆市、岳西县;植被覆盖指数为 108.98,超过了安徽省植被覆盖指数最高的祁门县,同样也远高于其所在的安徽省、安庆市、岳西县;水网密度指数为 73.56,高于安徽省、安庆市和岳西县,与安庆市区相比有一定的差距,这是因为鹞落坪自然保护区位于水源源头,具有巨大的涵养水源的功能;土壤退化指数为 14.42,退化程度高于安徽省、安庆市以及安徽省评价中该指数值最低的利辛县,与其所在的岳西县相当,低于安徽省最高的铜陵市区;环境质量指数为 100,超过安徽省评价中该指数值最高的南陵县，也高于其所在的安徽省、安庆市和岳西县。总体上，鹞落坪自然保护区的生态环境质量十分优良，显示了其在区域乃至全国生态建设中的地位和作用。

# 7.4　生态容量（生态持续度）动态研究

自然保护区的可持续发展首先是自然生态系统的可持续发展。必须尽可能地减少人类活动对自然保护区主要自然生态系统的干扰，让自然生态系统按照自然生态规律，保持相对稳定并向良性方向演替。然而，对于有人类居住的自然保护区的可持续发展，还必须有该保护区内社区在划定范围内的可持续发展。只有做到社区的可持续发展并兼顾社区的利益，才能实现对自然生态系统的最少的干扰，才能将社区对自然生态系统的干扰转化成自然保护的动力。自然保护区内社区的可持续发展是建立在特定的生态容量基础上的，该生态容量是严格按照自然保护区管理规定允许人类活动范围之内的生态容量。生态容量是指一定历史时期、一定技术条件和一定利用方式下所能承载的人类活动的类型和强度，它是一种动态变化的量值。换言之，生态容量可作为生态持续度的度量指标。

依据生态足迹分析法，将生态容量归一化为可供的生物生产性土地的数量，以分析鹞落坪自然保护区生态容量的动态变化，寻求提供社区社会经济发展所需要的较大生态容量，提高社区发展的生态持续度，以保证该保护区的可持续发展。

## 7.4.1　生态容量（生态持续度）的概念模型

### 1. 关于生态承载力

按照生态足迹分析法的观点，生态容量即生态承载力，一个区域总的生态承载力 $EC$ 的计算方法见公式（3-44）。生态足迹分析法将生态承载力归一为各类生物生产性土地面积的总和，即一个区域总的生态承载力 $EC$ 等于各类土地（耕地、草地、林地、建筑用地、水域、化石能源用地）生态承载力 $EC_i$ 之和。

一个区域的生态持续度不仅与总的生态承载力 $EC$ 有关，而且更为重要的是与人均生态承载力 $ec$ 有关，即人均生态承载力 $ec$ 越大，生态持续度越高。根据公式（3-43），可得

$$ec = \frac{EC}{N} \tag{7-1}$$

即人均生态承载力 $ec$ 与区域总人口 $N$ 成反比，人口越多，人均生态承载力越小，生态持续度越低；人口越少，人均生态承载力越大，生态持续度越高。

根据公式（3-43）和公式（3-44）可知，人均生态承载力 $ec$ 等于各类土地人均生态承载力 $ec_i$ 之和，而 $i$ 类土地生态承载力 $ec_i$ 又与该类人均生物生产性土地

拥有量 $a_i$、产量因子 $y_i$ 成正比，与生物生产性土地类型（用等价因子 $r_i$ 表达）有关。

某类生物生产性面积的等价因子 $r_i$＝全球该类生物生产性面积的平均生产力／全球所有各类生物生产性面积的平均生物生产力，其中耕地、建筑用地的生物生产力最高，为 2.8；其次为森林、化石能源用地，为 1.1；再次为草地 0.5，水域（海洋）0.2。换句话说，在可利用土地总面积不变的情况下，不同的土地利用结构，其生态承载力即生态持续度是不同的。

产量因子 $y_i$ 即生产力因子，表示 $i$ 类土地的平均产量 $Y_i$ 与全球平均产量 $p_i$ 相比较的相对生产力水平，即

$$y_i = \sum_{j=1}^{n} w_{ij} y_{ij} \quad (i=1,2,\cdots,6;\ j=1,2,\cdots,n) \tag{7-2}$$

$$y_{ij} = Y_{ij} / p_{ij} \quad (i=1,2,\cdots,6;\ j=1,2,\cdots,n) \tag{7-3}$$

$y_i$ 值越大，表明该类土地的生产力水平越高，亦即生态持续度越高。生产力水平则取决于土地质量的好坏、对土地合理投入的多少以及生产方式（使用于生产的科学技术水平）的高低。土地的质量包括土地自身的质量，以及周边自然条件和环境状况，土地自身质量与周边环境状况可以通过合理的投入（包括科技投入）加以改善，某些局部自然条件也可以通过合理投入得以适当改善。

实际上，在土地供应总量固定的情况下，良好的土地利用结构与较高的综合生产力水平共同作用，才能提高生态容量（生态承载力）。即在调整土地利用结构时，一定要考虑各类土地的适用性，以获得较高的生态承载力。

## 2. 关于生态盈亏

生态盈亏 $PL$（ecological profit or loss）的表达式是

$$PL = EC - EF \tag{7-4}$$

人均生态盈亏则是

$$pl = ec - ef \tag{7-5}$$

若要保证生态系统的可持续性，则应始终使 $PL \geqslant 0$（或 $pl \geqslant 0$），可以扩大生态承载力 $EC$，或者减少生态足迹 $EF$。一般而言，随着社会经济的发展，生态承载力和生态足迹都在增加，但应当使生态承载力的增幅略大于（至少不小于）生态足迹。

扩大生态承载力的主要途径前面已作说明。减少生态足迹的办法主要有两种：一是压缩消费和减少生产，但这对于发展中的社区是不可取的；二是改变消费结构与生产结构，提高生产效率，以减少生态足迹，这对发展中的贫困社区是最值得推崇的。

### 3. 关于贸易手段和土地的经济产出水平

区域内对某类产品的消费既可以自行生产，也可以通过贸易手段获取，同时区域内某类富余的产品可以通过贸易换回需要的其他类型产品用于消费。即

$$C_i = P_i + I_i - E_i \quad (i=1,2,\cdots,6) \tag{7-6}$$

将该式变换为

$$P_i = C_i - I_i + E_i \quad (i=1,2,\cdots,6) \tag{7-7}$$

式中，$P_i$、$C_i$、$I_i$、$E_i$分别为$i$类产品的生产量、消费量、输入（进口）量、输出（出口）量，在消费量和输出量不变的情况下，要减少生产量的办法是增加输入量。就是说通过贸易手段可以减少某类产品的生产量，从而减少土地占用，达到相对增加生态容量、提高生态持续度的目的。

然而购买产品是需要资金的，在生物生产性土地不增加的情况下，要获取更多的资金，只有提高用于输出产品或者整个区域的单位生物生产性土地的经济产出水平。

### 4. 生态容量总的概念模型

综上所述，生态容量总的概念模型是

$$EC = F(A,S,Y,M,P,C,IE,EO,\cdots) \tag{7-8}$$

即生态容量是生物生产性土地$A$、土地利用结构$S$、土地生产力$Y$、生产方式$M$、人口$P$、消费$C$、贸易（输入输出）$IE$、经济产出水平$EO$等要素的函数。其中生物生产性土地数量的多少与质量的优劣、土地利用结构的好坏、土地生产力水平的高低、生产模式的优劣、消费方式（结构）的优劣、产品输入的多少、经济产出水平的高低等对区域生态容量具有正向影响；而人口的数量多少、消费水平的高低、输出的多少等对区域生态容量具反向影响。

### 7.4.2　以2000年为基准年的若干单个发展模式改变条件下的生态容量预测

根据以上生态容量概念模型来预测不同的发展模式可能对鹞落坪自然保护区生态容量的影响，以选择较好的发展模式，提高可供社区发展的生态容量，保证社区发展的生态可持续性。

以2000年可供利用土地的实际生态承载力（表7-14）为依据进行预测。其中，林地中仅有935 hm² 人工林和宜林荒地按自然保护区管理条例为可利用部分；其余5302 hm² 为次生林，属须保护对象并将逐步施以严格的保护，即属不可利用部分。

**表 7-14　2000 年鹞落坪自然保护区土地利用结构与生态容量**

| 类型 | 生产面积 /hm² | 均衡因子 | 产量因子 | 承载力 /hm² | 人均承载力 /（hm²/人） |
|------|------|------|------|------|------|
| 耕地 | 770* | 2.8 | 2.8341 | 6110.3196 | 1.0342 |
| 草地 | 693.33 | 0.5 | 1 | 346.665 | 0.0587 |
| 林地 | 6237 | 1.1 | 1.1760 | 8068.1832 | 1.3656 |
| 建筑用地 | 129.91 | 2.8 | 0.9598 | 349.1253 | 0.0591 |
| 水域 | 212 | 0.2 | 0.2 | 8.48 | 0.0014 |
| 合计 | — | — | — | 14 882.7731 | 2.5190 |

*不含缓冲区的耕地利用。

**1. 调整土地利用结构（产业结构）**

1）将实验区的 5302 hm² 次生林加以严格的保护，不准用于采伐和种植

按现有的生产力水平，林地的生态容量将下降85%，总的生态容量将下降47%（表 7-15）。然而，产业结构的调整不应使生态容量大幅度下降。因此，按照自然保护区管理条例的规定对实验区次生林的严格保护及利用方式的调整，需要逐步进行，并要与其他增加容量的措施同步展开，以保证生态容量的相对稳定或不发生大幅度下降，有利于该保护区的可持续发展。

**表 7-15　鹞落坪自然保护区林地调整后的生态容量变化**

| 类型 | 生产面积/hm² | 均衡因子 | 产量因子 | 承载力/hm² |
|------|------|------|------|------|
| 耕地 | 770 | 2.8 | 2.8341 | 6110.3196 |
| 草地 | 693.33 | 0.5 | 1 | 346.665 |
| 林地 | 935 | 1.1 | 1.0399 | 1065.5372 |
| 建筑用地 | 129.91 | 2.8 | 0.9598 | 349.1253 |
| 水域 | 212 | 0.2 | 0.2 | 8.48 |
| 合计 | — | — | — | 7880.1271 |
| 变化 | — | — | — | −7002.646 |

2）适当发展旅游业

在自然保护区开展旅游活动，对土地的利用应当局限于实验区用于生产生活的土地，并且主要应为自然生态游和田园风光（农家乐）生态游，不宜建设大规模的旅游设施。依此原则，仍然需要占用一小部分土地修建道路、进区的停车场、小型旅游设施。假定发展旅游产业需要分别将 5%的草地（35 hm²）和 5%人工林

地（46 hm²）调整为建筑用地。假定在林地调整的前提下再发展旅游业，并且为了适当控制旅游客流，加之新建旅游设施短时间也难以达到高产，因此假定新增建筑用地（用于旅游业）产量因子为 0.5，按此调整，生态容量的变化见表 7-16，其生态容量将增加 0.6%（约 47 hm²）。若产量因子达到 1（即旅游效益提高 1 倍），其生态容量则增加达 2.0%（约 160 hm²）。

表 7-16　鹞落坪自然保护区发展旅游业后的生态容量变化

| 类型 | 生产面积 /hm² | 均衡因子 | 产量因子 | 承载力 /hm² |
|---|---|---|---|---|
| 耕地 | 770 | 2.8 | 2.8341 | 6110.3196 |
| 草地 | 658.33 | 0.5 | 1 | 329.165 |
| 林地 | 889 | 1.1 | 1.0399 | 1016.9182 |
| 建筑用地 | 129.91 | 2.8 | 0.9598 | 349.1253 |
| 增加的建筑用地 | 81 | 2.8 | 0.5 | 113.4 |
| 水域 | 212 | 0.2 | 0.2 | 8.48 |
| 合计 | — | — | — | 7927.4081 |
| 变化 | | | | +47.281 |

发展旅游业，不仅使生态容量增加，更重要的是单位生态容量的经济产出率将有大幅度提高，通过贸易手段将可能减少大量的区内生态足迹换回更多的净生态容量（生态盈余）。根据表 7-16 的计算，单位林地生态足迹的经济产出率大约为 9329 元/hm²，而林地转为建筑用地，其生态土地将扩大 2.55（2.8/1.1）倍，则单位旅游用地生态足迹的经济产出率只需达到 3670 元/hm²（9323/2.54）以上，总收入达 29.94 万元（3697×81）以上，即可达到经济收入的平衡点。而通常情况下旅游收入应当远远高于此平衡点，因此将一部分林地和草地调整用于旅游业将可大大提高单位生态足迹的经济产出率。同样，调整一部分大农业用地用于发展一些无污染的工业和商业，也能达到提高单位生态足迹经济产出率的效果。

2. 调整生产结构与提高经济产出率

通常情况下调整生产结构的同时也提高了经济产出率。由此对农业和林业的各项生产做经济产出率分析，并提出调整生产结构的方向。

1）耕地单位种植面积和生态足迹的经济产出率

鹞落坪自然保护区耕地单位种植面积和单位生态足迹的总产值产出率见表 7-17，从表中可以看出，蔬菜的经济产出率最高，其次是药材，其他、粮食则较低。如果考虑复种指数，在鹞落坪自然保护区，蔬菜一年至少可种二茬，药材和其他都可能用于倒茬，而主要粮食品种一年只能种一茬，因此单位耕地面积的蔬菜、药材的经济产出率可能会更高。如果从单位生态足迹的经济产出率来看，仍然是蔬菜最高，粮食次之，药材、其他则较低。

表 7-17　鹞落坪自然保护区耕地单位种植面积和生态足迹的经济产出率

| 类型 | 种植面积 /hm² | 总产值 /元 | 产出率 /（元/ hm²） | 生态足迹 /hm² | 产出率 /（元/ hm²） |
|------|------|------|------|------|------|
| 粮食 | 315 | 1 417 000 | 4498.4 | 536 | 2643.6 |
| 蔬菜 | 250 | 4 500 000 | 18 000.0 | 625 | 7200 |
| 其他 | 60 | 144 000 | 2400.0 | 203 | 709.4 |
| 药材 | 210 | 1 102 500 | 5250.0 | 1022 | 1078.7 |
| 合计/平均 | 835 | 7 163 500 | 8579.0 | 2386 | 3002.3 |

如果将其他种植的一半面积改为种植蔬菜，将一部分产量较低的粮田（如 45 hm²）也改为种植蔬菜（假定一年种二茬）。生产力水平按实际状况计算，则种植结构与经济产出率的变化如表 7-18 所示，种植业总产值将增加 26.3%，单位种植面积的经济产出率将提高 19.9%，单位生态足迹的经济产出率将提高 20.2%。表中种植面积增加源于蔬菜的复种指数大，相应地生态足迹和生态承载力均略有增加（相当于耕地生态承载力的 5.1%）。

表 7-18　鹞落坪自然保护区种植业调整后经济产出率变化

| 类型 | 种植面积 /hm² | 总产值 /元 | 产出率 /（元/ hm²） | 生态足迹 /hm² | 产出率 /（元/ hm²） |
|------|------|------|------|------|------|
| 粮食 | 270 | 1 214 571 | 4498.4 | 459.4 | 2643.6 |
| 蔬菜 | 370 | 6 660 000 | 18 000.0 | 925 | 7200 |
| 其他 | 30 | 72 000 | 2400.0 | 101.5 | 709.4 |
| 药材 | 210 | 1 102 500 | 5250.0 | 1022 | 1078.7 |
| 合计/平均 | 880 | 9 049 071 | 10 283.0 | 2507.9 | 3608.2 |
| 变化 | +45 | +18 85 571 | +1704.0 | +121.9 | +605.9 |

2）林地单位生态足迹的经济产出率

鹞落坪自然保护区林地单位面积生态足迹的总产值产出率见表 7-19，其中茶叶的产出率最高，其次是三桠，而其他、商品材则较低。提示茶叶和三桠是值得推荐的生产项目，但是要注意防止水土流失，而商品材则是应尽快淘汰的项目。

**表 7-19　鹞落坪自然保护区林地单位生态足迹的经济产出率**

| 类型 | 生态足迹/hm² | 总产值/元 | 产出率/（元/ hm²） |
|------|------------|----------|------------------|
| 茶叶 | 173 | 3 120 000 | 18 034.68 |
| 三桠 | 150 | 900 000 | 6000.0 |
| 其他 | 236.56 | 332 128 | 1403.99 |
| 商品材 | 208.33 | 274 500 | 1317.62 |
| 合计/平均 | 767.89 | 4 626 628 | 26 756.29 |

注：本表生态足迹按本地产量计算。

其他项目包括香菇、茯苓、天麻、木耳等生产，本身直接占用的林地并不多，但是由于其生产需要大量木材供作营养源，这一部分生态足迹较大，若能另用可持续利用的材料（如秸秆）代替，则该生产项目的林地生态足迹将会大幅度下降，相应地产出率将会大幅度提高。假如按原来的生产规模完全不使用木材的情况下，该生产项目单位面积林地生态足迹的产出率将由 1404 元/ hm² 提高到 13 839 元/ hm²，其产出率界于茶叶与三桠之间，则可成为生态足迹较小但经济效益较高的推荐生产项目。在其他生产项目中，各个品种单位面积林地生态足迹的经济产出率也是有差别的，其中天麻最高，茯苓最低（表 7-20）。天麻的市场趋势看涨，而香菇生产最有可能用秸秆取代木材，主要改种这两个品种将可能大幅度提高单位生态足迹的经济产出率。从而说明，天麻和香菇在其他种植项目中最值得推荐。

**表 7-20　鹞落坪自然保护区林副产品种植单位生态足迹的经济产出率**

| 类型 | 生态足迹/hm² | 总产值/元 | 产出率/（元/ hm²） |
|------|------------|----------|------------------|
| 香菇 | 5.71 | 7728 | 1353.42 |
| 茯苓 | 130.37 | 78 000 | 598.30 |
| 天麻 | 84.73 | 221 760 | 2617.25 |
| 木耳 | 15.75 | 24 640 | 1564.44 |
| 合计/平均 | 236.56 | 332 128 | 1403.99 |

注：本表生态足迹按本地产量计算。

### 3. 调整消费结构

少用或不用木柴作燃料，充分利用太阳能、生物能，补充一部分水电和液化气在燃料能源消费结构中。如果不用木柴，假定使用太阳能、生物能各占 30%，水电能和液化石油气能各占 20%，并且能源总消费量略有增加，仅能源消费这一项就可节约生态容量 2981 hm²，占原来生态足迹的 20.0%（表 7-21）。而且液化石油气消耗的是区外资源，仅占用用于吸收 $CO_2$ 的区内林地资源，基本上不影响林地的主要生态功能，这一部分生态足迹不在区内生态容量范围之内。太阳能和生物能利用所占用的少量建筑用地可在住宅用地中调节。因此，按此燃料消费结构调整方案节约的生态容量约为 3081 hm²。

表 7-21　鹞落坪自然保护区能源消费结构调整前后生态足迹的变化

| 结构调整 | 指标 | 薪材 | 液化石油气 | 太阳能 | 生物能 | 水电 | 合计 |
|---|---|---|---|---|---|---|---|
| 调整前 | 消费量/GJ | 40 599 | 819 | 0 | 0 | 0 | 41 418 |
| | 生态足迹/hm² | 3079 | 12 | 0 | 0 | 0 | 3091 |
| 调整后 | 消费量/GJ | 0 | 10 000 | 15 000 | 15 000 | 10 000 | 50 000 |
| | 生态足迹/hm² | 0 | 100 | — | — | 10 | 110 |

#### 4. 提高生产力水平

利用新技术提高蔬菜、药材、茶叶以及人工林的产量。假定蔬菜的单产提高 30%，药材的单产提高 15%，根据表 6-22 推算并比较，则耕地的生产力水平将比 2000 年提高 14.4%（表 7-22）。假定茶叶的单产提高 15%，人工林的单产提高 10%，根据表 6-24 推算并比较，按照调整后的林地计算，则林地的生产力水平将下降 3.9%（表 7-23）。据此按照表 6-11 推算并比较，整个生态容量将提高 12.4%（表 7-24）。

表 7-22　鹞落坪自然保护区耕地产量调整因子变化计算

| 分类 | 产量调整因子 | 生产面积/hm² | 调整后生产面积/hm² |
|---|---|---|---|
| 粮食 | 1.6399 | 315 | 516.5685 |
| 蔬菜 | 3.25 | 250 | 812.5 |
| 其他 | 3.3772 | 60 | 202.632 |
| 药材 | 5.5980 | 210 | 1175.5978 |
| 合计/平均 | 3.2423 | 835 | 2707.2983 |
| 比 2000 年提高 | 14.4% | — | — |

表 7-23　鹞落坪自然保护区林地产量调整因子变化计算

| 分类 | 产量调整因子 | 生产面积/hm² | 调整后生产面积/hm² |
|---|---|---|---|
| 木材 | 1.32 | 592 | 781.44 |
| 茶叶 | 0.6108 | 173 | 105.6623 |
| 三桠 | 1 | 150 | 150 |

| 分类 | 产量调整因子 | 生产面积/hm² | 调整后生产面积/hm² |
| --- | --- | --- | --- |
| 其他 | 1 | 20 | 20 |
| 合计/平均 | 1.1306 | 935 | 1057.1023 |
| 比 2000 年提高 | −3.9% | | |

表 7-24　鹪落坪自然保护区部分土地生产力水平提高后生态容量的变化

| 类型 | 生产面积/hm² | 均衡因子 | 产量因子 | 承载力/hm² |
| --- | --- | --- | --- | --- |
| 耕地 | 770 | 2.8 | 3.2423 | 6990.3988 |
| 草地 | 693.33 | 0.5 | 1 | 346.665 |
| 林地 | 935 | 1.1 | 1.1306 | 1162.8221 |
| 建筑用地 | 129.91 | 2.8 | 0.9598 | 349.1253 |
| 水域 | 212 | 0.2 | 0.2 | 8.48 |
| 合计 | — | — | — | 8857.4912 |
| 比 2000 年提高 | — | — | — | 12.4% |

### 7.4.3　以 2011 年为基准年的若干单个发展模式改变条件下的生态容量预测

根据生态容量概念模型，以 2012 年可供利用土地的实际生态承载力为依据来预测不同的发展模式可能对鹪落坪自然保护区生态容量的影响。其中，林地中仅有 725.3 hm² 人工林和宜林荒地按自然保护区管理条例为可利用部分；其余 4372.3hm² 为次生林，属须保护对象并将逐步施以严格的保护，即属不可利用部分。

1. 调整土地利用结构（产业结构）

1）将实验区的 4372 hm² 次生林加以严格的保护，不准用于采伐和种植

按现有的生产力水平，林地的生态容量将下降84%，总的生态容量将下降52%（表 7-25）。然而，产业结构的调整不应使生态容量大幅度下降。因此，按照自然保护区管理条例的规定对实验区次生林的严格保护及利用方式的调整，应逐步进行，并与其他增加容量的措施同步展开，以保证生态容量的相对稳定或不发生大幅度下降。

2）适当发展旅游业

假定发展旅游产业需要分别将 5% 的草地（35 hm²）和 5% 人工林地（46 hm²）调整为建筑用地。假定在林地调整的前提下再发展旅游业，并且为了适当控制旅游客流，加之新建旅游设施短时间内也难以达到高产，因此假定新增建筑用地（用

于旅游业）产量因子为 0.5，按此调整，生态容量的变化见表 7-26，其生态容量将增加 0.6%（约 30 hm²）。若产量因子达到 1（即旅游效益提高 1 倍），其生态容量则增加达 2.0%（约 95 hm²）。

表 7-25　2012 年鹞落坪自然保护区林地调整后的生态容量变化

| 类型 | 生产面积/hm² | 均衡因子 | 产量因子 | 承载力/hm² | 人均承载力/（hm²/人） |
|---|---|---|---|---|---|
| 耕地 | 691 | 2.8 | 1.6302 | 3154.111 | 0.5694 |
| 草地 | 587.7577 | 0.5 | 1 | 293.8789 | 0.0531 |
| 林地 | 725.3 | 1.1 | 1.1845 | 945.03 | 0.17 |
| 建筑用地 | 134.91 | 2.8 | 0.9613 | 363.1292 | 0.066 |
| 水域 | 212 | 0.2 | 0.2 | 8.48 | 0.0015 |
| 合计 | — | — | — | 4764.63 | 0.86 |
| 变化 | — | — | — | −5093.12 | −0.92 |

表 7-26　鹞落坪自然保护区发展旅游业后的生态容量变化

| 类型 | 生产面积/hm² | 均衡因子 | 产量因子 | 承载力/hm² |
|---|---|---|---|---|
| 耕地 | 691 | 2.8 | 1.6302 | 3154.111 |
| 草地 | 558.78 | 0.5 | 1 | 279.38 |
| 林地 | 689.3 | 1.1 | 1.1845 | 898.128 |
| 建筑用地 | 134.91 | 2.8 | 0.9613 | 363.1292 |
| 增加的建筑用地 | 65 | 2.8 | 0.5 | 91 |
| 水域 | 212 | 0.2 | 0.2 | 8.48 |
| 合计 | — | — | — | 4794.22 |
| 与林地调整后的结果比较 | — | — | — | +29.59 |

单位旅游用地生态足迹的经济产出率只需达到单位林地生态足迹的经济产出率即可达到经济收入的平衡点，而通常情况下旅游收入应当远远高于此平衡点，因此将一部分林地和草地调整用于旅游业将可大大提高单位生态足迹的经济产出率。

2. 调整消费结构

在燃料能源消费结构中，如果不用木柴，假定使用太阳能、生物能各占 30%、水电能和液化石油气能各占 20%，并且能源总消费量略有增加，仅能源消费这一项就可节约生态容量 2638 hm²（表 7-27）。因此，按此燃料消费结构调整方案节约的生态容量约为 2638 hm²。

**表 7-27　鹞落坪自然保护区能源消费结构调整前后生态足迹的变化**

| 结构调整 | 指标 | 薪材 | 液化石油气 | 太阳能 | 生物能 | 水电 | 合计 |
|---|---|---|---|---|---|---|---|
| 调整前 | 消费量/GJ | 40 599 | 1010 | 0 | 0 | 0 | 41 609 |
|  | 生态足迹/hm² | 2734 | 14.22 | 0 | 0 | 0 | 2748 |
| 调整后 | 消费量/GJ | 0 | 10 000 | 15 000 | 15 000 | 10 000 | 50 000 |
|  | 生态足迹/hm² | 0 | 100 | — | — | 10 | 110 |

## 7.4.4　设定情景下的生态容量预测

参考区域社会经济发展目标设定，在 2000 年的基础上，鹞落坪自然保护区及其社区按照可持续发展的原则实施发展，到 2012 年社会经济发展发生了如下的变化，据此来预测生态容量的动态变化。

### 1. 实验区更严格的保护

实验区进一步划分为科学实验区、生产示范区和居民生活区，对保护区森林生态系统实施严格的保护。不仅是核心区和缓冲区的天然次生林，也包括实验区的天然次生林都受到严格的保护，科学实验区内每年的木材择伐量控制在 100 m³之内。森林生长量每年提高 1%，林分的平均蓄积量有大幅度提高。在经过 10 年实施严格保护的情景下，全区天然次生林林分平均蓄积量将可能提高 77%（表 7-28，图 7-4）。

**表 7-28　设定严格保护情景下 2000~2010 年鹞落坪自然保护区森林生长量和蓄积量的变化**

| 区域 | 年生长量/（m³/hm²） | | 平均蓄积量/（m³/hm²） | | |
|---|---|---|---|---|---|
|  | 2010 年 | 2000 年 | 2010 年 | 2000 年 | 年均蓄积量增长/% |
| 核心区 | 2.57 | 2.33 | 92.22 | 67.72 | 36 |
| 缓冲区 | 2.45 | 2.22 | 50.35 | 27 | 86 |
| 实验区 | 2.38 | 2.16 | 40.7 | 18 | 126 |
| 全区平均 | 2.43 | 2.21 | 53.25 | 29.99 | 77 |

### 2. 大幅度调整社区的土地利用结构

原居住在缓冲区内的居民一部分迁至实验区，一部分就地转业为护林工，分布在缓冲区内的 41 hm² 耕地全部转变成林地，5 hm² 居住用地保留 3 hm²（其中一部分用于保护设施建设），其余 2 hm² 转变成林地；迁入实验区的居民居住用地由 2 hm²

耕地调整补充，这样耕地总面积将减少 43 hm²。实验区的天然次生林全部采取严格的保护后，可用于生产的林地将减少 5302 hm²（但可用作化石能源用地消纳 $CO_2$）；另外实验区将有 5%的人工林和草地调整用于旅游业，变成建筑用地，这样可用于生产的林地又将减少 46 hm²，草地将减少 35 hm²，建筑用地将增加 81 hm²。水电厂扩容 1 倍，将增加水电厂建筑用地 25.38 hm²，这一部分基本利用河滩地等未利用土地。设定情景下土地利用结构调整情况见表 7-29。

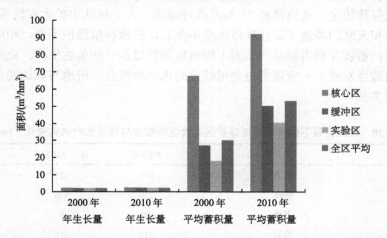

图 7-4　设定严格保护情景下 2000~2010 年鹞落坪自然保护区森林生长量和蓄积量的变化

表 7-29　设定情景下鹞落坪自然保护区实验区土地利用结构变化（hm²）

| 土地利用类型 | 2000 年 | 设定 2010 年 | 变化 |
|---|---|---|---|
| 耕地 | 525 | 482 | −43 |
| 草地 | 693.33 | 658.33 | −35 |
| 林地 | 6237 | 889 | −5348 |
| 建筑用地* | 129.91 | 155.29 | +25.38 |
| 旅游用地（另增建筑用地） | 0 | 81 | +81 |
| 水域 | 212 | 212 | 0 |
| 化石能源用地（核心区+缓冲区）** | 4840 | 4883 | +43 |
| 化石能源用地（实验区）*** | 0 | 5302 | +5302 |
| 合计 | 12 637.24 | 12 662.62 | +25.38 |

注：以下三部分皆计入生态容量。
*建筑用地中：2000 年一部分水电厂建设用地、极小部分居住用地和公共建筑用地在缓冲区内。
**原先化石能源用地仅计核心区和缓冲区内的。
***此为新增化石能源用地。

### 3.产业结构较大幅度调整

国内生产总值（GDP）结构，第一产业比重由 56.0%下降到 30%，第二产业比重（主要为农副产品和旅游纪念品加工）由 10.3%上升到 22%，第三产业比重（主要是旅游业和商业服务业）由 33.7%上升到 48%。种植业、林业、畜牧业结构都相应做了调整。其中，种植业适当调减粮食种植面积，增加蔬菜种植面积，药材种植保持稳定，其他种植 55 hm² 改种蔬菜；人工林地中扩大有机茶叶种植，扩大香菇和天麻的种植（其他种植总量不变），三桠种植面积不变，相应减少用材林面积；畜牧业利用蔬菜产品的下脚料做饲料增加一些兔的生产。此外，利用部分水面适当发展了一些观赏与食用结合的水产养殖业。耕地与林地的生产结构调整见表 7-30。

**表 7-30　设定情景下鹞落坪自然保护区实验区种植业与林业生产结构变化（hm²）**

| 类型 | 项目 | 2000 年 | 设定 2010 年 | 变化 |
|---|---|---|---|---|
| 种植业 | 粮食 | 315 | 227 | −88 |
| | 蔬菜* | 250 | 440 | +190 |
| | 其他 | 60 | 5 | −55 |
| | 药材 | 210 | 210 | 0 |
| | 小计 | 835 | 882 | +47 |
| 林业 | 木材 | 5894 | 499 | −5395 |
| | 茶叶 | 173 | 220 | +47 |
| | 三桠 | 150 | 150 | 0 |
| | 其他（以香菇、天麻为主） | 20 | 20 | 0 |
| | 小计 | 6237 | 889 | −5348 |

*粮田改种蔬菜（45 hm²）一年按三茬计，其他种植改蔬菜（30 hm²）一年按一茬计。

### 4. 生产力水平较大幅度提高

由于使用新技术，生产力水平有较大幅度提高。旅游业的产量因子将达到 0.8；粮食单产将提高 10%，蔬菜单产将提高 30%，药材单产将提高 15%；茶叶单产将提高 15%，人工林木材、三桠和其他单产都将提高 10%；羊的单产将提高 10%，兔的单产将提高 30%，牛不再输出，基本不用草地，羊、兔生产用草地面积按原来比例调整；水电实际产量将提高到可能产量的 85%。

## 5. 能源消费大幅度提高

在能源消费中,汽油等油料消费总量由原来的4044.87 GJ大幅度提高到8500 GJ;电能消费(含动力、照明、办公)由26 465 GJ上升到40 000 GJ,主要用水电;燃料消费总量略有增加,总消费量由41 418 GJ增加到50 000 GJ,但基本上不用木柴,由太阳能、生物能各占30%、水电和液化石油气各占20%取代。

## 6. 人口保持动态平衡

人口数量维持2000年末水平,仍然为5908人。

根据上述设定的情景,2012年鹞落自然保护区的生态容量(可供承载的生物生产性土地面积)见表7-31。产量因子计算,见表7-32~表7-36,水域产量调整因子同2000年。

表 7-31    鹞落坪自然保护区设定情景下的可承载土地面积

| 可承载土地类型 | 面积/hm$^2$ |
| --- | --- |
| 耕地* | 882 |
| 草地 | 658.33 |
| 林地 | 889 |
| 建筑用地 | 236.29 |
| 水域 | 212 |
| 化石能源用地(核心区+缓冲区)** | 4883 |
| 化石能源用地(实验区)** | 5302 |
| 合计 | 13 062.62 |

*耕地按种植面积计。

**化石能源用地主要用于吸纳 $CO_2$。

表 7-32    鹞落坪自然保护区设定情景下的耕地产量因子计算

| 分类 | 单位面积产量 / (kg/hm$^2$) | 全球平均产量 / (kg/hm$^2$) | 产量调整因子 | 生产面积 /hm$^2$ | 调整后生产面积/hm$^2$ |
| --- | --- | --- | --- | --- | --- |
| 粮食 | 4950 | 2744 | 1.8039 | 227 | 409.4853 |
| 蔬菜 | 58 500 | 18 000 | 3.25 | 440 | 1430 |
| 其他 | 3000 | 888.3 | 3.3772 | 5 | 16.886 |
| 药材 | 1208 | 215.7 | 5.5981 | 210 | 1175.601 |
| 合计/平均 | — | — | 3.4376 | 882 | 3031.9723 |
| 比2000年提高 | — | — | 21.3% | — | — |

表 7-33　鹞落坪自然保护区设定情景下的草地产量调整因子计算

| 分类 | 产量调整因子 | 生产面积/hm² | 调整后生产面积/hm² |
|---|---|---|---|
| 羊肉 | 1.3 | 458.45 | 595.985 |
| 兔肉 | 1.1 | 199.88 | 219.868 |
| 合计/平均 | 1.2393 | 658.33 | 815.853 |
| 比 2000 年提高 | 23.9% | — | — |

表 7-34　鹞落坪自然保护区设定情景下的林地产量调整因子计算

| 分类 | 单位面积产量 | 全球平均产量 | 产量调整因子 | 生产面积/hm² | 调整后生产面积/hm² |
|---|---|---|---|---|---|
| 木材* | 2.38 m³/hm² | 1.8 m³/hm² | 1.3222 | 42 | 55.5333 |
| 木材 | 2.38 m³/hm² | 1.8 m³/hm² | 1.32 | 499 | 658.68 |
| 茶叶 | 258.75 kg/hm² | 423.64 kg/hm² | 0.6108 | 220 | 134.3694 |
| 三桠 | 8250 kg/hm² | 7500 kg/hm² | 1.1 | 150 | 165 |
| 其他 | — | — | 1.1 | 20 | 22 |
| 合计/平均 | — | — | 1.1132 | 931 | 1035.5827 |
| 比 2000 年下降 | — | — | 5.3% | — | — |

*为科学实验区天然林每年可择伐提供的木材。

表 7-35　鹞落坪自然保护区设定情景下的化石能源用地产量调整因子计算

| 区域 | 单位面积产量/（m³/hm²） | 全球平均产量/（m³/hm²） | 产量调整因子 | 生产面积/hm² | 调整后生产面积/hm² |
|---|---|---|---|---|---|
| 缓冲区 | 2.45 | 1.8 | 1.3611 | 2750 | 3743.0555 |
| 核心区 | 2.57 | 1.8 | 1.4278 | 2133 | 3045.45 |
| 实验区* | 2.38 | 1.8 | 1.3222 | 5260 | 6954.772 |
| 合计/平均 | — | — | 1.3550 | 10 143 | 13 743.2775 |

*科学实验区天然次生林每年提供 100 m³ 木材，扣除 42 hm² 生产面积。

表 7-36　鹞落坪自然保护区设定情景下的建筑用地产量调整因子计算

| 分类 | 产量调整因子 | 生产面积/hm² | 调整后生产面积/hm² |
|---|---|---|---|
| 水电厂占地 | 0.85 | 25.38×2 | 43.146 |
| 居住用地 | 1 | 65 | 65 |

续表

| 分类 | 产量调整因子 | 生产面积/hm² | 调整后生产面积/hm² |
|---|---|---|---|
| 道路占地 | 1 | 44.53 | 44.53 |
| 旅游占地 | 0.8 | 81 | 64.8 |
| 合计/平均 | 0.9014 | 241.29 | 217.476 |

1）生态承载力（生态容量）计算

在设定情景下，到 2010 年鹞落坪自然保护区全区总的生态容量比 2000 年提高了 19.3%，不过其中可直接用于社区发展的（不含化石能源用地部分）生态容量下降了 28.5%（表 7-37、表 7-38），唯一原因是林地的利用做了大幅度调整，

表 7-37　鹞落坪自然保护区 2010 年（设定情景）的全区生态承载力

| 类型 | 生产面积/hm² | 均衡因子 | 产量因子 | 承载力/hm² | 人均承载力/（hm²/人） |
|---|---|---|---|---|---|
| 耕地 | 882 | 2.8 | 3.4376 | 8489.4970 | 1.4369 |
| 草地 | 658.33 | 0.5 | 1.2393 | 407.9342 | 0.0690 |
| 林地 | 931 | 1.1 | 1.1132 | 1140.0281 | 0.1930 |
| 建筑用地 | 236.29 | 2.8 | 0.9014 | 596.3771 | 0.1009 |
| 水域 | 212 | 0.2 | 0.2 | 8.48 | 0.0014 |
| 化石能源用地 | 10 143 | 1.1 | 1.3550 | 15 118.1415 | 2.5589 |
| 合计 | — | | | 25 760.4579 | 4.3601 |

表 7-38　鹞落坪自然保护区 2000~2010 年（设定情景）全区生态承载力变化

| 类型 | 2010 年（设定情景下） | | 2000 年 | | 承载力增减 | |
|---|---|---|---|---|---|---|
| | 生产面积/hm² | 承载力/hm² | 生产面积/hm² | 承载力/hm² | /hm² | /% |
| 耕地 | 882 | 8489.4970 | 770* | 6110.3196 | +2379.1774 | +38.9 |
| 草地 | 658.33 | 407.9342 | 693.33* | 346.665 | +61.2692 | +17.7 |
| 林地 | 931 | 1140.0281 | 6237 | 8068.1832 | −6926.5165 | −85.8 |
| 建筑用地 | 236.29 | 596.3771 | 129.91 | 349.1253 | +247.2518 | +70.8 |
| 水域 | 212 | 8.48 | 212 | 8.48 | 0 | 0 |
| 小计 | 2919.62 | 10 642.3164 | 8042.24 | 14 882.7731 | −4240.4567 | −28.5 |
| 化石能源用地 | 10 143 | 15 118.1415 | 4840 | 6706.6428 | +8411.4987 | +125.4 |
| 合计 | 13 062.62 | 25 760.4579 | 12 882.24 | 21 589.4159 | +4171.042 | +96.9 |

*2000 年耕地、草地的生产面积和生态承载力均按实验区内可利用部分计算，不包括缓冲区内已利用的部分。

实验区的天然次生林也实施了严格的保护。林地的生态容量占原有可利用生态容量的 54.2%，林地的大幅度调整对生态容量的影响势必较大，其他土地类型的生态容量增加还不足以弥补林地生态容量下降所造成的影响。

按设定的情景，2010 年可直接用于社区发展的生态容量为 10 642 hm²，略低于 2000 年区内实际的生产型生态足迹 12 068 hm² 的水平，但是这并不影响社区的发展，原因有 2 点：一是社区经济结构发生了变化，生态足迹水平在下降；二是按照设定的情景，社区的经济产出水平将大大提高（下面将做分析），可以通过贸易方式换回大量的产品，足以减少在区内的生态足迹，区内的生态容量将可能得以充分的外延。鹞落坪自然保护区的化石能源用地占整个生态容量的 58.7%，是社区可直接利用生态容量的 1.4 倍，这一部分生态容量的绝大部分可认为是对周边区域乃至世界的贡献。由于该区对区域生态容量做出了较大的贡献，用贸易手段换回一部分生态容量应当被认为是合理的公平的，此外还应当通过其他方式对该保护区的贡献予以适当的生态补偿。

2）社区的经济产出水平分析

假定物价水平不变的情况下，对大农业而言，经济产出水平与生产力水平、生产面积成正比，即与调整后生产面积成正比。据此，可以大致分析该区农民在第一产业（农业）中的纯收入变化，估算结果见表 7-39，在设定的情景下，农业纯收入大约提高了 44.9%，10 年平均年增长率为 3.8%。

现假定农业的纯收入与农业所提供的国内生产总值大致呈同比例增长，即国内生产总值的农业部分也增长了 44.9%，则可进一步估算整个国内生产总值的变化，估算结果见表 7-40，即鹞落坪自然保护区社区的国内生产总值将增长 1.7 倍以上，10 年平均年增长率为 10.4%。

表 7-39　鹞落坪自然保护区 2000 年与 2010 年（设定情景）农业纯收入变化

| 分类 | 2000 年 | | 2010 年 | | 纯收入增减 /% |
|---|---|---|---|---|---|
| | 调整后生产面积 /hm² | 纯收入 /万元 | 调整后生产面积 /hm² | 纯收入 /万元 | |
| 粮食 | 516.5685 | 62.86 | 409.4853 | 49.83 | −20.7 |
| 药材 | 1022.259 | 157.15 | 1175.601 | 180.73 | +15.0 |
| 高山蔬菜 | 625 | 196.44 | 1430 | 449.46 | +128.8 |
| 木材 | 7072.8 | 39.29 | 658.68 | 3.66 | −90.7 |
| 茶叶 | 91.8803 | 196.44 | 134.3694 | 287.28 | +46.2 |
| 畜牧 | 1040.4242 | 39.29 | 815.853 | 30.81 | −21.6 |
| 合计 | 10 368.932 | 691.47 | 4623.9887 | 1001.77 | +57 |

表 7-40　鹞落坪自然保护区 2000 年与 2010 年（设定情景）国内生产总值变化

| 产业类型 | 2000 年国内生产总值 | | 2010 年国内生产总值 | | 国内生产总值 |
| --- | --- | --- | --- | --- | --- |
| | 实绩/万元 | 比例/% | 实绩/万元 | 比例/% | 增长/% |
| 第一产业 | 600.9 | 56.0 | 870.7 | 30 | 44.9 |
| 第二产业 | 110.5 | 10.3 | 638.5 | 22 | 577.8 |
| 第三产业 | 362.5 | 33.7 | 1393.1 | 48 | 384.3 |
| 合计 | 1073.9 | 100 | 2902.3 | 100 | 270.2 |

# 7.5　本章小结

本章从以下几个方面分析了鹞落坪自然保护区的可持续发展状态。

（1）从鹞落坪自然保护区可持续发展的相关指标的变化出发，分析了该保护区森林生态系统不同时期的变化动态、社区可持续发展状态、可持续发展管理能力建设状况。

（2）建立生态容量概念模型，并依据该模型进行了设定情景下的生态容量预测。在此基础上提出了通过调整生物生产性土地的利用结构，扩大区域生态承载力（生态容量），而不是片面减少生态足迹来实现自然保护区可持续发展的策略。

（3）鹞落坪自然保护区建立以来，在资源管护、科研、宣传教育和社区协调发展方面取得了显著的成绩。但由于多种原因，前 10 年保护区的森林资源保护成效不明显。1991~2000 年，保护区森林面积净减少了 242 hm$^2$，虽然森林蓄积量增加了 36 770 m$^3$，但主要是核心区中的森林蓄积量增加了 41 654 m$^3$，缓冲区仅增加 57m$^3$，实验区则净减少了 4932 m$^3$。这一方面反映了实验区森林资源已出现负增长，另一方面反映禁止采伐的缓冲区内森林年生长的木材基本被砍伐掉。森林资源是鹞落坪自然保护区的主要保护对象，由于未能得到有效的保护，使得此阶段鹞落坪自然保护区离可持续发展的要求还有差距，已经引起保护区及上级主管部门的高度重视。

（4）鹞落坪自然保护区阔叶林面积和蓄积量持续增长，针叶林面积略有下降，但总蓄积量大幅度增加，森林的总面积和蓄积量均呈增长趋势，表明鹞落坪自然保护区的森林生态系统的生态容量在逐渐增加，该保护区已经进入可持续发展的状态。

# 第8章 鹞落坪自然保护区可持续发展对策研究

## 8.1 鹞落坪自然保护区可持续发展中的经验

从鹞落坪自然保护区可持续发展评价中可以看出，在建区后的 20 多年来，鹞落坪自然保护区在可持续发展方面取得了不少成绩，一些成功经验值得国内同类型其他自然保护区借鉴。

### 8.1.1 不断强化资源管护工作，严格禁止森林采伐

坚持把加强生物多样性保护和保障生态安全作为保护区各项工作的出发点，不断充实管理力量、创新管护机制、强化能力建设，在生物多样性保护和森林防火等方面取得了实实在在的效果。加强管护队伍建设。从 2008 年起，将区乡全体工作人员、乡直有关单位工作人员、村领导班子成员、村护林员等 80 余人全部纳入管护队伍。在 4 处交通要道出入口设固定检查站（哨），面上安排车辆实行流动管理，对山场村庄不定期巡查；管护人员 24 h 值班，开展防火检查和巡护宣传，特殊时期，所有人员放弃节假日休息，所有岗哨轮流换防。加强管护机制建设。坚持"五个严禁、五个一律、五个责任追究"，出台了《资源保护管理巡护方案》、《资源保护管理考核办法》和《资源保护管理工作责任追究办法》三份文件，将资源管护工作明确为保护区和包家乡的中心工作，确定了保护区、包家乡及各村站所所有工作人员的责任区域、管护责任和奖惩措施。近 5 年来累计查处行政案件 49 起、刑事案件 4 起，取得了连续 12 年没有发生森林火灾的好成绩。保护区现有山场 17 万亩，划定为国家重点公益林 16 万亩，根据《森林法》和《自然保护区条例》等法律法规的规定，自然保护区森林属特种用途林，严禁采伐，禁止抵押流转，但 20 世纪 70 年代栽植杉木人工林 2000 余亩都早已进入了过熟林，90 年代栽植 9000 余亩杉木人工林也已达近熟林，整个保护区内由于 20 余年的管护，80% 以上的林分郁闭度都超过 0.8，符合国家规定的公益林采伐条件，林农无法从采伐中获得收益，也不能通过抵押流转获取相应的发展机会而受益，一些病（枯）死木都只能在山上自然腐烂，即使保护区内林农的权益受到限制，但保护区管委会仍然坚持相关规定禁止采伐。

### 8.1.2 持之以恒调整产业结构，促进社区群众增收

建区以来，该保护区巩固了茶叶的主导产业地位，初步实现了茶叶的规模化

生产经营。全乡现有高标准茶园 4620 亩，亩均茶叶收入 3000 元。改造了 2000 余亩低产茶园，提高了茶叶品质和社区群众在茶产业发展上的收入比重。充分发挥高山蔬菜协会和合作社的带动作用，利用群众的种植经验和积极性，稳步发展高山蔬菜产业。传统大宗蔬菜产销两旺，管理和效益明显提高，特别是红灯笼辣椒在深加工上取得突破，仅 2012 年就卖出近万瓶，品牌效应初步显现。年种植高山蔬菜 3500 亩。食用百合、瓜蒌、蚕桑产业也都开始呈现规模化发展态势。以劳动力转移培训为抓手，加大新型农民培训力度，强化维权服务，提高农民有序转移的组织化程度，壮大劳务经济。近年来，每年外出务工人数达 1400 余人次，务工收入成为群众增收的重要渠道。

### 8.1.3　建立科学和谐发展理念，大力发展生态旅游

　　紧密结合区乡实际，立足生态、红色、气候等资源优势，借用外脑，对区乡的特色资源、发展现状、发展愿景、发展路径进行了全面的调查、分析、描绘和规划，确立了"生态立乡、特色兴乡、旅游强乡、区乡和谐"的基本发展思路。编制了《包家乡生态旅游发展总体规划》、《包家乡集镇建设发展规划》和《鹞落坪生态旅游实验区发展规划》三个规划，进一步明确了发展的总体目标任务，理清了发展路径、具体措施，解决了包家科学发展、长远发展的最基础、最迫切的问题。近年来，生态旅游得到了较好的发展，有效带动了群众收入的增加。

### 8.1.4　夯实基础设施建设，改善生产生活条件

　　建设了金刚岭、锁口山等管理站和鹞落坪、多枝尖瞭望塔，完成了 GIS（地理信息）系统的一、二期建设，开通了多枝尖等 5 个野外监控点，规范了日常巡护主线路在 GIS 系统中定位及巡护人员实时跟踪与记录，建成了森林火险气象监测站，购置了森林防火、扑灭火设备和野外巡护装备，建成了包家乡和鹞落坪 2 个防火器材仓库，更新了界碑、界桩、宣传牌等管护设施，维修了防火道和野外巡护道路，使得资源管护设施不断完善，管护手段更加科学。鹞落坪至霍山胡家河的旅游通道项目、鹞落坪生态旅游项目已经启动，包家村至霍山太平畈公路项目、209 省道包家段改造项目已实施。完成了美丽公路的路基工程、包家村水泥路、石佛村水泥路、锁山水泥路、道中水泥路等 19 km 村级路硬化工程；实施了 4 个村的农饮工程，完成 400 口农村沼气池建设；投入 500 余万元完成了初中三期工程和中心小学的宿舍楼建设，拆除了全部危房，完成了中学、小学的 2500 m$^2$ 校安工程建设，教育教学环境得到了极大的改善；配合实施了村通工程，完成广播电视的县、乡联网，实施了鹞落坪有线电视网络的改造项目；配合实施了来榜—包家乡 10 kW 高压线扩容，完成了部分台区的线路改造；新建了部分通讯基站，基本实现联通电信移动信号的全覆盖；配合实施了红二十八军军政旧址重建

工程，为旅游业发展提供了良好的平台；建成了乡政府办公楼改造工程和 4 个村的村部重建工程，投入 500 余万元实施了包家乡敬老院、财政所、计生服务所、卫生院、检查站等工程建设。实施了包家村环境综合治理工程，全力改善人居环境。全面推进各项社会事业大发展，不断推进和谐社会进程。新建了乡卫生院大楼，完成 4 个村的村级卫生室建设，推进卫生硬件设施上台阶。落实最严格的耕地保护政策，切实维护规划区的用地秩序。

### 8.1.5　深入推进科研工作，加大宣传教育力度

2007 年起，该区先后与中国科学技术大学、中国科学院、环境保护部南京环境科学研究所等 20 多个高校院所开展了科研合作，共建科研实习基地，开展动植物标本采集、生态环境考察、科研教学实习等合作项目，参与国家林木花卉种质资源库建设并负责鹞落坪自然保护区种质信息平台。组建了虫害检疫防治实验室和器材室，构建了保护区生物多样性数据库并完成部分数据录入。2011 年，其与安庆师范大学合作，开展了综合科学考察和彻底资源调查，建立了 3 个固定监测样地和 4 条固定监测样线。2012 年，对大别山五针松模式标本采集树进行了抢救性保护。2012 年 8 月安徽大学在鹞落坪自然保护区发现了全球新物种——大别山原矛头蝮。近几年，还对森林生态系统的演替和珍稀动植物资源的种群数量进行了有效监测，开展了对外来物种调查与监测。仅 2012 年，就在国家核心中文期刊上发表了鹞落坪自然保护区研究学术论文 8 篇，进一步凸显了鹞落坪自然保护区在我国自然保护科研中的作用。利用"植树节""世界环境日""地球日""爱鸟周"等节日开展宣传活动，在区内开展"环保知识讲座""环保摄影比赛""送环保知识进校园""保护母亲河""主题征文比赛"等活动，对古树名木进行挂牌保护。该保护区于 2011 年被省科协命名为"安徽省科普教育基地"，2012 年被中国科学技术大学命名为"全国科普教育基地"。1999 年、2006 年、2012 年获得"全国自然保护区管理先进集体"称号。

## 8.2　鹞落坪自然保护区可持续发展中的问题

鹞落坪自然保护区在建成后，因多种因素，尚存在不少问题，尤其是前 10 年，总体上离可持续发展的要求尚有一定差距。

### 8.2.1　建区初期自然植被受到一定程度破坏，总体生态容量较小

（1）保护区内森林资源采伐量过大，森林蓄积量偏低，实验区蓄积量负增长。

根据 1991～2000 年保护区内的木材消耗情况来看（表 8-1），10 年间保护区内累计木材消耗总量为 117 000 $m^3$，平均年消耗量为 11 700 $m^3$。其中商品材总消

耗量 55 410 m³，占 47.36%；民用材计 18 525 m³，占 15.83%；薪材 39 300 m³，占 33.5%；生产原料用材 3765 m³，占 3.22%，统计数据中并不包括少数农民未经批准采伐的商品材和民用材，若加上这一部分，则实际消耗量远远大于统计数据。总的趋势是：木材总采伐量在逐年下降，商品材与民用材消耗量在下降，而薪材消耗量居高不下，所占比重逐年上升。

（2）森林的过度采伐，导致保护区内除核心区以外的其他区域植被遭到不同程度的破坏，森林面积减少，森林赤字尚未恢复到建区前水平，部分物种受到影响。

如表 8-1 所示，缓冲区 10 年中森林蓄积量仅增加 57 m³，每年生长的木材均被消耗掉，而根据《自然保护区条例》的有关规定，缓冲区应严格禁止采伐。10 年中实验区内森林面积减少了 242 hm³，占实验区总面积的 3.3%，森林蓄积量减少了 4932 m³，出现严重赤字，森林生态系统生态容量下降。鉴于作为保护区主要保护对象的森林生态系统未能得到有效保护，因此可以认为，保护区未能达到可持续发展的总体要求。尽管近年来，木材年消耗量控制在 5000 m³ 左右，但要使实验区的森林植被恢复到建区前的水平，至少需要 3~5 年。2002 年全区平均林分蓄积量比建区初期略有提高，2000 年虽已达 29.99 m³/hm²，但远远低于全国人工林平均林分蓄积量（39.7 m³/hm²）的水平，总体生态容量较小，森林质量有待于进一步提高。

表 8-1　鹞落坪自然保护区木材消耗结构变化动态（m³）

| 年份 | 总采伐量 | 商品材 | 民用材 | 薪材 | 生产原料用材 |
| --- | --- | --- | --- | --- | --- |
| 1991 | 21 000 | 12 000 | 4400 | 4200 | 400 |
| 1992 | 21 000 | 12 000 | 4510 | 4100 | 390 |
| 1993 | 15 000 | 8000 | 2410 | 4200 | 390 |
| 1994 | 15 100 | 8000 | 2390 | 4300 | 410 |
| 1995 | 11 000 | 5678 | 602 | 4300 | 420 |
| 1996 | 10 000 | 5582 | 1038 | 3000 | 380 |
| 1997 | 7000 | 2020 | 820 | 3800 | 360 |
| 1998 | 6500 | 880 | 1480 | 3800 | 340 |
| 1999 | 5400 | 800 | 455 | 3800 | 345 |
| 2000 | 5000 | 450 | 420 | 3800 | 330 |
| 合计 | 117 000 | 55 410 | 18 525 | 39 300 | 3765 |

（3）社区能源结构不合理，能源性木材消耗已成为保护区木材消耗的主体，成为生态足迹的重要环节。

　　长期以来，当地居民生活燃料主要为木材。近几年，虽然乡政府一些机关单位和少数农户用上了液化气或电饭锅，但能源消耗中木材仍占 80%以上，尤其是冬季居民取暖用火塘烧掉的木材数量巨大。如果能源问题不能得到很好解决，不可能真正保护好区内的森林资源。

### 8.2.2　资源管护设施不足，管理工作欠扎实

　　鹞落坪自然保护区管委会位于远离保护区的县城，在保护区内仅建有基地一处，瞭望塔一座，同时，由于管护站不足，管理人员中从事资源管护工作的仅 3～4 人，使保护区管委会在某种程度上成为一个行政性办事机构。其结果是区内的资源管护依赖于为数极少的人员和当地社区群众的自觉性，偷伐木材事件不能及时被发现和处理。

### 8.2.3　社区经济发展缓慢，对当地资源依赖性强

　　1. 社区经济发展速度缓慢，农民人均年收入较低

　　鹞落坪自然保护区社区经济发展速度缓慢，1991~2000 年国内生产总值仅从600.4 万元增长到 1073.9 万元，增长了 78.9%，年均增长率仅为 6.7%，农民人均年收入虽然有一定幅度增加，由 410 元/人增加到 1330 元/人，增加了 2.24 倍。但是与全国比较，农民人均年收入仍处于较低水平，相应地消费型生态足迹较低，消费水平有待提高。

　　2. 社区经济结构单一，对当地资源依赖性强

　　社区的产业结构比较单一，以农为主，生产型生态足迹较多，到 2000 年第一产业的农业仍占国内生产总值的 56%，农民的纯收入仍有 88%来源于大农业。生产型生态足迹较多，且远大于消费型生态足迹，经济发展主要依赖于当地的耕地、林地、草地等农业自然资源。

　　3. 新的生态破坏

　　山地蔬菜、食用（药用）菌栽培中管理措施未能跟上，给保护区带来了一些新的生态破坏。保护区成立后，为了提高社区居民的经济收入，减少对木材采伐销售收入的依赖性，在调整社区农村产业结构方面开展了大量工作，并收到了很好的效果。但有一些新的生产模式的推广缺乏科学的论证，或者是在生产过程中管理工作未跟上，反而给保护区内的资源与环境带来一些新的破坏，如高山反季节蔬菜的推广（专栏 8-1），虽然经济效益比较明显，单位面积产值为粮食的 4倍，但由于生产用地控制不当，大多数高山蔬菜用地为坡耕地，部分为砍伐次生林

后种植，其结果造成新的水土流失。又如对食用（药用）菌的发展（专栏 8-2）管理措施不到位，一方面消耗大量的木材（2000 年消耗木材达 460 t，平均每万元产值消耗的木材达 37.5 t），另一方面增加了水土流失量。

### 4. 禁止开发使区内群众发展机会减少，生产生活成本增加

根据保护区条例，保护区全境划分为核心区、缓冲区和实验区，其中核心区和缓冲区为禁止开发地区，仅实验区可以从事科学试验、教学实习、参观考察、旅游以及驯化、繁殖珍稀、濒危野生动植物等与保护方向一致的生产经营活动。这些严格强制性规定使得保护区内群众发展机会减少，同时生产生活成本增加，如建房的砖、沙、石都要从外地搬运，仅运费成本就每户增加 2 万元左右。2011 年区内农民人纯收入 3050 元/人，而全县农民人均纯收入为 4428 元/人，远低于全县平均水平。

---

**专栏 8-1　　山地反季节蔬菜栽培**

1）栽培地点

位于保护区实验区内，由于是农户栽培，分布相对分散，且大多数栽培用地为坡耕地或林间荒地，小部分为农户庭院栽培。

2）栽培品种

种植面积较大的品种有辣椒（包家乡菜椒）、萝卜、甘蓝。

3）产量与经济效益

山地蔬菜平均单产 45 000 kg/hm$^2$，2000 年全区总产 11 250 t。平均单价为 0.4 元 / kg，单位面积产值 18 000 元 / hm$^2$，全区山地蔬菜总产值 450 万元。与种植粮食相比，单位面积产值为粮食产值（4500 元 / hm$^2$）的 4 倍。

4）推广时间

1997 年

5）栽培面积

2000 年，全乡栽培面积达 225 hm$^2$。

6）市场分析

山地蔬菜收获季节为夏秋季，正是城市中蔬菜比较短缺的季节，且保护区离合肥、南京、上海等大城市较近，运输成本低于北方蔬菜，市场潜力较大。纯收益达 0.4 元 / kg，由于种植的蔬菜品种均为普通蔬菜，缺少名、特、优品种，市场价格呈下降趋势。

7）生态问题

由于种植用地大多为坡耕地，且不少为新垦荒地或砍伐次生林后的采伐迹地，水土流失管理措施未能跟上，导致水土流失加剧，由其新增的水土流失约 3 万 m$^3$/a（坡耕地侵蚀模数为 148 m$^3$/（hm$^2$·a），林地及灌草丛＜20 m$^3$/（hm$^2$·a）。

**专栏 8-2　食用（药用）菌栽培**

1）栽培地点

实验区内的林间坡耕地，或砍伐次生林后作为栽培用地。

2）主要栽培品种

栽培面积较大或产量较高的品种有香菇、木耳（食用菌）及天麻、茯苓（药用菌）。

3）推广时间

食用（药用）菌栽培在鹞落坪自然保护区内有悠久的历史。该保护区建立后虽曾推广栽培，但因受市场制约，栽培面积和产量变化幅度较小。

4）栽培面积

2000 年香菇栽培面积 0.6 hm$^2$，天麻 12 hm$^2$，木耳 1.4 hm$^2$，总栽培面积 24 hm$^2$，因一些零星栽培无法统计，实际栽培面积大于 24 hm$^2$。

5）产量与经济效益

产量：2000 年香菇 276 kg，茯苓 26 000 kg，天麻 9240 kg，木耳 616 kg。

经济效益：香菇当地价 28 元 / kg，总产值 7728 元；茯苓当地价 3 元 / kg，总产值 7.8 万元；天麻当地价 24 元 / kg，总产值 121 760 元；木耳当地价 40 元 / kg，总产值 24 640 元。上述 4 种食用（药用）菌总产值为 122 544 元。

6）生态问题

木材消耗：上述 4 种食用（药用）菌均以木材为生产原料，单位产量木材消耗量分别为香菇 40 kg/kg，茯苓 10 kg/kg，天麻 17 kg/kg，木耳 50 kg/kg。2000 年总消耗木材 327 400 kg，折消耗木材 459.14 m$^3$。其中除茯苓生产原料木材为松树外，其他均为阔叶树种。

水土流失：食用（药用）菌栽培造成的水土流失一方面是由砍伐原料木材造成，如以净砍伐 28 hm$^2$ 林地计，新增水土流失约 2000 t / a 以上，另一方面则是食用（药用）菌栽培及收获中造成的水土流失，除香菇、木耳不需要翻动土地外，天麻和茯苓的收获均需翻动土地，由此新增的水土流失超过 3000 t / a，两者合计，年新增水土流失大于 5000 t。

# 8.3　主要对策建议

针对鹞落坪自然保护区发展中存在的问题及今后的可持续发展，提出鹞落坪自然保护区生态承载力实现持续承载的基本对策，即提高生态承载力供给，降低生态足迹（生态承载力需求）。

## 8.3.1　进一步加强保护区的管护工作，限制生态占用

### 1. 进一步细化实验区，完善保护区的功能区划与规划

根据《鹞落坪国家级自然保护区总体规划》,现行的功能区为核心区 2120 hm$^2$,占 17.2%,缓冲区 2840 hm$^2$,占 23.9%,实验区 7340 hm$^2$,占 59.7%,虽然核心区面积较小,实验区面积较大,但因保护区内居民总数近 6000 人,现行的功能区划还是比较合理的。主要缺点则是未对实验区进行进一步的细化,将其划分为科学实验区、生产示范区、居民生活区 3 个二级功能区。科学实验区以天然次生林为主体,仅用于科学实验,不准采伐利用;生产示范区包括人工林及农田等,区内的森林可进行适度采伐利用,以解决薪材、民用材及生产原料用木材的来源,但采伐量必须小于生长量;居民生活区为乡政府所在地、鹞落村规划新区及其他居民集中分布区用地。实验区二级功能区划可以不连续,但区划应有明确界线。通过对实验区的进一步细化,逐步改变实验区资源普遍开发利用的局面,减少生态占用。

### 2. 严格禁止核心区内的森林采伐和缓冲区内天然次生林的采伐

保护区核心区内的森林资源,不得进行任何形式的采伐,同时也禁止对核心区内其他资源的利用。缓冲区内的森林资源原则上也不得利用,尤其是缓冲区内的天然次生林更不得砍伐利用。鉴于保护区内的实际情况,在短期内,可以允许对缓冲区内人工林进行少量的择伐,但要严格进行审批手续,确保采伐量小于人工林的生长量,待实验区森林植被恢复后,则应完全停止缓冲区内人工林的采伐,并通过封育的方式,使其逐步恢复为天然次生林。对实验区内的天然次生林,也应按照细化的实验区规划,逐步禁止生产性采伐,逐步禁止在林内种植。减少对森林的生态占用,扩大森林生态系统的蓄积量即生态容量。

### 3. 加强保护区可持续发展能力建设,提高保护区的建设和管理水平

能力建设是保护区管理工作的基础,鹞落坪自然保护区资源管护、科研和监测的能力尤为薄弱,这种情况必须尽快改变,当前首要任务是必须先完成 5 个管护站和 2 座瞭望塔的建设。经费上一方面要争取国家给予投资,另一方面应将近两年财政部、环境保护部下达的专项经费优先用在管护设施建设方面,其他能力建设可暂缓安排。

管理力量薄弱也是近期内亟待解决的问题,应将管护人员从县城调整到区内,保证每天在保护区内从事管护的人员占总人员的 1/2 左右。同时,要制定好管护责任制度,分片包干,奖惩结合,切实管护好保护区内资源。同时,要进一步引进专业技术人员,改善保护区的人员结构,加强现有人员的在职培训,提高管理

水平，将保护区真正建为管理水平先进，并具示范作用的国家级自然保护区。

### 8.3.2　调整社区产业结构，扩大生态容量

进一步调整社区产业结构，推广生态经济型生产方式，其中关键是要提高单位生物性生产土地的产品产出率和经济产出率，在充分保护资源的前提下发挥资源优势，以降低对当地农业资源的依赖程度，减少生态占用，扩大外延生态容量。

（1）限制并适当减少保护区内生产用地面积，调整用地结构和种植结构，合理利用土地资源，提高生产效率和经济效益。

（2）提高经济效益的优先选择顺序：扩大销售网络，提高产品品质和加工质量，提高产品单产。

（3）积极稳妥地开展以休闲度假作为主体的生态旅游，实现社区居民增收、保护区获取保护资金、生态环境得到保护的"多赢"目标。在生态旅游建设和发展中，应加强规范与管理，防止因生态旅游发展而带来新的环境问题。关于 2009 年底鹞落坪生态旅游发展的状况、成效、存在问题及建议的调查见专栏 8-3。

（4）加大以有机茶叶为主体的有机食品发展力度。保护区内有机茶叶的发展已取得很好的效益，2002 年有机茶叶的栽培面积为 73 $hm^2$，占茶园总面积（173 $hm^2$）的 42.20%，产值占茶叶总产值的 56.15%。在稳定现有茶园面积的基础上（不扩大茶园面积），加快有机茶园建设，争取尽快将所有茶园均建成有机茶园。同时，加快有机蔬菜、有机中药材的发展，以有机农业、生态农业生产方式逐步取代现行的石油农业生产方式。

（5）改进山地蔬菜的栽培方式，合理控制食用（药用）菌的发展。山地蔬菜和食用（药用）菌的栽培在一定程度上提高了保护区内社区居民的收入，但在生产方式方面存在问题，需进一步改进。在山地蔬菜的栽培方面，要将大于 25° 的坡耕地退耕还林，不足部分从粮食种植面积中调剂。同时，在栽培方式上应加强水土流失的防治，道中村张祖朝农户（专栏 8-4）的栽培方式应大力推广。鉴于栽培的蔬菜品种经济效益低，应逐步推广种植名特优蔬菜，如郎菜（中华碎米荠）、薇菜、香椿等，在种植面积保持不变的情况下，提高经济收益。在食用（药用）菌的栽培方面，应严格控制栽培面积，减少生产原料性木材消耗，同时采用农作物秸秆、木屑等替代木材进行生产，品种选择上以少用木材或不用木材经济效益较高的品种如蘑菇、天麻为主。

（6）发展三桠、木本药材等经济作物的种植和庭院经济，开拓社区经济发展新的增长点。三桠是高档纸张的重要原料，也是水土保持的优良树种，应结合农业生产中的水土保持工作，利用堤埂、边角地大力发展种植。厚朴、杜仲、枣皮等木本药材在当地已有成功的栽培经验，其优点是经济收益高，无水土流失等生态问题，缺点是生长周期较长，应从长远发展考虑，有计划地进行发展。此外，在农户家前屋后，可以推广以桔梗、苍术、丹参、瓜蒌等草本中药材的种植。

**专栏 8-3　鹞落坪自然保护区农家乐调研报告**

　1）建设现状

　　鹞落坪保护区工作人员于 2010 年 8 月，对鹞落坪保护区境内的农家乐建设进行了专题调研。目前全乡共有 10 余家餐饮住宿点（其中农家乐 7 家），50 余名旅游从业人员， 20 余辆客运车辆， 400 余张床位，为来往的游客提供吃、住、行、娱等服务，2009 年十一黄金周期间，来自合肥、南京、上海等大中城市的游客络绎不绝，各户农家乐门庭若市，农家乐经营者不仅取得了可观的经济收入，同时也有效地缓解了保护区的就餐和住宿压力。据不完全统计，仅 2009 年十一黄金周 7 天时间，保护区农家乐就接待游客 2000 余人次，收入达 10 万元，户均收入 1.4 万元。2010 年春天进入旅游旺季以后，农家乐经营仍继续保持了强劲的增长势头，经营业绩甚至超过了早先的预期。以"红土情"农家乐为例，2010 年 3 月至五一小黄金周期间的节假日，该户日均游客接待量约 40 人次，最多的时候接近 200 人次，日均营业收入 3000 元以上。生态旅游的开发有效地带动了群众增收。

　2）存在问题

　　（1）建设资金严重不足。尽管县委、县政府、保护区和乡政府高度重视农家乐发展工作，但由于鹞落坪自然保护区境内的农家乐目前均是家庭投资，自主经营，用于农家乐项目建设资金有限，而随着保护区旅游业的兴旺，农家乐现有规模远远不能适应发展的需要。加之金融机构的信贷扶持力度不够等因素，从而制约了农家乐发展的良好势头。如"红土情"、"云香农家乐"经营户现有接待能力仅 30 床位，时常无法容纳较大旅游团队，本打算对自己的经营场所进行装修改造，扩建营业性住宿用房，并配套完善娱乐服务设施，但由于无力筹集 30 万元的建设资金，致使其进一步扩大规模、提升档次的投资计划被迫搁浅。

　　（2）交通条件不尽如人意。105 和 318 两条国道分别从南北、东西穿越县境并在县城交汇；209、211 两条省道经过县境，且 209 省道通过鹞落坪自然保护区全境。济广高速公路、拟建的岳武高速公路从县内通过，极大地提高了县域的可进入性。最近的高速公路出口黄尾距该保护区边境 10 km（目前道路未通）。虽然区位优势较明显，但保护区距周围各大中小城市距离均在 170 km 以上。

　　（3）农家乐经营户的接待能力不足，服务档次偏低。进入旅游旺季以后，特别是旅游大小黄金周期间，尽管各户农家乐的订餐电话接连不断，部分农家乐经营户的订餐电话最多的时候甚至超过了 600 人次，但由于接待能力不足，经营业主只好向后来的订餐者表示谢绝。另据调查，农家乐硬件设施功能不全，绝大多数农家乐经营户无标准客房，饮食操作间环境卫生差，难以适应城市人的生活习惯。

（4）农家乐餐饮服务价格偏高，少数经营者诚信缺失。据了解，不少城市消费者之所以舍近求远选择农家乐服务，固然是为了欣赏生态环境，实现亲近自然、放松身心的度假愿望；但同时也是看中了农家乐经营者身上那种有别于城市商人的质朴和厚道。然而，少数农家乐经营者求财心切、见利忘义，为了贪图一时暴利，在餐饮服务中不惜采取高价收费、短斤少两，甚至不讲诚信、欺客宰客的手段坑害消费者，不仅使农家乐的声望和信誉受损，而且给农家乐的长远健康发展蒙上了阴影。

（5）农家乐服务内容单一，项目雷同，缺乏民俗文化底蕴。目前，大多数农家乐经营户只能向游客提供就餐、住宿等一般性服务，缺少参与、体验性娱乐项目，体现不出乡土气息，更没有独具魅力的民俗文化特点，难以持久地留住游客。

此外，还存在着一些不容忽视的其他问题。主要包括：①农副土特产品开发不够，乡村旅游的综合经济效益不强。②广告意识薄弱，通往农家乐公路沿线的农家乐广告标识牌数量少、版面小，游客不易辨识，影响了农家乐的知名度。③部分农家乐经营者环保意识欠缺，对在经营服务中所产生的生活垃圾，不是在场所周边乱扔乱倒，就是在房前屋后随意堆存，既破坏了环境卫生，又影响了视觉效果，与良好的生态环境显得很不协调。

3）发展建议

乡村旅游是一个新兴旅游产业，市场需求和发展潜力都具有很大的发展空间，还需要政府从政策、资金和信息宣传等方面加以扶持和引导。为此建议如下。

（1）不断加大政策引导和资金扶持力度，大力鼓励支持农家乐经营户大规模、上档次、高水平。一要按照《鹨落坪国家级自然保护区（包家乡）生态旅游发展规划》要求，统筹兼顾，合理规划，因地制宜，分类引导，努力做到农家乐建设与新农村建设相结合，与特色农业发展相结合，与优势资源开发相结合；二要鼓励金融机构适度放宽贷款条件，进一步扩大贷款规模，努力为农家乐经营户提供更多更好的信贷支持，以缓解农家乐经营户的建设资金不足问题；三要督促农家乐开办者在农家乐建设和经营中尽快通过环保、旅游等部门的达标验收，以便享受政策补助。

（2）切实抓好对农家乐经营者的指导和培训，帮助经营者配套完善服务功能，提高经营服务水平。一要定期开展对农家乐经营者的法律法规、健康卫生、环境保护、文明礼仪培训，教育经营者牢固树立顾客至上、服务第一的从业理念，切实改善卫生条件，不断提高服务质量，自觉做到守法经营、诚实守信、文明经商；二要及时组建成立农家乐协会，协助农家乐协会制定章程，完善管理，通过有效发挥行业协会的自我管理、自我教育、自我约束职能，不断提高全体会员的从业水平和职业道德；三要通过政策引导和政府指导，鼓励、支持村组和个人充分利用当地的特殊资源，加工生产具有较高附加值的农副土特产品（如山野菜等）、旅游商品和工艺纪念品，以满足广大游客的购物需求和留念愿望，提高农家乐的综合经济效益，带动更多的农户脱贫致富；四要充分挖掘、开发、包装具有浓郁特色的民俗文化项目，以吸引大量游客慕名前来欣赏田园山水，体味民俗风情。

（3）加强综合管理，规范经营行为。保护区、乡政府等有关部门要切实加强对农家乐经营户的监督管理，及时纠正部分农家乐经营者高价量少、污染环境等违法违规行为，努力维护广大消费者的合法权益和农家乐的纯朴形象，确保农家乐健康有序、又好又快发展。

（4）进一步强化广告宣传，不断提高农家乐的知名度和影响力。一要切实增强"大广告、大旅游、大开发"意识，不断强化广告宣传手段，通过在更高层次的新闻媒体播放电视广告、电视新闻、专题片等有效形式，大力宣传推介该区的农家乐项目，努力使该区的农家乐不仅在全市范围内家喻户晓，而且在周边省市享有足够的知名度；二要在济广高速公路、省道、县道等公路主干道沿线设置一定数量的巨幅农家乐广告，以吸引、招徕更多的省内外游客来我区观光旅游，休闲度假；三要统一规范各农家乐广告标识，并对版面过小的广告标识牌进行更换等。

---

**专栏 8-4　张祖朝农户香椿－三桠－高山蔬菜栽培模式**

1）农民家庭状况

户主张祖朝，道中村阳边组村民，小学文化，家庭人口 4 人，劳动人口 2 人。

2）栽培模式生产用地概况

生产用地位于张祖朝承包的山场——槎林山场内，面积约 25 亩，平均海拔 1200~1300m，坡度 35°～40°，整地后修整为水平梯田，梯田高度 1~1.5m。

3）栽培时间

1998 年 7 月

4）栽培模式

香椿－三桠－高山蔬菜套作，香椿株行距 2m×2m，株间栽植三桠 2 株，行间套种高山蔬菜。计栽植香椿 4000 株，三桠 10 000 株。2000 年，行间增加栽培天麻（无性繁殖）。

5）成本投入

整地投入劳动力约 200 个工作日，以每个工作日 20 元计，为 4000 元；苗木成本：香椿 4000 株×0.5 元，三桠 10 000 株×0.1 元，共 3000 元，栽培用工约 50 个工作日，折 1000 元，累计投入 8000 元（不含蔬菜种植成本）。

6）经济效益

1999 年：套种山地蔬菜收益 3 万元，亩均 1200 元，香椿、三桠无收益。

2000 年：收割三桠 1 万余千克，单价 3 元/kg，计 1500 元；套种山地蔬菜收入 2 万余元，总收入 3 万余元，亩均 1200 余元。香椿无收益。

2001 年：采摘香椿芽约 400kg，单价 8 元/kg，计 3200 元；三桠收益同 2000 年，为 7000 元；套种萝卜、甘蓝等蔬菜收益约 1.6 万元，天麻收益 5000 元（因错过收获季节，为天麻种籽收益，如收获天麻块茎，收益更高，总收益约 3 万元，亩均 1200 多元）。

远期收益：随着香椿的生长，香椿芽的产量将大幅度提高，但不适宜再套种山地蔬菜。该农户已在保护区科技人员指导下，改为套种天麻、桔梗等耐阴中药材。预期远期的香椿芽收益、香椿木材间伐收益、三桠收益和中药材收益总和将远高于前几年，有望达到亩均 2000 元以上。

7）生态经济效益评价

经济效益方面，栽培的前几年，收益基本同于单纯高山蔬菜的栽培，但山地蔬菜品种属于普通蔬菜，价格市场幅度变化大，收益不稳定。而该农户的栽培模式受市场风险的影响较小，香椿芽属于特种蔬菜，市场前景好，价格有上扬趋势；三桠为高档造纸原料，市场比较稳定。因此，栽培的前几年，虽收益未有增加，但相对比较稳定。3～5 年后，该栽培模式的收益将远高于单纯山地蔬菜的栽培收益。

生态效益方面，在坡地栽培山地蔬菜，水土流失非常严重，且病虫害治理中存在农药污染问题。而张祖朝的栽培模式中需要翻动的土地较少；尤其是三桠根系发达，为当地最好的水土保持树种之一，因此该模式对生态的影响非常小。由此可见，该栽培模式可以在保护区内进行推广。

## 8.3.3 充分利用可再生能源，减少能源的生态占用

调整能源结构，减少直至弃用能源性木柴，充分开发利用可再生能源，减少化石能源的生态占用。

### 1. 改变能源结构，减少木柴消耗

针对保护区内能源消费有一定比例的木柴，应尽快采取切实可行措施，改变能源结构，大幅度减少木柴消耗。重点可从以下几个方面着手。

（1）推广使用液化石油气。首先从乡政府及机关单位做起，可采取相应的行政措施来推广。

（2）在农户中推广节柴灶，减少薪材的使用量。

（3）动员农户在家前屋后建立薪炭林，禁止在天然次生林中采伐薪炭用材。

通过上述措施，使保护区内木材性能源由占能源消耗总量的 30% 以下，再通过推广节柴灶，使燃料用材消耗量减少 50% 以上。

2. 为了长期可持续发展，在保护区内要普及可再生能源的利用

所谓可再生能源是在自然界中可以不断再生并有规律得到补充的能源，包括太阳能、风能、地热能、海洋能、生物质能和水力能。鹞落坪自然保护区内可以利用的可再生能源主要有水力能、生物质能和太阳能。

（1）该保护区的水力能源利用还不充分，仍有很大的潜力，可以进一步开发。保护区内水力资源丰富，水能蕴藏 4310 kW，已开发小水电装机容量 1410 kW，仅占 1/3。建设小水电不仅可以改善能源结构，而且经济效益显著，关键是应在政策方面采取优惠措施，使农民能够用得起电，用电能取代木柴。同时在建设小水电时，要注意控制并减轻其对自然生态系统的影响。水能除用来发电外，还可开发直接用来推动水力机械，如水磨、水车等，这既是水能的传统利用方式，同时又是生态旅游（田园风光游）的观光素材。

（2）生物质能的最有效利用是有机质（如秸秆、粪便、树叶等）通过在厌氧、适当的温湿度和酸碱度条件下发酵，经过多种微生物作用而形成沼气、秸秆和粪便经过发酵利用后再还田。生物质的沼气利用方式，可以比现有的直接燃烧方式大大提高能源利用率，减少生物质能的消耗，减轻大气污染，从而减少林地、化石能源用地的生态占用；同时，作为优质肥料的沼渣可替代部分化肥，也减少了用于生产化肥的化石能源用地的（区外）生态占用。生物质的沼气利用方式，也是生态农业、有机农业的基础组成部分。该保护区的太阳能作为一种能源还未加以利用，应当创造条件（主要是一次性投入）逐步加以利用，以减少化石能源的消耗，进而减少生态占用。

### 8.3.4　实施差异化的生态补偿政策，实行差异化的乡镇考核方式

社区居民牺牲了大量的发展机会，理应得到比其他地区更多的生态补偿，建议政府低标准启动生态补偿试点，按照山场面积，考虑山场和人口两个因素，采取直接补偿农民的办法进行差异化补偿，并根据保护区资源管护绩效和社区群众生活水平建立动态调整和逐步增长机制，实现自然资源保护与社区群众利益双保护的目标。鉴于包家乡经济发展能力受限、群众生产生活资源被依法保护管理，建议对包家乡免除企业发展、招商引资、财政收入、项目建设等经济指标方面的

考核，免除居民收入倍增工作的考核，待生态补偿实施后再行考核，从而有利于提高干部群众的工作积极性，更好地服务于保护区的科学发展建设。

# 8.4　本章小结

　　建区以来，鹞落坪自然保护区在森林生态系统生物多样性保护和社区协调发展中取得了许多成功的经验，主要表现在：不断强化资源管护工作，严格禁止森林采伐；持之以恒调整产业结构，促进社区群众增收；建立科学和谐发展的理念，大力发展生态旅游；夯实基础设施建设，改善生产生活条件；深入推进科研工作，加大宣传教育力度。

　　制约鹞落坪自然保护区可持续发展的因素主要有：森林资源采伐量偏大，尤其是薪材消耗量偏高、能源结构不合理；高山蔬菜、食用（药用）菌栽培中带来了一定的生态问题；社区产业结构不尽合理；保护区资源管护能力薄弱、管理水平角较低等。

　　针对存在的问题，根据保护区的实际情况提出的对策措施主要包括：进一步细化实验区，完善保护区的功能区划；严格禁止核心区及缓冲区中森林的采伐；调整农村能源结构，减少能源性木材消耗，充分开发利用可再生能源，减少化石能源的生态足迹；进一步调整社区产业结构，推广生态经济型生产方式，提高单位生物性生产土地的产品产出率和经济产出率；提高保护区的建设与管理水平等。

# 第 9 章　结论与展望

## 9.1　主　要　结　论

本书探讨了自然保护区生物多样性保护与社区经济协调发展的研究理论和方法，并以鹞落坪自然保护区为研究对象，对该保护区的生态系统结构与功能的动态动态变化、生态承载力和生态足迹的评估、生物多样性经济价值以及可持续发展等方面展开研究，取得如下主要研究成果。

1）建立了自然保护区生物多样性价值评估的方法体系

较深刻地探讨了自然保护区生物多样性经济价值评估方法的理论基础，并建立了适合我国自然保护区生物多样性经济价值评估的指标体系和评估模型，形成了一套自然保护区生物多样性价值评估的方法体系，对我国自然保护区生物多样性经济价值的评估和生态承载力的研究具有借鉴意义。

改进了自然保护区生物多样性非使用价值评估的方法，提出了区域分层随机抽样条件价值法的研究方法和模型。该方法优于以往所采用的单纯随机抽样的条件价值法，主要体现在：一方面，在获得了区域样本容量数据后，总体单位数量可以准确确定；另一方面，从统计学上来看，该方法得到的平均 WTP 的估计值更准确且更有代表性。在一个区域内同时采用邮寄方式和面谈方式两种问卷调查方式，分别以支付卡法和投标博弈法作为引出调查样本 WTP 的方法，对不同调查方式进行了比较研究。

2）提出了基于生态足迹的自然保护区生态承载力的研究框架

针对自然保护区的特点，建立了自然保护区的生态承载力和生态足迹研究的框架。以往的生态足迹研究一般都是针对较大的区域范围，对人类的生态占用及生态影响仅仅利用各种消费项目进行分析。在较大的区域范围内，人类的消费项与生产项基本上是接近一致的，因而可用消费项代替生产项来判断人类对区域生态系统的影响，而且用消费项计算的生态占用能够判定不同人群的生态占用是否公平。然而在较小的区域范围内，人类活动的生产项与消费项往往相去甚远，用消费项所做的生态占用分析并不能完全反映对区域生态系统的影响。鉴于此，本书提出了消费型生态占用和生产型生态占用的概念，区分了区内与区外的生产型生态占用、区域总体生态承载力与可供社区利用的生态承载力。并以区内生产型生态占用为主，对社区的生态占用进行了计算，与可利用生态承载力进行比较确定了生态盈亏，并据此判断自然保护区及其社区的可持续发展状况。由于区分了消费型与生产型生态占用并以生产型生态占用为主，区分了总体与可供的生态承载力，从而以便对自然保护区及其社区进行了可持续发展的分析研究，丰富了生态足迹分析的方法与思路，拓宽了生态足迹分析法在较小区域范围内的运用。

3）估算了鹞落坪自然保护区生物多样性的各项价值

估算了鹞落坪自然保护区 2001 年、2012 年的直接使用价值和间接使用价值。以 2001 年为基准年，对该保护区的非使用价值进行了评估。

鹞落坪自然保护区 2001 年直接使用价值为 1684.54 万元，其中，直接实物产品价值 1639.84 万元，直接非实物经济价值 44.7 万元。2012 年直接使用价值为 8017.65 万元，这是按照评价年的实际价格计算的结果。根据 2001~2012 年的平均通货膨胀率将 2001 年的直接使用价值进行调整，则为 2202.45 万元，因而 2012 年的直接使用价值是 2001 年的 3.6 倍。

2001 年鹞落坪自然保护区在保持土壤、涵养水源、固定 $CO_2$、营养物质循环、降解污染物和防治病虫害、鼠害方面所产生的经济价值为 25 495 万元；按 2001 年不变价格计算，得到 2012 年鹞落坪自然保护区的间接使用价值为 25 361 万元，与 2002 年基本一致，表明 10 年间鹞落坪自然保护区维持了比较稳定的生态服务功能水平。根据多年平均通货膨胀率和发展阶段系数进行调整后，得到 2012 间接使用价值为 9946 万元。鹞落坪自然保护区的间接使用价值远远超过其直接实物产品和非实物产品的价值，表明其发挥了更重要的生态调节功能。

以安徽、江苏城镇从业人员作为样本总体的人口数，采用区域分层随机抽样条件价值法对鹞落坪自然保护区的非使用价值的评估结果：江苏和安徽样本的人均 WTP 分别为 42 元/a 和 14.4 元/a，平均 31 元/a，总 WTP 为 44 851.8 万元/a，则非使用价值为 44 851.8 万元/a，其中存在价值 24 219.9 万元/a，遗产价值 13 455.5 万元/a，选择价值 7176.3 万元/a。区域分层随机抽样的结果比单纯随机抽样的结果低，表明采用单纯随机抽样的条件价值法有高估非使用价值的可能。

理论上，鹞落坪自然保护区总经济价值为各类经济价值之和，即使用价值的估计值和安徽、江苏城镇从业人员的非使用价值估计值之和，则 2001 年的总价值评估结果为 52 636.3 万元，2012 年的评估结果为 79 610.6 万元，比 2001 年提高了 48%。

4）评估了鹞落坪自然保护区不同典型年的各生态足迹和生态承载力

对鹞落坪自然保护区的消费型、区内实际生产型、生产型生态足迹进行了评估。保护区内实际生产型人均生态足迹呈逐步下降趋势。建区后的前 10 年，主要以林地的人均生态足迹下降为主，后 10 年则以耕地的人均生态足迹下降为主。近 10 余年来，人均消费型生态足迹略有所下降，以耕地、林地下降，其他用地上升为特征；人均生产型生态足迹下降了约 34%，以耕地、林地、草地下降、其他用地上升为特征。

对鹞落坪自然保护区的已利用、可利用和总生态承载力进行了评估。一方面是由于各种人均生态承载力处于下降趋势，这是由耕地面积不断缩小、禁止使用林地造成的，是对自然保护区的可持续发展有利的变化趋势。另一方面是由于 2012 年耕地产量因子的下降。对鹞落坪自然保护区 1991 年、2000 年、2002 年调整各种生态承载力按照不变单产法进行调整，调整后 2012 年的已利用的人均生态承载力和可利用人均生态承载力均低于 2000 年调整的人均生态承载力，而 2012 年全部人均生态承载力高于 2000 年调整的人均生态承载力。2000 年人均已利用生态承载力比人均可利用生态承载力高 0.1177 $hm^2$/人，而 2012 年前者仅比后者高 0.025，说明二者的差异在逐渐缩小，保护区资源的开发利用趋向更加合理。

近 10 余年来，已利用生态承载力和可利用生态承载力均下降了 30%，意味着有更多的资源得到了较好的保护。而消费型生态足迹略有下降，约为 5%，消费型生态足迹下降不多说明技术的改进等原因使得保护区居民的消费水平在没有受到影响的情况下其对资源的占用也没有增加，而对保护区资源的占用也越来越少。

生态足迹分析不仅分析研究了鹞落坪自然保护区 3 个典型期的生态足迹与生态承载力，还进行了历史的、未来设定情景下的生态足迹、生态承载力与生态足迹的对比分析，因而本书在生态足迹分析研究上不仅有上述空间上的多样性，而且有时间动态上的丰富多彩的特点。

5）分析了鹞落坪自然保护区的生态盈亏的动态变化

可利用生态承载力与消费型生态足迹相比仍有盈余，但呈减少趋势，表明保护区居民的消费水平在不断提高。可利用的生态承载力与生产型生态足迹比较，2000 年几乎没有盈余，调整产量因子后，生态盈亏变为负值，2012 年生态盈余为 0.1332 $hm^2$/人，表明保护区已经向可持续方向转变。可利用生态承载力与全部生产型生态足迹相比的结果如果按照可变单产法计算，仍有盈余，且呈增加趋势；如果按照不变单产法计算，则 2000 年为生态亏损，亏损值为 0.4169 $hm^2$/人，到 2012 年则表现出生态盈余，达 0.1332 $hm^2$/人，表明鹞落坪自然保护区的发展向着越来越有利于保护的可持续方向发展。

6）创立了生态容量的概念模型

依据生态足迹分析法创立了生态容量概念模型，阐述了影响生态容量的各个主要因素，分析了各个因素的作用，并依据该模型进行了设定情景下的生态容量预测。在此基础上提出了通过调整生物生产性土地的利用结构，扩大区域生态承载力（生态容量），而不是片面减少生态占用来实现自然保护区的可持续发展。设定情景下的生态容量预测表明，到 2010 年鹞落坪自然保护区全区总的生态容量比 2000 年提高 19.3%。在 2000 年的基础上，鹞落坪自然保护区及其社区按照可持续发展的原则实施发展，到 2011 年社会经济发展将发生如下的变化：①核心区、缓冲区和实验区的天然次生林都得到严格的保护。②社区的土地利用结构大幅度调整。③产业结构较大幅度调整。④生产力水平有较大幅度提高。⑤电能消费主要用水电；燃料消费由太阳能、生物能、水电和液化石油气取代。⑥人口数量保持动态平衡。书中提出的生态容量预测方法可为自然保护区可持续发展研究以及相关的规划方法提供参考。

　　7）分析了鹞落坪自然保护区的可持续发展水平

　　鹞落坪自然保护区自建立以来，在资源管护、科研、宣传教育和社区协调发展方面取得了显著的成绩。森林资源保护成效逐步显现，1991~2000 年，保护区森林面积净减少了 242 hm²，森林蓄积量增加了 36 770 m³；2000~2012 年，保护区内森林面积增加了 36 hm²，森林蓄积量增加了 253 182 m³，蓄积量平均增加 2.24 m³/（hm²·a）。

　　价值评估的可持续发展水平：按照自然保护区生态系统服务和产品的价值可持续评判标准，鹞落坪自然保护区 2001 年到 2012 年的 $\partial E/\partial t$ 为 1108 万元/a，远远大于 0，表明该保护区是可持续发展的。

　　由鹞落坪自然保护区的生态盈余分析结果，可评估其可持续发展能力。生态盈亏的可持续发展水平：保护区全部生态承载力 2012 年比 2000 年下降了近 10%，而生态盈余变化不大或有较大增加，表明随着保护区管理的加强，生态承载力出现下降趋势，而由于采用了整产业结构，减少对土地资源的依赖程度，提高单位面积土地的生物生产力等措施，保护的生态盈余没有出现减少，甚至还有增加，从而更好地保障了保护区的可持续发展能力。

　　8）提出了鹞落坪自然保护区可持续发展对策与措施

　　鹞落坪自然保护区在 20 多年的生物多样性保护和社区协调发展实践中取得了许多成功的经验和成绩，表现出了较强的可持续发展能力。主要表现在：不断强化资源管护工作，严格禁止森林采伐；持之以恒调整产业结构，促进社区群众增收；建立科学和谐发展的理念，大力发展生态旅游；夯实基础设施建设，改善生产生活条件；深入推进科研工作，加大宣传教育力度。

　　基于 2000 年的研究发现，鹞落坪自然保护区可持续发展的主要问题有：森林资源采伐量偏大，尤其是薪材消耗量偏高，能源结构不合理；高山蔬菜、食用（药用）菌栽培中带来了一定的生态问题；社区产业结构不尽合理；保护区资源管护能力薄弱，管理水平角较低。

　　针对所存在的问题，根据保护区的实际情况，在生态足迹分析、生态容量分析的基础上提出了鹞落坪自然保护区社区未来可持续发展的措施和建议。主要包括：进一步细化实验区，完善保护区的功能区划；严格禁止核心区及缓冲区中森林的采伐；调整农村能源结构，减少能源性木材消耗，充分开发利用可再生能源，减少化石能源的生态足迹；进一步调整社区产业结构，推广生态经济型生产方式，提高单位生物性生产土地的产品产出率和经济产出率；提高保护区的建设与管理水平。通过这些措施的实施，10 年后，保护区的资源开发利用已经基本实现了与生物多样性保护的和谐发展。

## 9.2　研究展望

由于研究经费和时间的限制，还有一些研究内容未能深入展开，今后可在以下方面展开进一步研究。

（1）生态足迹分析方法本身有一些方面还值得进一步研究。例如，为使不同区域不同的土地生产力水平所形成的生态足迹和生态承载力之间能够进行比较，必须引入平均生产力水平来计算生态足迹和生态承载力；为使不同时段得出的不同生态足迹和生态承载力进行比较，必须引入某个标准时段平均生产力水平来计算生态足迹和生态承载力，因而，需要深入研究标准时段的平均生产力水平的确定方法。对于环境占用，本书仅评估了吸纳 $CO_2$ 的占用，对于水、空气、土等污染的环境占用尚需进行研究。

（2）在自然保护区生态承载力研究方面，本书采用生态足迹的方法，虽然这种方法在区域生态承载力研究中已有成功的例子，但应用在自然保护区还是第一次。由于原始资料采集困难等原因，用于评价的消费项目和生产项目可能还不够全面，个别缺乏生产力数据的项目的评估可能不十分准确。

（3）在对鹞落坪自然保护区的经济价值进行评估时，生态系统功能与服务有很多方面，本书评价了其中的大部分。对于其他一些生态系统功能和服务，由于缺乏适当的定量研究参数而没有作出评估，需要进一步加强生态系统功能和服务的定量研究。

（4）以基于 2001 年、2012 年作为基准年评价鹞落坪自然保护区的价值，没有涉及该保护区在存在期间内的总经济价值及其总经济价值和不同价值类型的货币量是如何随着时间的变化而变化的等问题。同时，CVM 研究调查本身对自然资源保护起到一定作用，如有可能，希望能扩大调查范围和层次，全面评价被评估对象的非使用价值。

（5）生物多样性价值评估方法有可能存在某方面的缺陷。如费用支出法仅能评估当前已实现的价值，无法评估潜在的、隐含的价格；市场价格法根据对市场行为的观察，要求被评估对象有明确的市场价格。该方法虽然简单方便，但只能估算有市场价格的直接实物产品的价值。替代市场法特别适合于评估非实物使用价值和间接使用价值，但该方法在使用过程中也存在一些问题，如 TCM 方法为了研究的方便，有许多人为规定的假设条件。

　　（6）条件价值法通过导出消费者的 WTP 或 WTA 确定评价对象的补偿变差或等价变差，从而估算出评价对象的价值。CVM 研究在实践中仍存在许多问题和争论，但由于它是自然保护区生物多样性存在价值的唯一评估方法，仍受到了许多学者和政府的推崇。

# 参 考 文 献

白艳莹, 王效科, 欧阳志云, 等. 2003. 苏锡常地区生态足迹分析. 资源科学, 25(6): 31-37.

蔡昉. 2007. 中国人口与可持续发展. 北京:科学出版社.

曹智, 闵庆文, 刘某承, 等. 2015. 基于生态系统服务的生态承载力: 概念、内涵与评估模型及应用. 自然资源学报, 30(1): 1-11.

车江洪. 1993. 论自然资源的价值. 生态经济, (4): 30-34.

陈百明. 1991. "中国土地资源生产能力及人口承载量"项目研究方法概论. 自然资源学报, 6(3): 197-204.

陈步峰, 曾庆波, 黄全, 等. 1998. 热带山地雨林生态系统的水分生态效应——冠层淋溶、水化学贮滤. 生态学报, 18(4): 364-370.

陈东景, 张志强, 程国栋, 等. 2002. 中国 1999 年的生态足迹分析. 土壤学报, 39(3): 441-445.

陈复. 2000. 中国人口资源环境与可持续发展战略研究. 北京: 中国环境科学出版社.

陈敏, 张丽君, 王如松, 等. 2005. 1978 年~2003 年中国生态足迹动态分析. 资源科学, 27(6): 132-139.

陈述彭. 1995. 环境保护与资源可持续发展利用. 中国人口资源与环境, 5(3): 11-17.

陈卫, 孟向京. 2000. 中国人口容量与适度人口问题研究. 市场与人口分析, 6(1): 21-31.

陈应发. 1994. 中国森林环境资源价值评估——国家科委自然资源核算04 子项目分报告之三. 北京: 中国林业科学研究院科技信息研究所.

陈仲新, 张新时. 2000. 中国生态系统效益的价值. 科学通报, 45(1): 17-22.

成升魁, 苏筠, 谢高地. 2001. 大城市居民生活消费的生态占用初探——对北京、上海的案例研究. 资源科学, 23(6): 24-28.

程国栋. 2002. 承载力概念的演变及西北水资源承载力的应用框架. 冰川冻土, 24(4): 361-367.

崔凤军. 1995. 论环境质量与环境承载力. 山东农业大学学报(自然科学版), 26(1): 71-77.

杜敏敏. 1995. 一种用箱模式与高斯模式结合计算大气环境容量的方法. 重庆环境科学, 17(6): 31-34.

傅尔林. 1997. 自然资源环境的生态经济价值评价. 重庆: 西南农业大学.

傅湘, 纪昌明. 1997. 区域水资源承载能力综合评价: 主成分分析法的应用. 长江流域资源与环境, 8(2): 168-172.

高吉喜. 2001. 可持续发展理论探索: 生态承载力理论、方法与应用. 北京: 中国环境科学出版社.

高彦春, 刘昌明. 1997. 区域水资源开发利用的阈限分析. 水利学报, (8): 73-79.

耿玉清. 2006. 北京八达岭地区森林土壤理化特征及健康指数的研究. 北京: 北京林业大学.

顾传辉, 何晋勇, 陈桂珠. 2001. 可持续发展量化的新方法. 环境保护, (8): 34-35.

国家统计局. 2000. 中国城市统计年鉴 2000. 北京: 中国统计出版社.

国家统计局. 2002. 中国统计年鉴 2002. 北京: 中国统计出版社.

郭秀锐, 毛显强, 冉圣宏. 2000. 国内环境承载力研究进展. 中国人口·资源与环境, (S1): 29-31.

郭中伟, 李典谟. 1999. 生物多样性经济价值评估的基本方法. 生物多样性, 7(1): 60-67.

郭中伟, 李典谟. 2000. 湖北省兴山县移民安置区内生态系统的管理. 应用生态学报, 11(6): 819-826.

哈尔·瓦里安. 1997. 微观经济学: 高级教程. 北京: 经济科学出版社.

和爱军. 2002. 浅析日本的森林公益机能经济价值评价. 中南林业调查规划, 21(2): 48-54.

洪阳, 叶文虎. 1998. 可持续环境承载力的度量及其应用. 中国人口·资源与环境, 8(3): 54-58.

侯元凯, 张莉莉, 肖武奇. 1997. 生物多样性自然保护区价值评估原理初探. 世界林业研究, 10(6): 58-63.

侯元兆. 1995. 中国森林资源核算研究. 北京: 中国林业出版社.

侯元兆. 2000. 自然资源与环境经济学. 北京: 中国经济出版社.

胡昌暖. 1993. 资源价格研究. 北京: 中国物价出版社.

胡世辉. 2010. 工布自然保护区森林生态系统服务功能及可持续发展研究. 北京: 中国农业科学院.

黄贤金. 1994. 自然资源二元价值论及其稀缺价格研究. 中国人口资源与环境, 4(4): 40-43.

贾嵘, 薛惠峰. 1998. 区域水资源承载力研究. 西安理工大学学报, 14(4): 382-387.

姜文来. 1998. 水资源价值论. 北京: 科学出版社.

蒋晓辉, 黄强, 惠泱河, 等. 2001. 陕西关中地区水环境承载力研究. 环境科学学报, 21(3): 312-317.

蒋延龄, 周广胜. 1999. 中国主要森林生态系统公益的评估. 植物生态学报, 23(5): 426-432.

康晓光, 王毅. 1993. 区域生态经济研究与持续发展//走向二十一世纪——中国青年环境论坛首届学术年会论文集. 北京: 中国环境科学出版社.

李博. 2000. 生态学. 北京: 高等教育出版社.

李金昌, 姜文来, 靳乐山. 1999. 生态价值论. 重庆: 重庆大学出版社.

李金昌. 1991. 资源核算论. 北京: 海洋出版社.

李金海. 2001. 区域生态承载力与可持续发展. 中国人口·资源与环境, 11(3): 76-78.

李文华. 2008. 生态系统服务功能价值评估的理论、方法与应用. 北京: 中国人民大学出版社: 78-92.

李文华, 欧阳志云, 赵景柱. 2002. 生态系统服务功能研究. 北京: 气象出版社.

李文华, 张彪, 谢高地. 2009. 中国生态系统服务研究的回顾与展望. 自然资源学报, 24(1): 1-9.

李晓文, 肖笃宁, 胡远满. 2001. 辽河三角洲滨海湿地景观规划各预案对指示物种生态承载力的影响. 生态学报, 21(5): 709-715.

李意德, 吴仲民, 曾庆波, 等. 1998. 尖峰岭热带山地雨林生态系统碳平衡的初步研究. 生态学报, 18(4): 371-378.

李致平, 徐德信, 洪功翔. 2002. 现代西方经济学. 安徽: 中国科学技术大学出版社.

刘殿生. 1995. 资源与环境综合承载力分析. 环境科学研究, 8(5): 7-12.

刘东, 封志明, 杨艳昭. 2012. 基于生态足迹的中国生态承载力供需平衡分析. 自然资源学报, 27(4): 614-624.

刘某承, 王斌, 李文华. 2010. 基于生态足迹模型的中国未来发展情景分析. 资源科学, 32(1): 163-170.

刘庸. 2000. 环境经济学. 北京: 中国农业大学出版社.

刘宇辉, 彭希哲. 2004. 中国历年生态足迹计算与发展可持续性评估. 生态学报, 24(10): 2257-2262.

卢良恕. 1995. 中国可持续农业的发展. 中国人口资源与环境, 5(2): 27-33.

鲁春霞, 谢高地, 成升魁. 2001. 河流生态系统的休闲娱乐功能及其价值评估. 资源科学, 23(5): 77-81.

罗菊春. 1995. 论生物多样性的保护问题. 中国林业, 6: 6.

马娜, 祁黄雄. 2014. 农村薪柴能源的研究综述. 现代妇女(理论前沿), (7): 3-4.

马中. 1999. 三江平原湿地开发与保护及其经济价值评估. 北京: 中国人民大学.

毛文永. 2003. 生态环境影响评价. 北京: 中国环境科学出版社.

牛翠娟, 娄安如, 孙儒泳, 等. 2007. 基础生态学. 2版. 北京: 高等教育出版社.

牛文元. 2000. 可持续发展战略——21世纪中国的必然选择. 中国科学院院刊, (4): 270-275.

欧阳志云, 王如松, 赵景柱. 1999. 生态系统服务功能及其生态经济价值评价. 应用生态学报, 10(5): 635-640.

彭再德, 杨凯. 1996. 区域环境承载力研究方向初探. 中国环境科学, 16(1): 6-9.

曲格平. 1984. 中国环境问题及对策. 北京: 中国环境科学出版社.

阮本清, 梁瑞驹, 王浩, 等. 2001. 流域水资源管理. 北京: 科学出版社.

施雅风, 曲耀光. 1992. 乌鲁木齐河流域水资源承载力及其合理利用. 北京: 科学出版社.

石月珍, 赵洪杰. 2004. 生态承载力定量评价方法的研究进展. 人民黄河, 27(3): 6-8.

世界环境与发展委员会. 1997. 我们共同的未来. 吉林: 吉林人民出版社.

世界资源研究所. 2005. 生态系统与人类福祉: 生物多样性综合报告. 北京: 中国环境科学出版社.

世界自然保护联盟, 联合国环境署, 世界野生生物基金会. 1992. 保护地球——可持续性生存战略. 中国国家环境保护局译. 北京: 中国环境科学出版社.

唐剑武. 1995. 环境承载力的理论雏形——环境容量. 北大研究生学刊(自然科学版).

唐剑武, 郭怀成. 1997. 环境承载力及其在环境规划中的初步应用. 中国环境科学, 17(1): 6-9.

唐剑武, 叶文虎. 1998. 环境承载力的本质及其定量化初步研究. 中国环境科学, 18(3): 227-230.

田兴军. 2005. 生物多样性及其保护生物学. 北京: 化学工业出版社.

汪松, 陈灵芝. 1990. 中国未来经济发展与生物多样性的保护、永续利用和研究. 中国科学院生物多样性研讨会会议录. 北京: 中国科学院生物科学与技术局.

王家骥, 姚小红. 2000. 黑河流域生态承载力估测. 环境科学研究, 13(2): 44-46.

王建华, 江东. 1999. 基于SD模型的干旱区城市水资源承载力预测研究. 地理学与国土研究, 15(2): 18-22.

王健民, 王如松. 2001. 中国生态资产概论. 南京: 江苏科学技术出版社.

王景福, 张金池, 林杰. 2003. 绵阳涪江流域生态承载力研究. 中国水利, (21): 48-50.

王学军. 1992. 地理环境人口承载潜力及其区际差异. 地理科学, 12(4): 322-327.

王彦. 1992. 论自然资源价格的确定. 价格理论与实践, (2): 11-15.

吴军晖. 1993. 论资源价格. 价格月刊, (2): 6-7.

肖寒, 欧阳志云, 赵景柱. 2000. 森林生态系统服务功能及其生态经济价值评估初探——以海南岛尖峰岭热带森林为例. 应用生态学报, 11(4): 481-484.

谢高地, 肖玉, 鲁春霞. 2006. 生态系统服务: 进展、局限和基本范式. 植物生态学报, 30(2): 191-199.

谢高地, 张钇锂, 鲁春霞, 等. 2001. 中国自然草地生态系统服务价值. 自然资源学报, 16(1): 47-53.

辛琨, 肖笃宁. 2000. 生态系统服务功能研究简述. 中国人口资源与环境, 10(3): 21-23.

徐慧, 彭补拙. 2003a. 国外生物多样性经济价值评估研究进展. 资源科学, 25(4): 102-109.

徐慧, 钱谊, 彭补拙, 等. 2003b. 鹞落坪自然保护区森林生态系统间接使用价值评估. 南京林业大学学报, 27(2): 16-20.

徐康. 2012. 鹞落坪国家级自然保护区森林土壤理化性质、微生物量与酶活性分布特征研究. 合肥: 安徽大学.

徐嵩龄. 2001. 生物多样性价值的经济学处理: 一些理论障碍及其克服. 生物多样性, 9(3): 310-318.

徐中民, 陈东景, 张志强, 等. 2002. 中国 1999 年的生态足迹分析. 土壤学报, 39(3): 441-445.

徐中民, 程国栋, 张志强. 2001. 生态足迹方法: 可持续性定量研究的新方法——以张掖地区 1995 年的生态足迹计算为例. 生态学报, 21(9): 1484-1493.

徐中民, 张志强, 程国栋. 2000. 甘肃省 1998 年生态足迹与分析. 地理学报, 55(5): 607-616.

许广山. 1995a. 长白山红松云冷杉林的生物养分循环. 生态学报(增刊), (15): 54-60.

许广山. 1995b. 温带红松阔叶混交林的养分循环. 生态学报(增刊), (15): 47-53.

许学工, Paul F J, 张茵. 2000. 加拿大的自然保护区管理. 北京: 北京大学出版社.

许有鹏. 1992. 干旱区水资源承载能力综合评价研究——以新疆和田河为例. 自然资源学报, 8(3): 229-237.

薛达元. 1997. 生物多样性的经济价值评估——长白山自然保护区案例研究. 北京: 中国环境科学出版社.

薛达元, 蒋明康. 1994. 中国自然保护区类型划分标准的研究. 中国环境科学, 14(4): 246-251.

杨开忠, 杨咏, 陈洁. 2000. 生态足迹分析理论与方法. 地球科学进展, 15(6): 630-636.

叶文虎, 仝川. 1997. 联合国可持续发展指标述评. 中国人口, 资源与环境, 7(3): 83-87.

叶文虎, 栾胜基. 1996. 论可持续发展的衡量与指标体系. 世界环境, (1): 7-10.

余永定, 张宇燕, 郑秉文. 1997. 西方经济学. 3 版. 北京: 经济科学出版社.

曾维华, 王纪华, 薛纪渝, 等. 1991. 人口、资源与环境协调发展的关键问题之一——环境承载力的研究. 中国人口、资源与环境, 1(2): 22-23.

曾维华, 王华东, 薛纪渝, 等. 1998. 环境承载力理论及其在湄洲湾污染控制规划中的应用. 中国环境科学, 18(1): 70-73.

张彪, 谢高地, 肖玉, 等. 2010. 基于人类需求的生态系统服务分类. 中国人口·资源与环境, 20(6): 64-67.

张传国. 2001. 干旱区绿洲系统生态-生产-生活承载力评价指标体系构建思路. 干旱区研究, 18(3): 7-12.

张传国, 方创琳, 全华. 2002. 干旱区绿洲承载力研究的全新审视与展望. 资源科学, 24(2): 42-48.

张传国, 方创琳. 2002. 干旱区绿洲系统生态-生产-生活承载力相互作用的驱动机制分析. 自然资源学报, 17(2): 181-187.

张传国, 刘婷. 2003. 绿洲系统"三生"承载力驱动机制与模式的理论探讨. 经济地理, 23(1): 83-87.

张建国, 杨建洲. 1994. 福建森林综合效益计量与评价. 生态经济, (6):10-16.

张坤民. 1997. 可持续发展论. 北京: 中国环境科学出版社.

张坤民. 2000. 可持续发展及其在中国的实施. 能源基地建设, (4): 1-8.

张兰生. 1992. 实用环境经济学. 北京: 清华大学出版社.

张世秋. 1996. 面向可持续发展的环境指标体系初步探讨. 世界环境, (3): 8-9.

张小蒂, 李晓钟. 1998. 应用统计学导论. 杭州: 浙江大学出版社.

张颖. 2001. 中国森林生物多样性价值核算研究. 林业经济, (3): 37-42.

张志强, 徐中民, 程国栋, 等. 2001. 中国西部 12 省(区市)的生态足迹. 地理学报, (5): 599-610.

张志强, 徐中民, 程国栋. 2000. 生态足迹的概念及计算模型. 生态经济, (10): 8-10.

《中国人口资源环境与可持续发展战略研究》编委会. 2000.中国人口资源环境与可持续发展战略研究. 北京：中国环境科学出版社.

《中国生物多样性国情研究报告》编写组. 1998. 中国生物多样性国情研究报告. 北京: 中国环境科学出版社.

《中国水利年鉴 1922》编辑委员会. 1992. 中国水利年鉴 1992. 北京: 中国水利水电出版社.

《中国自然保护纲要》编写委员会. 1987. 中国自然保护纲要. 北京: 中国环境科学出版社.

周冰冰, 李忠魁, 侯元兆. 2000. 北京市森林资源价值. 北京: 中国林业出版社.

周国逸, 闫俊华. 2000. 生态公益林补偿理论与实践. 北京: 气象出版社.

周伟, 窦虹, 欧晓红. 2007. 生物多样性价值的评估方法. 云南农业大学学报(自然科学版), 22(1): 35-40.

周晓峰, 蒋敏元. 1999. 黑龙江省森林效益的计量、评价及补偿. 林业科学, 35(3): 97-102.

朱一中, 夏军, 谈戈. 2002. 关于水资源承载力理论与方法的研究. 地理科学进展, 21(2): 180-188.

宗跃光, 陈红春, 郭瑞华, 等. 2000. 地域生态系统服务功能的价值结构分析以宁夏灵武市为例. 地理研究, 19(2): 148-155.

Acharya G. 2000. Approaches to valuing the hidden hydrological services of wetland ecosystems. Ecological Economics, 35(1): 63-74.

Alexander A M, List J A, Margolis M, et al. 1998. A method for valuing global ecosystem services. Ecological Economics, 27(2): 161-170.

Allan, William. 1949. Studies in African Land Usage in Northern Rhodesia. Rhodes Livingston Papers. Cape Town: Oxford University Press.

Barbier E B, Burgess J C, Folke C. 1994. Paradise Lost? the Ecological Economics of Biodiversity. London: Earthscan.

Barrett J, Scott A. 2001.The ecological footprint: a metric for corporate sustainability[J]. Corporate Environmental Strategy, 8(4): 316-325.

Bicknell K B, Ball R J, Cullen R, et al. 1998. New methodology for the ecological footprint with an application to the New Zealand economy. Ecological Economics, 27(2): 149-160.

Bishop R C, Champ P A, Mullarkey D. 1995. Contingent valuation. In: A Handbook of Environmental Economics. Bromley, D. (ed.). Oxford: Blackwell.

Bishop R C. 1982. Option Value: An Exposition and Extension. Land Economics, 58(1): 1-15.

Bishop R C. 1988. Option Value: Reply. Land Economics, 64(1): 88-93.

Brush S B. 2009. The Concept of Carrying Capacity for Systems of Shifting Cultivation1. American Anthropologist, 77(4): 799-811.

Carneiro R L. 1960. Slash-and-Burn agriculture: a closer look at its implications for settlement pattems. In: Wallace A F C. Men and Cultures. Philadecphia: Uhiversity of Pennsylaniq Press: 229-234.

Castro R. 1994. The economic opportunity cost of wildland conservation areas (EOCWCAs): the case of Costa Rica. Mass: Harvard University.

Cataned B E. 1999. An index of sustainable economic welfare (ISEW) for Chile. Ecological Economics, (28): 231-244.

Clawson M. 1959. Methods of Measuring the Demand for and Value of Outdoor Recreation. Reprint No 10, Resources for the Future, Washington, DC.

Clawson M, Knetsch J. 1969. Economics of Outdoor Recreation. Baltimore, Maryland: Johns Hopkins University Press.

Cohen J E. 1995. Population growth and earth's human carrying capacity. Science, 269(5222): 341-346.

Costanza R, d'Arge R, Gavt R V, et al. 1997. The value of the world's ecosystem services and natural capital. Nature, 387: 253-260.

Daily G C. 1997. Nature Services: Societal Dependence on Natural Ecosystems. Washington DC: Island Press.

Daniel, Knetsch, Jack L. 1992. Valuing public goods: The purchase of moral satisfaction. Journal of Environmental Economics and Management, 22(1): 57-70.

Ehrlich A H, Cohen J E. 1996. Looking for the Ceiling: Estimates of Earth's Carrying Capacity. American Scientist, 84(5): 494-499.

Eills G M, Fisher A C. 1987. Valuing the environment as input Journal of Environmental Management, 25(2): 149-156.

Elton C S. 1958. The Ecology of Invasion by Animal and Plants. London: Methuen and Co.

FAO. 1982. Potential Population Supporting Capacities of Land sin Developing World. Rome.

Farnsworth N R, Akerele O, Bingel A S. 1985. Medicinal plants in therapy. Bulletin of the World Health Organization, 63(6): 965-981.

Fisher A C, Hanemann W M. 1987. Quasi-option value: Some misconceptions dispelled. Journal of Environmental Economics and Management, 14(2): 183-190.

Freeman A I. 1984. The quasi-option value of irreversible development. Journal of Environmental Economics and Management, 11(3): 292-295.

Freeman A M. 1985. Supply Uncertainty, Option Price and Option Value in Project Evaluation. Land Economics, 62(2): 176-181.

Glenn W H. 1992. Valuing public goods with the contingent valuation method: a critique of Kahneman and Knetsh. Journal of Environmental Economics and Management, 23(3): 248-257.

Gowdy J M. 1997. The Value of Biodiversity: Markets, Society, and Ecosystems. Land Economics, 73(1): 25-41.

Gram S. 2001. Economic valuation of special forest products: an assessment of methodological shortcomings. Ecological Economics, 36(1): 109-117.

Green D, Jacowitz K E, Kahneman D, et al. 1995. Referendum contingent valuation, anchoring, and willingness to pay for public goods. Resource & Energy Economics, 20(2): 85-116.

Gren I M, Groth K H, Sylvén M. 1995. Economic Values of Danube Floodplains. Journal of Environmental Management, 45(4): 333-345.

Grifo F, Rosenthal J. 1997. Biodiversity and Human Health(ed. ). Washington DC: Island Press.

Hanemann W M. 1991. Willingness to Pay and Willingness to Accept: How much can they differ? The American Economic Review, 81(3), 635-647.

Hanley N D, Ruffell R J. 1993. The contingent valuation of forest characteristics: two experiments. Journal of Agriculture Economy, 44(2): 218-229.

Hannon B. 2001. Ecological pricing and economic efficiency. Ecological Economics, 36(1): 19-30.

Hardi P, Barg S Hodge T. 1997. Measuring Sustainable Development: Review of Current Practice. Toronto: International Institute for Sustainable Development.

Hardin G. 1986. Cultural Carring capacity: a biological approach to human problems. Bioscience, 36(9): 599-604.

Harris J M, Kennedy S. 1999. Carrying capacity in agriculture: global and regional issues. Ecological Economics, 29(3): 443-461.

Henry C. 1974. Option Values in the Economics of Irreplaceable Assets. Review of Economic Studies, 41(5): 89-104.

Hicks J A. 1956. Review of Demand Theory. London: Oxford University Press.

Holechek J L, R D Pieper, C H Herbel. 1989. Range management. Prentiss-Hall, Inc, Englewood Cliffs, New Jersey.

Holling C S. 1996. Engineering resilience vs. ecological resilience. in P. C. Schulze, ed. Engineering Within Ecological Constraints. Washington, D. C.: National Academy Press: 32-43.

Holling C S. 1973. Resilience and stability of ecological systems. Annual Review of Ecology and Systematics: 1-23.

Johansson P O, Bishop R C. 1988. Option Value: Comment; Reply. Land Economics, 64(1): 86-87.

Kahneman D, Knetsch J L. 1992.Valuing public goods: the purchase of moral satisfaction. Journal of Environmental Economics and Management, 22(1): 57-70.

Kellert S R. 1984. Assessing wildlife and environmental values in cost-benefit analysis. Journal of Environmental Management, 18(4): 355-363.

Kimmins J P. 1990. Modelling the sustainability of forest production and yield for a changing and uncertain future. The Forestry Chronicle, 66(3): 271-280.

Klauer B. 2000. Ecosystem prices: activity analysis applied to ecosystems. Ecological Economics, 33(33): 473-486.

Knetsch J L. 1990. Environmental policy implications of disparities between willingness to pay and compensation demanded measures of values. Journal of Environmental Economics and Management, 18(3): 227-237.

Kontogianni A, Skourtos M S, Langford I H, et al. 2001. Integrating stakeholder analysis in non-market valuation of environmental assets. Ecological Economics, 37(1): 123-138.

Krutilla J V, Smith V K. 1998. Environmental resources and applied welfare economics : essays in honor of John V. Krutilla. Resources for the Future, 263-273.

Larson D M. 1992. Can Nonuse Value Be Measured from Observable Behavior?. American Journal of Agricultural Economics, 74(5): 1114-1120.

Lockwood M. 1998. Integrated value assessment using paired comparisons. Ecological Economics, 25(1): 73-87.

Loomis J B, Walsh R G. 1986.Assessing wildlife and environmental values in cost-benefit analysis: state of the art. Journal of Environmental Management , 22(2): 7-9.

Macarthur R. 1955. Fluctuations of Animal Populations and a Measure of Community Stability. Ecology, 36(3): 533-536.

Maille P, Mendelsohm R. 1993. Valuing eco-tourism in Madagascar. Environmental Management, 38(3): 213-218.

Mathis W, Schulz N B, Diana D, et al. 2002. Tracking the ecological overshoot of the human economy. Proceedings of the National Academy of Sciences of the United States of America, 99(14): 9266-9271.

McNeely J A, Miller K R, Reid W V, et al. 1990. Conserving the World Biological Diversity. World Bank.

Meadows D, Rander J, Behrens W. 1972. Limits to growth. New York: Universe Books.

Millington R, Gifford R. 1973. Energy and How We Live. Australian UNESCO Seminar, Committee for Man and Biosphere.

Mitchell R C, Carson R T. 1989. Using Surveys to Value Public Goods: The Contingent Valuation Method. Washington, D C: Resources for the Future.

Mukherjee S, Chaudhuri A, Kundu N, et al. 2000. Measuring the total economic value of restoring ecosystem services in an impaired river basin: results from a contingent valuation survey. Ecological Economics, 33(1): 103-117.

Muradian R. 2001. Ecological thresholds: a survey. Ecological Economics, 38: 7-24.

Norton B. 1995. Resilience and options. Ecological Economics, 15(2): 133-136.

Odum, Eugene P. 1953. Fundamentals of Ecology. Philadelphia: W. B. Saunders Company: 383.

OECD. 1995. 环境项目和政策的经济评价指南. 施涵, 陈松译. 北京: 中国环境科学出版社.

Pearce D W. 1995. Blueprint 4: Capturing Global Environmental Value. London: Earghscan.

Pearce D, Moran D. 1994. The Economic Value of Biodiversity. Journal of Applied Ecology, 32(3): 3-20.

Pearce D, Turner K. 1990. Economics of Natural Resources and the Environment. New York: Harvester Wheatsheaf.

Peters C M, Gentry A H, Mendelsohn R O. 1989. Valuation of an Amazonian rainforest. Nature, 339(6227): 655-656.

Peterson G. D. 2002. Estimating resilience across landscapes. Conservation Ecology, 6(1): 17.

Pimentel D, Wilson C, McCullum C, et al. 1997. Economic and environmental benefits of biodiversity. BioScience, 47(11): 747-757.

Pimentel D. 1998. Economic benefits of natural biota. Ecological Economics, 25(1): 45-47.

Prescott-Allen R, Prescott-Allen C. 1990. How Many Plants Feed the World?. Conservation Biology, 4(4): 365-374.

Prescott-Allen C, Prescott-Allen R. 1986. The First Resource: Wild species in the North American Economy. New Haven: Yale University Press.

Primack R B, 1996. 保护生物学概论. 祁承经译. 长沙: 湖南科学技术出版社.

Primack R B, 季维智. 2000. 保护生物学基础. 北京: 中国林业出版社.

Randall A, Stoll J R. 1980. Consumer's Surplus in Commodity Space. American Economic Review, 70(3): 449-455.

Randall A. 1986. Human preferences, economics and the preservation of species, In: Norton B G. The Preservation of Species. Princeton: Princeton University Press, New Jersey.

Randall A. 1994. A difficulty with the travel cost method. Land Economics, 70(1): 88-96.

Randall A. 1998. Beyond the crucial experiment: mapping the performance characteristics of contingent valuation. Resource and Energy Economics, 20(2): 197-206.

Reid W V, Laird S A, Meyer C A, et al. 1993. Biodiversity Prospecting: Using Genetic Resources for Sustainable Development.Washington, DC(EUA): World Inst.

Rijsberman M A, Ven F H M V D. 2000. Different approaches to assessment of design and management of sustainable urban water systems. Environmental Impact Assessment Review, 20(3): 333-345.

Rinaldi S, Scheffer M. 2000. Geometric analysis of ecological models with slow and fast processes. Ecosystems, 3(6): 507-521.

Scarpa R, Chilton S M, Hutchinson W G, et al. 1999. Valuing the recreational benefits from the creation of nature reserves in Irish forests. Working Papers, 33 (2): 237-250.

Slesser M.1992. Ecco Use's Manual.Edinburgh:Resource Use Institute.

Stöglehner G. 2003. Ecological footprint-a tool for assessing sustainable energy supplies. Journal of Cleaner Production, 11 (3): 267-277.

The World Commission on Environmental and Development (WCED). 1987. Our Common Future. New York: Oxford University Press.

Tilman D. 1997. Biodiversity and Ecosystem Functioning. In: Daily, G. C. Nature Services: Societal Dependence on Natural Ecosystems. Washington DC: Island Press.

Tobias D, Mendelsohn R. 1991. Valuing eco-tourism in a tropical rainforest Reserve. Ambio, 20(2): 91-93.

Turner K, Jones T. 1991. Wetlands: Market and intervention failures; four case studies. London: Earthscan.

UNESCO, FAO, 1985. Carrying capacity assessment with a pilot study of Kenya: a resource accountin methodology for sustainable Development. Paris and Rome.

Vuuren D P V, Smeets E M W. 2000. Ecological footprints of Benin, Bhutan, Costa Rica and the Netherlands. Ecological Economics, 34 (1): 115-130.

Wackernagel M, Rees W E. 1997. Perceptual and structural barriers to investing in natural capital: Economics from an ecological footprint perspective. Ecological Economics, 20 (1): 3-24.

Walsh R G, Loomis J B, Gillman R A. 1984. Valuing Option, Existence, and Bequest Demands for Wilderness. Land Economics, 60 (1): 14-29.

Willig R D. 1976. Consumer's surplus without apology. American Economic Review, 66 (4): 589-597.

Wilson E O. 1989. Threats to biodiversity. Scientific American, 261 (4): 206-207.

Woodward R T, Wui Y S. 2001. The economic value of wetland services: a meta-analysis. Ecological Economics, 37 (2): 257-270.